中国城市近现代工业遗产保护体系研究系列

Comprehensive Research on the Preservation System of Modern Industrial Heritage Sites in China

工业遗产保护与适应性再利用规划设计研究

Research on the Planning Process for Adaptive Reuse and Conservation of Industrial Heritage Sites

第四卷

丛书主编
徐苏斌

编　著
徐苏斌
【日】青木信夫

中国城市出版社

图书在版编目（CIP）数据

工业遗产保护与适应性再利用规划设计研究 =
Research on the Planning Process for Adaptive
Reuse and Conservation of Industrial Heritage
Sites / 徐苏斌，（日）青木信夫编著．—北京：中国
城市出版社，2020.12
（中国城市近现代工业遗产保护体系研究系列 / 徐
苏斌主编；第四卷）
ISBN 978-7-5074-3323-4

Ⅰ．①工… Ⅱ．①徐… ②青… Ⅲ．①工业建筑－文
化遗产－保护－中国 Ⅳ．①TU27

中国版本图书馆CIP数据核字（2020）第246117号

丛书统筹：徐冉
责任编辑：徐冉　许顺法　何楠　刘静　易娜
文字编辑：黄习习
版式设计：锋尚设计
责任校对：王烨

中国城市近现代工业遗产保护体系研究系列
Comprehensive Research on the Preservation System of
Modern Industrial Heritage Sites in China
丛书主编　徐苏斌
第四卷　工业遗产保护与适应性再利用规划设计研究
Research on the Planning Process for Adaptive Reuse and Conservation of Industrial Heritage Sites
编著　徐苏斌　【日】青木信夫
*
中国城市出版社出版、发行（北京海淀三里河路9号）
各地新华书店、建筑书店经销
北京锋尚制版有限公司制版
北京富诚彩色印刷有限公司印刷
*
开本：787毫米×1092毫米　1/16　印张：25¾　字数：570千字
2021年4月第一版　2021年4月第一次印刷
定价：118.00元
ISBN 978-7-5074-3323-4
（904319）

《第四卷 工业遗产保护与适应性再利用规划设计研究》是关于中国当前从城市规划到城市设计、建筑保护等一系列和工业遗产相关的保护和再利用的现状研究。本研究考察了中国的工业遗产再利用现状，包括中国工业遗产再利用总体发展状况、工业遗产保护规划多规合一实证研究、中国主要城市工业遗产设计实证研究、中国建筑师工业遗产再利用设计访谈录等，总结了尊重遗产的真实性和发挥创意性的经验，为工业遗产进一步保护和再利用提供参考。

The fourth volume “Research on the Planning Process for Adaptive Reuse and Conservation of Industrial Heritage Sites” is a study on the current status of conservation and reuse of industrial heritage site in China from the perspectives of urban planning, urban design and architectural conservation. This study examines the status quo of industrial heritage reuse in China, including the general situation in terms of its development. There is also an empirical study of the combination of different plans for industrial heritage sites, the investigation of examples of industrial heritage design in major cities in China, interviews with Chinese architects on industrial heritage reuse design, etc. The experience of respecting the authenticity of heritage sites and giving full play to creative activities is summarized here, to provide reference for the further protection and reuse of industrial heritage sites.

执笔者

（按姓氏拼音排序）

冯玉婵　　李松松　刘　宇　彭　飞
青木信夫　徐苏斌　赵子杰

协助编辑：赵子杰

序一

工业遗产是一种新型的文化遗产。在我国城市化发展以及产业转型的关键时期，工业遗产成为十分突出的问题，是关系到文化建设和中华优秀文化传承的大问题，也是关系到城市发展、经济发展、居民生活的大问题。近年来，工业遗产在国内受到的关注度逐渐提高，研究成果也逐渐增多。天津大学徐苏斌教授是我国哲学社会科学的领军人才之一，她带领的国家社科重大课题团队推进了国家社科重大课题“我国城市近现代工业遗产保护体系研究”，该团队经历数年艰苦的调查和研究工作，终于完成了课题五卷本的报告书。

该套丛书是根据课题报告书改写的，其重要特点是系统性。丛书五卷构建了中国工业遗产的系统的逻辑框架，从技术史、信息采集、价值评估、改造和再利用、文化产业等一系列工业遗产的关键问题着手进行研究。进行了中国工业近代技术历史的梳理，建设了基于地理信息定位的工业遗产数字化特征体系和工业遗产空间数据库；基于对国际和国内相关法规和研究，编写完成了《中国工业遗产价值评价导则（试行）》；调查了国内工业遗产保护规划、修复和再利用等现状，总结了经验教训。研究成果反映了跨学科的特点和国际视野。

该套丛书“立足中国现实”，忠实地记录了今天中国社会主义体制下工业遗产不同于其他国家的现状和保护机制，针对中国工业遗产的价值、保护和再利用以及文化产业等问题进行了有益的理论探讨。也体现了多学科交叉特色的基础性研究，为目前工业遗产保护再利用提供珍贵的参考，同时也可以作为政策制定的参考。

此套著作是国家社科重大课题的研究成果。课题的设置反映了国家对于中国社会主义国家工业遗产的研究和利用的重视，迫切需要发挥工业遗产的文化底蕴，并且要和国家经济发展结合起来。该研究中期获得滚动资助，报告书获得免鉴定结题，反映了研究工作成绩的卓著。因此，该套丛书的出版正是符合国家对于工业遗产研究成果的迫切需求的，在此推荐给读者。

东南大学建筑学院 教授

中国工程院 院士

2020年9月

序二

中国的建成遗产（built heritage）研究和保护，是践行中华民族优秀文化传承和发展事业的历史使命，也是受到中央和地方高度重视的既定国策。而工业遗产研究是其中的重要组成部分。由我国哲学、社会科学领军人物，天津大学徐苏斌教授主持的“我国城市近现代工业遗产保护体系研究”，属国家社科重大课题，成果概要已多次发表并广泛听取专家意见，并于2018年1月在我国唯一的建成遗产英文期刊《BUILT HERITAGE》上刊载。

此套系列丛书由《第一卷 国际化视野下中国的工业近代化研究》《第二卷 工业遗产信息采集与管理体系研究》《第三卷 工业遗产价值评估研究》《第四卷 工业遗产保护与适应性再利用规划设计研究》《第五卷 从工业遗产保护到文化产业转型研究》等五卷构成。特别是丛书还就突出反映工业遗产科技价值的十个行业逐一评估，精准定位，在征求专家意见的基础上，提出了《中国工业遗产价值评价导则（试行）》，实已走在中国工业遗产研究的前沿。

本套丛书着力总结中国实践，推动理论创新，尝试了历史学、地理学、经济学、规划学、建筑学、环境学、社会学等多学科交叉，涉及冶金、纺织、化工、造船、矿物等领域，是我国首次对工业遗产的历史与现况开展的系统调查和跨学科研究，成果完成度高，论证严谨，资料翔实，图文并茂。本人郑重推荐给读者。

同济大学建筑与城市规划学院 教授

中国科学院 院士

2020年9月

前言

1．工业遗产保护的国际背景

工业遗产是人类历史上影响深远的工业革命的历史遗存。在当代后工业社会背景下，工业遗产保护成为世界性问题。对工业遗产的关注始于20世纪50年代率先兴起于英国的“工业考古学”，20世纪60年代后西方主要发达国家纷纷成立工业考古组织，研究和保护工业遗产。1978年国际工业遗产保护协会（TICCIH）成立，2003年TICCIH通过了保护工业遗产的纲领性文件《下塔吉尔宪章》（*Nizhny Tagil Charter for the Industrial Heritage*）。国际工业遗产保护协会是保护工业遗产的世界组织，也是国际古迹遗址理事会（ICOMOS）在工业遗产保护方面的专门顾问机构。该宪章由TICCIH起草，将提交ICOMOS认可，并由联合国教科文组织最终批准。该宪章对工业遗产的定义、价值、认定、记录及研究的重要性、立法、维修和保护、教育和培训等进行了说明。该文件是国际上最早的关于工业遗产的文件。

近年来，联合国教科文组织世界遗产委员会开始关注世界遗产种类的均衡性、代表性与可信性，并于1994年提出了《均衡的、具有代表性的与可信的世界遗产名录全球战略》（*Global Strategy for a Balance*, *Representative and Credible World Heritage List*），其中工业遗产是特别强调的遗产类型之一。2003年，世界遗产委员会提出《亚太地区全球战略问题》，列举亚太地区尚未被重视的九类世界遗产中就包括工业遗产，并于2005年所做的分析研究报告《世界遗产名录：填补空白——未来行动计划》中也述及在世界遗产名录与预备名录中较少反映的遗产类型为：“文化路线与文化景观、乡土建筑、20世纪遗产、工业与技术项目”。

2011年，ICOMOS与TICCIH提出《关于工业遗产遗址地、结构、地区和景观保护的共同原则》（*Principles for the Conservation of Industrial Heritage Sites*, *Structures*, *Areas and Landscapes*，简称《都柏林原则》，*The Dublin Principles*），与《下塔吉尔宪章》在工业遗产所包括的遗存内容上高度吻合，只是后者一方面从整体性的视角阐述工业遗产的构成，包括遗址、构筑物、复合体、区域和景观，紧扣题目；另一方面后者更加强调工业的生产过程，并明确指出了非物质遗产的内容，包括技术知识、工作和工人组织，以及复杂的社会和文化传统，它塑造了社区的生活，对整个社会乃至世界都带来重大组织变革。从工业遗产的两个定义可以看出，工业遗产研究的国际视角已从“静态遗产”走向“活态遗产”。

2012年11月，TICCIH第15届会员大会在台北举行，这是TICCIH第一次在亚洲举办会员大会，会议通过了《台北宣言》。《台北宣言》将亚洲的工业遗产保护和国际理念密切结合，在此基础上深入讨论亚洲工业遗产问题。宣言介绍亚洲工业遗产保护的背景，阐述有殖民背景的亚洲工业遗产保护独特的价值与意义，提出亚洲工业遗产保护维护的策略与方法，最后指出倡导公众参与和建立亚洲工业遗产网络对工业遗产保护的重要性。《台北宣言》将为今后亚洲工业遗产的保护和发展提供指导。

截至2019年，世界遗产中的工业遗产共有71件，占各种世界遗产总和的6.3%，占世界文化遗产的8.1%（世界遗产共计1121项，其中文化遗产869项）。从数量分布来看，英国居于首位，共有9项工业遗产；德国7项（包括捷克和德国共有1项）；法国、荷兰、巴西、比利时、西班牙（包括斯洛伐克和西班牙共有1项）均为4项；印度、意大利、日本、墨西哥、瑞典都是3项；奥地利、智利、挪威、波兰是2项；澳大利亚、玻利维亚、加拿大、中国、古巴、芬兰、印度尼西亚、伊朗、斯洛伐克、瑞士、乌拉圭各有1项。可以看到工业革命发源地的工业遗产数量较多。

在亚洲，中国的青城山和都江堰灌溉系统（2000年）被ICOMOS网站列入工业遗产，准确说是古代遗产。日本共有3处工业遗产入选世界遗产，均是工业系列遗产。石见银山遗迹及其文化景观（2007年）是16世纪至20世纪开采和提炼银子的矿山遗址，涉及银矿遗址和采矿城镇、运输路线、港口和港口城镇的14个组成部分，为单一行业、多遗产地的传统工业系列遗产；富冈制丝场及相关遗迹（2014年）创建于19世纪末和20世纪初，由4个与生丝生产不同阶段相对应的地点组成，分别为丝绸厂、养蚕厂、养蚕学校、蚕卵冷藏设施，为单一行业、多遗产地的机械工业系列遗产；明治日本的产业革命遗产：制铁·制钢·造船·煤炭产业（2015年）见证了日本19世纪中期至20世纪早期以钢铁、造船和煤矿为代表的快速的工业发展过程，涉及8个地区23个遗产地，为多行业布局、多遗产地的机械工业系列遗产。

2. 中国工业遗产保护的发展

1）中国政府工业遗产保护政策的发展

中国正处在经济高速发展、城市化进程加快、产业结构升级的特殊时期，几乎所有城市都面临工业遗产的存留问题。经济发展的核心是产业结构的高级化，即产业结构从第二产业向第三产业更新换代的过程，标志着国民经济水平的高低和发展阶段、方向。在这一背景下，经济发展成为主要被关注的对象。近年来，工业遗产在国内受到关注。2006年4月18日国际古迹遗址日，中国古迹遗址保护协会（ICOMOS CHINA）在无锡举行中国工业遗产保护论坛，并通过《无锡建议——注重经济高速发展时期的工业遗产保护》。同月，国家文物局在无锡召开中国工业遗产保护论坛，通过《无锡建议》。2006年6月，鉴于工业遗产保护是我国文化遗产保护事业中具有重要性和紧迫性的新课题，国家文物局下发《加强工业遗产保护的通知》。

2013年3月，国家发改委编制了《全国老工业基地调整改造规划（2013—2022年）》并得到国务院批准（国函〔2013〕46号），规划涉及全国老工业城市120个，分布在27个省（区、市），其中地级城市95个，直辖市、计划单列市、省会城市25个。

2014年3月，国务院办公厅发布《关于推进城区老工业区搬迁改造的指导意见》，积极有序推进城区老工业区搬迁改造工作，提出了总体要求、主要任务、保障措施。2014年国家发改委为贯彻落实《国务院办公厅关于推进城区老工业区搬迁改造的指导意见》（国办发〔2014〕9号）精神，公布了《城区老工业区搬迁改造试点工作》，纳入了附件《全国城区老工业区搬迁改造试点一览表》中21个城区老工业区进行试点。

2014年3月，中共中央、国务院颁布《国家新型城镇化规划（2014—2020年）》，其中"第二十四章 深化土地管理制度改革"提出了"严格控制新增城镇建设用地规模""推进老城区、旧厂房、城中村的改造和保护性开发"。2014年9月1日出台了《节约集约利用土地规定》，使得土地集约问题上升到法规层面。2014年9月13～15日，由中国城市规划学会主办2014中国城市规划年会自由论坛，论坛主题为"面对存量和减量的总体规划"。存量和减量目前日益受到城市政府的重视，其原因有：国家严控新增建设用地指标的政策刚性约束；中心区位土地价值的重新认识和发掘；建成区功能提升、环境改善的急迫需求；历史街区保护和特色重塑等。于是工业用地以及工业遗产更成为关注对象。

2018年，住房和城乡建设部发布《关于进一步做好城市既有建筑保留利用和更新改造工作的通知》，提出：要充分认识既有建筑的历史、文化、技术和艺术价值，坚持充分利用、功能更新原则，加强城市既有建筑保留利用和更新改造，避免片面强调土地开发价值。坚持城市修补和有机更新理念，延续城市历史文脉，保护中华文化基因，留住居民乡愁记忆。

2020年6月2日，国家发展改革委、工业和信息化部、国务院国资委、国家文物局、国家开发银行联合颁发《关于印发〈推动老工业城市工业遗产保护利用实施方案〉的通知》（发改振兴〔2020〕839号），明确地说明制定通知的目的："为贯彻落实《中共中央办公厅 国务院办公厅关于实施中华优秀传统文化传承发展工程的意见》（中办发〔2017〕5号）、《中共中央办公厅国务院办公厅关于加强文物保护利用改革的若干意见》（中办发〔2018〕54号）、《国务院办公厅关于推进城区老工业区搬迁改造的指导意见》（国办发〔2014〕9号），探索老工业城市转型发展新路径，以文化振兴带动老工业城市全面振兴、全方位振兴，我们制定了《推动老工业城市工业遗产保护利用实施方案》。"五个部门联合出台实施方案标志着综合推进工业遗产保护的政策诞生。

2）中国工业遗产保护研究和实践的回顾

近代工业遗产的研究可以追溯到20世纪80年代。改革开放以后中国近代建筑的研究出现了新的契机，开始进行中日合作调查中国近代建筑，其中《天津近代建筑总览》（1989年）中有调查报告"同洋务运动有关的东局子建筑物"，记载了天津机器东局的建筑现状和测绘图。当时工业建筑的研究所占比重并不大，研究多从建筑风格、结构类型入手，未能脱离近代建筑史的研究范畴，但是研究者从大范围的近代建筑普查中也了解到了工业遗产的端倪。从2001年的第五批国保开始，近现代工业遗产逐渐出现在全国重点文物保护单位名单中。2006年国际文化遗产日主题定为"工业遗产"，并在无锡举办第一届"中国工业遗产保护论坛"，发布《无锡建议——注重经济高速发展时期的工业遗产保护》，同年5月国家文物局下发《关于加强工业遗产保护的通知》，正式启动了工业遗产研究和保护。2006年在国务院公布的第六批全国重点文物保护单位中，除了一批古代冶铁遗址、铜矿遗址、汞矿遗址、陶瓷窑址、酒坊遗址和古代造船厂遗址等列入保护单位的同时，引人瞩目地将黄崖洞兵工厂旧址、中东铁路建筑群、青岛啤酒厂早期建筑、汉冶萍煤铁厂矿旧址、石龙坝水电站、个旧鸡街火车站、钱塘江大桥、酒泉卫星发射中心导弹卫星发射场遗址、南通大生纱厂等一批近现代工业遗产纳入保护之列。加上之前列入的大庆第一口油井、青海第一个核武器研制基地旧址等，全国近现代工业遗产总数达到18处。至2019年公布第八批全国重点文物保护单位为止，全国共有5058处重点文物保护单位，其中工业遗产453处，占总量的8.96%，比前七批占比7.75%有所提升。由于目前工业遗产的范围界定还有待进一步统一认识，因此不同学者统计的数字存在一定差异，但是基本可以肯定的是目前工业遗产和其他类型的遗产相比较还需要较强研究和保护的力度。

近年来，各学会日益重视工业遗产的研究和保护问题。2010年11月中国首届工业建筑遗产学术研讨会暨中国建筑学会工业建筑遗产学术委员会会议召开，并签署了《北京倡议》——“抢救工业遗产：关于中国工业建筑遗产保护的倡议书”。以后每年召开全国大会并出版论文集。2014年成立了中国城科会历史文化名城委员会工业遗产学部和中国文物学会工业遗产专业委员会。此外从2005年开始自然资源部（地质环境司、地质灾害应急管理办公室）启动申报评审工作，到2017年年底全国分4批公布了88座国家矿山公园。工业和信息化部工业文化发展中心从2017年开始推进了“国家工业遗产名录”的发布工作，至2019年公布了三批共102处国家工业遗产。中国科学技术协会与中国规划学会联合在2018年、2019年公布两批“中国工业遗产保护名录”，共200项。2016年～2019年中国文物学会和中国建筑学会分四批公布“中国20世纪建筑遗产”名录，共396项，其中工业遗产79项。各种学会和机构的成立已经将工业遗产研究推向跨学科的新阶段。

各地政府也逐渐重视。2006年，上海结合国家文物局的“三普”指定了《上海第三次全国普查工业遗产补充登记表》，开始近代工业遗产的普查，并随着普查，逐渐展开保护和再利用工作。同年，北京也开始对北京焦化厂、798厂区、首钢等北京重点工业遗产进行普查，确定了《北京工业遗产评价标准》，颁布了《北京保护工业遗产导则》。2011年，天津也开始全面展开工业遗产普查，并颁布了《天津市工业遗产保护与利用管理办法》。2011年，南京历史文化名城研究会组织南京市规划设计院、南京工业大学建筑学院和南京市规划编制研究中心，共同展开了对南京市域范围内工矿企业的调查，为期4年。提出了两个层级的标准，一个是南京工业遗产的入选标准，另一个是首批重点保护工业遗产的认定标准。2007年，重庆开展了工业遗产保护利用专题研究。同年，无锡颁布了《无锡市工业遗产普查及认定办法（试行）》，经过对全市的普查评定，于当年公布了无锡市第一批工业遗产保护名录20处，次年公布了第二批工业遗产保护名录14处。2010年，中国城市规划学会在武汉召开“城市工业遗产保护与利用专题研讨会”，形成《关于转型时期中国城市工业遗产保护与利用的武汉建议》。2011年武汉市国土规划局组织编制《武汉市工业遗产保护与利用规划》。规划选取从19世纪60年代至20世纪90年代主城区的371处历史工业企业作为调研对象，其中有95处工业遗存被列入“武汉市工业遗存名录”，27处被推荐为武汉市的工业遗产。

关于中国工业遗产的具体研究状况分别在每一卷中叙述，这里不再赘述。

3. 关于本套丛书的编写

1）国家社科基金重大课题的聚焦点

本套丛书是国家社科基金重大课题《我国城市近现代工业遗产保护体系研究》（12&ZD230）的主要成果。首先，课题组聚焦于中国大陆的工业遗产现状和发展设定课题。随着全球性后工业化时代的到来，各个国家和地区都开展了工业遗产的保护和再利用工作，尤其是英国和德国起步比较早。中国在工业遗产研究早期以介绍海外的工业遗产保护为主，但是随着中国产业转型和城市化进程，中国自身的工业遗产研究已经成为迫在眉睫的课题，因此立足中国现状并以国际理念带动研究是本研究的出发点。其次，中国的工业遗产是一个庞大的体系，如何在前人相对分散的研究基础上实现体系化也是本研究十分关注的问题。最后，工业遗产保护是跨学科的研究课题，在研究中以尝试跨学科研究作为目标。

课题组分析了目前中国工业遗产现状，认为在如下几个方面值得深入探讨。

（1）需要在国际交流视野下对中国工业技术史展开研究，为工业遗产价值评估奠定基础的体现真实性和完整性的历史研究；

（2）需要利用信息技术体现工业遗产的可视化研究，依据价值的普查和信息采集以及数据库建设的研究；

（3）需要在文物价值评价指导下针对中国工业遗产的系统性价值评估体系进行研究；

（4）需要系统的中国工业遗产保护和再利用的现状调查和研究，需要探索更加系统化的规划和单体改造利用策略；

（5）亟需探索工业遗产的再生利用与城市文化政策、文化事业和文化产业的协同发展。

针对这些问题我们设定了五个子课题，分别针对以上五个关键问题展开研究，其成果浓缩成了本套丛书的五卷内容。

《第一卷 国际化视野下中国的工业近代化研究》试图揭示近代中国工业发展的历史，从传统向现代的转型、跨文化交流的研究、近代工业多元性、工业遗产和城市建设、作为物证的技术史等几个典型角度阐释了中国近代工业发展的特征，试图弥补工业史在物证研究方面的不足，将工业史向工业遗产史研究推进，建立历史和保护的物证桥梁，为价值评估和保护再利用奠定基础。

《第二卷 工业遗产信息采集与管理体系研究》分为两部分。第一部分从历史的视角研究近代工业的空间可视化问题，包括1840～1949年中国近代工业的时空演化与整体分布模式、中国近代工业产业特征的空间分布、近代工业转型与区域工业经济空间重构。第二部分是对我国工业遗产信息采集与管理体系的建构研究，课题组对全国近1540处工业遗产进行了不同精度的资料收集和分析，建立了数据库，为全国普查奠定基础；建立了三个层级的信息采集框架，包括国家层级信息管理系统建构及应用研究、城市层级信息管理系统建构及应用研究、遗产本体层级信息管理系统建构及应用研究，最后进行了遗产本体层级BIM信息模型建构及应用研究。

《第三卷 工业遗产价值评估研究》对工业遗产价值理论进行了梳理和再建构，包括工业遗产评估的总体框架构思、关于工业遗产价值框架的补充讨论、文化资本的文化学评估——《中国工业遗产价值评估导则》的研究、解读工业遗产核心价值——不同行业的科技价值、文化资本经济学评价案例研究。从文化和经济双重视角考察工业遗产的价值评估，提出了供参考的文化学评估导则，深入解析了十个行业的科技价值，并尝试用TCM进行支付意愿测算，为进一步深入评估工业遗产的价值提供参考。

《第四卷 工业遗产保护与适应性再利用规划设计研究》主要从城市规划到城市设计、建筑保护等一系列与工业遗产相关的保护和再利用内容出发，调查中国的规划师、建筑师的工业遗产保护思想和探索实践，总结了尊重遗产的真实性和发挥创意性的经验。包括中国工业遗产再利用总体发展状况、工业遗产保护规划多规合一实证研究、中国主要城市工业遗产设计实证研究、中国建筑师工业遗产再利用设计访谈录、中国工业遗产改造的真实性和创意性研究等，为具体借鉴已有的经验和教训提供参考。

《第五卷 从工业遗产保护到文化产业转型研究》对我国工业遗产作为文化创意产业的案例进行调查和分析，探讨了如何将工业遗产可持续利用并与文化创意产业结合，实现保护和为社会服务双赢。包括工业遗产与文化产业融合的理论和背景研究、工业遗产保护与文化产业融合的区域发展概况、文化产业选择工业遗产作为空间载体的动因分析、工业遗产选择文化产业作为再利用模式的动因分析、工业遗产保护与文化产业融合的实证研究、北京文化创意产业园调查报告、天津棉三创意街区调查报告、从工业遗产到文化产业的思考，研究了中国工业遗产转型为文化产业的现状以及展示了走向创意城市的方向。

课题组聚焦于中国工业遗产的调查和研究，并努力体现如下特点：

（1）范围广、跨度大。目前中国大陆尚没有进行全国工业遗产普查，这加大了本课题的难度。课题组调查了全国31个省（市、自治区）的1500余处工业遗产，并针对不同的课题进行反复调查，获得研究所需要的资料。同时查阅了跨越从清末手工业时期到1949年后"156工程"时期中国工业发展的资料，呈现近代中国工业为我们留下的较为全面的遗产状况。

（2）体系化研究。中国工业遗产研究经过两个阶段：第一个阶段主要以介绍国外研究为主；第二个阶段以个案或者某个地区工业遗产为主的研究较多，缺乏针对中国工业遗产的、较为系统的研究。本研究对第一到第五子课题进行序贯设定，分别对技术史、信息采集、价值评估、再利用、文化产业等不同的侧面进行跨学科、体系化研究，实施中国对工业遗产再生的全生命周期研究。

（3）强调第一线调查。本研究尽力以提供第一线的调查报告为目标，完成现场考察、采访、问卷、摄影、测绘等信息采集，努力收录中国工业遗产的最前线的信息，真实地记录和反映了中国产业转型时代工业遗产保护的现状。

（4）理论化。本研究并没有仅仅满足于调查报告，而是根据调查的结果进行理论总结，在价值评估部分建立自己的导则和框架，为今后调查和研究提供参考。

但是由于我们的水平有限，还存在很多不足。这些不足表现在：

（1）工业遗产保护工作近年来发展很快，不仅不断有新的政策、新的实践出现，而且随着认识的持续深入和国家对于工业遗产持续解密，工业遗产内容日益丰富，例如三线遗产、军工遗产等内容都成为近年关注的问题。目前已经有其他社科重大课题进行专门研究，故本课题暂不收入。

（2）中国的工业遗产分布很广，虽然我们进行了全国范围的资料收集，但是这只是为进一步完成中国工业遗产普查奠定基础。

（3）棕地问题是工业遗产的重要课题。本研究由于是社科课题，经费有限，因此在课题设定时没有列入棕地研究，但是并不意味着棕地问题不重要，希望将棕地问题作为独立课题深入研究。

（4）我们十分关注工业遗产的理论探讨，例如士绅化问题、负面遗产的价值、记忆的场所等和工业遗产密切相关的问题。这些研究是十分重要的工业遗产研究课题，我们在今后的课题中将进一步研究。

2）国家社科重大课题的推进过程

本套丛书由天津大学建筑学院中国文化保护国际研究中心负责编写。2006年研究中心筹建的宗旨就是通过国际化和跨学科合作推进中国的文化遗产保护研究和教学，重大课题给了我们一次最好的实践机会。

在重大课题组中青木信夫教授是中国文化保护国际研究中心主任，也是中国政府友谊奖获得者。他作为本课题核心成员参加了本课题的申请、科研、指导以及报告书编写工作，他以海外学者的身份为课题提供了不可或缺的支持。课题组核心成员南开大学经济学院王玉茹教授从经济史的角度为关键问题提供了跨学科的指导。另外一位核心成员天津社会科学院王琳研究员从文化产业角度给予课题组成员跨学科的视野。时任天津大学建筑学院院长的张颀教授在建筑遗产改造和再利用方面有丰富的经验，他的研究为课题组提供了重要支持。建筑学院吴葱教授对工业遗产信息采集与管理体系研究给予了指导。何捷教授、VIEIRA AMARO Bébio助理教授在GIS应用于历史遗产方面给予支持。左进教授在遗产规划方面给予建议。中国文化遗产保护国际研究中心的教师郑颖、张蕾、胡莲、张天洁、孙德龙等参加了研究指导。研究中心的博士后、博士、硕士以及本研究中心的进修教师都参加了课题研究工作。一些相关高校和设计院的相关学者也参与了课题的研究与讨论。在研究过程中课题组不断调整、凝练研究目标和成果，在出版字数限制中编写了本套丛书，实际研究的内容超过了本套丛书收录的范围。

此重大课题是在中国整体工业遗产保护和再利用的大环境中同步推进的。伴随着产业转型和城市化发展，工业遗产的保护和再利用成为被广泛关注的课题。我们保持和国家的工业遗产保护的热点密切联动，课题组首席专家有幸作为中国建筑学会工业建筑遗产学术委员会、中国城科会历史文化名城委员会工业遗产学部、中国文物学会工业遗产专业委员会、中国建筑学会城乡建成遗产委员会、中国文物保护技术协会工业遗产保护专业委员会、住房和城乡建设部科学技术委员会历史文化名城名镇名村专业委员会等学术机构的成员，有机会向全国文化遗产保护专家请教，并与之交流。同时从2010年开始，在清华大学刘伯英教授的带领下，每年组织召开中国工业遗产年会，在这个平台上我们的研究团队有机会和不同学科的工业遗产研究者、实践者们互动，不断接近跨学科研究的理想。我们采访了工业遗产领域具有代表性的规划师、建筑师，在他们那里我们不断获得了对遗产可持续性的新认识。

在课题进行中，我们和法国巴黎第一大学前副校长MENGIN Christine教授、副校长GRAVARI-BARBAS Maria教授，东英吉利亚大学的ARNOLD Dana教授，联合国教科文组织世界遗产中心LIN Roland教授，巴黎历史建筑博物馆GED Françoise教授，东京大学西村幸夫教授，东京大学空间信息科学研究中心濑崎薰教授，新加坡国立大学何培斌教授，香港中文大学伍美琴教授、TIEBEN Hendrik教授，成功大学傅朝卿教授，中原大学林晓薇教授等进行了有关工业遗产相关问题的学术交流并获得启示。还逐渐和国际工业遗产保护协会加强联系，导入国际理念。2017年我们主办了亚洲最大规模的建筑文化国际会议International Conference on East Asian Architectural Culture（简称EAAC，2017），通过学者之间的国际交流，促进了重大课题的研究。我们还通过国际和国内高校工作营形式增强学生的交流。这些都促进了我们从国际化的视角对工业遗产保护相关问题的认识。

本课题组也希望通过智库的形式实现研究成果对于国家工业遗产保护工作的贡献。承担本重大课题的中国文化遗产保护国际研究中心是中国三大智库评估机构（中国社会科学院评价研究院AMI、光明日报智库研究与发布中心 南京大学中国智库研究与评价中心CTTI、上海社会科学院智库研究中心CTTS）认定智库，本课题的部分核心研究成果获得2019年CTTI智库优秀成果奖，2020年又获得CTTI智库精品成果奖。

长期以来团队的研究承蒙国家和地方的基金支持，相关基金包括国家社科基金重大项目（12&ZD230）及其滚动基金、国家自然科学基金面上项目（50978179、51378335、51178293、51878438）、国家出版基金、天津市哲学社会科学规划项目（TJYYWT12-03）、天津市教委重大项目（2012JWZD 4）、天津市自然科学基金项目（08JCYBJC13400、18JCYBJC22400）、高等学校学科创新引智计划（B13011）。天津大学学校领导及建筑学院领导对课题研究提供了重要支持。我们无法一一列举参与和支持过重大课题的同仁，谨在此表示我们由衷的谢意！

国家社科重大课题首席专家

天津大学 建筑学院 中国文化保护国际研究中心副主任、教授

Adjunct Professor at the Chinese University of Hong Kong

徐苏斌

2020年10月10日

目录

第4章 中国建筑师工业遗产再利用设计访谈录

第5章 中国工业遗产改造的真实性和创意性研究

第 1 章

中国工业遗产保护与再利用总体发展状况

1.1 中国工业遗产再利用的发展历程[①]

纵观我国的工业遗产利用发展历程，可以看出，我国对工业遗产利用的实践与研究是从城市设计的中观层面上发展起来的，这也奠定了工业遗产活化再利用与城市设计、建筑设计之间的联系与渊源，并影响到工业遗产活化再利用在理论研究层面的发展。工业遗产再利用发展的历程较短，发展及分布的规律也比较明显。工业遗产的再利用从零星研究的初步探索到初具规模，研究再利用的视点也从仅仅关注工业遗产建筑物的功能的再利用，向更为综合多元化的视角扩展；工业遗产再利用、产业地段更新，从单一性转向综合关注城市产业结构调整的有机更新这一全面深入发展阶段。

1984年我国政府开始推动城市经济体制的全面改革。2002年，第一产业在国民经济中所占的比例降至13.5%，我国已经进入工业化中期阶段。随着2002年11月党的十六大的召开，我国开始进入全面建设小康社会、加快推进社会主义现代化的新的发展阶段。此外尤为关键的是，2001年12月20日，由国务院办公厅、国家计委共同颁布《国务院办公厅转发国家计委关于“十五”期间加快发展服务业若干政策措施意见的通知》（国发办〔2001〕98号）及《“十五”期间加快发展服务业若干政策措施的意见》，在宏观政策支持下，拉开了我国城市“退二进三”的序幕[②]。城市中原有的工业所属划拨土地开始通过置换，实现功能性调整。2006年4月中国古迹遗址保护理事会在无锡起草并发布了《无锡建议》，这是我国首次以官方形式提出并明确对工业遗产的保护与重视。综上所述，本章按照三个阶段梳理我国工业遗产再利用的发展历程，即1984～2001年的工业遗产再利用探索阶段、2002～2006年的工业遗产再利用发展阶段、2007年至今的工业遗产再利用全面深入阶段。阶段划分及评价如下表所示（表1-1-1）。

工业遗产再利用发展阶段划分及评价表　　表1-1-1

阶段划分	进展评价
1992～2001年	工业遗产再利用研究没有形成系统性的研究，在其他文化遗产的保护与更新领域中对相关的内容有零星论述
2002～2006年	在逐渐确定工业遗产概念的基础上，我国的工业遗产更新与改造的案例成为研究的重点，通过对国外工业遗产更新实践的借鉴，探索中国工业遗产更新再利用的道路
2007年至今	工业遗产逐渐成为一个新的学术和社会关注热点，对更新与再利用案例的研究持续升温，研究角度与研究结果更加多样化

① 本节执笔者：彭飞、徐苏斌、青木信夫。

② http://www.ndrc.gov.cn/zcfb/zcfbqt/qt2003/t20050614_27481.htm.

1.1.1 中国工业遗产再利用的初期探索阶段

1）探索阶段社会背景与效应

1984年中国开始全面推动经济体制的改革。1992年邓小平同志发表南方谈话，同年10月中共十四大在北京召开，改革开放和我国城市的现代化建设进入了一个新阶段，中央政府充分肯定了在区域经济发展中城市的核心地位，城市的基础设施建设及城市基本功能的完善受到重视，不同主题导向下的城市发展战略层出不穷，例如老城区改造、经济开发区建设、国际性大都市建设等。随着改革开放的全面深化，市场经济建设成为经济社会建设的重点，资源配置的主要手段逐渐从行政调控向市场配置转变，城市化发展在市场化改革的强劲推动下一路前行。中共十四大召开后的十年时间里，全国地级以上城市的土地城市化与人口城市化水平增速显著，城市的城区面积不断向外延扩展①。此外，在1990～1994年间，东部沿海地区在大量外资引入、房地产开发热潮、经济技术开发等多方因素的影响下，加快了城市化发展进程，体现了极高的发展速度。华北平原、长江三角洲和珠江三角洲地区，自然地理条件优越，城市化已经达到较高程度，城市建成区人口密度大幅度提高，城市中建筑面积不断增大，市政及基础设施发展水平良好，后续发展动力充沛。1995～1999年，国家宏观调控政策发生转变，实施西部大开发战略，由于区域城镇建设用地基数较小、区域城市扩展有巨大的弹性空间，城市化增速超过东部地区。

这一时期，政府的相关城市及产业发展政策影响了城市建设用地的空间分布格局，城市建设用地逐年增幅巨大。市场经济体制取代原有的计划时代经济体制成为20世纪90年代最显著的特征。经济结构转型初期，经济发展水平保持了较强的增速，带动了原有土地利用类型的结构转变，并且呈现出明显的经济与区域发展差异。自此之后，科技革命和全球化加速使我国工业得到长足发展，但随之而来的资源消耗、环境污染、产出比过低等问题发人深省。我国多数的城市因工业而兴，但自20世纪90年代开始，随着产业重构、土地改革和住房私有化等趋势，西方城市更新的理念进入我国。西方的后工业文明也在对外交流的过程中引入：信息技术、生物技术等采用新的科技文明成果的工业生产模式在产业结构中所占的比重升高，促进了工业的转型升级，而信息技术等高新工业技术的介入也使服务业在经济中的占比逐渐突出，类似西方的大规模的城市更新项目开始在我国出现。

2）探索阶段再利用类型及总体分布特征

通过统计分析探索阶段的工业遗产再利用属性和特点，可以发现这一时期改造的工业遗产点的建造时间集中在1949年中华人民共和国成立之后。根据表中的收集信息（表1-1-2），

---

① 朱凤凯，张凤荣，李灿，等．1993-2008年中国土地与人口城市化协调度及区域差异[J]．地理科学进展，2014（05）：647-656.

可知有4处属于中华人民共和国成立之前的工业遗产点，但其中由天津北洋水师大沽船坞利用厂内旧址改造而成的天津北洋水师遗址纪念馆所利用的并非中华人民共和国成立之前的旧址。另外12处所利用的都是中华人民共和国成立之后的工业遗产点，并且不具备文物身份，属于一般性工业遗产。

1994～2001年再利用案例统计汇总表　　表1-1-2

名称	原用途	地区	改造时间
双安商场	北京手表厂	北京	1994
798艺术区	北京华北无线电联合器材厂	北京	1995
牡丹园小区	东风电视机厂厂房	北京	1995
官园批发市场	印刷厂厂房	北京	1995
环中商厦	上海照相机四厂厂房	上海	1995
登琨艳工作室	杜月笙旧粮仓	上海	1999
外研社印刷厂改造	外研社印刷厂	北京	1999
上海四行创意仓库	银行仓库	上海	1999
广州花卉博览公园	广州芳村鹤洞水泥厂	广东	1999
藏库酒吧	精密加工厂	北京	2000
上海M50创意园	上海春明粗纺厂（信和纱厂、信和棉纺厂等）	上海	2000
田子坊	弄堂工厂	上海	2000
天津北洋水师大沽船坞遗址纪念馆	天津市北洋水师大沽船坞遗址	天津	2000
北京大学核磁共振实验室	锅炉房	北京	2001
远洋艺术中心	新伟纺纱厂 工业厂房	北京	2001
中山岐江公园	粤中造船厂	广东	2001

从产业类型来看，探索阶段得到实施再利用的工业遗产类型有制造业、电力燃气及水的供应业、建筑业三大类，其中以制造业工业遗产所占比例最高，为88%，其他两类比例均为6%（图1-1-1）。从遗产再利用后的功能类型来看，包括城市公共空间、居住空间、与新兴产业结合、博物展览、教育建筑、复合功能的再利用（除新兴产业之外的第三产业，延续原有功能改扩建）几类，其中以与新兴产业结合和复合功能的再利用两类数量最多（图1-1-2）。从案例的年份分布来看，在这一发展阶段，以1999、2000年两年的案例数量最多（图1-1-3），再利用的案例集中分布于北京、上海、广东、天津四地，其中北京8处，上海5处，广东2处，天津1处（图1-1-4）。

最早出现的案例为利用原北京手表厂改建而成的北京双安商场，该项目属于城市发展过程中的城市更新项目，在改造设计中按照一般的民用建筑来进行了设计和功能的更新，

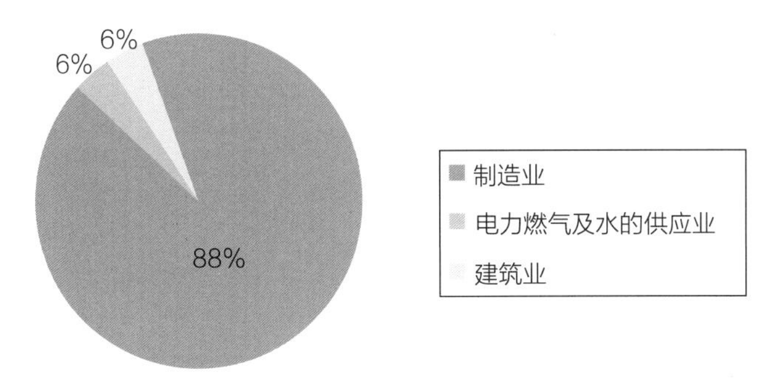

图1-1-1 探索阶段再利用行业占比

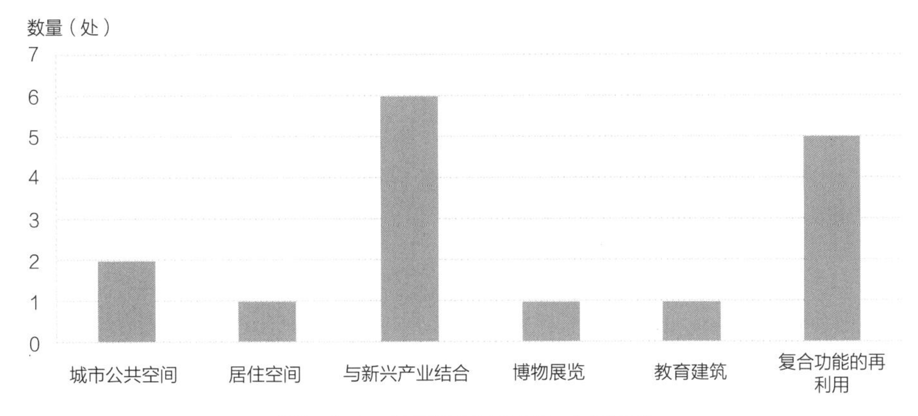

图1-1-2 探索阶段再利用后功能类型

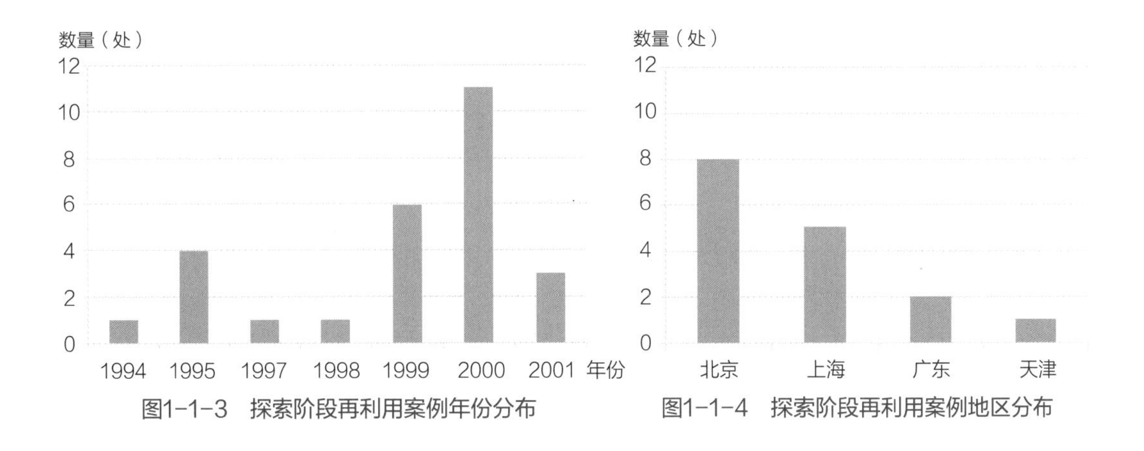

图1-1-3 探索阶段再利用案例年份分布

图1-1-4 探索阶段再利用案例地区分布

属于企业自身以经济目的为出发点的更新。其后出现的牡丹园小区、官园批发市场也属于这一类型。也是在这个过程中，孕育了798艺术区（1995年，中央美院雕塑系租用706厂仓库用于制作大型雕塑作品《卢沟桥抗日群像》，开798艺术区从工业遗产到创意文化艺术区之先河。此后大批艺术家和文化创作者受建筑形态和低廉租金的吸引，前来798艺术区进行艺术创作工作并居住于此）[①]。此后，在上海也出现了M50创意园，与798艺术区相似，M50创意园也是随着艺术家（2000年5月艺术家薛松进驻春明工业园区）的入驻而开始了成为创意产业园区的全新历程。广东中山岐江公园则是利用倒闭后的粤中造船厂旧址及厂区遗存的工业特色遗留物进行的景观设计及改造。

3）探索阶段的总结

在1984～2001年期间，尽管我国的工业化仍处于一个力度大、影响面广的阶段，但在经济发展迅速的城市中，工业已经逐渐进入了转型和衰败期。面临停业转产或是倒闭拆除的都是一些传统工业的工厂，多位于城市快速发展区域。通过前文的案例回顾可以看出，进行了更新再利用的16处工业遗产中，有75%都是在原有的国营工业企业破产、转产或是搬迁之后遗留的厂房基础上进行的。探索阶段的工业遗产再利用案例数量少，更新再利用后的功能转换的尝试有限，但为之后的工业遗产再利用发展奠定了基础，并且吸引了学者对其进行研究；从景观设计与景观更新改造的角度对工业遗产，尤其是城市滨水区的工业遗产，进行改造，在这一时期取得了较之其他方面更大的进展，也取得了一定的成果。

城市滨水地区最初作为城市的港口或是公共空间，起着贸易枢纽、军事要塞、城市生活等混合的空间作用；进入工业化时代后，滨水空间更多地承担了交通运输以及为工业供水与排水的功能，城市滨水地区聚集的工业遗产存在着大量的仓库、厂房、设备、船坞、码头等，并有与之配套服务的构筑设施及装卸设备，这些物质要素共同形成了城市滨水工业区不同于其他区域的特色景观。这些工业遗产不仅反映了城市特定时期的历史特征，也反映了工业化的历程，具有很高的历史与美学价值。在利用原粤中造船厂更新设计而成的中山岐江公园中，设计者保留了原来船厂的废旧设备和周围的自然植被，用现代的手法，在延续城市本身风格的同时，展现了城市工业生产的历程；充分利用当地自然资源，通过原有产业用地的再生，形成了为城市与市民服务的主题公园。中山岐江公园对“将工业遗产更新为城市公共空间”的模式进行了探讨，这种景观化改造的手法对后来的更新实践产生了较大的影响。

在探索阶段早期建设的工业区逐渐被快速的城市发展所包围，但是由于正处在发展经济的阶段，城市建设者尚未意识到对这些工业遗产保护再利用的重要性，仅有部分企业和个人在自发的情况下对工业遗产进行了再利用，如前文提到的北京一些老的国营厂房的商业改造、798艺术区的形成等。更新与再利用多是所有者或使用者基于经济或使用的出发点自发形成的。一方面，这形成了一批关注工业遗产保护与更新的学者与设计师，同时也将工业遗产的概念逐步引入公众视野；另一方面，由于政府方面仍缺乏对工业遗产充分的认识，再利用过程中欠缺统一的管理与引导理念，形成“各自为战”的局面，对工业遗产再

---

① 马承艳. 工业遗产再利用的景观文化重建——以北京798和上海M50为例[D]. 西安：西安建筑科技大学，2009.

利用的着眼点也主要集中于建筑本身的艺术、历史与经济价值上。

1.1.2 从被动到主动的发展阶段

1）发展阶段的社会背景

2002～2006年之间，中国处于一轮高速的经济增长中，根据《中国统计年鉴》（2008）[①]数据可知，这一时期的城市化年均增长率达到1.64%，城市的高速发展呈现出势不可挡的态势。高速的城市化对资源的优化配置、产业结构的升级、社会及经济的发展等诸多方面均产生了重要的作用。这一阶段城市建设呈现出旧城区的改造与开发区的新建并行的趋势，城市化逐渐由单一量的扩张向量与质共重的阶段过渡。

国外和国内出现了一系列对工业遗产再利用有深远意义的宪章与事件。国际上影响较大的事件主要体现在2003年7月国际工业遗产保护协会TICCIH起草并获得联合国教科文组织批准的《下塔吉尔宪章》，宪章明确并阐述了工业遗产的定义；2006年4月由中国古迹遗址保护理事会起草并发布《无锡建议》。

针对工业基地的转型与结构调整，国务院于2003年10月1日发布了《关于实施东北地区等老工业基地振兴战略的若干意见》（中发〔2003〕11号），意见中指出要充分发挥东北地区旅游资源丰富、独具特色的优势，大力发展旅游业，积极发展第三产业，加大老工业基地中心城市土地置换、“退二进三”等政策的实施力度。

2000年国土资源部下发了《关于申报国家地质公园的通知》，4年后又针对矿山公园的申报出具了相应政策，并且提出了对采矿废弃地的环境治理、生态修复、原有产业结构的转变，以及以由资源枯竭型发展方式向可持续方式的转变来推动矿山企业走可持续发展的道路等多项理念。此后国土资源部组织并建构了由政府其他相关部门、单位及科研院所组成的“国家矿山公园领导小组”及“国家矿山公园评审委员会”[②]。2005年，中国第一批国家矿山公园申报材料的初审以及经验交流会在福建省福州市召开，福建寿山等7家申报国家矿山公园的单位演示了各自精心制作的申报片；此后，对全国各地申报的国家矿山公园进行评选与建设，并在2005年8月评审通过了全国范围内的首批28处国家矿山公园。2006年1月国土资源部发布关于加强国家矿山公园建设的通知。

此外，在这一时期，社会各方面对工业遗产旅游的开发给予了更多的关注，如胡江路（2005）对大连市工业遗产旅游的开发进行研究。同时，中国自2004年开始认定的多个工业旅游示范点也为利用工业遗产作为旅游项目起到了带动作用，如列入全国工业旅游示范点的鞍山钢铁集团、沈阳航空博览园、大连盛道玻璃制品厂等。

---

① 谢伏瞻主编. 中国统计年鉴（2008）[M]. 北京：中国统计出版社，2009.

② 王希智. 城市矿山区景观化再生方法[D]. 同济大学，2008.

2）发展阶段类型及分布特征

通过统计分析发展阶段的工业遗产再利用属性与特点，可以发现这一时期的改造所涉及的工业遗产点的建造时间范围更为广泛。笔者收集了这个时期比较典型的42个案例，有18处属于1949年中华人民共和国成立之前的工业遗产，比例较探索时期有了大幅度的提升，并且由于这18处工业遗产中包括了首批批准的国家矿山公园，其中一些矿场、矿坑的开采历史可以追溯至隋唐或更早时期，因此历史跨度更为广泛。所利用的工业遗产中有5处具备文物身份，其余37处均属于一般性工业遗产（表1-1-3）。

2002～2006年再利用案例统计汇总表　　表1-1-3

名称	原用途	地区	改造时间
北新桥厂房改造	旧厂房	北京	2002
天津美院现代艺术学院	原址为蔡家花园	天津	2002
万科水晶城天波项目运动中心	天津玻璃厂	天津	2003
青岛啤酒博物馆	青岛啤酒厂	山东	2003
卓维 700创意园	上海织袜二厂	上海	2003
八号桥	上海汽车制动器厂	上海	2003
无锡运河公园	原米市粮油运输仓储加工业集中地	江苏	2004
上海滨江创意产业园	美国通用电气公司上海电机辅机厂	上海	2004
坦克库·重庆当代艺术中心	坦克仓库	重庆	2004
华侨城创意文化园	华侨城东部工业区	广东	2004
北京五方院精品湘菜馆	中科院仪器厂 珩车车间	北京	2005
北京嘉铭桐城会所	工业厂房	北京	2005
U-CLUB 上游开场	天津涡轮机厂两栋红砖厂房	天津	2005
信义·国际会馆	广东水利水电机械制造厂	广东	2005
同乐坊	上海金属丝网厂等数十家弄堂工厂	上海	2005
南京宝船遗址公园	龙江宝船厂	江苏	2005
2577创意大院	江南制造总局	上海	2005
城市雕塑主题艺术馆	上海钢铁十厂	上海	2005
河北任丘华北油田国家矿山公园	任丘华北油田	河北	2005
浙江省温岭长屿硐天国家矿山公园	历代采石遗址	浙江	2005
浙江宁波宁海伍山海滨石窟国家矿山公园	历代采石矿遗址	浙江	2005
广东省深圳鹏茜国家矿山公园	大理石矿	广东	2005
青海省格尔木察尔汗盐湖国家矿山公园	察尔汗盐湖	青海	2005

续表

名称	原用途	地区	改造时间
宁夏回族自治区石嘴山国家矿山公园	惠农采煤沉陷区	宁夏	2005
张之洞与汉阳铁厂博物馆	汉阳钢厂旧址	湖北	2005
751D·PARK 北京时尚设计广场	北京无线电动力厂	北京	2006
北京一号地国际艺术区D区	北京市京广铝业联合公司老厂房	北京	2006
大连15号库创意产业园	工业仓库	辽宁	2006
创意100产业园	青岛刺绣厂厂房	山东	2006
艺匠351艺术中心	济南电焊机厂	山东	2006
A8艺术公社	八丈井工业园区	浙江	2006
X2创意空间	亚华印刷机械厂	上海	2006
湖丝栈创意园区	丝绸加工企业作坊	上海	2006
创邑·河	国棉五厂（大明橡胶厂）	上海	2006
福建马尾船厂活化利用	福建马尾造船厂	福建	2006
501艺术基地	战备物流仓库	重庆	2006
空间 188创意园	上海无线电八厂	上海	2006
静安创艺空间	上海五和针织二厂	上海	2006
北京平谷黄松峪国家矿山公园	黄松峪金矿	北京	2006
湖北省黄石国家矿山公园	黄石铁矿	湖北	2006
湖北黄石国家矿山公园大冶铁矿博物馆	汉冶萍公司大冶铁矿旧址	湖北	2006
厂史陈列馆	福州马尾船厂	福建	2006

从产业类型来看，发展阶段得到实施再利用的工业遗产类型有制造业、电力燃气及水的供应业、建筑业、交通运输业、采矿业五大类，较初期探索阶段增加了采矿业这一类型。其中，以制造业工业遗产所占比例最高，为74%，采矿业所占比例为19%，建筑业所占比例为3%，其余两类所占比例均为2%（图1-1-5）。从遗产再利用后的功能类型来看，其用途包括城市公共空间、居住空间、与新兴产业结合、博物展览、教育建筑、复合功能的再利用、工业遗产旅游等功能，较之前一个阶段增加了工业遗产旅游这一功能。其中案例数量以与新兴产业结合最多，共计19处，其次是工业遗产旅游，共计8处，博物展览5处，复合功能的再利用4处，作为城市公共空间2处，居住空间3处，教育建筑1处（图1-1-6）。从案例的年份分布来看，在这一发展阶段，以2005、2006两年的案例数量最多（图1-1-7）。再利用的案例开始向全国更广泛的范围内分布，包括河北、山东、上海、天津、北京、福建、重庆、青海、浙江、广东、湖北、宁夏、江苏、辽宁等14个省市，其中北京、上海分布数量最多（图1-1-8）。

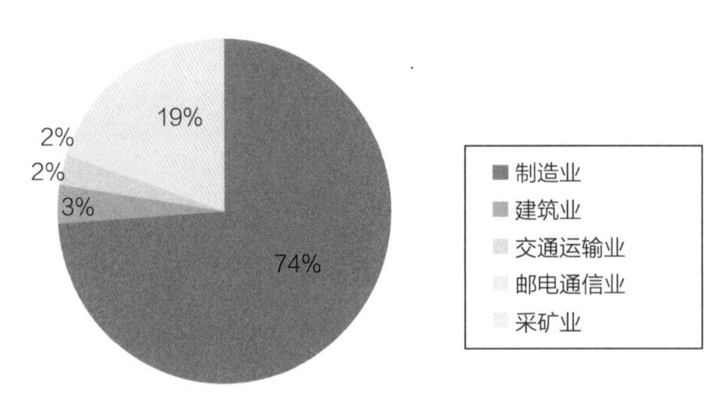

图1-1-5　发展阶段工业遗产再利用行业占比

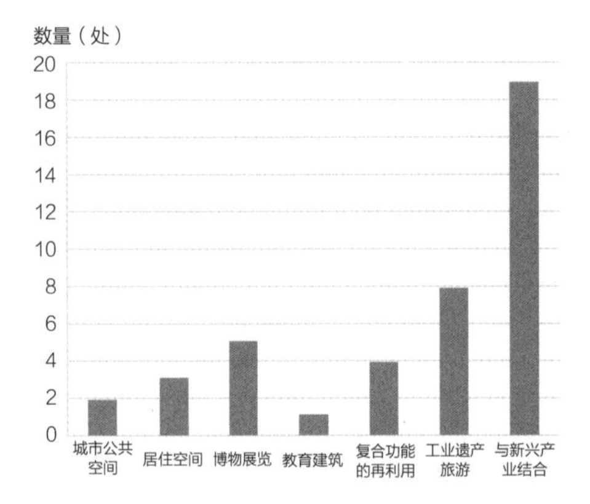

图1-1-6　发展阶段再利用后功能类型

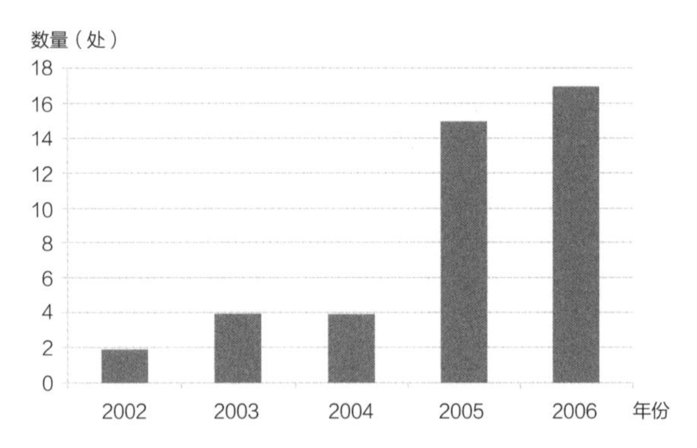

图1-1-7　发展阶段再利用案例年份分布

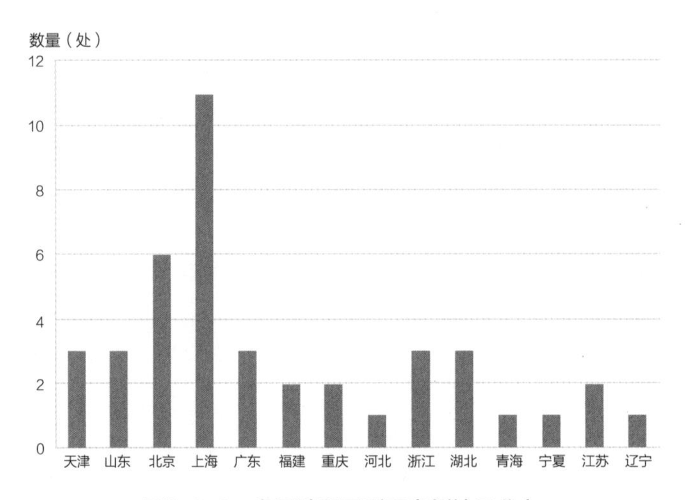

图1-1-8　发展阶段再利用案例地区分布

3）发展阶段的总结

国内这一时期工业遗产再利用所体现出的特点则是再利用常伴随着高强度的城市土地开发与城市中心区更新，如北京的快速城市化进程、广州的“三旧”改造等。工业遗产再利用与城市发展的矛盾突出。在改造再利用实践方面，呈现出后工业景观、工业旅游、棕地生态修复、工业建筑遗产利用多点开花，实践案例不断增多的局面。对工业遗产的再利用也开始注重群体与区域的概念，提出了工业遗产风貌区与遗产廊道的概念。

工业遗产历史风貌区，是参照历史文化遗产中对文物古迹比较集中或能完整地体现出某一历史时期传统风貌和民族地方特色的街区、建筑群、小镇村落等作为当地各级历史文化保护区的概念提出的。由于城市中工业遗产多是离散分布，可能存在达不到历史文化街区的标准，却保存着重要历史和人文信息的区域。与历史文化名城保护体系中文化遗产点、文化遗产街区、历史文化名城的分层次的保护体系相对应，工业遗产历史风貌区相当于工业遗产点、工业遗产群之间的中观层面，有益于工业遗产再利用中观层面的丰富。

基于遗产保护区域化趋势与绿色通道的概念，遗产廊道的概念发展起来（Zube，1995；Diamant，1991；Cameron，1993）。作为遗产区域的一种主要形式，遗产廊道属于遗产区域的概念范畴，其中相应的历史文化资源体现出沿着道路或是河流等线索分布的特征，通常带有明显的经济中心、蓬勃发展的旅游、老建筑的适应性再利用、娱乐及环境改善（Searns，1995）。作为一种线性的遗产区域，遗产廊道把文化意义提到首位，主要采用区域而非局部点的观点进行遗产的保护与再利用，同时作为一个综合的保护体系，涵盖了自然、经济、历史文化等多方面的目标。

工业遗产廊道体现为以产业建筑遗产为主的线性遗产分布（王志芳，孙鹏，2001；俞孔坚，2003；俞孔坚等，2004；李迪华，2006；单霁翔，2006；朱强，李伟，2007），构成其核心资源的是呈线性分布的工业遗产或工业文化景观。在此类工业遗产的再利用中，沿主要交通运输线路线性分布的工业遗产，通过构建绿色通道（Greenway）和解说系统的方式，结合一定空间范围内的遗产地的历史、文化资源，在对于遗产本体的保护、经济活力的重塑、生态环境的再造等方面综合发展，打破传统的地域限制。目前对工业遗产廊道的再利用研究有京杭大运河江南段（朱强）、丝绸之路等。

如前文所述，在探索阶段出现了以地产开发为导向的工业遗产再利用。地产导向所借鉴的是国外的概念，原是指在城市更新中，开发商对工业建筑遗产进行房地产开发的逐利行为。19世纪60年代初期，位于美国东海岸的波士顿和巴尔的摩由于产业的调整，城市经济衰败，为了振兴经济，这两地于20世纪60年代开始了港口滨水区的城市更新改造，通过开发的方式发展会议中心和大型办公楼，翻新仓库、市场、时装店、酒吧、餐厅和酒店，并重振旧居住区。地产导向型的工业遗产再利用改造在我国的体现则是将工业遗产所在用地的性质转为居住用地或商业用地，通常表现为政府将工业遗产所在土地收为国有后，通过“招拍挂”的方式将原工业用地在土地一级市场将原有土地进行出让，委托于新的使用者进行功能重置与开发，例如公开出让后改为居住用地的天津万科水晶城。天津万科水晶城位于原天津玻璃厂旧址，保留了部分工业建筑、构筑物与老厂区原有的景观资源，在赋予新功能的同时保留了吊装车间、铁轨、水塔，并作为新建社区历史文脉的延续[①]。在这种情况下，用地获得者不会轻易放弃对土地的大规模更新，工业遗产一般只有部分能够得以保留，得到重视的也只有部分工业景观元素，装置设备或构筑物存续的可能性较大，工业遗产大部分被拆除重建，或是因其良好的区位而被高强度的开发所覆盖。

1.1.3 从增量到存量的全面深入阶段

1）全面深入阶段的社会背景与效应

2004年原国土资源部发布了《关于申报国家矿山公园的通知》，第一次提出了国家矿山公园的概念，并于2005年审批通过了28个国家矿山公园。2006年之后，国内对工业遗产的认识空前高涨，在随后进行的第七次全国性文物普查中，首次将工业遗产作为单独的遗产种类开展普查，各地文物系统也对属地的工业遗产及潜在工业遗产进行了详实的调查。在城市产业布局调整及发展经济的基础之上，工业遗产的再利用实践案例数量呈直线上升的态势，实践案例分布遍及全国各地。2007年国家旅游局公布的工业旅游示范点中，包含大量的工业遗产。2009年《矿山地质环境保护规定》发布施行，同年位于辽宁阜新的亚洲最大海州露天煤矿变身国家矿山公园，于7月27日正式开园。2010年国土资源部公布的第二批国家矿山公园33处。至此，国家矿山公园已达到61处，其中17家开园。2012年全国“矿山复绿”行动正式启动，国土资源部办公厅下发《全国“矿山复绿”行动方案》通知。 2013年第三批国家矿山公园资格单位进行公示。2016年国土资源部、工业和信息化部财政部、环境保护部、国家能源局发布《关于加强矿山地质环境恢复和综合治理的指导意见》。2017年根据《国土资源部办公厅关于开展国家地质公园和国家矿山公园专家推荐工作的函》提出建设国家地质公园和国家矿山公园专家库。2017年11月，国土资源部拟授予中国16家单位矿山公园的资格并进行公示（表1-1-4）。

四批国家矿山公园在各省市的分布 表1-1-4

序号	地区	2005年第一批	2010年第二批	2013年第三批	2017年第四批
1	湖北	▲	▲	▲▲	▲▲
2	安徽	▲	▲▲		
3	北京	▲	▲▲	▲▲	
4	河北	▲▲▲	▲		
5	山西	▲	▲		
6	辽宁	▲			▲
7	吉林	▲	▲	▲	

① 王受之. 水晶城：历史中构筑未来[M]. 北京：东方出版社，2006.

续表

序号	地区	2005年第一批	2010年第二批	2013年第三批	2017年第四批
8	内蒙古	▲▲	▲▲		▲▲
9	黑龙江	▲▲▲	▲▲▲		
10	江苏	▲	▲		
11	浙江	▲	▲▲		▲▲
12	福建	▲▲			▲
13	江西	▲	▲▲	▲	▲▲
14	山东	▲	▲▲▲		
15	河南	▲	▲▲		
16	湖南		▲▲	▲	▲▲
17	广东	▲▲▲	▲	▲▲	▲
18	广西		▲▲		
19	重庆		▲		▲▲
20	四川	▲	▲		
21	贵州	▲			
22	云南		▲		
23	甘肃	▲	▲	▲	
24	青海	▲			
25	宁夏		▲		
26	新疆			▲	
27	海南				▲

工业遗产再利用案例在数量、规模和分布范围上都比之前有了很大提升。工业遗产再利用后的使用模式、设计时的理念与建筑师的形式表达都不断出现新思路。在诸多学者和实践工作者的不断总结与实践中，工业遗产再利用的策略与实践得到不断完善。而这一时期新兴产业尤其是创意产业和工业遗产再利用的互动结合，成为城市工业遗产功能转化的新方向。部分城市和地区已在城市总体规划中纳入工业遗产专项规划，并为之出台了针对工业遗产再利用的专项法规。如《北京中心城（01-18片区）工业用地整体利用规划研究》、2011年通过的《新首钢高端产业综合服务区规划》、2012年公布的《洛阳涧西工业遗产保护规划》、2012年公布的《武汉市工业遗产保护与利用规划》，杭州、南京、无锡等地编制了市区的工业遗产保护规划，太原、大连多地也已把工业遗产的专项规划列入总体规划中。

在全面深入阶段中，城市开始面临更多的更新问题，尤其是城市中的老工业区。一方面，中国的城市多数都是在工业基础上发展起来的。改革开放三十余年以来，中国的城市土地政策为工业化提供了廉价土地和土地出让金收益，支撑了高速工业化和中国经济长久的高速增长势头，但粗放的经济发展模式与不合理的产业结构弊端日益彰显，并成为发展道路上的制约。为谋求更大的社会福利，中国政府不断结合市场机制，利用政策引导产业转移和升级，合理调整城市用地的结构和规划，城市盲目扩张的现象正得到缓解，城市更新、土地集约利用与建设用地减量提质成为城市发展的新机遇。

另一方面，目前中国城市发展的现状仍体现为多数城市以工业为主导，工业用地在城市中所占比例较高但产出较低，造成城市用地紧张、土地使用效率低下、城市公共空间匮乏、景观舒适度较差等现象。总建设用地中，工业用地所占比例一直高居在超过总量三分之一的水平；城市内部工业用地占比也过高，一般在20%以上，有些甚至超过30%，远高于国外15%的水平。以上海为例，目前全市工业用地约占全市建设用地的三分之一，但每平方公里产出较低，仅为一些国际化大都市的十分之一到四分之一。

2）全面深入阶段的类型及分布特征

通过统计分析全面深入阶段的工业遗产再利用属性与特点，可以发现这一时期的改造所涉及的工业遗产点的建造时间范围非常全面。笔者收集了这个时期的185个典型案例，其中有19%属于1949年中华人民共和国成立之前的工业遗产，所占比例并不高，由于其中包括了获得批准的国家矿山公园，其中的一些矿场矿坑的开采历史可以追溯至更早历史时期，历史跨度极为广泛。所利用的工业遗产中有14处具备文物身份，其余171处均属于一般性工业遗产的再利用（表1-1-5）。

2007年至今再利用案例统计汇总表 表1-1-5

名称	原用途	地区	改造时间
718传媒文化创意园	北京石棉厂	北京	2007
铁西工人村生活馆	原工人村苏式红砖工人宿舍楼	辽宁	2007
青岛国宴厨房	日本汽车修理厂	山东	2007
青岛天幕城	青岛印染厂及丝织厂厂房	山东	2007
西安么艺术中心	唐华一印厂 印染厂房	陕西	2007
西安建筑科技大学东校区（华清校区）	陕西钢厂	陕西	2007
天津6号院创意产业园	英国怡和洋行仓库	天津	2007
抽纱厂艺术创意室	济南抽纱厂	山东	2007
红星路35号文化创意产业园	红星路一段的成都君印厂闲置厂房	四川	2007
羊城创意产业园	广州化学纤维公司（广州化学纤维厂）	广东	2007
1506创意园	建国陶瓷厂	广东	2007
杭印路LOFT49	杭州化纤厂（蓝孔雀化学纤维股份有限公司）	浙江	2007
晨光1865科技·创意产业园	晨光机械厂（金陵制造局）	江苏	2007

续表

名称	原用途	地区	改造时间
1933老场坊	上海工部局宰牲场	上海	2007
武汉万科润园	中国重要精密仪器制造工厂517工厂	湖北	2007
武汉硚口民族工业博物馆　武汉新工厂电子商务产业园	硚口武汉铜材厂（水箱铜带车间和热轧车间）	湖北	2007
建桥69创意园	沪东机床厂大件加工装配油漆车间	上海	2007
吉林省白山板石国家矿山公园	通钢集团板石矿业公司	吉林	2007
黑龙江省嘉荫乌拉嘎国家矿山公园	斑岩型金矿及晚白垩纪恐龙埋葬群	黑龙江	2007
浙江省遂昌金矿国家矿山公园	黄岩坑古矿洞、古代金银矿、遂昌金矿	浙江	2007
无锡中国民族工商业博物馆	无锡茂新面粉厂	江苏	2007
沈阳铁西铸造博物馆	沈阳铸造厂 翻砂车间	辽宁	2007
硚口民族工业博物馆	硚口古田一路28号原武汉铜材厂	湖北	2007
北京尚8创意产业园	北京电线电缆总厂老厂房	北京	2008
沈阳钟厂创意产业园	沈阳钟表厂	辽宁	2008
中联U谷2.5产业园	青岛显像管厂	山东	2008
辰赫创意产业园	天津内燃机磁电机厂	天津	2008
浙窑陶艺公园	石祥船坞（杭州市港航公司船坞修理厂）	浙江	2008
常州运河五号创意街区	常州第五纺织厂、常州梳篦厂等	江苏	2008
E仓创意产业园	上汽集团零配件仓库	上海	2008
内蒙古自治区赤峰巴林石国家矿山公园	巴林石矿产遗址	内蒙古	2008
内蒙古自治区满洲里扎赉诺尔国家矿山公园	扎赉诺尔煤矿及煤田	内蒙古	2008
福建省福州寿山国家矿山公园	田黄石、寿山石开采遗址	福建	2008
江西省景德镇高岭国家矿山公园	古高陵瓷土矿遗址	江西	2008
河南省南阳独山玉国家矿山公园	独山玉矿业遗址	河南	2008
内蒙古工业大学建筑馆	内蒙古工业大学机械厂铸造车间	内蒙古	2009
“红锦坊”19壹9艺术工坊	青岛国棉一厂厂房	山东	2009
青岛中联创意广场	青岛电子医疗仪器厂旧厂区	山东	2009
3526创意工场	华津制药厂（原3526军工厂）	天津	2009
红专厂创意艺术区	广州鹰金钱食品厂（罐头加工工厂）	广东	2009
1850创意产业园	金珠江双氧水厂	广东	2009
明孝陵博物馆新馆	南京手表厂（江南钟表厂）	江苏	2009
南京世界之窗创意产业园（创意东八区）	南京蓝普电子股份有限公司、南京汽车仪表厂等	江苏	2009
宝钢大舞台	特种钢炼铸车间	上海	2009
汉阳造文化创意产业园（824创意工厂）	原824工厂（原鹦鹉磁带厂）	湖北	2009
潇湘景观带——裕湘纱厂遗存	裕湘纱厂遗存（大门、钟楼、办公楼、栈道、码头）	湖南	2009

续表

名称	原用途	地区	改造时间
武汉万科茂园（武汉万科金域华府）	武建集团建筑构件二厂	湖北	2009
唐山开滦国家矿山公园	开滦唐山矿业公司	河北	2009
黑龙江省鸡西恒山国家矿山公园	小恒山煤矿立井矿业遗址、采煤沉陷区	黑龙江	2009
辽宁省阜新海州露天矿国家矿山公园	辽宁省阜新海州露天煤矿	辽宁	2009
江苏省盱眙象山国家矿山公园	清代后期象山建材矿山	江苏	2009
黑龙江省鹤岗市国家矿山公园	新一矿、岭北煤矿、日本秘密地下工事	黑龙江	2009
广东省韶关芙蓉山国家矿山公园	有色金属开采、煤矿、石灰岩矿	广东	2009
广东省深圳凤凰山国家矿山公园	芙蓉石场、辉绿石矿	广东	2009
四川省丹巴白云母国家矿山公园	丹巴白云母矿	四川	2009
朝阳1919影视园	北京生物制品研究所大院	北京	2010
建院小三楼改扩建	北京市建筑设计研究院小三楼 单身宿舍	北京	2010
T.I.T构思园	广州纺织机械厂	广东	2010
天河区东员村五横路	员村热电厂　广州北岸9号码头	广东	2010
杭州新天地工厂	杭州机械厂旧址	浙江	2010
良渚玉文化产业园	良渚玉宗扑克有限公司、郑氏纺织有限公司等	浙江	2010
N1955（南下塘）文化创意园	无锡压缩机厂旧厂房	江苏	2010
7316厂地块改造	7316军工厂	江苏	2010
创意中央（MATRIX会所）	南京油嘴油泵厂	江苏	2010
半岛1919	上海市第八棉纺织厂	上海	2010
创盟国际军工路办公室	第五化纤厂	上海	2010
宁波书城	太丰面粉厂	浙江	2010
苏纶场	苏纶纺织厂（织造车间）	江苏	2010
苏州市建筑设计研究院办公楼	美西航空机械设备厂	江苏	2010
平江府酒店改造设计	苏州第三纺织厂	江苏	2010
深圳三洋厂房改造（蛇口南海意库创意产业园）	工业厂房	广东	2010
深圳力嘉文化产业园	力嘉旧厂房	广东	2010
福州芍园壹号	福州家具厂	福建	2010
厦门集美集创意园区	集美区银江路132号旧工厂	福建	2010
上海红坊雕塑公园	上钢十厂轧钢厂厂房	上海	2010
北京怀柔圆金梦国家矿山公园	北京怀柔崎峰茶金矿（2000年闭坑开采十余年）	北京	2010
河北迁西金厂峪国家矿山公园	迁西金矿及铁矿遗址	河北	2010
山西大同晋华宫矿国家矿山公园	晋华宫矿煤矿	山西	2010
内蒙古自治区林西大井国家矿山公园	赤峰大井银铜矿	内蒙古	2010
内蒙古自治区额尔古纳国家矿山公园	额尔古纳河砂金矿及采矿遗址	内蒙古	2010

续表

名称	原用途	地区	改造时间
吉林省辽源国家矿山公园	泰信采碳所及煤矿遗址	吉林	2010
黑龙江省黑河罕达气国家矿山公园	原砂金矿及开采遗址	黑龙江	2010
黑龙江省大兴安岭呼玛国家矿山公园	清代、近代、现代砂金开采遗址	黑龙江	2010
江苏省南京冶山国家矿山公园	南京冶山铁矿	江苏	2010
安徽省铜陵市铜官山国家矿山公园	自古代至当代采铜遗址	安徽	2010
安徽省淮南大通国家矿山公园	淮南煤矿	安徽	2010
甘肃省金昌金矿国家矿山公园	金昌金矿	甘肃	2010
秦皇岛市玻璃博物馆	耀华玻璃厂1922	河北	2010
江西省德兴国家矿山公园	德兴铜矿	江西	2010
江西省萍乡安源国家矿山公园	安源煤矿	江西	2010
山东省沂蒙钻石国家矿山公园	沂蒙钻石矿业	山东	2010
山东省临沂归来庄金矿国家矿山公园	临沂归来庄金矿	山东	2010
山东省枣庄中兴煤矿国家矿山公园	枣庄中兴煤矿	山东	2010
山东省威海金洲国家矿山公园	威海金洲金矿	山东	2010
河南省焦作缝山国家矿山公园	煤矿、石灰岩开采遗址	河南	2010
河南省新乡凤凰山国家矿山公园	石灰岩、泥灰岩开采遗址	河南	2010
湖北省应城国家矿山公园	石膏、井盐开采遗址	湖北	2010
湖南省郴州柿竹园国家矿山公园	郴州有色金属矿及钼矿冶炼遗址	湖南	2010
广东省梅州五华白石嶂国家矿山公园	白石嶂钼矿	广东	2010
广西壮族自治区合山国家矿山公园	合山煤矿采矿遗址	广西	2010
广西壮族自治区全州雷公岭国家矿山公园	雷公岭锰矿	广西	2010
四川省嘉阳国家矿山公园	嘉阳煤矿旧址	四川	2010
重庆市江合煤矿国家矿山公园	重庆市江合煤矿	重庆	2010
甘肃省白银火焰山国家矿山公园	露天矿区、铁矿及铜矿开采遗址	甘肃	2010
洛阳东方红农耕博物馆	洛阳中国一拖	河南	2010
水电博物馆	石龙坝水电站	云南	2010
中国扇博物馆	杭一棉（通益公纱厂）	浙江	2010
中国刀剪剑博物馆、中国伞博物馆	杭州桥西土特产仓库	浙江	2010
杭州近代工业博物馆	杭州红雷丝织厂	浙江	2010
企业展馆、城市主题展馆	上海江南造船厂	上海	2010
唐山启新中国水泥工业博物馆	河北省唐山市启新水泥厂旧址	河北	2010
通利园商务创意园	上海无线电模具厂	上海	2011
莱锦创意产业园	北京第二棉纺织厂生产厂房	北京	2011
天津意库创意街	天津红桥地毯厂	天津	2011
艺华轮创意工场	天津机车车辆厂	天津	2011
意匠老商埠9号	英美糖酒公司的办公楼和仓库旧址	山东	2011

续表

名称	原用途	地区	改造时间
杭州理想·丝联166创意产业园	杭州丝绸印染联合厂	浙江	2011
成都东区音乐公园（后更名“东郊记忆”）	红光电子管厂	四川	2011
杭州市之江文化创意园	杭州转塘双流水泥厂	浙江	2011
上海国际时尚中心	国棉十七厂	上海	2011
鸿盛楼食府餐厅	鸿生火柴厂老仓库	江苏	2011
苏州第一丝织厂	苏州第一丝织厂	江苏	2011
同济大学办公新址改造设计	上海汽车一厂（公交场站、停车场）	上海	2011
空军天津路临江饭店	亚细亚火油公司汉口分公司	湖北	2011
河北武安西石门铁矿国家矿山公园	河北武安西石门铁矿	河北	2011
泉州源和堂1916园区	源和堂蜜饯厂	福建	2011
福建省上杭紫金山国家矿山公园	紫金山金矿、铜矿	福建	2011
安徽省淮北国家矿山公园	采煤遗址	安徽	2011
贵州省万山汞矿国家矿山公园	万山汞矿	贵州	2011
云南省东川国家矿山公园	东川铜矿	云南	2011
手工艺活态展示馆	杭州第一棉纺厂三号厂房	浙江	2011
四川广安“三线”工业遗产陈列馆	四川广安永光厂旧址，梭罗场镇	四川	2011
成都工业文明博物馆	成都市国营第715厂	四川	2011
柳州工业历史博物馆	柳州市第三棉纺厂	广西	2011
玻璃博物馆	上海玻璃厂	上海	2011
北京寺上美术馆	食品加工厂工业厂房	北京	2011
万山汞矿工业遗产博物馆	铜仁市原贵州汞矿	贵州	2011
潞绸文化产业园	高平丝织印染厂	山西	2012
巷肆创意产业园	天津橡胶制品四厂	天津	2012
西街工坊文化创意产业园	济南皮鞋厂	山东	2012
广州联合交易园区	华南缝纫机厂和五羊本田（广州）分公司	广东	2012
海珠创意产业园	南华西第五工业区	广东	2012
百分百创意广场	深圳市龙岗区布吉李朗平湖物流园区	广东	2012
福州闽台AD创意园	环保设备厂	福建	2012
厦门沙坡尾创意港	冷冻厂等	福建	2012
北京首云国家矿山公园	北京市密云县巨各庄镇	北京	2012
山西省太原西山国家矿山公园	西山煤电集团白家庄矿	山西	2012
湖南省宝山国家矿山公园	湖南宝山有色金属矿业古代、现代采矿遗址	湖南	2012
上海当代艺术博物馆	上海南市发电厂	上海	2012
中国工业博物馆	沈阳铁西区卫工北街14号	辽宁	2012
核武器研制基地展览馆	青海中国第一个核武器研制基地科技楼	青海	2012

续表

名称	原用途	地区	改造时间
重庆工业博物馆	重庆钢铁厂大渡口厂区	重庆	2012
“江城壹号”文化创意产业园	武汉轻型汽车厂	湖北	2013
北京77创意产业园	北京胶印厂	北京	2013
长春市拖拉机厂文化创意产业园	长春市拖拉机厂	吉林	2013
太原工业文化创意园	太原化肥厂	山西	2013
天津棉三创意街区	棉纺三厂旧址	天津	2013
济南D17文化创意产业园	济南市啤酒厂	山东	2013
1954陶瓷文化创意园	淄博瓷厂老建筑	山东	2013
U37创意仓库	医药集团的旧仓库	四川	2013
“启运86”微电影主题文化产业园	宁波银行印刷厂、宁波海曙富茂机械有限公司	浙江	2013
西岸国际艺术园区	长征化工厂	浙江	2013
黑龙江省大庆油田国家矿山公园	大庆油田	黑龙江	2013
甘肃玉门油田国家矿山公园	玉门油田	甘肃	2013
江西瑞昌铜岭铜矿国家矿山公园	瑞昌铜岭铜矿	江西	2013
新疆富蕴可可托海稀有金属国家矿山公园	富蕴可可托海稀有金属矿	新疆	2013
广东凡口国家矿山公园	凡口铅锌矿	广东	2013
湖北潜江国家矿山公园	湖北潜江江汉油田	湖北	2013
北京史家营国家矿山公园	史家营煤矿	北京	2013
湖南湘潭锰矿国家矿山公园	湘潭锰矿	湖南	2013
吉林汪清满天星国家矿山公园	汪清满天星矿冶遗址	吉林	2013
陕西潼关小秦岭金矿国家矿山公园	潼关小秦岭金矿	陕西	2013
广东大宝山国家矿山公园	大宝山矿业公司多金属矿山	广东	2013
湖北宜昌樟村坪国家矿山公园	磷矿采矿遗址	湖北	2013
2013深港城市建筑双城双年展·价值工厂	广东浮法玻璃厂	广东	2013
金陵美术馆	南京色织厂	江苏	2013
上海纺织博物馆	原上海申新纺织第九厂旧址	上海	2013
大华工业遗产博物馆	西安大华纱厂	陕西	2013
苏州河工业文明展示馆	上海眼镜厂旧址	上海	2014
楚天181文化创意产业园	湖北日报传媒旗下楚天艺术集团原印刷厂房	湖北	2014
同景108智库空间	云南园正轴承厂	云南	2014
金鼎1919·文化艺术高地项目	昆明氧气厂乙炔车间	云南	2014
泉州源和堂二期：世界当代艺术馆	泉州面粉厂	福建	2014
长春电影制片厂旧址博物馆	长春电影制片厂	吉林	2014

从产业类型来看，全面深入阶段得到实施再利用的工业遗产类型有制造业、电力燃气及水生产供应、建筑业、交通运输业、采矿业五大类。其中以制造业工业遗产所占比例最高，为59%，采矿业比例为35%，建筑业所占比例为3%，电力燃气及水生产供应所占比例为2%，交通运输业所占比例为1%（图1-1-9）。从遗产再利用后的功能类型来看，其用途包括城市公共空间、居住空间、与新兴产业结合、博物展览、教育建筑、除新兴产业之外的第三产业、工业遗产旅游、延续原有功能改扩建等功能，所利用的功能更加多样化。其中案例数量以与新兴产业结合最多，共计70处（图1-1-10），其中有44处在命名时就作为“创意产业园”。从案例的年份分布来看，在这一发展阶段，以2010年的案例数量最多，除去国家矿山公园这一要素，全面深入阶段的案例数量波动并不巨大（图1-1-11）。再利用的案例开始向全国更广泛的范围内分布，包括北京、上海、广东、天津、山东、福建、重庆、河北、浙江、湖北、青海、宁夏、江苏、辽宁、山西、陕西、黑龙江、吉林、内蒙古、甘肃、湖南、河南、安徽、云南、贵州、新疆27个省市。其中广东、江苏、上海分布数量最多（图1-1-12）。

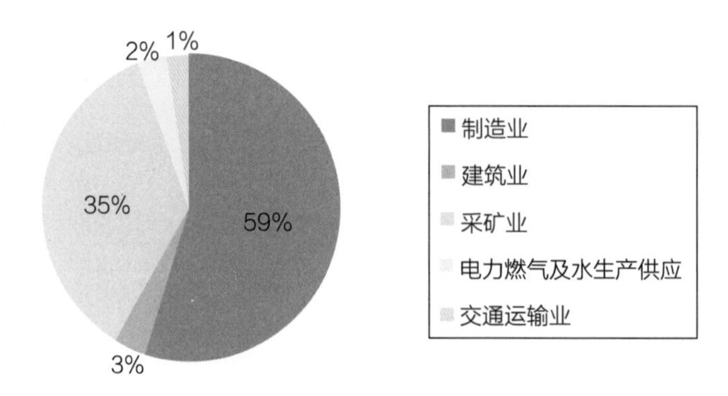

图1-1-9　全面深入阶段工业遗产再利用行业占比

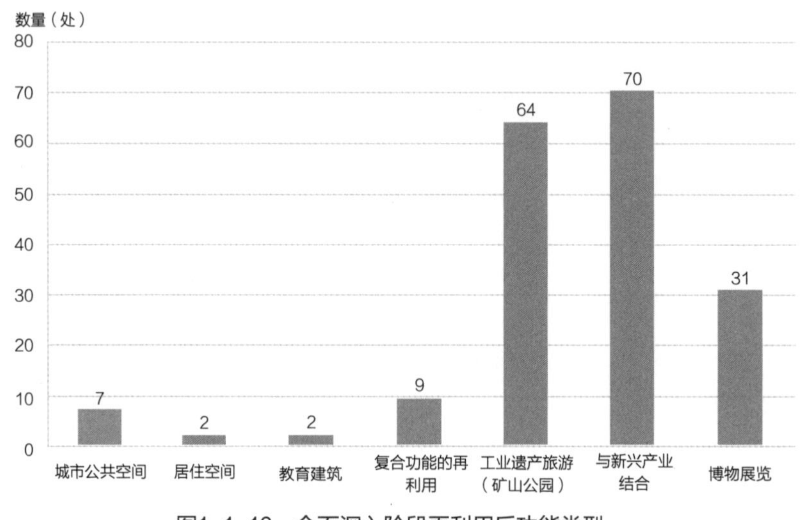

图1-1-10　全面深入阶段再利用后功能类型

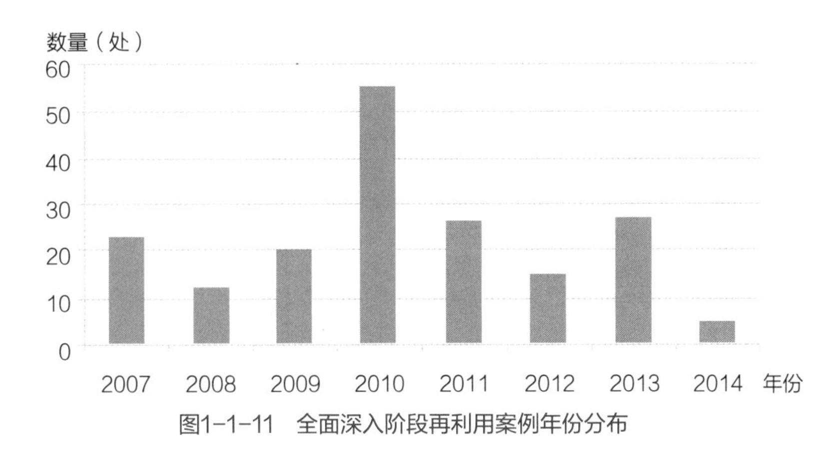

图1-1-11　全面深入阶段再利用案例年份分布

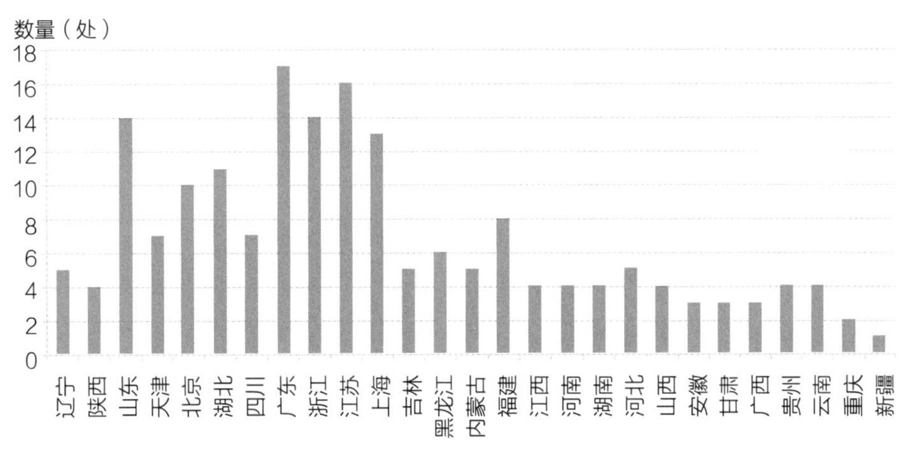

图1-1-12　全面深入阶段再利用案例地区分布

3）全面深入阶段的总结

在这一阶段，有更多社会群体意识到城市中大量遗留的工业建筑与构筑物具有强烈的美学特征，这种艺术氛围正符合成长起来的城市中产阶级对怀旧和文化品位的需求。越来越多的城市政策制定者意识到这一点对于推动城市更新的重要作用，正如芒福德所说："不能用新建筑取代旧建筑来实现城市更新[①]"，这也正成为工业遗产再利用的出发点，吸引某些人群对于这一产业的投资。文化导向下的工业遗产再利用不像地产导向有比较统一的方式，但其在工业遗产保护与再利用的过程中更加重视遗产的历史与文化价值，例如重视工业景观的重塑与展示，以通过对工业遗产的保护再利用来提升公共环境品质，塑造城市特色。

---

① 芒福德．城市发展史[M]．倪文彦，宋俊岭，译．北京：中国建筑工业出版社，1989：37.

工业遗产所在用地在城市中的分布比较分散，但由于工业一直是多数城市发展的动力，很多城市就是围绕工厂发展起来的，随着城市进程的发展，工厂旧址一般区位优越，地价高企，但并未得到充分开发。不同于历史文化街区可以得到重视及静态保护，一般而言，当位于城市中心区的工业遗产停产或受到限制后，立刻就将面临用地置换并被商业开发的局面，这也是当前工业遗产再利用与城市老工业区更新的矛盾所在。目前已有城市在此方面做出了一些进展，如武汉市2012年为保护工业遗产出台了《武汉主城历史文化与风貌街区体系规划》，增加了包括工业遗产在内的汉钢片区，其中包括汉阳兵工厂、张之洞与汉阳铁厂等工业遗存，承载了武汉的产业文化，记录了武汉近代民族工业的跌宕起伏。正如历史建筑不能脱离特定的城市环境因素而生存，工业建筑遗产的特征及建筑传达也需要注重对周边环境因素及群体的保护。这也是在系统性的基础上，对遗产完整性的重视，因此，对工业遗产的再利用实践也逐渐从工业遗产点向工业遗产群延伸。

全面深入阶段的工业遗产再利用在关注城市空间形态、环境质量、生活空间、人与环境交往的同时，更加注重历史和文化的传承；不再仅仅依靠大面积的建设来给城市带来投资和活力，而是通过旧区空间环境与文化氛围的更新实现物质与精神环境的改善。

不同导向下的工业遗产再利用：工业遗产再利用实践中的所有者、开发者与政府三方的博弈会为再利用的过程带来很大的影响，在我国常体现为“自下而上”“自上而下”“上下结合”几种模式。这其中的“上”指的是政府主导，“下”一般是指私人主导、业主主导或是市场主导。上述几种不同的主体导向，多是在市场化背景下寻求多渠道合作的产物。市场机制下，经济运行强调对生产要素的调节作用，实现资源的优化配置。城市发展动力在市场经济中呈现出自下而上状态，城市效率与活力源于市场主导下的多元竞争[①]。工业遗产土地使用权与所有权的分离，使民营企业、国有企业、大型开发集团、政府部门等都可以加入再利用过程，这种利益导向的价值追求推动了城市中工业遗产的再利用项目。

地产导向的另一方面是将工业遗产所在用地转为商业用地，对工业遗产本体的影响相对较小，存在着通过对工业遗产建筑本体大部分保留，通过功能置换以满足新需求的可能。例如青岛天幕城项目利用原来的青岛印染厂及丝织厂厂房之间的道路作为主要景观大道，新的商业功能空间通过对原有厂房的功能置换与改造而成，仍保存了老厂房的建筑风貌。在工业遗产所在用地性质变更为商业用地的过程中，政府在土地政策中的扶植手段尤为重要，这主要体现在土地财政收入方面，当政府在用地性质变更的报批过程中收取较低的费用，转向通过合同规定未来的收益比例分配，对工业遗产所在地的交通服务体系及其他配套设施的增加做出相应举措，使生地变为熟地时，则更容易吸引其他开发商的投资，促进工业遗产的保护再利用。

---

① 张武斌. 市场经济中的城市规划[J]. 城市规划汇刊，2001（4）：18-20.

1.2 中国工业遗产保护规划发展概况[①]

1.2.1 发展动因

1.2.1.1 世界遗产申报的影响

20世纪90年代是世界遗产影响国内文物保护规划探索的关键节点，主要在于世界遗产增加了保护规划的申报要求。国内从事遗产保护规划的学者和规划师[②]在期刊、论坛、培训班等场合发表的观点都将中国文物保护规划探索的早期时间节点定位20世纪90年代。与世界遗产影响的关联性主要有以下观点，乔云飞认为：随着20世纪90年代国家对文物工作支持力度的加大，包括加大经费投入，文物保护修缮的工程量明显加大，开始需要制定更具计划性的工程规划；其次20世纪90年代后的世界文化遗产申报工作也开始提出编制保护规划要求，于是文物保护规划开始了初步的探索阶段。以乔云飞的观点为依据，将中国文物保护规划的早期（1990～1995年）探索模式分为保护工程、整治工程、展示工程。全国重点文物保护单位中最早的近现代工业遗产为安源路矿工人俱乐部旧址（第二批，1998年公布），在国家文物局登录系统[③]中最早的保护工程（文物本体维修）为1995年，这算是中国工业遗产保护规划在文物保护规划早期探索体系下的发展。

世界遗产关注工业遗产并将其纳入遗产名录，这促使中国开展工业遗产的申遗及管理规划编制的工作。1994年，世界遗产委员会提出《均衡的、具有代表性的与可信的世界遗产名录全球战略》，工业遗产是其中特别强调的需要引起重视的遗产类型之一[④]。从

---

① 本节执笔者：李松松、徐苏斌、青木信夫。

② 郑军在2006年国家文物局组织的培训班上梳理了保护规划的国际发展现状，其中指出世界遗产委员会方面于《实施〈世界遗产公约〉操作指南》要求申报时有保护规划（1978年至今），《世界文化遗产地管理指南》（1993年）提出保护规划的模式。前者在UNESCO官网有2015年和2017年中文版，后者于2007年出版了中文译版。

侯卫东在2016年第四届清华同衡学术周“文物保护规划二十年回顾与思考”分析了中国文物保护规划发展的三个阶段：1995-2002年文物保护规划编制办法出台前的初创阶段；2002-2012年编制办法出台后的推广阶段；2012年之后由于对文化遗产概念诠释变化带来的拓展阶段。

陈同滨在《不可移动文物保护规划十年》（2004，中国文化遗产）中指出：20世纪90年代以前，我国基本没有独立体例的文物保护单位立项保护规划，有关的保护措施或内容多包含在历史文化名城保护规划、风景名胜区规划、旅游区域规划和园林设计详细规划的条款中，或是仅编制不包括或不完整包括本体保护措施的某文物保护单位环境整治专项规划。直至20世纪90年代末，伴随着《中国文物古迹保护准则》的研讨和制定过程，国际文化遗产（遗产地）保护规划的基本理念和要求初步引入了我国，直接影响和指导了我国从事遗产保护规划的探索与实践。

乔云飞在2006年国家文物局组织的培训班上发表《全国重点文物保护单位保护规划编制要求》，分析我国20世纪90年代开始探索保护规划编制的动因有两个：第一，随着1990年国家对文物工作支持力度的加大，包括加大经费投入，文物保护修缮的工程量明显加大，开始需要制定更具计划性的工程规划；第二，20世纪90年代后的世界文化遗产申报工作也开始提出编制保护规划要求，于是文物保护规划开始了初步的探索阶段。

③ http://www.1271.com.cn/NationalHeritageDetail.aspx?KeyWord=2-0004-5-004（国家文物局内网）。

④ 王晶．工业遗产保护更新研究[M]．北京：文物出版社，2014.

2001年开始，国际古迹遗址理事会（ICOMOS）同联合国教科文组织合作举办了一系列以工业遗产保护为主题的科学研讨会，促使工业遗产能够在《世界遗产名录》中占有一席之地①。2005年2月2日颁布的《实施〈世界遗产〉公约操作指南》将国际工业遗产保护协会（TICCIH）列为世界遗产委员会指定的评审咨询机构之一②。至此工业遗产受到世界遗产委员会的广泛关注，被列为世界遗产的工业遗产按照要求编制管理规划。中国被广泛认可的已列为世界遗产的工业遗产为都江堰（2000年，全称为青城山都江堰水利灌溉系统，Mount Qingcheng and the Dujiangyan Irrigation System）③。本文研究的工业遗产范畴为近现代，都江堰属于古代遗产范畴（第二批全国重点文物保护单位，类型为古建筑），因此不在本研究内容中。目前近现代范畴申遗的为2012年纳入中国预备名录的黄石矿冶工业遗产，同年编制了《黄石矿冶工业遗产——申报世界文化遗产预备名录文本》。在此之前，2008年6月13日在北京新大都饭店举办的“建筑师与20世纪文化遗产保护论坛”上，国家文物局提出将大沽船坞、福州马尾船政和江南造船厂联合增补入中国申报世界遗产名录④，不过从更新的名单看，这个设想并未实施⑤。

1.2.1.2 文物保护规划发展的影响

全国重点文物保护单位保护规划编制要求的公布及修订使得文物保护规划从上至下开始发展，在这个过程中，工业遗产成为新型文化遗产的关注类型，其保护规划发展得以促进。2004年国家文物局公布《全国重点文物保护单位保护规划编制要求》，将中国文物保护规划的探索期带至规范期。2006年《无锡建议》发布后，国家文物局关注工业遗产，由上至下带动工业遗产的相关发展，包括各级文物保护单位的认定及其保护规划，如2007年上海江南造船厂编制文物保护规划（区保）⑥、2009年启动的华新水泥厂保护规划（2013年公布为全国重点文物保护单位）。

1.2.1.3 历史文化名城体系的早期探索

历史文化名城体系的早期探索包括名城保护规划、街区规划、历史建筑三个层面。中国历史名城保护规划自1982年公布第一批后就开始了早期探索；林林在《中国历史文化名

---

① 单霁翔. 关注新型文化遗产——工业遗产的保护[J]. 中国文化遗产，2009（03）：12-13.

② 王晶. 工业遗产保护更新研究[M]. 北京：文物出版社，2014.

③ 单霁翔、刘伯英、王晶等学者的相关研究均将都江堰列为工业遗产。

④ 李宏，徐苏斌等. 工业遗产“整体保护”探索——以北洋水师大沽船坞保护规划为例[J]. 建筑学报，2012（2）：39-43.

⑤ 中国世界文化遗产预备名录有两个版本，一个为国家文物局于2012年公布的，共45项，包括黄石矿冶工业遗产（http://www.sach.gov.cn/art/2014/6/3/art_48_69208.html），未包含大沽船坞等；另一个则在联合国教科文组织世界遗产中心网站更新的《中国世界文化遗产预备名单》（2017年9月5日更新），27处文化遗产中并没有黄石矿冶工业遗产和大沽船坞等（http://whc.unesco.org/en/tentativelists/state=cn）。

⑥ 吕舟. 文化遗产保护100[M]. 北京：清华大学出版社，2011：272.

城保护规划的体系演进与反思》中将其分为1980—1990年的探索期、1990—2000年的成形期、2000年后的深化期；1983年城乡建设环境保护部的《关于加强历史文化名城规划工作的几点意见》明确了保护规划编制的要求，1986年公布的第二批历史文化名城中就包括了天津、上海、武汉等近代工业发展的重要城市。历史建筑层面，上海于1996年就有了早期探索，时任上海市规划局副局长的伍江指出："1997、1998年的时候，上海在准备第三批优秀历史建筑保护名单的讨论，当时我们就提出来工业文化遗产的问题，我记得还专门成立了一个调查小组，张老师是组长，我是发起者，我们在上海找了80多个工业遗产，最后选了15个，现在还在上海工业遗产保护名单里面"[①]。

1.2.1.4 中国遗产化发展的必然

中国遗产化进程推动了保护规划的多样化发展，包括工业遗产保护规划。2005年中国举办第一个文化遗产日，文化遗产一词开始在官方得到广泛使用，中国的文化遗产进入了多样化的发展阶段。文物方面，自2005年后，乡土建筑、工业遗产、文化线路、文化景观这些受国际影响的遗产类型在中国得到发展，而基于本土文化特征的红色文化遗产、改革开放遗产也开始被关注。历史文化名城方面，2000年后在历史文化名城体系中增加了名镇、名村、传统村落等。在遗产身份上也有创新的探索，如重庆、杭州公布的传统风貌建筑。以上这些均是中国遗产化进程中的关键变化，而这些类型的遗产在既有保护规划体系下探索或创新，如在《全国重点文物保护单位保护规划编制要求》体系下创新的《大遗址保护规划编制要求》《长城保护规划编制指导意见（征求意见稿）》和在《历史文化名城名镇名村保护规划编制要求》体系下的各城市风貌区、历史建筑、传统风貌建筑保护规划的要求和规定。目前工业遗产依托中国既有保护规划类型发展。

1.2.1.5 存量规划+多规合一+产业调整+文化复兴的时代背景推动

目前中国正处于增量规划向存量规划转型的时期和多规合一的探索阶段，且国家对于产业政策的调整、文化复兴的诉求均推动了工业遗产保护规划的发展。存量规划的实质是在保持建设用地总规模不变、城市空间不扩张的前提下，主要通过存量用地的盘活、优化、挖潜、提升而实现城市发展的规划[②]。工业遗产在近代和改革开放时期均是中国文化遗产的重要组成，保护规划的编制及纳入城市规划将有效协调存量规划的相关问题。以天津滨海新区中心商务区为例，中心商务区是增量规划与存量规划并行开发的城区，原有的塘沽区的工业企业向新区调整，旧城区进行存量规划。就法定遗产而言，中心商务区包括31处不可移动文物，其中26处为工业遗产，涉及多种行业企业，如天津市新河船舶修造厂和

---

① 由中国城市规划学会城市规划历史与理论学术委员会、东南大学建筑学院、中国科普研究所联合承办的2015中国城市规划年会之自由论坛二"新型城镇化视角下的工业遗产"，（贵阳国际生态会议中心）伍江发言。

② 邹兵．增量规划向存量规划转型：理论解析与实践应对[J]．城市规划学刊，2015（05）：12-19.

天津市船厂（造船）、驻塘部队使用的油库基地（石油供给）、中港集团天津船舶工程有限公司（引水）等，这些均是已经搬迁和即将搬迁的企业，土地基本进入收储阶段，地方政府推动了保护规划的编制工作以期纳入多规体系。

1.2.2 工业遗产保护规划发展特征

工业遗产保护规划和管理主体基本一致，是沿两条线发展的：一条是受到世界遗产申报的影响产生的文物保护规划及申请世界遗产规划；另外一条则是住建部门主管的城市专项、历史风貌区、历史建筑、一般工业遗产（没有身份）保护规划体系，以编制要求看，城市专项属于中国工业遗产保护规划发展过程中的创新（没有编制要求）。

城市层面工业遗产偏向总体规划，文物根据规模以单元为主，编制深度能够与控制性详细规划（以下简称控规）对接（就提出的控制指标而言），历史建筑保护规划则是达到了详细规划或建设项目管理的深度。[①]

工业遗产保护规划的出现正好是中国文化遗产保护规划发展开始多样化的阶段。自2004年《全国重点文物保护单位保护规划》、2005年《历史文化名城保护规划》这两个重要的规划体系规范化后，2012年住房城乡建设部、国家文物局颁布《历史文化名城名镇名村保护规划编制要求（试行）》，2013年住房城乡建设部印发《传统村落保护发展规划编制基本要求（试行）》，2015年国家文物局印发《大遗址保护规划规范》、《长城保护规划编制指导意见（征求意见稿）》，2017年国家文物局印发《全国重点文物保护单位保护规划编制要求（修订草案）》。从保护规划的发展历程上可以看出中国文化遗产保护规划越来越精细化，并开始了不同类型文化遗产保护规划编制的研究工作。

1.2.3 不同保护规划类型发展概况

1.2.3.1 申请世界遗产

因工业遗产的标准认知差异，目前中国申请世界遗产的工业遗产除了都江堰外，还没有成功申请为世界遗产的近现代工业遗产。在中国的申遗预备名单中有黄石矿冶工业遗产群[②]，其他还有坎儿井、侵华日军第七三一部队旧址等并没有被明确认定为工业遗产的物

① 上海交通大学教授王林提出上海建筑历史遗产保护不同层面的规划管理包括：历史文化名城保护规划（总体规划）、历史文化风貌区保护规划（控制性详细规划）、历史地区保护与整治规划（修建性详细规划）、单体建筑保护规划（建设项目管理）。

② 国家文物局关于政协十二届全国委员会第五次会议第1573号（文化宣传类100号）提案答复的函：据初步统计，目前全国登记为文物的近现代工业建筑及构筑物（附属物）达4000余处，其中全国重点文物保护单位115处，黄石矿冶工业遗产等5处还被列入世界文化遗产预备名单。http://www.sach.gov.cn/art/2017/11/30/art_1950_145462.html.

象。黄石矿冶工业遗产属古代+近现代工业遗产的复合型[①]，坎儿井[②]（水利工程）和侵华日军第七三一部队旧址[③]（细菌蛋壳厂为工业遗产内容）为构成内容与工业遗产相关。目前这几处均已启动或者完成了管理规划的编制。从国家文物局公布的信息看，坎儿井文物保护规划编制工作在2010年就已经启动了[④]，2013年批复了《关于坎儿井地下水利工程总体保护规划的意见》[⑤]，而2013年黄石矿冶工业遗产和2016年侵华日军第七三一部队旧址的全国重点文物保护单位保护规划也已编制完成并通过国家文物局审查。这也表明中国工业遗产申请世界文化遗产的管理规划和文物保护规划基本是在申遗周期内完成的。

1.2.3.2 文物

依据国家文物局关于保护规划的批复文件，截至2016年9月全国文物保护单位中的84处工业遗产中，共有32处[⑥]启动了保护规划工作（表1-2-1）。

国保单位中启动保护规划工作统计表　　表1-2-1

保护规划通过共8处	保护规划意见（修改）共7处	保护规划立项通过（在编）共15处
侵华日军东北要塞/第六批 侵华日军第七三一部队旧址/第六批 兴国革命旧址/第六批 红旗渠/第六批 汉冶萍煤铁厂矿旧址/第六批 石龙坝水电站/第六批 鸭绿江断桥/第六批 洛阳西工兵营/第七批	正丰矿工业建筑群/第七批 长春电影制片厂早期建筑/第七批 西炮台遗址/第六批 金陵兵工厂旧址/第七批 郑州二七罢工纪念塔和纪念堂/第六批 华新水泥厂旧址/第七批 坎儿井地下水利工程/第六批	北洋水师大沽船坞遗址/第七批 秦皇岛港口近代建筑群/第七批 本溪湖工业遗产群/第七批 辽源矿工墓/第七批 福建船政建筑/第五批 美孚洋行旧址/第六批 总平巷矿井口/第七批 淄博矿业集团德日建筑群/第七批 坊子德日建筑群/第七批 厂窖惨案遗址/第七批 三灶岛侵华日军罪行遗迹/第七批 吉成井盐作坊遗址/第七批 东源井古盐场/第七批 碧色寨车站/第七批 红山核武器试爆指挥中心旧址/第七批

自全国重点文物保护单位中工业遗产保护规划得到重视后，中国地方政府以文物部门为主导开始编制文物保护规划。但是除全国重点文物保护单位、省级文物保护单位多要求编制

① 包括古代工业遗产2处：铜绿山古铜矿遗址（古代）和大冶铁矿东露天采场旧址（古代），表1-2-1中为近代工业遗产。

② 登录在联合国教科文组织世界遗产中心网站更新的《中国世界文化遗产预备名单》Karez Wells（28/03/2008）和国家文物局公布的名录中。

③ 与黄石矿冶工业遗产一样仅登录在国家文物局公布的名录中。

④ http://www.1271.com.cn/NationalHeritageDetail.aspx?KeyWord=6-1077-5-204（国家文物局内网）。

⑤ http://www.sach.gov.cn/art/2013/10/31/art_1324_101347.html国家文物局官网。

⑥ 工业遗产的保护规划和保护工程批文逐年增多，本文选取2018年11月之前公示的批文进行研究。

保护规划外，其他低级别文物保护单位一般不编制保护规划，而是直接编制工程方案，这和地方财政扶持及文物法规政策引导有关（表1-2-2）。

地方文物保护单位中工业遗产保护规划案例表　　表1-2-2

河南	二七纪念堂文物保护规划（2016年）、红旗渠文物保护规划（2016年）、河南省塑料机械股份有限公司旧址保护规划（2015年）、郑州国棉三厂文物保护规划（2014年）
上海	上海江南造船厂文物保护规划（2007年）
山西	山西省晋中市晋华纺织厂旧址文物保护规划（2014年）
天津	北洋水师大沽船坞保护规划（2009年开始保护规划，2013年晋升为国保后修订保护规划）

1.2.3.3　城市专项

就各城市规划局官网公示和各地访谈考察可知，中国已经开展城市层面工业遗产保护规划编制的城市共有13个，包括天津、上海、北京、杭州、济南、南京、武汉、重庆、常州、无锡、铜陵、江门、黄石。以南京、无锡、天津、武汉为例进行说明。

1）南京

南京市工业遗产保护规划于2017年公示于南京市规划局官网，确定了6处历史地段、6处历史风貌区、28处一般历史地段和40处工业遗产（图1-2-1）。

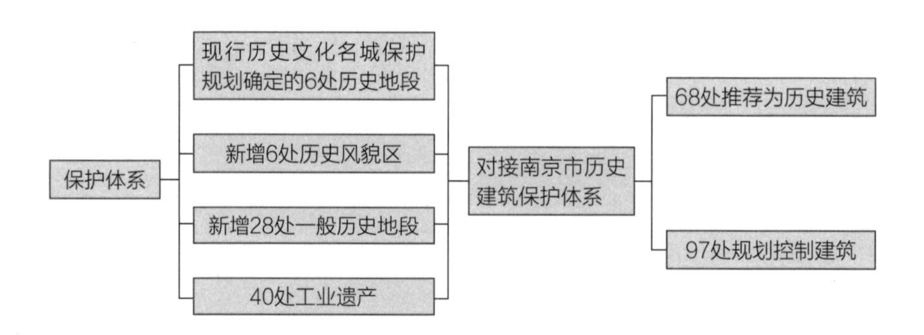

图1-2-1　南京市工业遗产保护体系

2）无锡

无锡市工业遗产保护规划并未公示，就无锡市规划局官网信息和访谈可知，市政府在保护规划的基础上公布了两批工业遗产名录，第一批20处，第二批14处。就搜集到的保护规划文本可知，保护规划构建了风貌区、风貌带、工业地块、保护点四个层级的保护体系（图1-2-2）。

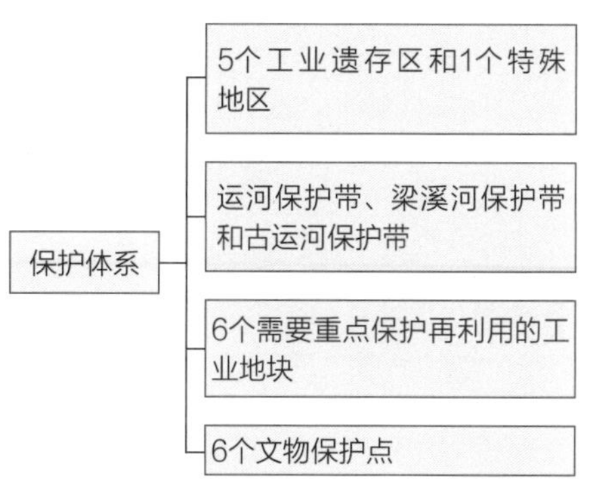

图1-2-2 无锡市工业遗产保护体系

3）天津

天津市保护规划成果公示于天津市规划局官网[①]，分4个层次确定了97处工业遗产（表1-2-3）。保护体系包括整体层面、建筑层面、要素层面（图1-2-3）。

天津工业遗产保护层次 表1-2-3

名录	数量
一级工业遗产	14处
二级工业遗产	17处
三级工业遗产	6处
与工艺生产间接相关的工业遗产	60处

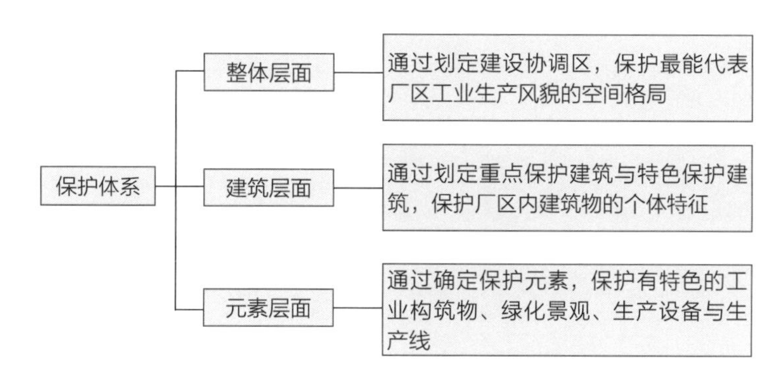

图1-2-3 天津市工业遗产保护体系

4）武汉

武汉市工业遗产保护规划于2013年由市政府批准同意实施，是目前唯一由政府公布的保护规划。该规划调查了95处工业遗存，明确将27处作为武汉市推荐工业遗产，其余68处建立详细档案。并且绘制了27处武汉市推荐工业遗产规划控制图则[②]，达到了对接控规的深度；结合武汉市规划管理特点，全面对接规划管理“一张图”平台；结合遗产保护与利用，对全市

① 天津市规划局官网 http://gh.tj.gov.cn/news.aspx?id=12383.

② 武汉市国土资源和规划局http://gtghj.wuhan.gov.cn/pc-1916-68181.html.

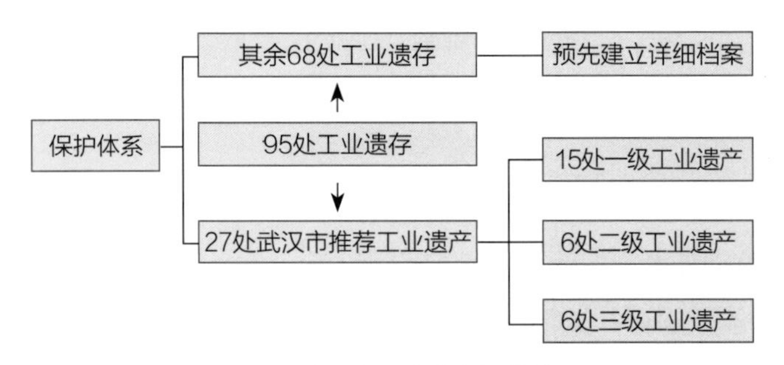

图1-2-4　武汉市工业遗产保护体系

控制性详细规划提出修改完善建议，将保护控制要求落实到实际规划管理中（图1-2-4）[①]。

1.2.4　研究样本的选择和数据来源

1）保护规划样本

根据中国工业遗产保护规划的实际编制情况，选择了申遗・工业遗产保护规划、文物・工业遗产保护规划、城市专项・工业遗产保护规划、历史街区・工业遗产保护规划、历史建筑・工业遗产保护规划5个类型（图1-2-5）。

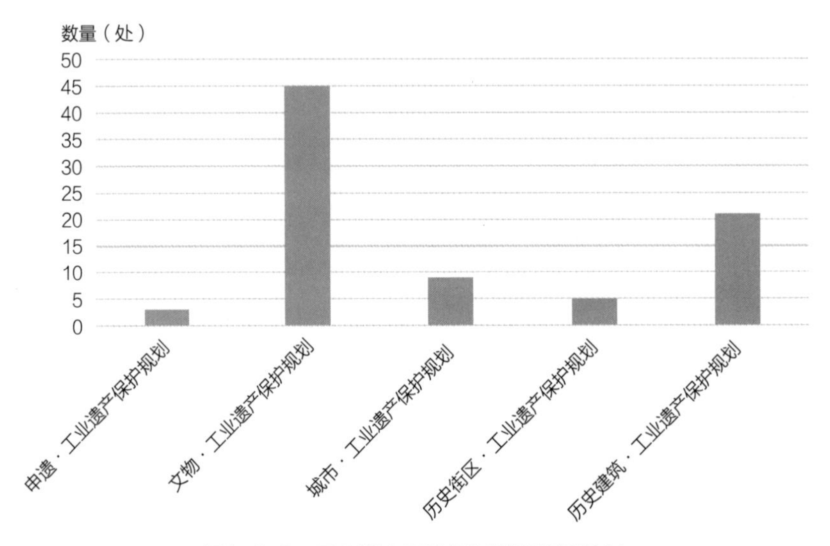

图1-2-5　工业遗产保护规划类型统计数据

根据资料整理情况，目前搜集的情况如表1-2-4。

① 武汉市国土资源和规划局http://gtghj.wuhan.gov.cn/pc-1916-68181.html.

保护规划样本 表1-2-4

工业遗产保护规划类型	遗产名称	样本资料类型
申遗·工业遗产保护规划	黄石矿冶工业遗产群	申遗文本和规划成果
	侵华日军七三一部队旧址	保护规划成果
	红旗渠	保护规划审查批文
文物·工业遗产保护规划	昂昂溪中东铁路建筑群、本溪湖工业遗产群等11处保护规划成果和34处保护规划审查批文	保护规划成果及保护规划审查批文
城市·工业遗产保护规划	天津市、上海市、武汉市、无锡市、杭州市、常州市、南京市、重庆市、济南市工业遗产	保护规划成果
历史街区·工业遗产保护规划	上海杨树浦	期刊
	南京浦口火车站	保护规划成果
	南京金陵机器制造局历史文化街区	保护规划成果
	洛阳涧西工业遗产街	保护规划成果
	哈达湾工业遗产保护利用规划	保护规划成果
历史建筑·工业遗产保护规划	上海外滩信号塔	保护规划成果
	上海天利氮气制品厂	保护规划成果
	上海花光啤酒厂	保护规划成果
	上海中华书局印刷厂澳门路新厂	保护规划成果
	上海小包装面粉仓库、门房（门楼）	保护规划成果
	上海工部局宰牲厂旧址（1933）	保护规划成果
	上海公共租界工部局电气处新厂	保护规划成果
	上海东区污水处理厂	保护规划成果
	上海煤气公司杨树浦工场	保护规划成果
	上海裕丰纺织株式会社（上海国际时尚中心）	保护规划成果
	上海怡和纱厂	保护规划成果
	上海密丰绒线厂	保护规划成果
	上海英商上海自来水公司（杨树浦上水厂）	保护规划成果
	杭州市轻工局旧址	保护规划成果
	浙江矿业公司旧址	保护规划成果
	杭州樱桃山铁路职工宿舍建筑群	保护规划成果
	杭州闸口电厂二宿舍建筑群	保护规划成果
	杭州铁路中学3号教学楼	保护规划成果
	杭州氧气股份有限公司建（构）筑物群	保护规划成果
	杭州张小泉剪刀厂机修车间建筑群	保护规划成果
	浙江万马药业有限公司职工宿舍建筑群	保护规划成果

2）数据来源

（1）各地规划局官网（表1-2-5）

各地规划局官网数据　　表1-2-5

规划局	保护规划名称/网址
武汉市国土资源和规划局	武汉市工业遗产保护与利用规划 http://gtghj.wuhan.gov.cn/pc-1916-68181.html
南京市规划局	南京市工业遗产保护规划 http://www.njghj.gov.cn/NGWeb/Page/Detail.aspx?InfoGuid=b8714622-d46d-4010-b6b4-b26ffee1e1e5
上海市规划和国土资源管理局	上海市优秀历史建筑保护技术规定 http://www.shgtj.gov.cn/ghsp/ghsp/hp/201803/t20180305_826092.html
天津市规划局	天津市工业遗产保护与利用规划 gh.tj.gov.cn/news.aspx?id=11980
杭州市规划局	杭州市工业建筑遗产保护规划 http://www.hzplanning.gov.cn/DesktopModules/GHJ.PlanningNotice/PlanningInfoGH.aspx?GUID=20170807111851175
洛阳市规划局	洛阳涧西区工业遗产历史文化街区保护性规划 http://www.lysghj.gov.cn/management/show_1375.html&flag=y

（2）各地规划局、文物局（表1-2-6）

各地规划局、文物局数据来源　　表1-2-6

规划局或文物局	保护规划名称
黄石文物局	华新水泥厂旧址保护规划、黄石矿冶工业遗产——申报《世界文化遗产预备名录》文本
杭州市规划局	杭州市工业遗产保护规划、杭州历史建筑保护规划图则、杭州市杭氧杭锅地块城市设计、杭州热电厂地块城市设计
常州市规划局	常州市工业遗产保护规划
无锡市规划局	无锡市工业遗产保护规划
哈尔滨市文物管理站	侵华日军第七三一部队旧址保护规划（细菌蛋壳制造厂遗址）

（3）规划师提供（表1-2-7）

规划师提供数据　　表1-2-7

规划师	保护规划名称
韦峰	郑州纺织工业基地（国棉三厂）文物保护及展示规划
孙丽娟	河北正丰矿工业遗产群保护规划

续表

规划师	保护规划名称
郑东军	洛阳涧西区工业旅游规划
吕舟	上海江南造船厂厂区工业遗产保护规划、福建船政建筑保护规划
刘刚	上海市工业遗产保护规划

（4）学术讲座报告

武汉、南京、中东铁路建筑群的相关讲座。

（5）知网文献

相关学者和规划师发表的工业遗产保护规划研究。

（6）参与实践

河南省塑料机械股份有限公司旧址保护规划、洛阳西宫兵营保护规划、北洋水师大沽船坞遗址保护规划、天津滨海新区中心商务区文物与城市发展协调规划（涉及25处工业遗产）。

（7）微信公众号

清华同衡规划播报：

https://baijiahao.baidu.com/s?id=1598905975492310903&wfr=spider&for=pc.

哈达湾工业遗产保护利用规划

（8）国家文物局全国重点文物保护单位综合管理系统

http://www.1271.com.cn.

1.3 工业遗产再利用的政策发展概况①

1.3.1 国家层面的政策文件

在国家层面，各个相关机构发布了多项工业遗产相关的文件。

2005年10月，ICOMOS在中国西安举行的第15届大会上做出决定，将2006年4月18日“国际古迹遗址日”的主题定为“保护工业遗产”。

2006年4月，国家文物局在无锡召开中国工业遗产保护论坛，通过《无锡建议——注重经济高速发展时期的工业遗产保护》（以下简称《无锡建议》）。《无锡建议》对工业遗产的价值评估内容进行了扩充，即工业遗产是具有综合价值的文化遗产，其价值包含了与一般

① 本节执笔者：徐苏斌、青木信夫。

文化遗产相同的历史、社会、建筑和美学价值；同时也包括科技价值；提出应对鸦片战争以来的中国各阶段的近现代化工业建设所遗留下的工业遗产予以重视；注意到了城市空间结构及功能需求巨变、社会生活方式转变、工业衰退和逆工业化以及缺乏身份认定给工业遗产保护与发展带来的威胁。这是中国最早的关于工业遗产保护的文件。

2006年6月，鉴于工业遗产保护是我国文化遗产保护事业中具有重要性和紧迫性的新课题，国家文物局下发《加强工业遗产保护的通知》。

2013年3月，国家发改委编制了《全国老工业基地调整改造规划（2013-2022年）》，并得到国务院批准（国函〔2013〕46号），规划涉及全国老工业城市120个，分布在27个省（区、市），其中地级城市95个，直辖市、计划单列市、省会城市25个。

2014年3月，国务院办公厅发布《关于推进城区老工业区搬迁改造的指导意见》，把加强工业遗产保护再利用作为一项主要任务，具体内容为："（八）加强工业遗产保护再利用。高度重视城区老工业区工业遗产的历史价值，把工业遗产保护再利用作为搬迁改造重要内容。在实施企业搬迁改造前，全面核查认定城区老工业区内的工业遗产，出台严格的保护政策。支持将具有重要价值的工业遗产及时公布为相应级别的文物保护单位和历史建筑。合理开发利用工业遗产资源，建设科普基地、爱国主义教育基地等。"

2014年国家发改委为了落实国务院的指导意见，组织实施了《做好城区老工业区搬迁改造试点工作》，包括首钢老工业区和重庆大渡口滨江老工业区在内的21个城区老工业区被纳入试点。

2018年住建部发布的《关于进一步做好城市既有建筑保留利用和更新改造工作的通知》提出：要充分认识既有建筑的历史、文化、技术和艺术价值，坚持充分利用、功能更新原则，加强城市既有建筑保留利用和更新改造，避免片面强调土地开发价值，防止"一拆了之"。坚持城市修补和有机更新理念，延续城市历史文脉，保护中华文化基因，留住居民乡愁记忆。

2020年6月2日，国家发展改革委、工业和信息化部、国务院国资委、国家文物局、国家开发银行联合颁发《关于印发〈推动老工业城市工业遗产保护利用实施方案〉的通知》（发改振兴〔2020〕839号），明确地说明制定通知的目的："为贯彻落实《中共中央办公厅　国务院办公厅关于实施中华优秀传统文化传承发展工程的意见》（中办发〔2017〕5号）、《中共中央办公厅　国务院办公厅关于加强文物保护利用改革的若干意见》（中办发〔2018〕54号）、《国务院办公厅关于推进城区老工业区搬迁改造的指导意见》（国办发〔2014〕9号），探索老工业城市转型发展新路径，以文化振兴带动老工业城市全面振兴、全方位振兴，我们制定了《推动老工业城市工业遗产保护利用实施方案》[①]。"

这个文件是五个部门共同发表的，体现了不同部门之间的协作。文化遗产保护是跨学科、多角度的事业，需要不同的部门共同协力。这个文件也体现了系统性。因为工业遗产保

---

① 国家发展改革委、工业和信息化部、国务院国资委、国家文物局、国家开发银行《关于印发〈推动老工业城市工业遗产保护利用实施方案〉的通知》（发改振兴〔2020〕839号）2020.6.

护到城市可持续发展是一个系统工程，这些措施的推进将有助于工业遗产保护和老工业城市的可持续发展。

在土地方面的政策详见本套丛书第五卷第4章。

1.3.2 学会层面的文件

在学会层面，主要有2010年4月由中国城市规划学会起草并发布的《武汉建议》、2010年11月由中国建筑学会工业建筑遗产学术委员会起草并发布的《北京倡议》、2012年12月由中国城科会历史文化名城委员会起草并发布的《杭州共识》。

2010年《武汉建议》的与会专家代表认为，在城镇化高速发展的转型时期，传统工业遗产的保护和再利用既面临巨大机遇也面临严峻挑战，保护和利用城市工业遗产是善待社会历史资源、改善城市空间环境、保持城市魅力与工业印记的举措，要正视和解决当前工业遗产保护和利用中存在的简单的大拆大建、一味推倒重来的问题与误区，并达成了统一对城市工业遗产内涵界定，摸清工业遗产现状等共识[①]。

2010年11月5日，中国第一个工业遗产保护学术组织——中国建筑学会工业建筑遗产学术委员会在北京成立。同日召开的中国首届工业建筑遗产学术研讨会上，与会代表共同起草并通过了《北京倡议》。倡议书指出，快速的城市化进程和高速的经济发展背景下，工业遗产因建设而受到的破坏日趋严重，对工业建筑遗产的重视应受到全社会的关注[②]。

2012年11月24～25日，由中国城科会历史文化名城委员会和杭州人民政府共同主办“中国工业遗产保护研讨会”，与会代表认识到近现代工业遗产保护与利用在城市科学发展及转型发展中的重要意义，达成了八点共识：①工业遗产作为我国近现代工业文明产生和发展的不可再生资源，是文化遗产的重要组成部分；②建议尽早开展工业遗产普查，明确认定标准，建立登录制度；③创新审批制度；④加快制定法规和规章；⑤在用地更新和置换中完善工业遗产保护与利用环境质量评价体系；⑥鼓励采用多种模式和途径；⑦关注经济转型发展和企业产能升级中已不具备新工艺革新和新生产功能的工业遗产，注重探索其保护与利用的可行途径和方式；⑧倡导工业遗产的活态保护[③]。

1.3.3 地方层面的政策

在地方层面，北京和上海比较有代表性。

---

① 中国城市规划学会. 关于转型时期中国城市工业遗产保护与利用的武汉建议[J]. 城市规划，2010（6）：64-65.

② 中国建筑学会工业遗产学术委员会. 抢救工业遗产——关于中国工业建筑遗产保护的倡议书[C]//中国首届工业建筑遗产学术研讨会论文集. 2010：382-383.

③ 佚名. 杭州共识——工业遗产保护与利用[J]. 城市发展研究，2013（01）：2.

1）北京文化产业的发展路径

2006年4月开始，北京市地方政府出台了一系列政策措施，在大力促进北京市文化产业发展的基础上，引导鼓励工业资源向文化产业的历史转型。这些政策中有几项关键举措对这一进程起到了实质性的推动作用，包括：

2006年10月颁布的由市委宣传部、市发改委研究制定的《北京市促进文化创意产业发展的若干政策》，明确提出市政府此后每年设立5亿元的文化创意产业集聚区基础设施专项资金，其中第二十六条明确鼓励盘活存量工业厂房、仓储用房等存量房地资源用于文化产业经营。

2007年9月由市工业促进局、市规划委员会、市文物局发布的《北京市保护利用工业资源，发展文化创意产业指导意见》（以下简称《指导意见》）则是将上条政策展开并落实为具体措施。其中提到了保护和利用工业资源应该坚持的原则：坚持政府引导、企业为主体、市场化运作的原则；提出了保护和利用工业资源的推进措施，包括建立评价认定机制、简化审批手续、培育示范项目、培养引进人才、整合社会资源、设立专项基金。

2009年2月同样由发布《指导意见》的三个部门联合发布《北京市工业遗产保护与再利用工作导则》，这在政策实施两年后，对实际工作展开过程中遇到的不利于工业遗产保护的重要问题进行了及时发现以及相关规定的补充，以求实现产业发展与遗产保护的平衡。以上述政策为主，辅以对文化产业集聚区的认定、文化产业分类标准的界定、工业遗产进入保护名录的确定，北京从政策层面构建了引导利用工业资源发展文化产业的路径。

2018年 4 月北京出台《关于保护利用老旧厂房拓展文化空间的指导意见》。笔者认为这个文件推进了老厂房和文化创意产业之间的进一步衔接。全文不到3000字，虽然篇幅不长，但都是“干货”和“实招”①。该文件包括四部分，强调了保护利用的工作原则，提出“坚持保护优先，科学利用”，把保护放在首位，而不是把开发放在首位。“坚持需求导向，高端引领”。聚焦文化产业的创新发展，让老房子对接高端项目资源。“坚持政府引导，市场运作”，在工业遗产保护问题上强调了政府的督导作用而不是参与入股。《指导意见》第二点是“扎实做好保护利用基础工作”，普查、评估、规划、促进多元利用。这个部分提示了保护前期的研究工作。第三是“完善保护利用相关政策”。这个和工业用地政策配套的政策还需要强化。第四是“健全保障措施”。加强组织实施，加大资金支持，加强服务管理。此外还应该支持各种补助金。北京是文化创意产业发展比较早的城市，推出这样的《指导意见》是基于一定的经验积累的，值得各地学习。

2）上海文化产业的发展路径

1987年上海市的《上海市土地使用权有偿转让办法》，开始推进土地有偿使用。1997年

---

① https：//house.focus.cn/zixun/e651312b8eb7d19d.html.

编制的《上海市土地利用总体规划（1997-2010）》将发展第三产业的空间战略指向了市中心城区的存量工业用地的置换；经过十年的项目实践，上海大量的包括部分工业遗产在内的优秀历史建筑，通过保护性再利用，既保留了这些旧工业建筑的历史风貌，又为这些旧工业地段注入新的产业元素，使老厂房成为文化产业相关行业十分青睐的场所，并成为实施科教兴市主战略的一个创新点。到2008年，鼓励盘活存量房地产资源用于文化产业发展，积极支持以划拨方式取得土地的单位利用工业厂房、仓储用房、传统商业街等存量房产、土地资源兴办文化产业等相关内容正式进入由市经委主导的一系列具体的办法文件中。到2009年，与工业遗产保护再利用相结合的文化产业集聚区占上海文化产业园总量的65%。

2008年10月15日上海市规划和国土资源管理局发布《关于促进节约集约利用工业用地加快发展现代服务业的若干意见》；这个意见是在国务院发布《国务院关于促进节约集约用地的通知》（20080107）和《国务院办公厅关于加快发展服务业若干政策措施的实施意见》（20080319）以后紧跟着发布的关于工业用地节约集约并促进产业结构优化升级的意见；这个意见是在上海市总体规划的基础上提出的加强规划引导，提高现有工业用地利用率；积极利用老厂房，促进现代服务业健康发展；严格依法审批，规范新增工业用地管理。2008年6月13日上海市经济委员会、宣传部发布《上海市加快创意产业发展的指导意见》，同月市经委发布《上海市创意产业集聚区认定管理办法》；2010年出自上海创意产业中心的《上海创意产业“十一五”发展规划》同样继续配合着前一阶段的政策将“坚持功能开发与保护建筑相结合。把创意产业发展融入城市发展、历史建筑和文化遗产之中，通过设计和改造……为其注入新的产业元素……”作为上海“十一五”文化产业发展的基本原则。

2017年上海市规划和国土资源局制订《关于加强本市经营性用地出让管理的若干规定》，提到经营性土地出让问题，但没有将工业用地列入。不过工业用地变性后有可能适合这项规定。2017年中共上海市委、上海市人民政府印发《关于加快本市文化创意产业创新发展的若干意见》，提出发展目标是：“发挥市场在文化资源配置中的积极作用，推动影视、演艺、动漫游戏、网络文化、创意设计等重点领域保持全国领先水平，实现出版、艺术品、文化装备制造等骨干领域跨越式发展，加快文化旅游、文化体育等延伸领域融合发展，形成一批主业突出、具有核心竞争力的骨干文化创意企业，推进一批创新示范、辐射带动能力强的文化创意重大项目，建成一批业态集聚、功能提升的文化创意园区，集聚一批创新引领、创意丰富的文化创意人才，构建要素集聚、竞争有序的现代文化市场体系，夯实国际文化大都市的产业基础，使文化创意产业成为本市构建新型产业体系的新的增长点、提升城市竞争力的重要增长极。”描绘了将最有创意的核心内容放在文化创意产业的首位，加快向旅游、文体等领域延伸，形成业态的集聚区，并从工业遗产再利用的政策发展的角度进行了回顾。

本章总结

本章从建筑与规划两层面对我国工业遗产保护再利用现状进行了概况说明。第一部分首先对我国工业遗产再利用的经验与案例类型进行了归纳综述与比较分析，结合地域差异对工业遗产再利用的时空分布、发展过程与演变进行了分析。第二部分则从工业遗产保护规划的角度入手，分析了其发展类型与发展特征，为后文的论述铺垫基础。

第  章

工业遗产保护规划多规合一实证研究[①]

① 本章执笔者：李松松、徐苏斌、青木信夫。

2.1 实证样本的选择

为解决目前工业遗产保护规划普遍存在的“可操作性难题”，本章共选择16个案例进行实证分析（表2-1-1），从遗产概况、多规合一过程、多规合一后的价值（真实性、完整性）考察、土地和功能、相关政策5个方面，介绍中国申遗和文物、历史建筑、一般工业遗存（没有法定保护身份）保护规划的做法，总结问题并提出多规合一的建议。

涉及的16个案例，主要包含了钢铁、水泥、造船、设备制造、棉纺5个行业，除了历史价值考察外，重点依据现存遗存的生产线关系进行分析，考察多规合一后，遗产再利用如何选择价值载体，以及这种选择和生产线的关系是否体现了最核心的价值区域。

考察的过程为了更加科学和全面，尽量选择已经访谈和调查的样本或参与实践的样本（表2-1-1）。

本章实证分析的样本 表2-1-1

编号	样本名称	规划师访谈	规划管理者访谈	参与实践	文本分析	实地调研
1	日本明治工业革命遗迹申遗管理规划				√	
2	华新水泥厂旧址保护规划	√	√		√	√
3	北洋水师大沽船坞遗址保护规划	√	√	√	√	√
4	河南省塑料机械股份有限公司旧址	√		√	√	√
5	郑州纺织工业基地（国棉三厂）保护展示规划	√	√		√	√
6	哈达湾工业遗产保护利用规划				√	
7	首钢	√				
8	洛阳涧西区工业遗产旅游规划	√			√	√
9	浦口火车站工业遗产保护规划					√
10	杭州历史建筑·工业遗产保护规划	√	√		√	√
11	上海历史建筑·工业遗产保护规划				√	√
12	杭州工业遗产保护规划（没有法定身份）	√	√		√	√
13	济钢工业遗产保护规划（没有法定身份）	√	√		√	√
14	汉阳钢铁厂（张之洞）				√	√
15	法国永和公司造船厂旧址	√	√	√	√	√
16	亚细亚火油公司塘沽油库旧址	√			√	√

2.2 申请世界文化遗产管理规划的多规合一

2.2.1 既有保护规划技术要求

世界文化遗产申报材料第五项要求遗产的保护与管理涉及了多规合一的内容，总结为包括分析申报遗产所在地市或地区的现有规划、遗产管理规划或其他管理制度（图2-2-1）[①]。

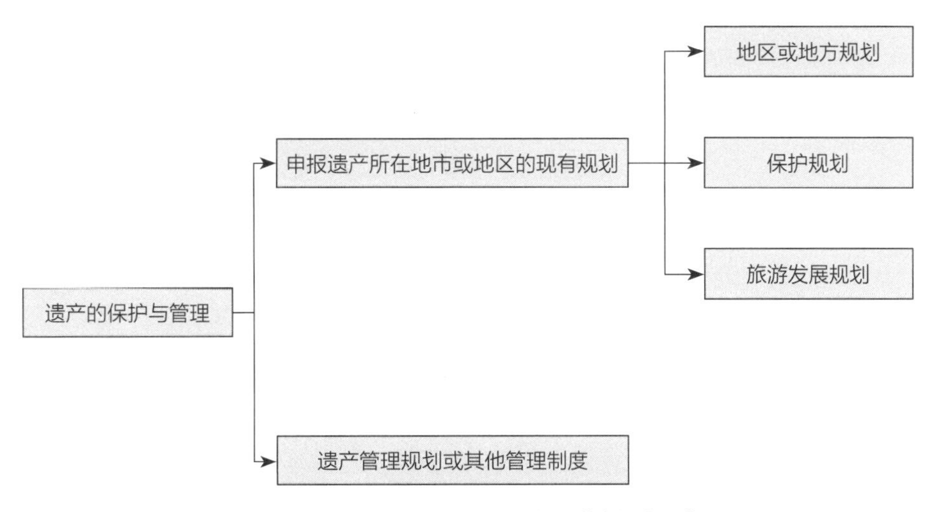

图2-2-1 世界文化遗产申遗中的“多规合一”

2.2.2 实际操作统计分析

中国目前申遗的黄石矿冶工业遗产，编制了申遗文本（管理规划的编制情况有待进一步了解），但仅入选了中国申遗的预备名录。为了进一步研究工业遗产申遗的可能性，在此借鉴日本工业遗产成功申请世界文化遗产的经验。日本明治工业革命遗迹申遗（Sites of Japan's Meiji Industrial Revolution：Iron and Steel，Shipbuilding and Coal Mining）文本包括了13个遗产管理规划，以九州-山口及相关地区保护管理规划（Sites of Japan's Meiji Industrial Revolution：Kyushu-Yamaguchi and Related Area Conservation Management Plan Hagi Proto-industrial Heritage）为例，涉及了12个相关规划（表2-2-1），包括遗产保护规划、景观规划、城市规划等，使得管理规划在涉及的每个规划层面有效对接进而实施。

① 《实施世界遗产公约操作指南》，http://whc.unesco.org/en/guidelines/guidelineshistorical.2015。

日本明治工业革命遗迹九州—山口及相关地区保护管理规划　　表2-2-1

<table>
<tr><th colspan="2">规划项目</th><th>法律依据</th></tr>
<tr><td rowspan="12">12个相关规划</td><td>萩城城堡遗址、萩城城下町、木戸孝允遗产管理规划</td><td rowspan="7">文化财产保护法</td></tr>
<tr><td>萩反射炉物业管理计划</td></tr>
<tr><td>惠美须鼻造船厂遗址管理规划</td></tr>
<tr><td>大田铁厂遗产管理规划</td></tr>
<tr><td>松下村塾、吉田松阴遗产管理规划</td></tr>
<tr><td>堀内历史建筑群保护区规划</td></tr>
<tr><td>萩城景观规划</td></tr>
<tr><td>萩城历史景观维护与改善规划</td><td>景观法</td></tr>
<tr><td>城市规划总体规划</td><td>维护和改善某些地区传统风景的法令</td></tr>
<tr><td>萩城旅游战略五年规划</td><td>城市规划法</td></tr>
<tr><td>萩城区域防灾规划</td><td>灾害控制措施基本法</td></tr>
<tr><td>萩城森林规划区区域行政管理规划</td><td>国家森林管理法</td></tr>
</table>

2.2.3　个案分析：华新水泥厂旧址保护规划

1）遗产概况

华新水泥厂旧址是黄石矿冶工业遗产片区的四大遗产构成之一（图2-2-2、图2-2-3）。华新水泥厂是中国近代最早开办的水泥厂之一，在当时生产的水泥质量很高。1915年在巴拿马举行的世界博览会上，华记湖北水泥厂生产的水泥获得一等奖，代表中国水泥行业当时的先进水平，成为中国水泥工业的一个里程碑①。

图2-2-2　华新水泥厂之一

图2-2-3　华新水泥厂之二

① 王晶．工业遗产保护更新研究[M]．北京：文物出版社，2014.

华新水泥厂始建于1907年，采用“湿法”水泥制造工艺，现存有完整的水泥生产流程、宿舍楼、煤场、码头设施等，于2013年被公布为第七批全国重点文物保护单位。华新水泥厂最早得到保护重视源于2008年第三次全国文物普查，被列为重要新发现，2011年12月被纳入湖北省成立的“湖北黄石工业遗产片区”，2012年进入申遗预备名录。华新水泥厂旧址保护身份的逐步升级使得政府加大保护力度，同时也推进了相关工程的申报实施，2014年国家文物局同意《华新水泥厂旧址文物保护规划》立项编制。

华新水泥是完整保护的工业遗产典型，不仅保护了建筑遗产，同时通过工艺流程的分析保留了核心价值的生产设施设备、工艺布局、选址环境。通过规划成果研读发现，华新水泥厂旧址遗产构成要素是基于工艺布局认定的，包括工艺布局、遗产本体、遗产环境、可移动文物（表2-2-2、图2-2-4）。

华新水泥厂旧址文物构成表 表2-2-2

工艺布局	“湿法”水泥生产各工段的空间布局
遗产本体	由水泥“湿法”生产工艺涉及的建筑、车间、机械设备、货栈仓库、原料矿场、运输设施、基础设施、社会活动场所
遗产环境	与厂区选址、工艺布局密切相关的山体、湖泊、河流等自然要素，以及相关的景观要素、视线通廊等人工要素
可移动文物	技术图纸、历史档案、生产用具、日常用品

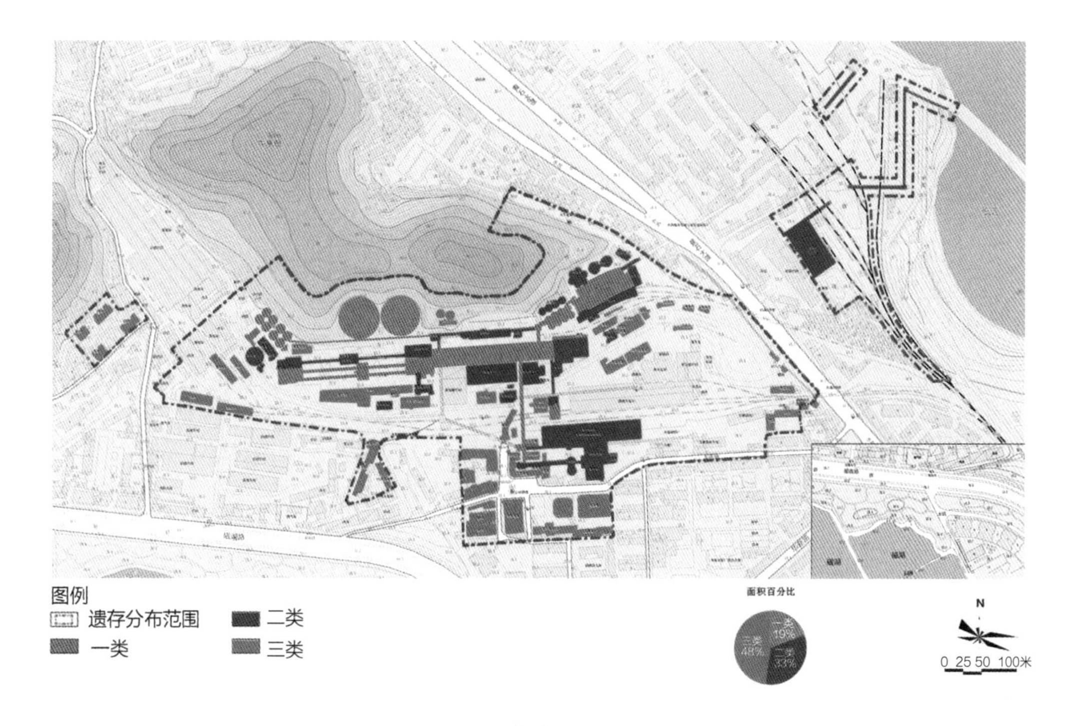

图2-2-4　华新水泥厂遗产构成图

2）多规合一过程

通过与规划师访谈和文本研读可知，华新水泥厂对接了控规，充分解读周边地块未来发展的可能性，结合控规制定了高度和用地的要求，实现了多规合一。这个过程中，规划师做了很多区别于传统文物保护规划的尝试。首先打破了国家文物局审查意见提出的“同一类建控同样限高”，规划师认为：“不结合城市区块制定控高是没有意义的，批文中提出的同样限高适用于乡村和非建设区。”其次关于高度控制的策略，规划师提出：“如果遗产周边未来全部是高层，就会把水泥厂包住，从外面完全看不见，所以遗产面临湖的那一面一定要打开，尤其是中间核心生产区域的前边整个做广场，这样就能看到厂区最重要的部分。遗产两侧的地块完全抹平也不可能，也违背城市土地的更新及再利用，我们的策略是从厂区里往外看是呈阶梯形向外升高。最后则是用地，除了保护范围内文物古迹用地外，周边用地基本按照控规进行微调。”①

在文物保护规划编制启动后，黄石市组织了城市设计（图2-2-5）、华新水泥厂历史文化风貌区保护规划的编制，均以文物保护规划为基础（图2-2-6）。

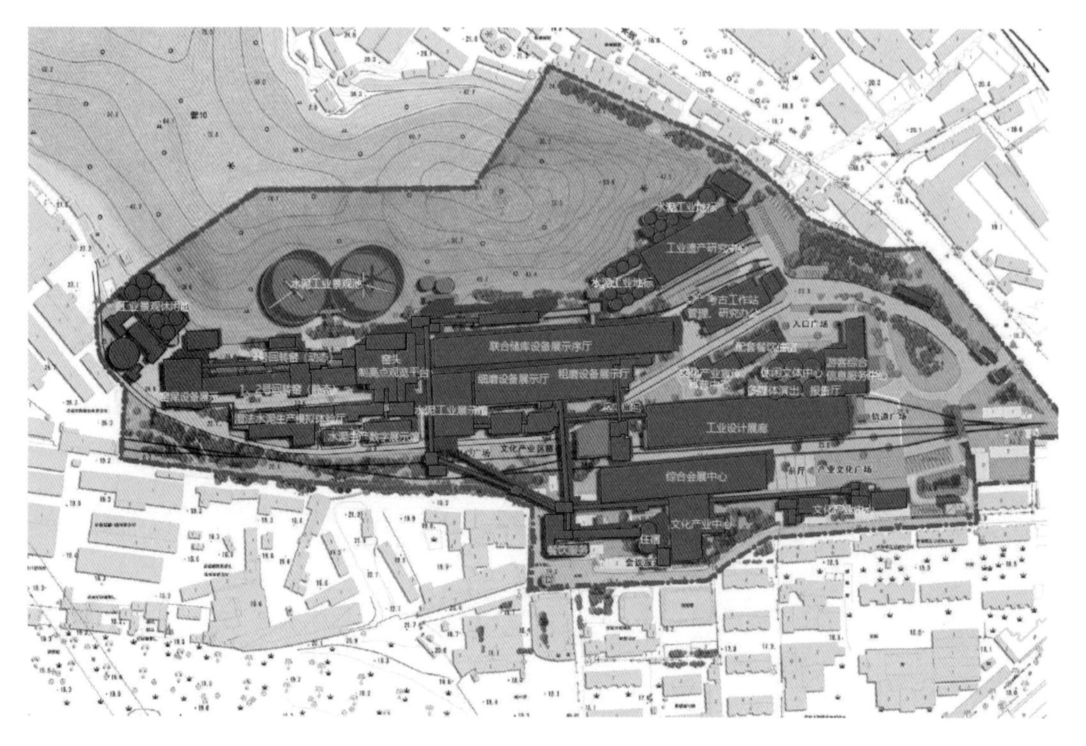

图2-2-5　华新水泥厂城市设计平面

① 采访规划师陈同滨，2018年1月23日于北京，中国建筑设计研究院建筑历史研究所。

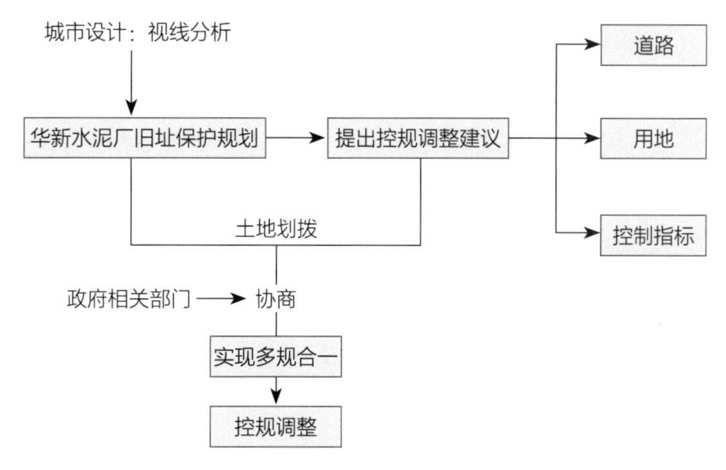

图2-2-6　华新水泥厂多规合一过程

3）价值、真实性、完整性考察

保护规划确认的保护对象全部纳入了保护范围，保护对象与周边环境的空间关联纳入了建设控制地带（图2-2-7）。整个生产区是保护对象，包含了现存生产线，这也是规划师在参与规划调查期间的重点调查对象。生产线及相关配套设施的保留使得遗产的价值、真实性、完整性得到很好的体现（图2-2-8、图2-2-9）。

图2-2-7　保护区划规划图

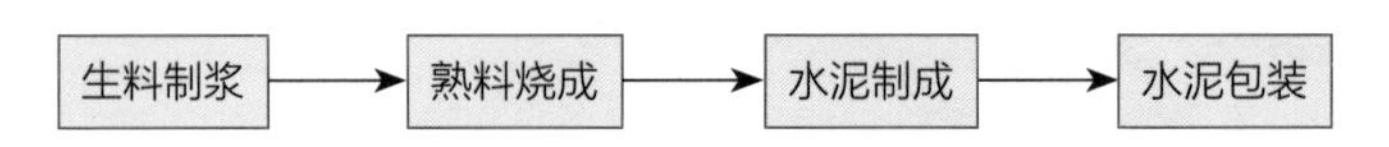

图2-2-8　华新水泥厂生产线流程

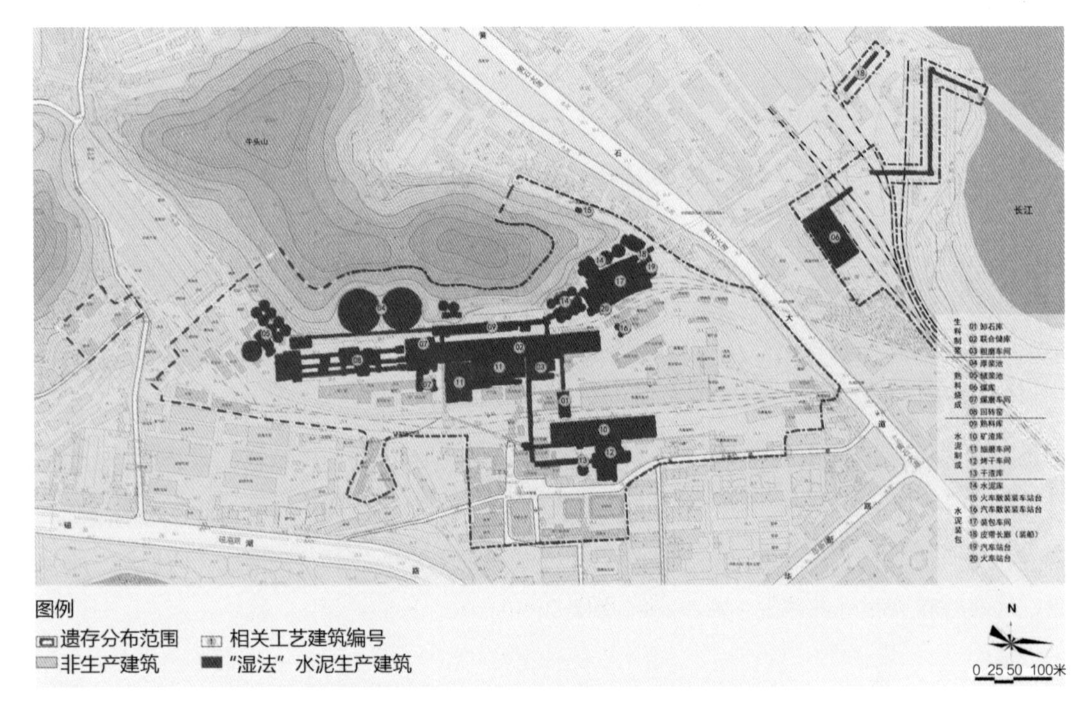

图2-2-9　华新水泥厂生产线对应的遗产分布

4）用地、功能

在多规合一的过程中，华新水泥厂的土地由工业用地变更为文物古迹用地，原有企业于2005年停产，职工安置问题已经解决，文物古迹用地划拨为黄石市文物局使用，目前已开展博物馆建设。

5）地方相关政策

2016年黄石出台的《黄石市工业遗产保护条例》规定：市、县（市）人民政府应当组织制定工业遗产保护总体规划，并纳入本级国民经济、社会发展规划以及城乡建设总体规划。全国重点文物保护单位保护规划按照国家文物局要求，规划要纳入地方城市规划体系，而《黄石市工业遗产保护条例》作为地方法规再次明确工业遗产保护规划的重要性及对接到多规的要求，这均使保护规划的实施得到保障。

2.3 文物保护规划的多规合一

2.3.1 既有保护规划技术要求

中国文物保护规划编制以《全国重点文物保护单位保护规划编制要求》(2004年第一版，2017年开始修订）为标准。以修订版为例，强调了多规对接的内容，包括了与地方相关规划的衔接以及与不同管理部门相关规划的衔接（图2-3-1），最终要求文物保护单位保护规划应当纳入所在地的国民经济和社会发展规划、城乡建设发展规划，应当与相关的生态保护、环境治理、土地利用等各类专门性规划相衔接。[①]

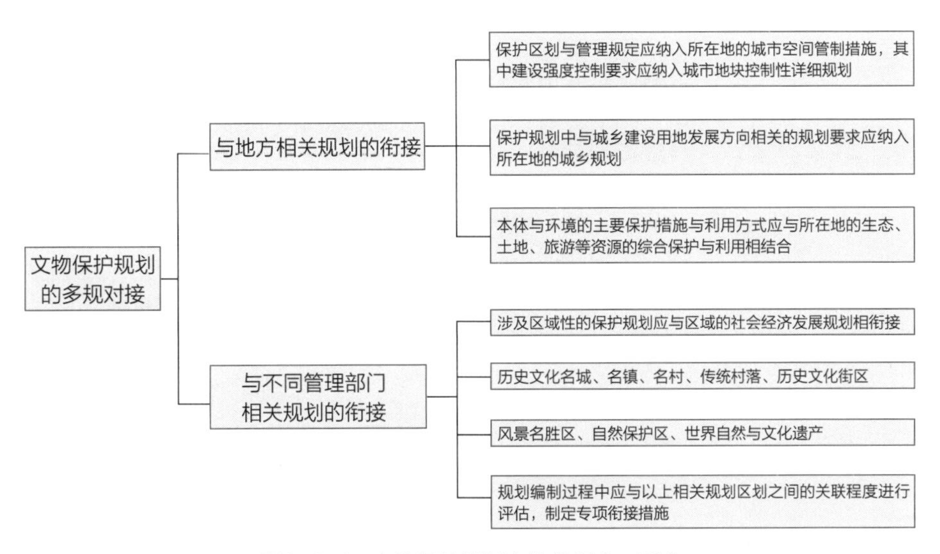

图2-3-1 文物保护规划中的多规合一要求

2.3.2 实践操作做法

为了增加文物保护规划编制实际操作过程中的普遍性分析，除了实证案例外，增加了7个涉及多规合一的文物保护规划辅助作证（表2-3-1）。经过分析，11个规划均对接城市规划，对接内容包括道路、用地、控制指标、职工安置（部分规划）。多规合一的方法主要有两种：（1）以文物保护规划为基准调整城市规划（控规为主）；（2）以城市规划为基准（控规）编制文物保护规划。

---

① 全国重点文物保护单位保护规划编制审批办法，http://www.sach.gov.cn/art/2007/10/28/art_1036_93808.htm。

文物保护单位多规合一的实际操作　　表2-3-1

<table>
<tr><th>规划名称</th><th>涉及多规</th><th>多规对接内容</th><th>多规合一方法</th></tr>
<tr><td>华新水泥厂旧址保护规划</td><td>总体规划（以下简称总规）、历史文化名城规划、城市紫线专项</td><td>功能定位、用地规划调整、道路交通规划调整、保护区划控制指标</td><td rowspan="2">以保护规划为基准调整相关规划</td></tr>
<tr><td>北洋水师大沽船坞遗址保护规划</td><td>总规、控规、其他遗产规划（《天津市工业遗产保护与利用规划》《天津市境内国家级、市级文物保护单位保护区划》）</td><td>功能定位、用地规划调整、道路交通规划调整、职工安置、保护区划控制指标</td></tr>
<tr><td>塘沽火车站旧址保护区划</td><td>控规</td><td>道路调整、土地变更、保护区划控制指标</td><td rowspan="2">以控规为基准编制保护规划</td></tr>
<tr><td>黄海化学工业研究社旧址</td><td>控规</td><td>道路、保护区划控制指标</td></tr>
<tr><td>河北正丰矿工业建筑群文物保护规划</td><td>总规、土地利用规划</td><td>土地利用、城乡建设、旅游发展、道路交通、市政设施、保护区划控制指标</td><td rowspan="7">以保护规划为基准调整相关规划</td></tr>
<tr><td>洛阳西宫兵营保护规划</td><td>总规、其他遗产规划:《洛阳东周王城保护规划》</td><td>用地性质调整、保护区划协调、保护区划控制指标</td></tr>
<tr><td>侵华日军第七三一部队旧址保护规划（细菌蛋壳制造厂遗址）</td><td>相关城乡建设规划</td><td>社会居民和企事业单位搬迁、用地性质调整、城市道路调整、保护区划控制指标</td></tr>
<tr><td>上海江南造船厂厂区工业遗产保护规划</td><td>上海市江南造船厂厂区工业遗产保护专项规划</td><td>严格遵循《上海市江南造船厂厂区工业遗产保护专项规划》、保护区划控制指标</td></tr>
<tr><td>河南省塑料机械股份有限公司旧址保护规划</td><td>总规</td><td>道路调整、土地变更、保护区划控制指标</td></tr>
<tr><td>郑州纺织工业基地（国棉三厂）文物保护及展示规划</td><td>控规及修规</td><td>土地变更、保护区划控制指标</td></tr>
<tr><td>山西省晋中市晋华纺织厂旧址保护规划</td><td>总规、片区改造规划</td><td>道路调整、文物建筑周边建筑高度控制、保护区划控制指标</td></tr>
</table>

2.3.3　个案分析：全国重点文物保护单位——北洋水师大沽船坞遗址保护规划

文物中工业遗产保护规划分为两种：一种是文物部门主导的专项规划，另一种则是城市工业遗产保护专项规划中的文物。北洋水师大沽船坞遗址兼具文物和城市专项保护规划两种规划特征，在编制过程中均与城市规划进行对接。

1）遗产概况

北洋水师大沽船坞遗址，位于天津滨海新区中心商务区的海河下游南岸天津市船厂内，为1880年李鸿章根据北洋水师修理舰船的需要，依托大沽海神庙而建。2013年，由国务院公布为第七批全国重点文物保护单位，公布遗存为船坞、轮机车间、海神庙遗址，公布时代为清代（图2-3-2）。

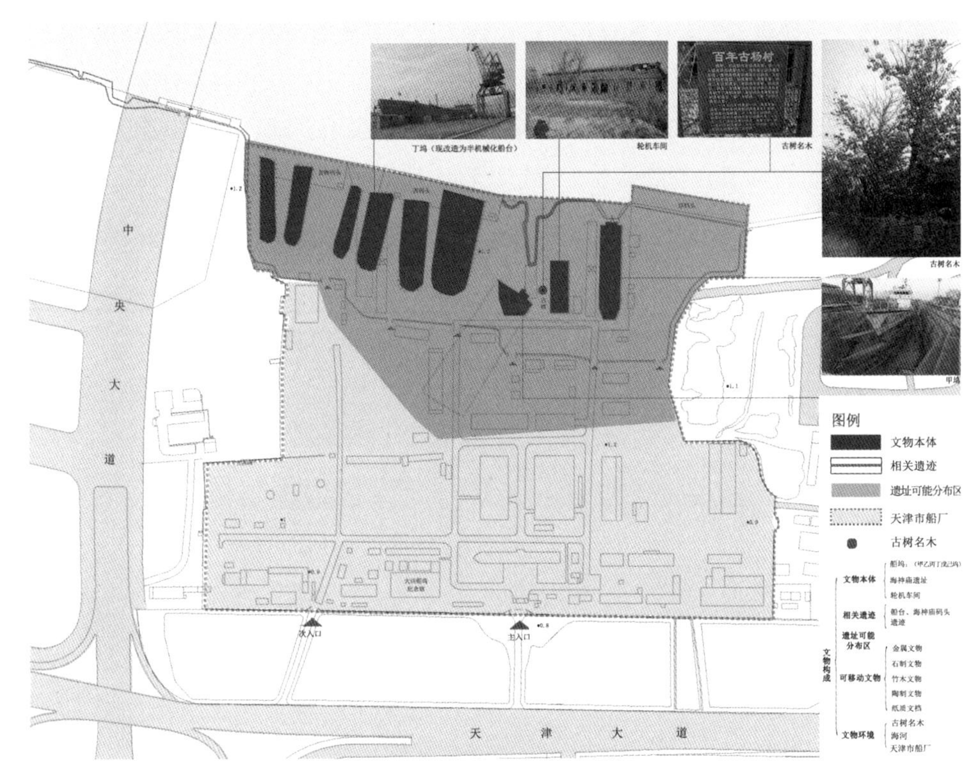

图2-3-2　北洋水师大沽船坞文物构成图

遗产区域内的古代和近代遗存符合国家文物局认定标准，登录价值为：大沽船坞是洋务运动在北方的重要成果，是继福建马尾船政、上海江南造船厂后中国第三所近代造船厂，是我国北方最早的船舶修造厂和重要的军械生产基地，见证了中国军事工业的发展历程。

其次，如何解读中华人民共和国成立后天津市船厂的价值？从空间分布和产业技术更新分析，天津市船厂和北洋水师大沽船坞遗址应作为一处遗产进行价值评估，结论为：该遗产保留了泥船坞、木质船坞和混凝土船坞的多样性，且重叠了古代、近代、现代遗存，见证了中国造船近代化和现代化的进程。而天津市船厂是一百多年来造船史上的一个链条，续写了造船历史，并且建造了中华人民共和国成立后较早的石油钻井平台，是古代、近代、现代叠层不可缺少的一部分。

按照传统保护规划的分析方法，评估对象为古代和近代遗存，北洋水师大沽船坞遗址受天津市船厂建设影响，真实性、完整性均一般。若将二者作为一处遗产评估，则该遗产反映了造船工业发展的历史脉络，保留了不同历史时期的真实物证，完整性较好。综合评价认为，影响大沽船坞真实性、完整性的主要因素为：未来的城市建设及天津市船厂的管理运营。

2）天津市划定文物保护区划及工业遗产保护规划多规合一过程

在编制全国重点文物保护单位保护规划期间，除了官网公示的最终的保护区划和工业遗产保护规划外，还搜集了二者在2014年的过程版。访谈工业遗产保护规划师可知，过程版的两个规划建设控制范围均依据厂区为边界（图2-3-3、图2-3-4），在各方博弈后，公布的保护规划成果如图2-3-5、图2-3-6所示。本案例研究旨在说明多规合一的操作问题，大沽船坞保护规划过程版尝试纳入控规失败（图2-3-7），所以最终规划范围以官方公示的图纸为依据进行分析。

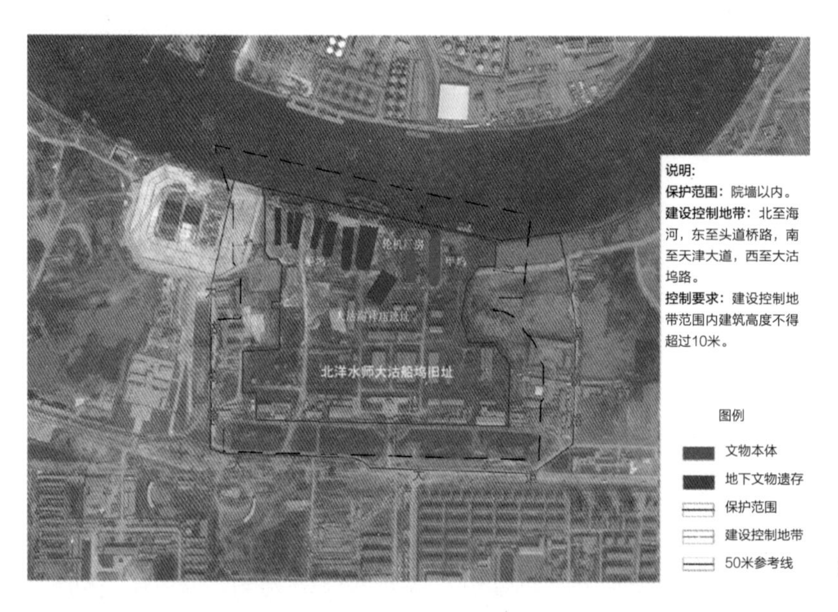

图2-3-3　2014年天津市划定的保护区划（过程稿）

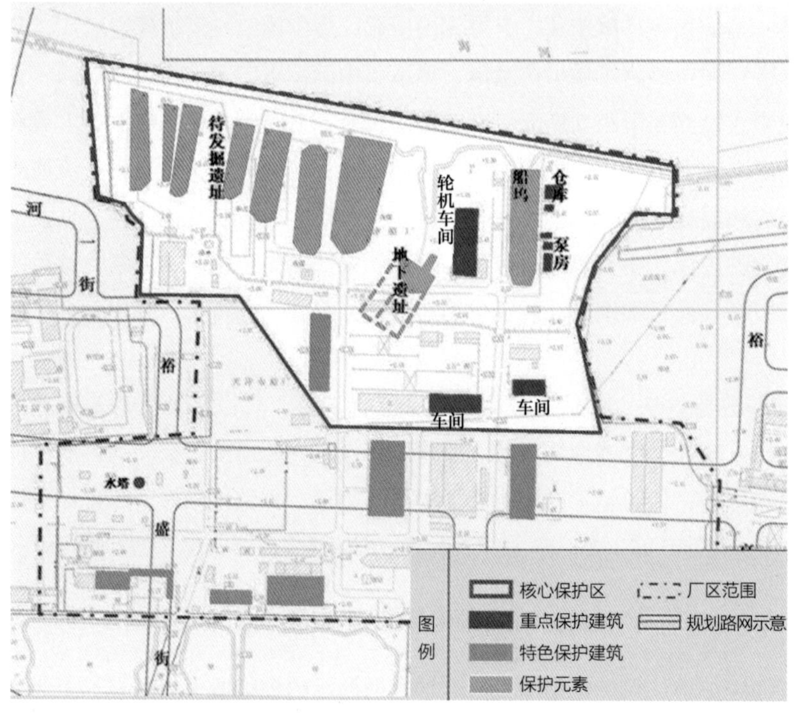

图2-3-4　2014年版保护规划（过程稿）

图2-3-5　2015年天津市公布的保护区划

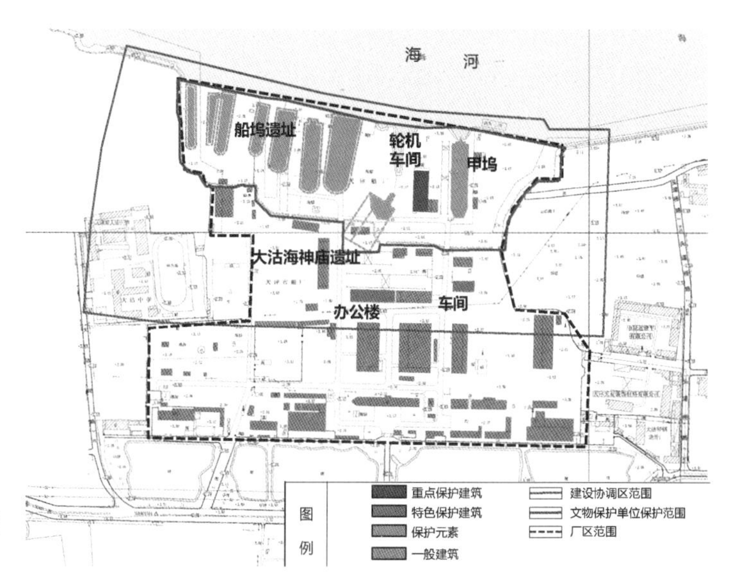

图2-3-6　2016年天津市规划局公布的保护规划

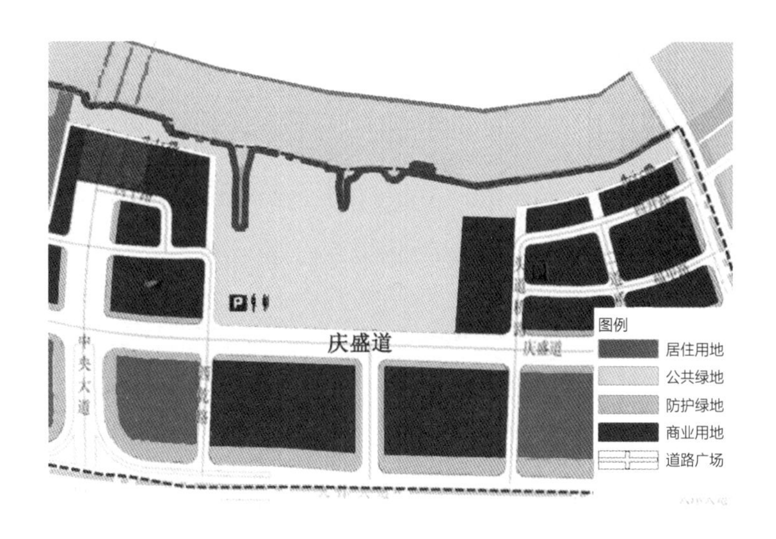

图2-3-7　大沽船坞地块控规

3）全国重点文物保护单位保护规划多规合一

2015年，研究团队受委托编制全国重点文物保护单位层级保护规划，按照《全国重点文物保护单位保护规划编制要求》中的多规合一要求的同时，为了增加规划可操作性，积极与政府相关部门沟通，共编制了两个类型方案。

方案01（图2-3-8）：分析既有相关规划，按照本次保护规划调整，实现多规合一。该方案实现多规合一主要考虑了两个因素：第一，在国家文物局批准的厂区范围为保护范围的基础上精细化保护区划，将遗址集中的1949年前的厂区划为保护范围，1949年后的厂区部分划为一类建控范围，使天津市船厂能够活化利用，增加土地价值，以有利于与控规对接；第二，通过对价值的进一步研究，对国家文物局公布的保护对象船坞、轮机车间、海神庙遗址进行深入研究，依据考古资料和文献资料确认海神庙的范围，进而更加科学地确认保护范围边界。

方案02（图2-3-9）：2015年2月天津市公示《天津市境内国家级、市级文物保护单位保护区划》，缩小了保护范围（图2-3-10）。这个区划没有将海神庙遗址全部划到保护范围内，而且区划的完整性受到质疑，经过协商，保护范围达成一致，均同意扩大保护范围，建设控制地带按照厂区划定。如何制定控制指标，中心商务区管委会认为庆盛道以南应净地出让，高度控制为 50 米，具备保留价值的建筑可以搬迁。

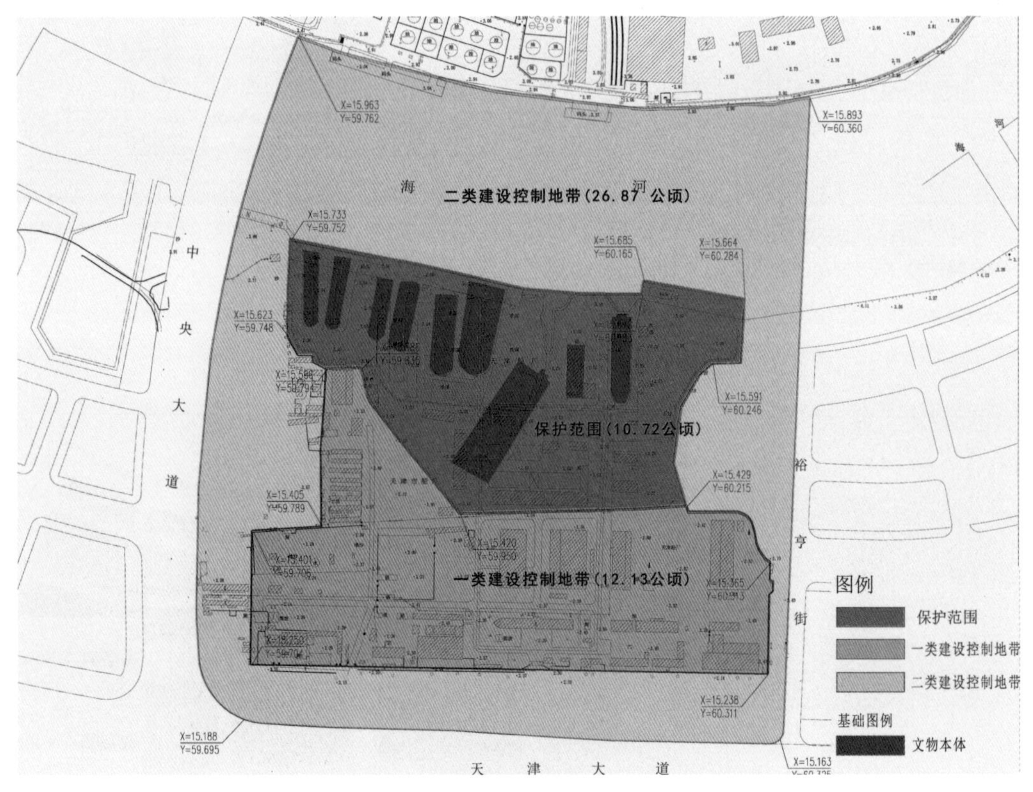

图2-3-8　方案01

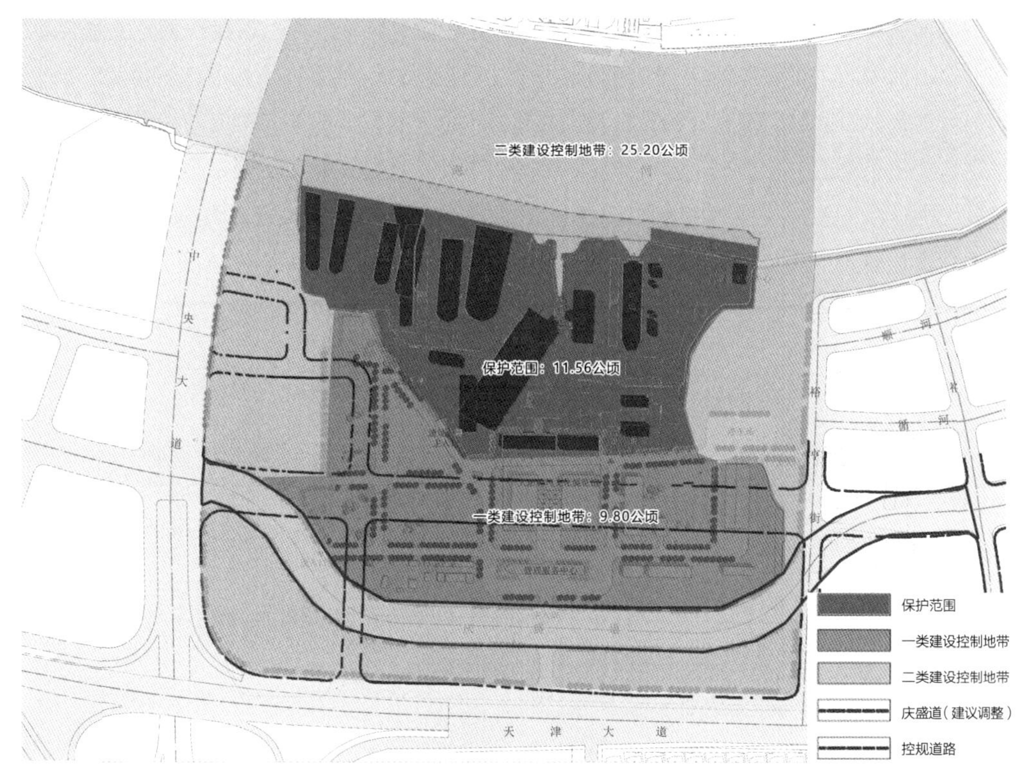

图2-3-9　方案02

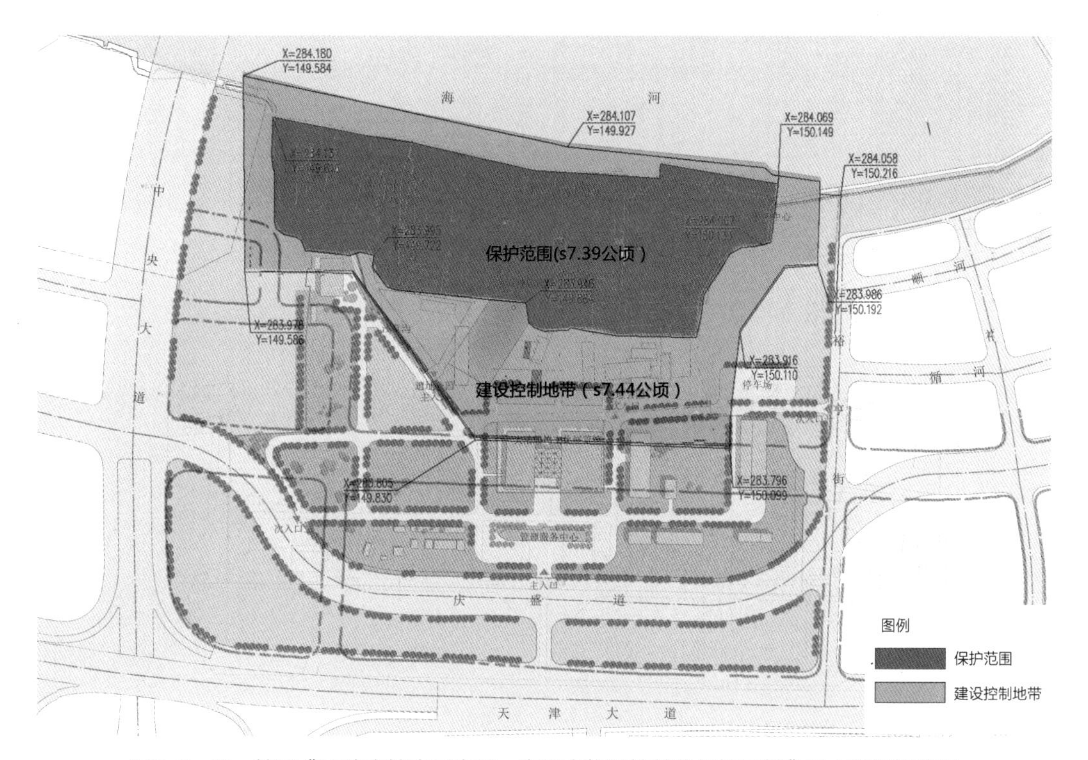

图2-3-10　按照《天津市境内国家级、市级文物保护单位保护区划》缩小的保护范围

规划者再次分析既有相关规划，兼顾围绕土地的各利益方诉求，衔接控规，实现保护规划与控规协同编制，实现多规合一。该方案经历了多轮探讨，围绕在庆盛道如何修建的核心问题，经过与相关专业部门沟通，确认区域交通修建的必要性后，保护规划在尽可能完整保护的前提下，提出了绕道的方案02。这个方案并非保护遗址完整性的理想方案，而是在协调多重矛盾基础上的让步（表2-3-2）。因为船厂1949年后的厂区部分是文物和非文物的临界，对于这样区域的争议比较大，从文物角度这是完整性的一部分，但是在寸土寸金的情况下以开发为目标的规划往往会占上风，需要有更为上位的规划判断标准来平衡城市规划和文物保护规划。

庆盛道论证方案对比表 表2-3-2

	方案01（地道）	方案02（改线）
优点	1. 较好地保持庆盛道的贯通性，益于区间联系 2. 维护景观整体性	1. 施工难度小、费用低 2. 益于地块进出，益于周边交通组织 3. 维护景观整体性
缺点	1. 施工难度较大、费用高 2. 地下规划有轨道B2线 3. 地道出入口距离交叉口过近，交通组织较差	1. 线形复杂，贯通性差 2. 需拆部分建筑

文物保护规划的多规合一过程为图2-3-11。

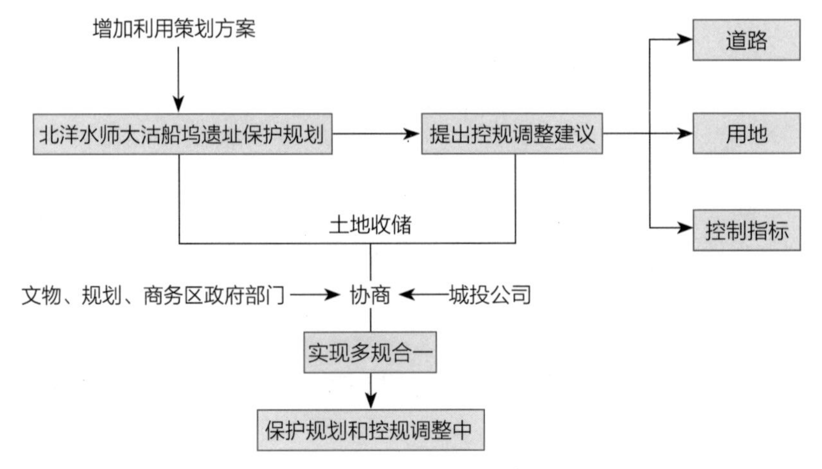

图2-3-11 北洋水师大沽船坞遗址保护规划的多规合一过程

4）价值、真实性、完整性考察

以中华人民共和国成立后造船工艺流程体现的价值、真实性、完整性为基准评价以上方案（图2-3-12～图2-3-14），关键在于庆盛道。

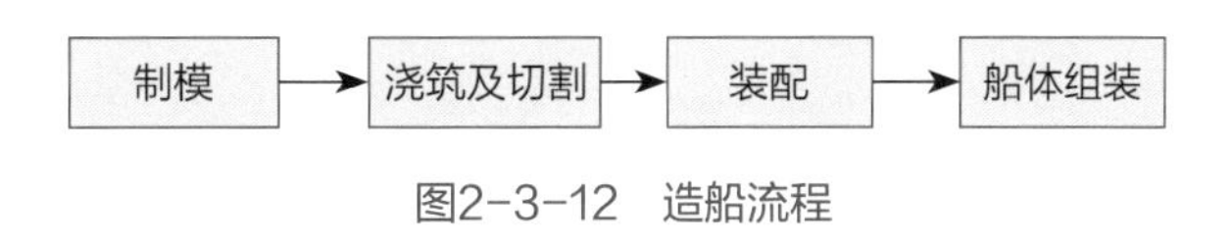

图2-3-12　造船流程

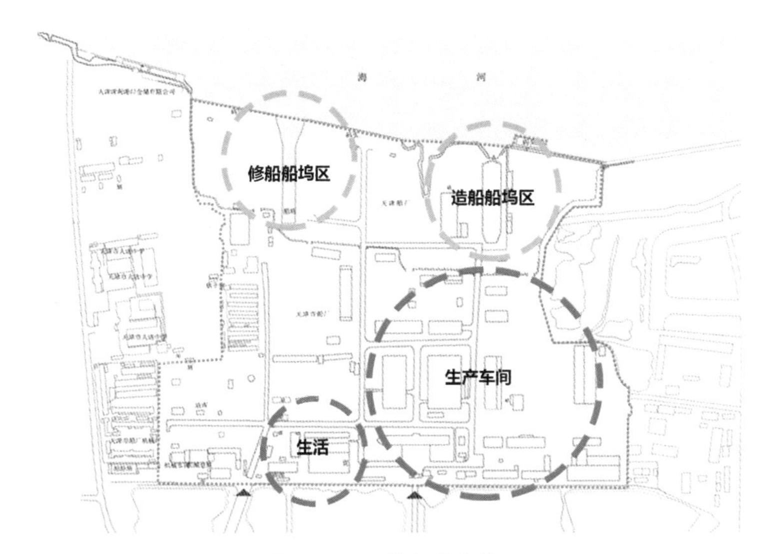

图2-3-13　造船生产分区

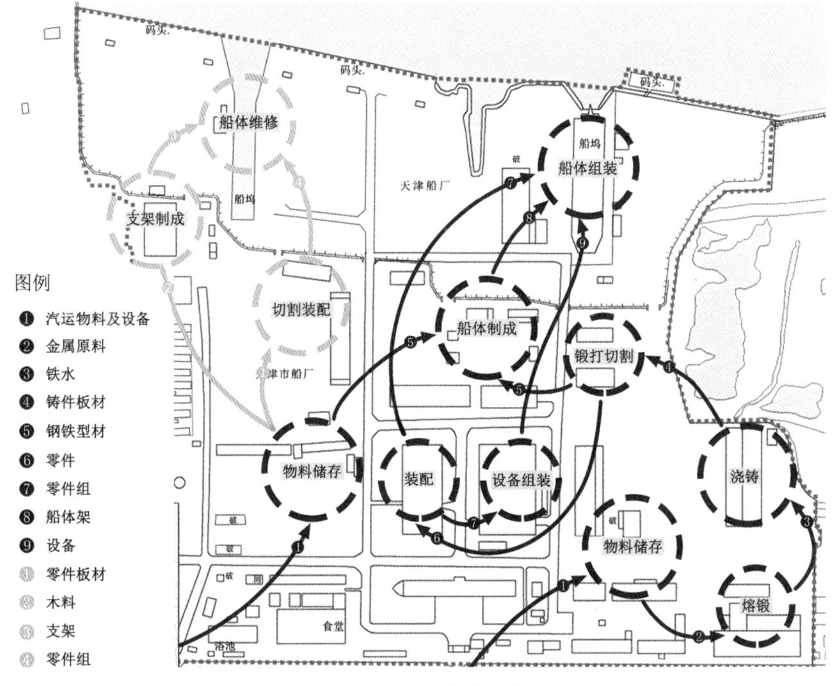

图2-3-14　造船生产线

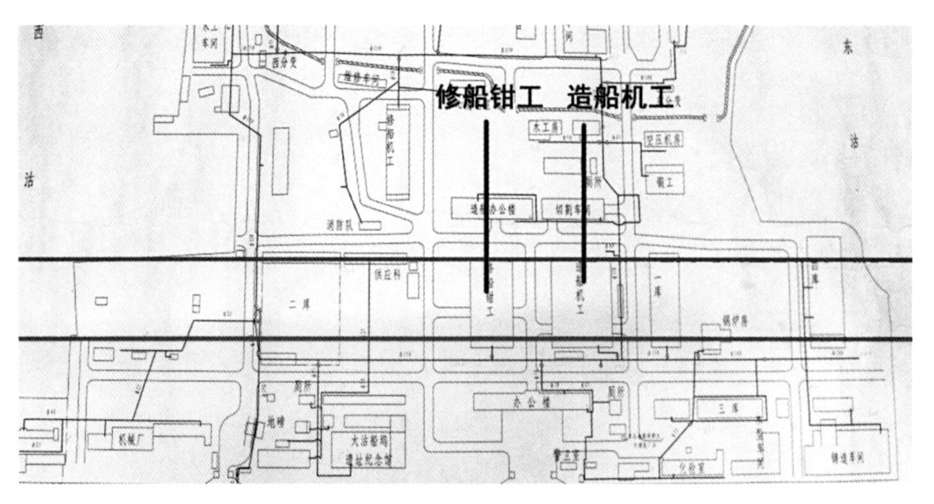

图2-3-15　庆盛道东西直通修建将拆的生产车间：修船钳工、造船机工

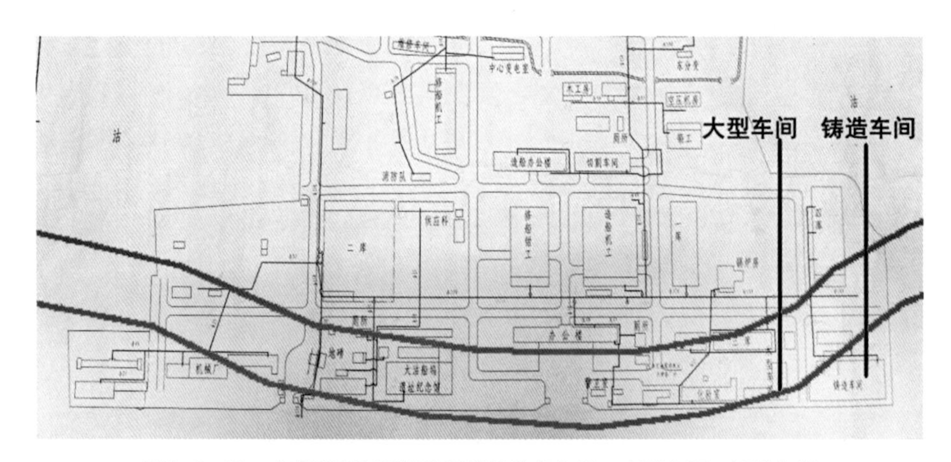

图2-3-16　庆盛道形态调整将拆除的生产车间：大型车间、铸造车间

天津市划定的保护区划及工业遗产保护规划（最终公布方案）依据东西直通庆盛道修建方案，将拆除生产线的上游和核心，价值损失严重，真实性、完整性遭到破坏（图2-3-15）。

全国重点文物保护单位保护规划方案01，调整庆盛道至保护区外，造船生产流线得以完整保留；方案02协调各方利益，建议庆盛道调整形态，避开造船工业生产流线的核心区，允许拆除部分1949年后的工业遗存，保住技术核心价值（图2-3-16），这也是各种诉求博弈的真实反映。

5）土地、功能

天津市划定的保护区划及工业遗产保护规划按照控规定性，也就意味着，1949年后的厂区部分的工业用地转变为商住，进而出让开发，遗产基本拆除，职工安置则通过土地收储完成。

文物保护规划策划了厂区的再利用方式，希望工业用地可以调整为经营性的文化娱乐用地，同时安置原有厂区职工再就业，使得厂区企业文化有所延续。

事实上这个规划到目前（2018年2月）还没有形成定论，随着中国对文化遗产保护的日益重视，文物保护部门希望依然按照方案01推进，确保真实性和完整性。但是天津已经有几个工业遗产项目变为房地产。笔者认为不同等级的遗产应该区别对待，对于等级比较低的工业遗存可以考虑适当放宽开发的可能性，但是对于全国重点文物保护单位这样级别的文物应该确保真实性和完整性。通过这个案例我们可以看到保护工业遗产的完整性在开发最前线是最大的难题。为了保证完整性，需要保护规划来界定保护范围和建控范围，而本来保护规划制定的过程就需要各个方面协调，协调的过程也恰恰反映权力的博弈，并不一定真正体现理想的完整性。

2.3.4 个案分析：省级文物保护单位——河南省塑料机械股份有限公司旧址保护规划

1）遗产概况

河南省塑料机械股份有限公司始建于1958年，2002年破产，2007年申报为河南省文物保护单位，现存生产区建筑及生活区建筑，设备设施在破产后被变卖（表2-3-3）。河南省塑料机械股份有限公司旧址位于遂平县城区，城市规划道路于2010年穿越厂区，将厂区一分为二，现状生产区内部分为政府规划、文物、建设、文化部门办公驻地，遗存厂区建筑部分废弃，部分被租赁为仓库，而生活区建筑建于20世纪70年代，现仍为失业、退休职工居住区（图2-3-17、图2-3-18）。

遗产构成表 **表2-3-3**

遗产分区	遗产概况
生产区	厂房7座，分别为铸造车间、铸钢车间、总装一分厂、总装二分厂、锻工车间、热处理分厂、双螺杆车间
生活区	职工宿舍、招待所、职工医院、工会俱乐部

保护规划评估的价值主要为：河南省塑料机械股份有限公司旧址是近现代企业，引进当时先进的生产设备和技术人员，在推动工业现代化的进程中发挥了重要作用（历史价值）；旧址现存大量工业生产、生活建筑构筑物和遗存为研究近年来工业的发展史提供了详实的实物资料。生产区内厂房、水塔、宿舍、食堂、油库、医院等建筑物的布局形式、功能清晰地反映了塑料机械厂兴盛时的生产管理内容和工艺流程，以及不同历史时期特殊事件影响下的

图2-3-17　铸造车间外部

图2-3-18　铸造车间内部

变化情况，真实地记录了塑料机械厂的发展历程（科学价值）[①]。

2）多规合一过程

2015年文物保护规划编制，但是城市总体规划在2013年公布，且到2015年，政府已经按照城市规划编制地块开发项目方案。通过文物保护规划和总体规划比较可知（图2-3-19、图2-3-20）：文物保护规划依据现状厂区和生活区边界，完整保留该遗产，并希望尽可能以文物古迹用地为主。而总体规划仅保留部分生产区地块，并将之界定为文化设施用地，其余厂区和生活区与周边地块共同开发，以二类居住用地为主。用地间的矛盾与冲突是两个规划“多规合一”的关键。

在规划编制期间，通过现场调查得知，虽然该地块已经收储，但是职工安置问题未妥善解决，造成职工占用遗产问题突出（图2-3-21）[②]。职工作为原有企业的重要构成，且居住紧邻生产区，保护规划建议将居住区纳入环境构成要素，进行遗产地块更新。考虑政府相关方诉求，保护规划在选择以遗址公园为主要改造功能之外，要求将涉及地块的二类居住用地进一步缩小，尽可能完整保存现有遗存。但随着政府招商进度的推进，社会资本介入后，对于地块经济的最大化追逐使得二类居住用地中的遗产保留难以实现（图2-3-22），且职工安置问题尚未解决，致使保护规划搁置[③]。

结合上述分析，虽然文物保护规划按照《全国重点文物保护单位保护规划编制要求》明确遗产构成，提出总体规划调整建议，但因各利益方无法达成共识，保护规划被地方政

---

① 价值阐述摘自《河南省塑料机械股份有限公司旧址保护规划（2015-2030）》。

② 2006年河南省塑料机械股份有限公司一次性打包，将工、商业土地使用权及附属物和无形资产进行出让，当时明确出让范围包括生产厂房、库房等所有建筑物，构筑物及辅助、附属设施、设备，计量器具，办公室设备，道路，场地，绿化苗木等。通过职工访谈可知，公司破产及资产出让后，职工养老、就业、医疗、居住等问题并没有解决。这也是已公布为文物的厂房部分被政府办公使用，部分为职工对外租赁收取佣金的问题根源。2010年遂平县对于职工问题拿出解决方案，具体解决医疗保险、养老保险、房产证办理。但是相关问题最终没有落实。

③ 采访规划师张亳，2018年6月5日于郑州：河南省文物建筑保护研究院。上述文字根据规划师访谈整理。

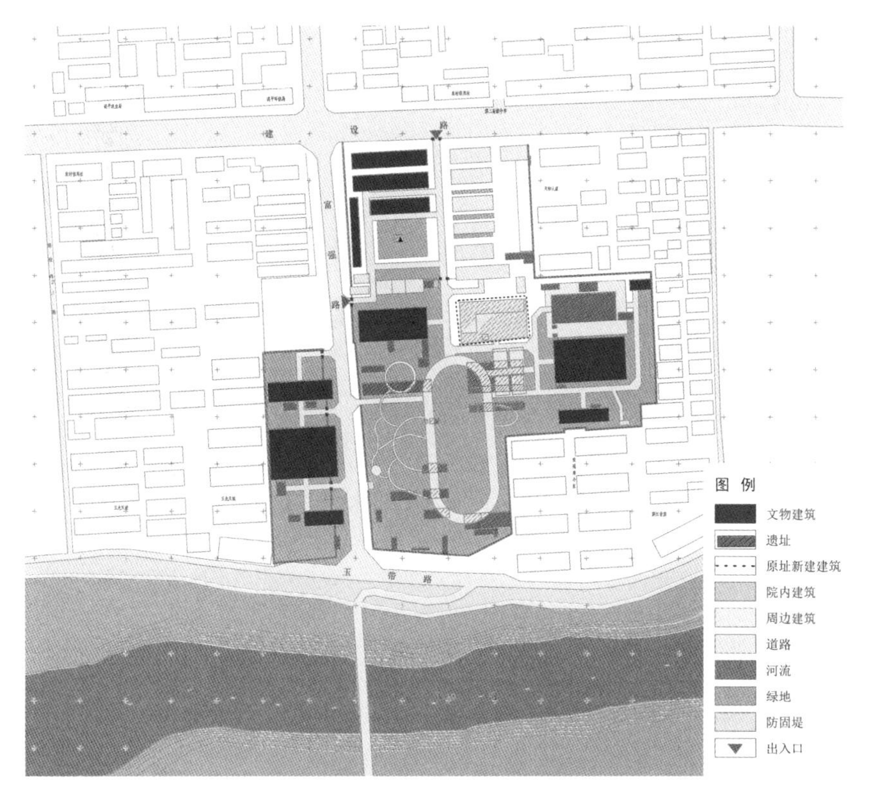

图2-3-19 保护规划总图

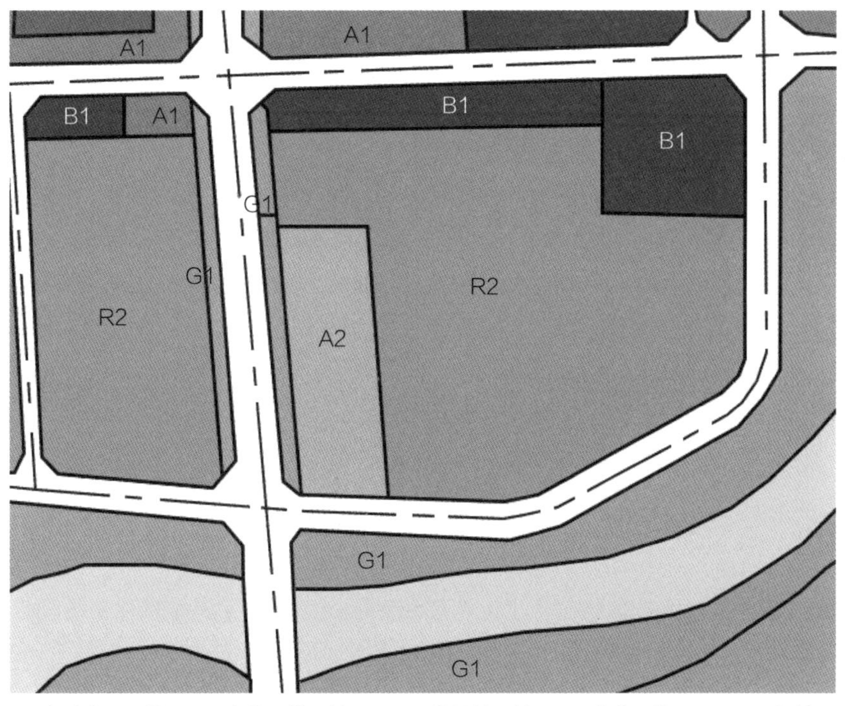

A1 行政办公用地；A2 文化设施用地；R2 二类居住用地；B1 商业用地；G1 公园绿地。

图2-3-20 遗产地块总规用地

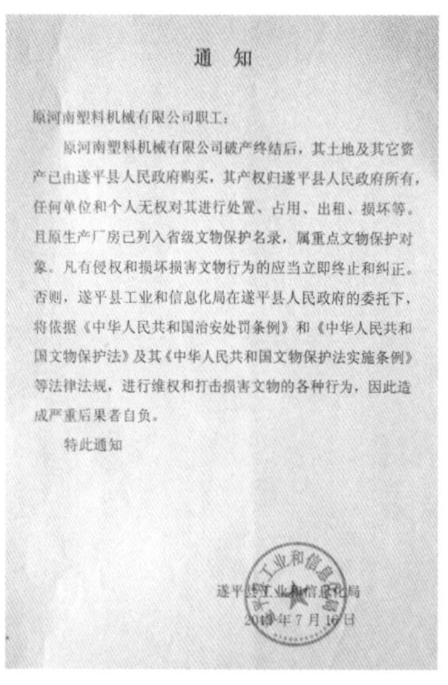

通　知

原河南塑料机械有限公司职工：

原河南塑料机械有限公司破产终结后，其土地及其它资产已由遂平县人民政府购买，其产权归遂平县人民政府所有，任何单位和个人无权对其进行处置、占用、出租、损坏等。且原生产厂房已列入省级文物保护名录，属重点文物保护对象。凡有侵权和损坏损害文物行为的应当立即终止和纠正。否则，遂平县工业和信息化局在遂平县人民政府的委托下，将依据《中华人民共和国治安处罚条例》和《中华人民共和国文物保护法》及其《中华人民共和国文物保护法实施条例》等法律法规，进行维权和打击损害文物的各种行为，因此造成严重后果者自负。

特此通知

遂平县工业和信息化局

201[illegible]年7月16日

图2-3-21　遂平县工业和信息化局关于职工占用遗产的通知

图2-3-22　政府对于遗产地块再利用规划图（商住+遗址公园）

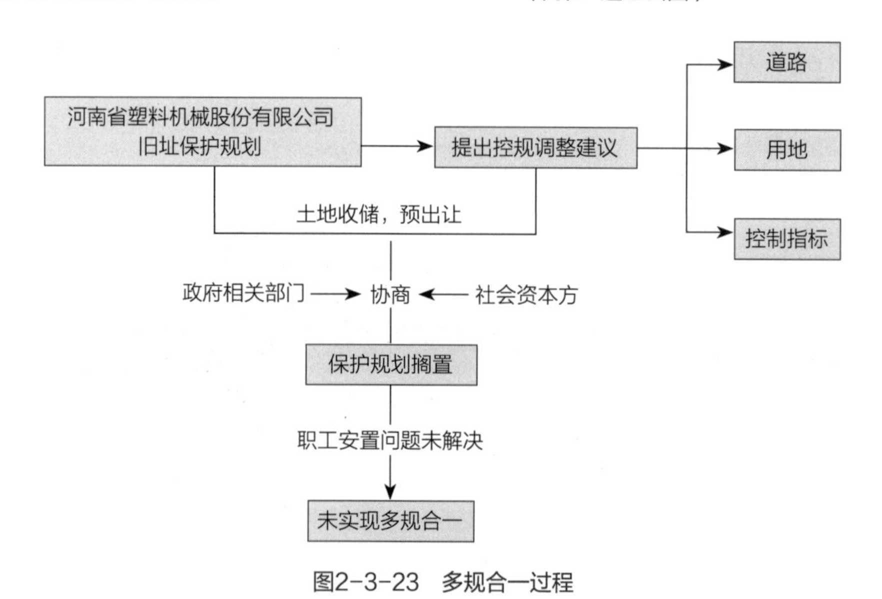

图2-3-23　多规合一过程

府终止[①]，多规合一未能实现（图2-3-23）。

3）价值、真实性、完整性考察

就编制成果考察，保护范围包含了生产区和生活区，提出了完整性保护的设想，并将保

① 截止到2019年，从设计部门了解到，该规划由于各方利益的复杂性，已经被终止，地方政府正在推进文物保护单位身份降级的事宜，希望在保护级别较低的状况下，尽量按照总规设想进行开发建设。

护范围调整为文物古迹用地，周边其他用地按照总体规划执行。若该规划能够有效实行，将能完整地保护该处工业遗产，但是并未能就职工安置问题提出有效解决策略。通过和规划部门沟通可知，文物古迹用地仅能做公益项目，与政府财政前期投入和设想都是相背驰的，这也是保护规划搁置的原因之一。

如何评价未来实施的城市建设对遗产的破坏？首先考察生产线的演变过程，自建厂至今，河南省塑料机械股份有限公司的生产线伴随着厂名的变化而调整（表2-3-4）。从发展变迁看，现址从最早的生产铁制造产品到企业倒闭前的机械设备及塑料设备，期间因为生产线的改变，建筑格局随之更新（图2-3-24）。在演变过程中，仅铸造车间（现名）建筑融入了后来的生产线，从建筑的历史价值角度看，该建筑是保护的核心。从后期设备制造生产线考察（图2-3-25），原材料进场后历经制模——洗铸及切割——装配——零件组装四个主要的生产工艺，早期保留的铸造车间位于生产线上游（制模）。

企业生产生产线的转变及厂名的变更　　表2-3-4

历史时期	厂名	产品
1929～1952年	明亚铁工厂	生产新式步犁和播种器、铁锅、犁铧、犁面及其他小型农具、生活用品
1955年	铁业合作工厂	不详
1958年迁址至遂平县建设东路（现址）	遂平县机械厂	根据当时的政策一直调整，期间为了支援农业生产，陆续开始生产弹花机、轧花机、粉碎机，还走出厂门联系加工外协件，如给拖拉机厂生产配套拖拉机前桥等配件。至此，该厂生产基本趋于正常
1959年	县通用机械厂	
1968年	遂平县机床厂	
1969年	县皮革塑料设备制造厂	不论是机械加工能力或是工程技术力量，在豫南均占第一位
1979年	驻马店地区塑料设备厂	1970年以后，开始生产皮革设备，产品有去肉机、剥皮机、剖皮机、鼓形伸展机等；塑料设备有：125克、500克塑料注射成型机，塑料挤出机有Φ45、Φ65、Φ90、Φ150、Φ200塑料挤出机，相继开发生产各种辅机及地膜、大棚膜、机组等设备；另外，继续生产C618车床、牛头刨床；农用机械有稻麦脱粒机、榨油机及手扶拖拉机等产品支援农业
1995年	河南塑料机械股份有限公司	1996年，河南省科委授予公司为“高科技企业”，并进入全国轻机行业；该公司被河南省工商局命名为“AAA级信用企业”

由于保护规划的搁置，若属地政府按照总体规划和制定的利用方案实施，将对工业遗产的价值造成以下影响：第一，1966年至今的生活区将全部拆除；第二，生产区铸造车间保留，其余设备的核心和下游生产线将被拆除（洗铸及切割、装配、零件组装）（图2-3-26）。对于工业遗产而言，仅仅保护铸造车间建筑，只是保护了历史价值较高的区域，而对于与现状厂名对应的生产线而言，这样的选择并不能真实性反映工艺变化及生产线核心环节的完整性。

图2-3-24　厂区格局演变

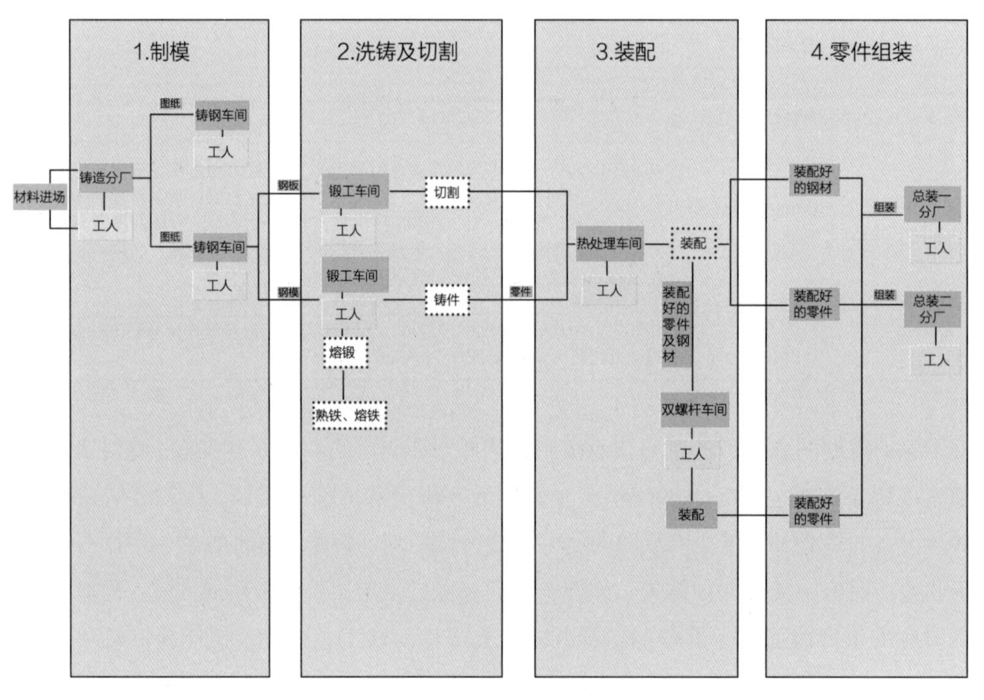

图2-3-25　生产流程图

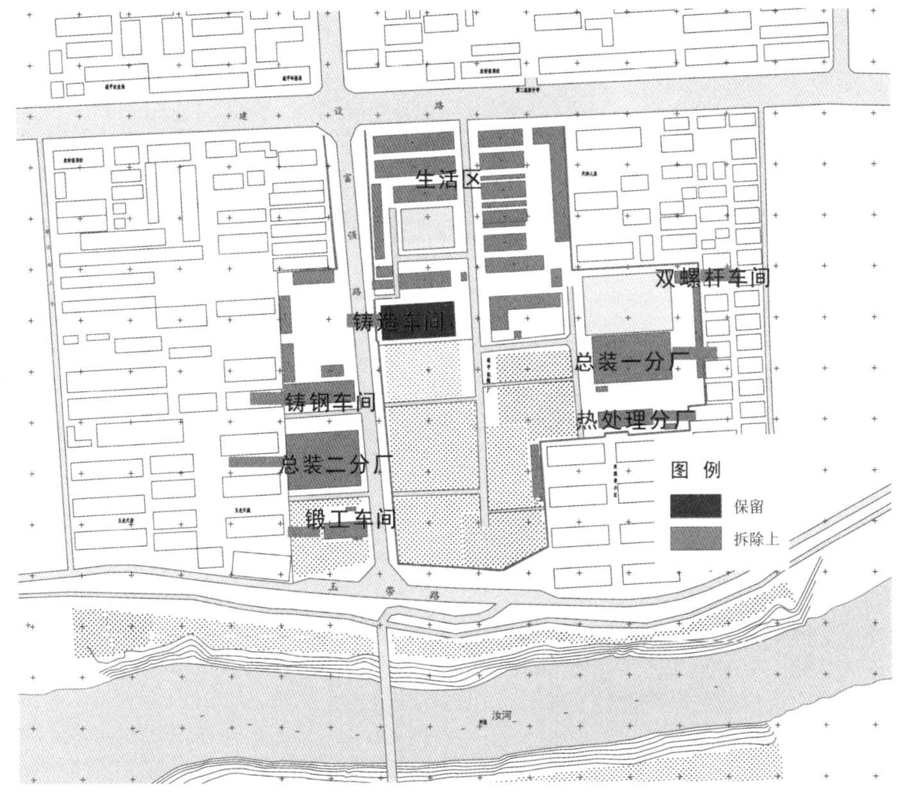

图2-3-26 根据总体规划和已制定的方案绘制的建筑保留和拆除图
（仅保留铸造车间，拆除洗铸及切割、装配、零件组装以及生活区）

2.3.5 个案分析：市级文物保护单位郑州纺织工业基地（国棉三厂）保护展示规划①

1）遗产概况

郑州国棉三厂始建于1954年，保护规划编制期间，生产区仅剩办公楼（含连体厂房）、生产区大门、生活区保存比较完整，包括了大门、住宅楼、内部街道、母子楼、职工食堂、招待所、防空洞等（图2-3-27～图2-3-30）。从历史价值来说，国棉三厂遗留建筑见证了历史、记载了历史，是城市历史发展的一部分；从建筑的技术价值来说，这些建筑在当时构造技术相对落后的年代里是先进的；从建筑的文化价值来说，苏联建筑专家的介入带来了不同的文化以及艺术形式，这些建筑以实物的形式记载了一段苏联支建的历史；从建筑的经济使用价值来说，虽然机器已经废弃，但遗存的厂房曾经是郑州最大的车间，而且在市民的心中成了城市工业的象征②。保护规划登录的价值记录见表2-3-5。

① 该项目编制体例和文物局对项目的需求，均可定位为“保护规划”。
② 摘自《郑州纺织工业基地（国棉三厂）文物保护及展示方案》。

图2-3-27　生活区大门

图2-3-28　住宅

图2-3-29　生产区大门

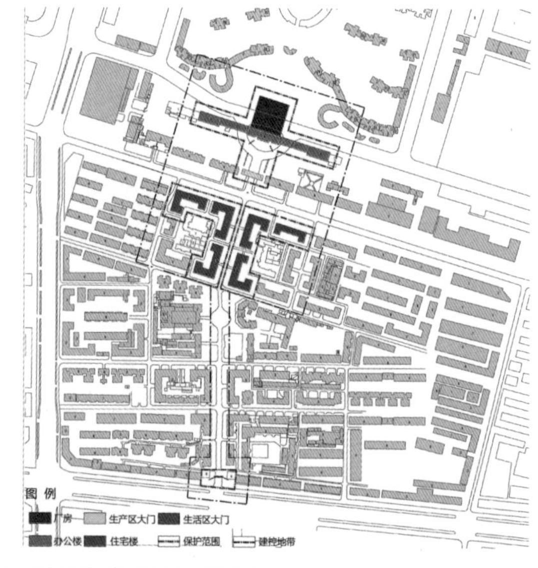

图2-3-30　遗产构成及保护区划图

保护规划登录的价值概况　　表2-3-5

	主要价值
历史文化价值	国棉三厂的建设，是纺织工业部遵照党和国家的战略部署进行的重要计划项目，是中国六大纺织老工业基地之一，见证了我国早期纺织工业的起步历程，标志着纺织工业从小规模迈向大规模国营经济模式发展的历史阶段
科学研究价值	办公楼的蘑菇石墙基、砖墙结构的墙身，住宅楼的坡屋顶、素水泥砂浆抹灰、木制楼梯，无不呈现了当时建筑的韵味。单层大跨度结构的厂房，依靠特有的锯齿形屋顶解决了车间的采光通风问题。在一定程度上，国棉三厂的建筑代表了当时工业时代的建筑技术水平，其对现代建筑有着不可忽视的借鉴意义

2）多规合一过程

文物保护规划开始编制的时候，部分地块已经出让，造成了规划的被动局面。郑州对于棉纺的六个厂区均采用了与社会资本合作的模式，由社会资本介入解决职工安置和异地建厂问题，原有厂区交由社会资本开发使用。在这样的背景下，2008年的控规将遗产厂区定位为

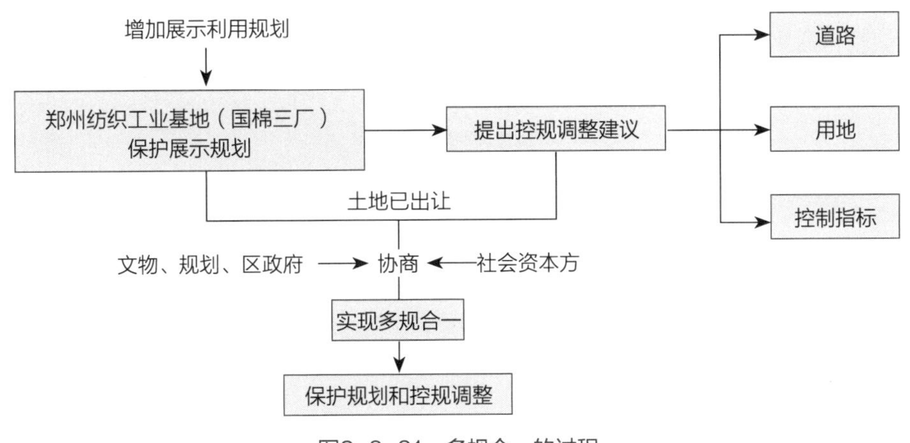

图2-3-31　多规合一的过程

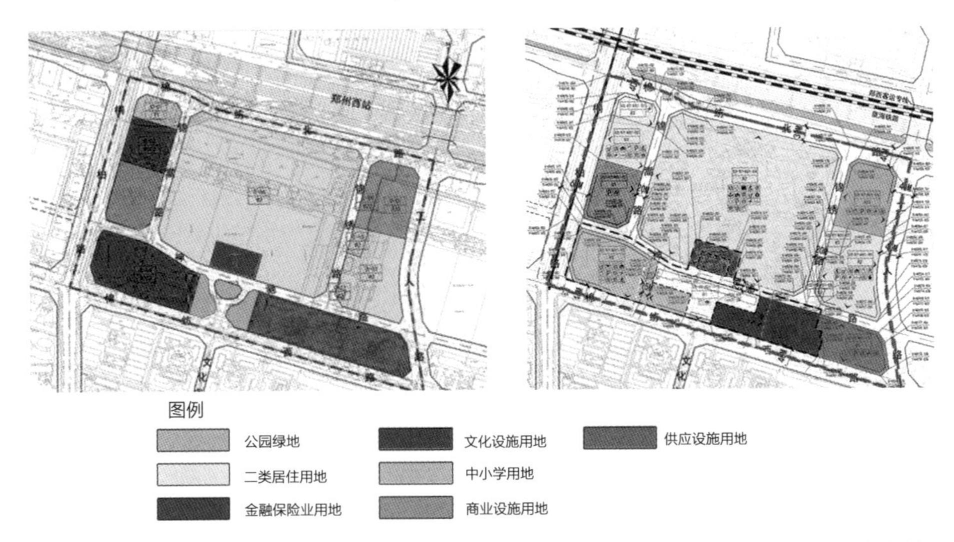

注：办公楼和厂房，用地性质是绿地，功能为博物馆。保护规划没有继续推进，而是按照控规执行，文物局在此基础上划定了保护区划。

图2-3-32　左为2008年控规，右为2014年调整后的控规

除了车间外全部拆除用于商住，2009年公布为文物保护单位后，编制保护规划，遗产厂区多已建设为高层住宅区，仅剩的厂房位于住宅区规划的对外道路上①。

文物保护规划与控规多规合一分为两个阶段。第一个阶段，文物保护规划提出控规道路调整，完整保护仅剩的厂房；第二个阶段，经过各方博弈后，保护规划和控规均作出调整，最终实现了以控规为主的多规合一，将厂房和办公楼地块界定为绿地进行保护，但同时保留了控规主要道路系统和建设强度（图2-3-31、图2-3-32、表2-3-6），在保护规划编制过程

① 采访郑州市文物局张颖，2018年7月26日于郑州某咖啡馆。

中，为了提高可操作性，增加了城市设计的分析，提出遗产的利用策划，仅剩的办公楼和厂房作为博物馆展示使用，同时要求收集未拍卖的设备资产作为博物馆展品（图2-3-33）。

2014年控规调整内容 表2-3-6

调整类型	调整内容
道路调整	结合文物保护要求，取消文化宫路（棉纺西路以北段）；锦松路、锦绣路向南连接现棉纺西路（神驰路—棉纺西路段），按照街坊路控制，道路红线宽15米
用地调整	依据厂区大门、办公楼、厂房文物保护范围要求对相关地块用地性质进行合理调整，并明确相应指标要求

图2-3-33 展示利用

3）价值、真实性、完整性考察

从公示的图纸和郑州市文物局访谈考察可知，最终公布的保护区划减少了对生活区大门的控制，取消了住宅的保护范围。笔者提出就规划角度而言，没有控制区的遗产受城市建设开发影响更大，其价值、真实性、完整性可能面对破坏性损失。文物局答复："这是和中原区政府协调过后的成果。文物部门是希望越多越好，但如果不能多方都认同，就会搁置，其实对文物的破坏会更严重，所以各方都做了让步，控规是多方协调的最终成果，大家都以控规为准。"[①]

① 采访郑州市文物局张颖，2018年7月26日于郑州某咖啡馆。

图2-3-34　拆除后仅剩的厂房和办公楼一　　图2-3-35　拆除后仅剩的厂房和办公楼二

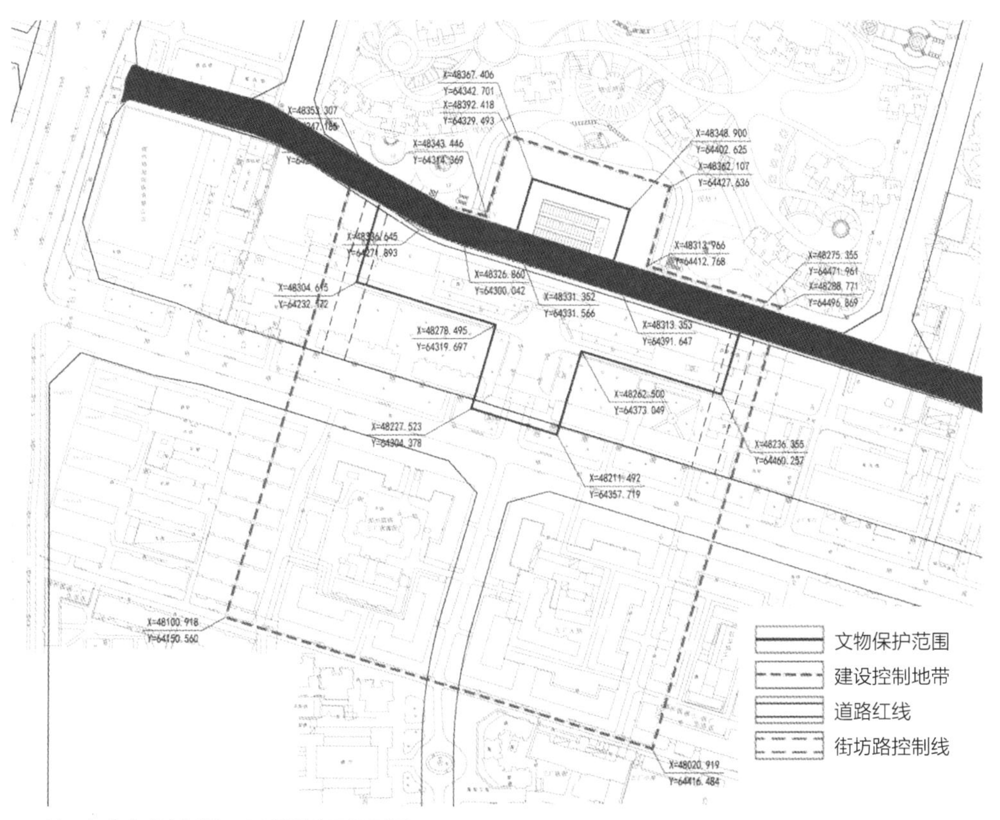

注：红色为规划道路，目前道路已经贯通。

图2-3-36　保护区划图

从价值的角度考量，新的住宅区配套道路切割仅剩的办公车间，规划师认为："办公楼和车间原为一体化设计，道路的切割使得仅剩的办公楼和厂区的建构关系被打破，二者之间的真实关系消逝，厂房与办公楼的真实联系只能通过空中连廊实现，尽可能保持真实性。"[①]（图2-3-34～图2-3-36）

① 采访规划师韦峰，2015年6月5日于郑州大学建筑学院。

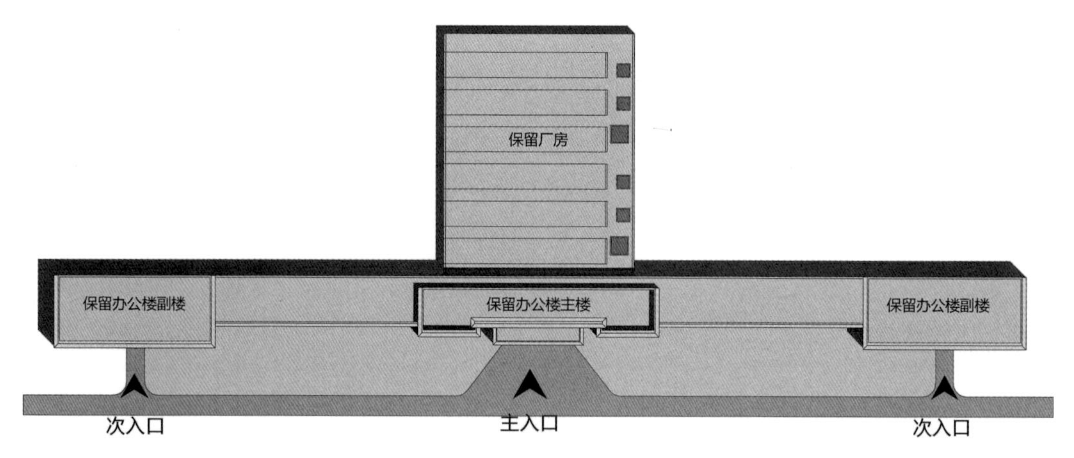

图2-3-37　办公楼和主厂房总平面图

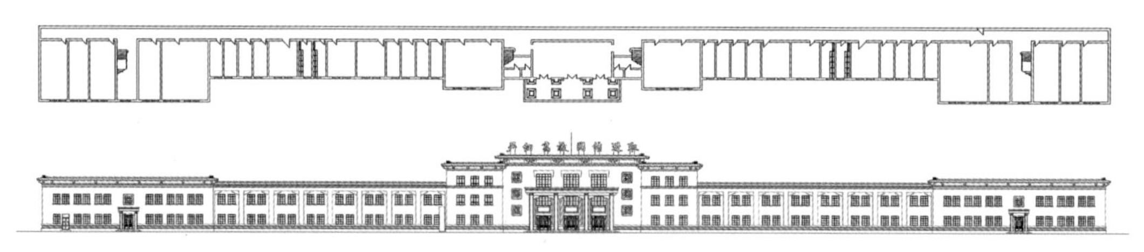

图2-3-38　一层平面和立面图

针对厂房生产线的评估如下：办公楼和主厂房同时完工（图2-3-37、图2-3-38），厂房在北，办公楼在南，两者为一个整体。办公楼一层正中为门厅，是主厂房及办公楼的主出入口，与生产区大门相对。一层北侧直接与生产车间相通，方便工人和管理人员进出；东西两端为餐厅，是在班职工吃饭的场所；其余有车间办公室、辅助工种工作室、妇女卫生室、保健站等。主厂房为1层，自西向东按生产流程分为：清花、并粗、细纱、筒捻、准备、布机、整理7个车间，原棉从西边清花间进，经各车间工序的加工，布匹从整理车间出来，完成整个生产过程。各车间周围分别设有辅助工种工作室、空调室和厕所，主厂房四角各设一个配电所[①]。部分车间已经被拆除，严重破坏了厂房原有的生产线关系。

4）土地、功能

通过访谈和图纸研究可知，遗产地块土地主要为两种利用模式：第一种为土地出让用作居住区与商业开发（已实施）；第二种为土地划拨用作绿地和文化设施用地（表2-3-7）。

① 摘自《郑州纺织工业基地（国棉三厂）文物保护及展示方案》。

用地调整和功能 表2-3-7

遗产名称	土地调整	用地模式	功能
办公楼	绿地（G1）	划拨	博物馆
厂房	文化设施用地（A2）	划拨	博物馆
办公楼东侧	商业设施用地（B2）	出让	商业
办公楼西侧	二类居住用地（R22）	出让	住宅
原有厂区建筑（引进拆除）	二类居住用地（R22）	出让	住宅

而厂房与办公楼的联系，管理者介绍，未来会修建连廊，车间作为主展厅，通过这样的方式保持原有的空间联系①。

控规在多规合一中的主导性，使得厂房周边居住区成为既定事实，而控规定位的厂房两侧区域，西侧为高层居住区（二类居住用地R2，建筑密度50%，建筑高度120米，容积率4.5），东为商业用地（B1，建筑密度45%，建筑高度100米，容积率4.5），形成了高层围绕的建筑环境，对遗产风貌造成一定影响。

2.3.6 个案分析：一般不可移动文物——法国永和公司造船厂旧址（今新河船厂）保护规划

1）遗产概况

新河船厂位于天津市塘沽区海河北岸新胡路8号，现存老船坞一处。新河船厂作为中国华北地区骨干造船企业和塘沽造船业的主力军，是中国近现代造船工业发展的历史见证，是重要的工业遗产，为天津市滨海新区登录的一般不可移动文物（尚未核定为保护单位）。

2）多规合一过程

该规划由城投公司委托编制，从未来发展的角度提出保护再利用方案，继而和文物保护规划、控规对接。为了实现与控规对接，为一般不可移动文物划定保护区划，并提出现行控规存在的问题，包括：①道路横穿船坞，既破坏文物本体完整性，又影响了中华人民共和国成立后的工业生产布局；②生态绿线占压船坞本体（图2-3-39）。针对以上两个问题提出控规调整建议，包括调整路网、调整生态绿线、调整用地性质（图2-3-40）。

3）价值、真实性、完整性考察

从近代到现代的工艺转变是价值考察的依据。法国永和造船厂历经近代机帆船制造—

① 采访郑州市文物局张颖，2018年7月26日，郑州某咖啡馆。

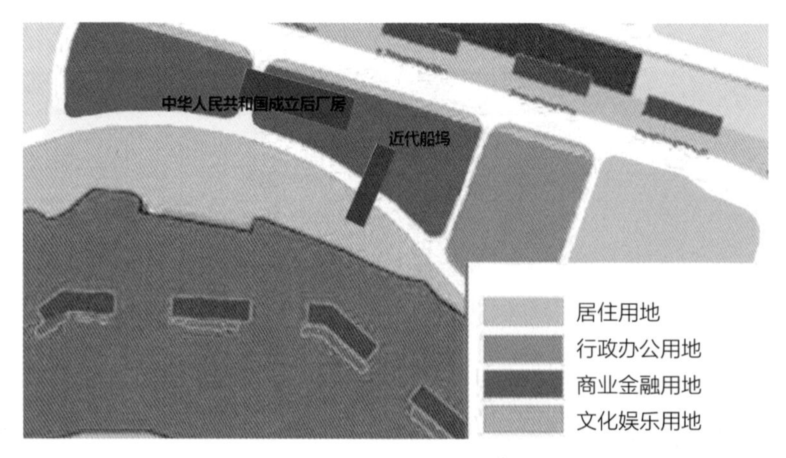

图2-3-39 新河船厂重要遗存与控规关系图

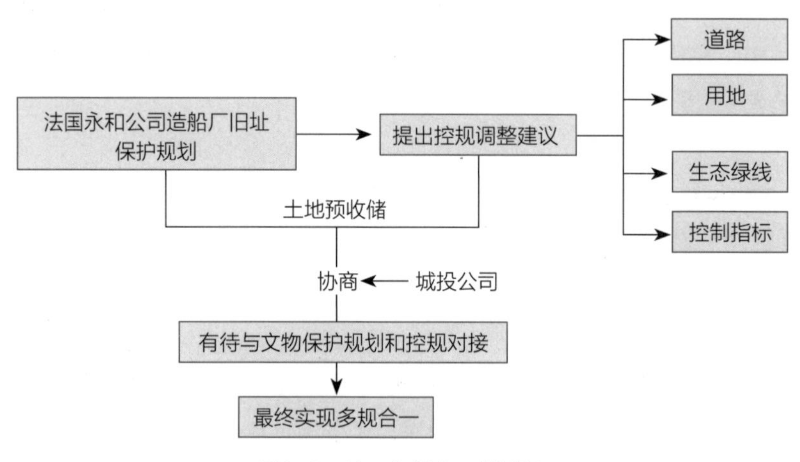

图2-3-40 多规合一的过程

制造、修理大型木船和制造炮弹—以修船为主，造船为辅—工程船舶制造厂的生产线变化（表2-3-8）。

法国永和造船厂旧址历史变迁 表2-3-8

历史时期	厂名	功能
1916年法国人创建	法国永和公司造船厂	从事大型机帆船制造
1924年转售给天津海河工程局	新河材料厂	海河工程局修船厂的一个分厂
1942年被日军侵占	不详	为日军制造、修理大型木船和制造炮弹
1945年由国民党政府接管	海河工程局机械修理厂新河分厂	不详
1958年	新河船厂	专职修造工程船舶
现在	新河船舶重工有限责任公司	中国船舶重工集团公司所属的最大工程船舶制造厂之一，在国内外具有一定的影响力

图2-3-41　保护规划调整方案

若按照控规实施，遗产将面临全部拆除的风险。经过文物保护规划方案调整后，保留遗产地块内不同时期的2处关键遗存（近代船坞和中华人民共和国成立后厂房），真实反映技术更新，减少遗产地块价值损失（图2-3-41）。

4）土地、功能

保护规划建议土地由商业、绿地混合用地调整为绿地，确认保护的遗产地块边界通过城市规划道路边线和生态绿线界定，功能为城市公园，利用模式可借鉴无锡运河公园和上海世博会船坞公园。近代船坞结合海河作为游览码头登陆点，厂房可植入商业功能。

目前，该规划仍在城投公司内部论证，尚未和文物保护规划、控规进行对接，但是土地已经进入了收储阶段，如果不能及时与控规对接，将会造成遗产较大的损失。

在该规划编制过程中，笔者未获权进入厂区调查，船坞本体依据“三普”确认，中华人民共和国成立后厂房为在临街道路调查访谈中所知，对厂区内部布局尚不了解，提出的保护措施也仅为调查所知的2处遗产，在厂区整体保护层面有较大的局限性，是保护规划下一步需要完善的地方。

2.3.7 文物保护规划多规合一实施保障：相关政策

文物保护规划的主管单位为文物主管部门，而土地及规划条件的制定为国土和城市规划部门，目前文物保护单位保护规划的相关政策主要涉及资金扶持。《国家重点文物保护专项补助资金管理办法（2013年）》中，适用于工业遗产的经费扶持包括四类，其中明确规定：专项资金申报与审批实行项目库管理制度（表2-3-9）。项目库分为三类，即总项目库、备选项目库和实施项目库。纳入国家中长期文物保护规划或年度计划，并按照规定由国家文物局同意立项或批复保护方案的项目构成总项目库。可以看出保护规划在整个经费申请体系中的重要性。与此同时，国家文物局制定了《文物保护规划编制预算标准及要求》《工程建设其他费用参考计算方法》，用于指导经费申报。

国家发改委相关经费扶持，如《关于申报国家"十三五"文物保护利用设施建设规划项目的通知》（2015年，国家发改委）中申请要求：全国重点文物保护单位应当具有依法批准实施的保护规划，或者保护规划已编制完成并按照法定程序上报审批。申报项目应当符合保护规划的有关要求（表2-3-10）。

《国家重点文物保护专项补助资金管理办法（2013年）》适用于工业遗产的内容　表2-3-9

经费扶持类型	经费扶持内容	适用工业遗产范畴
全国重点文物保护单位	主要用于国务院公布的全国重点文物保护单位的维修、保护与展示，包括：保护规划和方案编制，文物本体维修保护，安防、消防、防雷等保护性设施建设，陈列展示，维修保护资料整理和报告出版等。对非国有的全国重点文物保护单位，可在其项目完成并经过评估验收后，申请专项资金给予适当补助	全国重点文物保护单位中的工业遗产保护规划和保护工程
世界文化遗产	主要用于列入联合国教科文组织世界文化遗产名录项目的保护，包括：世界文化遗产的文物本体维修保护，安防、消防、防雷等保护性设施建设，陈列展示以及世界文化遗产监测管理体系建设等	世界文化遗产中的工业遗产保护工程
考古发掘	主要用于国家文物局批准的考古（含水下考古）发掘项目，包括：考古调查、勘探和发掘，考古资料整理以及报告出版，重要考古遗迹现场保护以及重要出土（出水）文物现场保护与修复等	工业考古
可移动文物	主要用于国有文物收藏单位馆藏一、二、三级珍贵文物的保护，包括：预防性保护，保护方案设计，文物技术保护（含文物本体修复），数字化保护，资料整理以及报告出版等	设备修复及研究报告

《关于申报国家"十三五"文物保护利用设施建设规划项目的通知》适用于工业遗产的内容　表2-3-10

经费扶持类型	经费扶持内容	适用工业遗产范畴
世界文化遗产	主要包括文物保护管理设施建设（管理用房、界桩和标志碑），文物保护围栏围墙建设，文物风貌改善设施建设（环卫设施、生态停车场、外围连接路及内部参观路、历史水系整治、绿化），展示利用设施建设（标识系统、保护展示棚厅、文物库房、必要的展示用房、游客管理服务中心等）和其他基础设施建设（给水排水、电力、防灾减灾）	世界文化遗产中的工业遗产

续表

经费扶持类型	经费扶持内容	适用工业遗产范畴
除大遗址、世界文化遗产、古建筑及石窟寺石刻之外的一般项目	文物保护管理设施建设（管理用房、界桩和标志碑），文物保护围栏围墙建设，文物风貌改善设施建设（环卫设施、巡护道路、绿化）和其他基础设施建设（给水排水、电力等）	面临突出问题的全国重点文物保护单位中的工业遗产

以华新水泥厂旧址为例，国家文物局共批准了2011～2019年12个项目，经费共计15037万元，包括：保护规划、文物本体维修保护、保护性设施建设、保护展示，除了国家经费扶持外，黄石市政府也给予了经费扶持[①]，扶持项目为博物馆建设。

2.4 历史风貌区保护规划的多规合一

2.4.1 既有保护规划技术要求

目前国家层面的街区保护规划及各地条例明确了保护规划编制主体，但是未就保护规划的多规合一做明确的技术规定，多规合一的要求根据《历史文化名城名镇名村保护规划编制要求》为：历史文化街区保护规划，规划深度应达到详细规划深度。考察各城市相关规定，包括天津、上海、南京、重庆、西安、广州。重庆规定：对列入名录的优秀近现代建筑，要及时划定保护范围界线和建设控制范围界线，对建筑的风格、高度、体量和色彩、使用性质等制定规划控制导则。对优秀近现代建筑分布较集中、成片的区域，城乡规划主管部门可以组织编制保护规划，并纳入城市控制性详细规划，作为管理依据[②]。广州规定：城乡规划主管部门会同文物行政管理部门组织编制历史风貌区保护规划，按照《中华人民共和国城乡规划法》第二十六条的规定征求公众意见，报市人民政府批准，并相应纳入控制性详细规划[③]。

2.4.2 个案分析：吉林哈达湾工业遗产保护利用规划

1）遗产概况

吉林是众所周知的具有辉煌近现代工业发展史的一座城市，作为全国老工业基地调整改造的5个试点城市之一，工业遗产的保护与再利用成为搬迁改造后的重要工作内容。哈达湾片区作

① 访谈黄石市文物局李海燕，2016年6月18日于华新水泥厂旧址。

② 重庆市人民政府办公厅关于优秀近现代建筑规划保护的指导意见。

③ 广州市历史建筑和历史风貌区保护办法，http://www.gz.gov.cn/gzgov/s8263/201312/2578548.shtml。

图2-4-1　遗产影像图

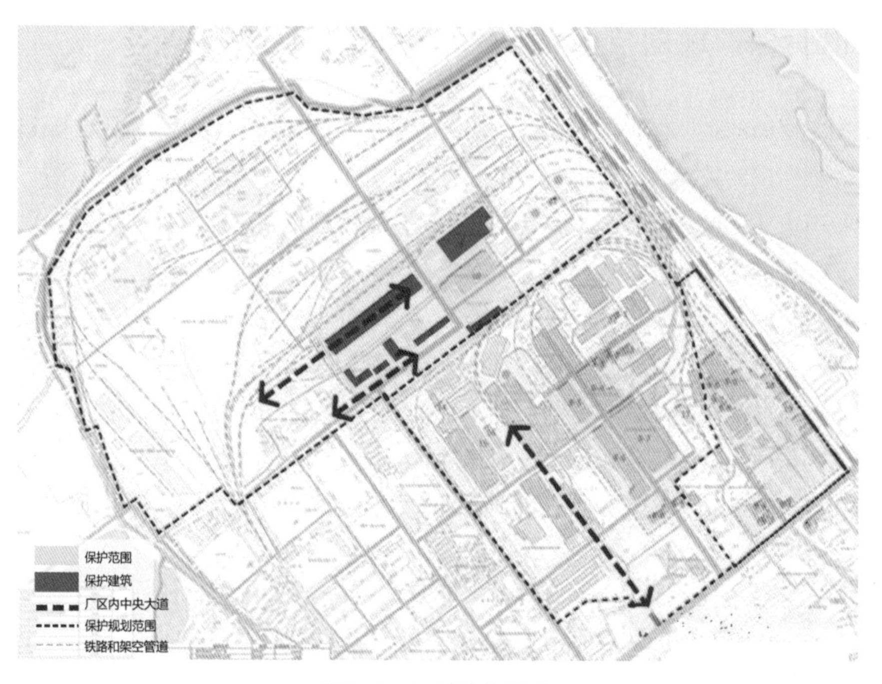

图2-4-2　遗产构成图

为吉林重要的老工业区，在2010年已经启动了搬迁改造工作，并在吉林城市总体规划中，将搬迁后的哈达湾片区规划为吉林城市新的片区，而此次规划核心围绕的哈达湾水泥厂、炭素厂和铁合金厂三个工业遗产聚集区，则规划为吉林城市新的副中心（图2-4-1、图2-4-2）①。

① https://baijiahao.baidu.com/s?id=1598905975492310903&wfr=spider&for=pc.

2）多规合一过程

从哈湾达片区相关规划编制发展历程看，工业遗产保护规划处于2012年控规后、2017年控规调整前，目的在于通过控规用地的调整提供建议，梳理和引导工业遗产用地后续出让条件，确保此次规划方案在后续哈达湾搬迁改造实施过程中得以落实（图2-4-3、表2-4-1）。刘凯在《寻找“156工程”吉林市哈弯达老工业区暨吉林铁合金调查》中指出2012年的控规问题：“从规划图来看，该区域的路网完全没有尊重铁合金厂和炭素厂的既有肌理，如果实施的话很可能把现有的主要厂房和住区全部拆除”[①]。

图2-4-3　城市总体规划的土地利用

哈湾达规划历程　　表2-4-1

时间	规划名称
2011年	哈达湾区域总体规划及城市设计
2012年	哈达湾区域控制性详细规划
2017年	哈达湾工业遗产保护利用规划；控规调整

工业遗产保护规划主要在以下方面调整既有规划（图2-4-4、图2-4-5）：①规划针对梳理出的整体路网格局、工业建筑、厂区内铁轨等不同层面的保护要素，通过集中与分散相结合的保护方式，希望能够以多种形式将这些工业遗产融入新区建设中，对原来整体区域的城市设计提出了不同的认知，对原设计进行了调整修改；②原设计对工业遗产基本没有考虑，现设计注重保留原有路网格局，与城市发展相融合。对于保留片区，建议应避开城市主干道穿行，对工业片区保护方式再作深入研究[②]。

3）价值、真实性、完整性考察

炭素厂和铁合金厂为156时期的工业遗产（中国第一个五年规划时期从苏联与东欧国家引进的156项重点工矿业基本建设项目），自20世纪50年代全面建成投产，标志着中国铁合金和炭素制品大工业生产的形成（图2-4-6），中国钢铁工业经过长期发展有了自己的铁合金和

① 刘凯. 寻找“156工程”吉林市哈弯达老工业区暨吉林铁合金调查[C] //第25届全国铁合金学术研讨会. 西安：中国金属学会，2017（7）：243-249.

② https://baijiahao.baidu.com/s?id=1598905975492310903&wfr=spider&for=pc.

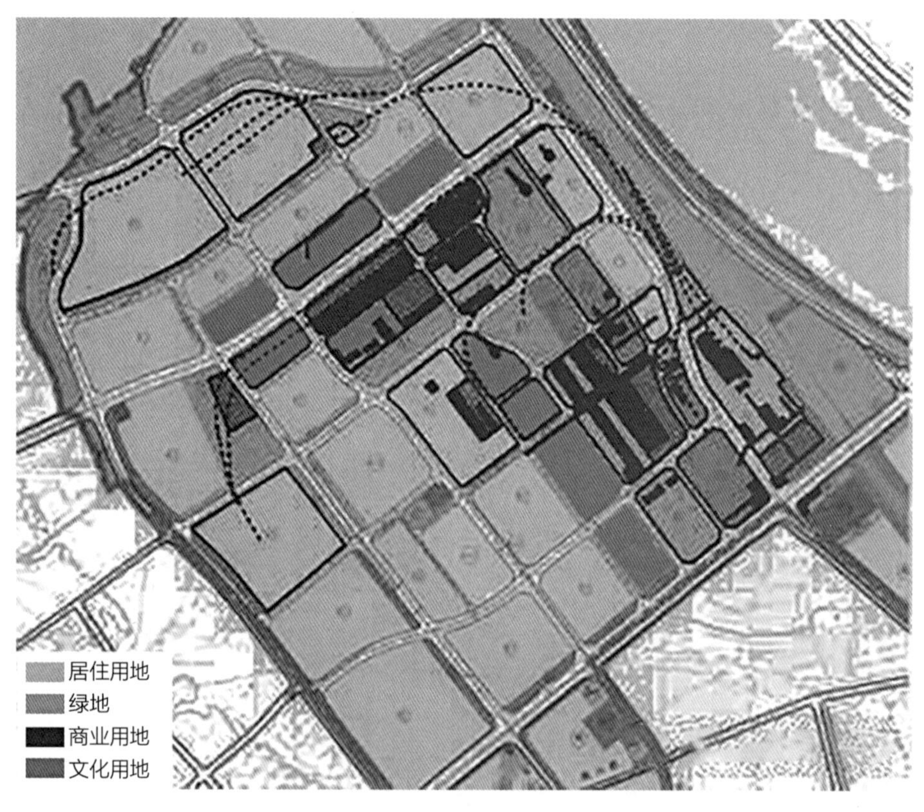

图2-4-4　保护规划的土地利用调整

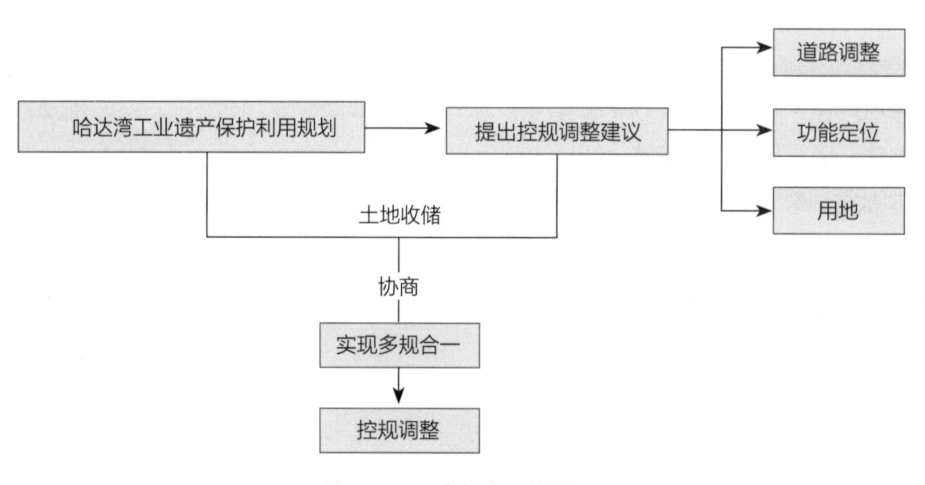

图2-4-5　多规合一的过程

炭素制品生产基地，中国没有铁合金和炭素工业的历史从此宣告结束[①]。从工艺考察方面看，碳素厂为工艺上游产业，而铁合金作为下游产品，二者具备产业链关系，且为该区域早期的

① 刘凯. 寻找“156工程”吉林市哈弯达老工业区暨吉林铁合金调查[C]//第25届全国铁合金学术研讨会. 西安：中国金属学会，2017（7）：243-249.

生产区，历史价值较高，而后期修建的水泥厂作为配套相关行业，使三处遗产整体形成了产业区。从规划确认的保护体系看（表2-4-2），三个厂区的路网格局、特色工艺均有所保留，且采取了“集中与分散相组合”的保护方式，使得遗产保护以多种形式融入未来新区建设，产业区的关系得以保留，各个厂区的核心工艺得以保留，遗产的核心价值和核心工艺的真实性、完整性在多规合一过程中得到较好保存。

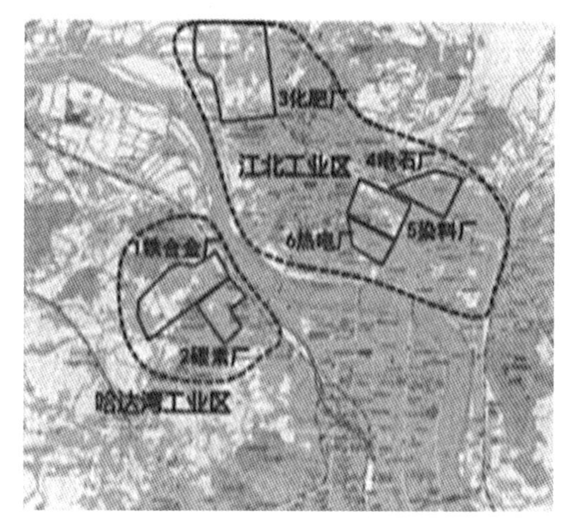

图2-4-6　156时期的工业布局

遗产保护体系　　表2-4-2

保护层级	保护内容
哈达湾片区层面	厂区中央大道、格网格局
厂区层面	特色工艺、厂区运输铁路、架空运输管廊
建筑层面	不可移动文物、推荐优秀近现代工业建筑共22处

4）土地、功能

吉林市通过政府支付对价、企业腾退土地的方式，推动企业搬迁改造；遗产区依托铁合金厂中央大道和炭素厂厂区入口景观绿带，共同形成哈达湾新区L形中央景观大道；围绕景观大道集中保留的工业遗产片区，通过老厂房的改造提升，分别植入商业、文化、体育等城市公共服务职能，形成哈达湾片区的活力中心（图2-4-7）。[①]

2.4.3　个案分析：北京首钢工业遗产保护规划

1）遗产概况

首钢具有悠久的历史，其发展历程是中国钢铁工业从无到有的缩影。由于环境污染、节能减排及北京奥运会等原因，首钢于2010年底在北京市区全部停产，完成搬迁。主厂区内留下了大量的建构筑物及设施设备，这些工业遗存需要得到合理的保护与再利用，同时也面临着面积规模庞大、现状情况复杂、历史包袱沉重、社会矛盾突出等诸多问题。根据规划统

① https://baijiahao.baidu.com/s?id=1598905975492310903&wfr=spider&for=pc.

图2-4-7　吉林哈达湾工业遗产保护利用规划景观轴

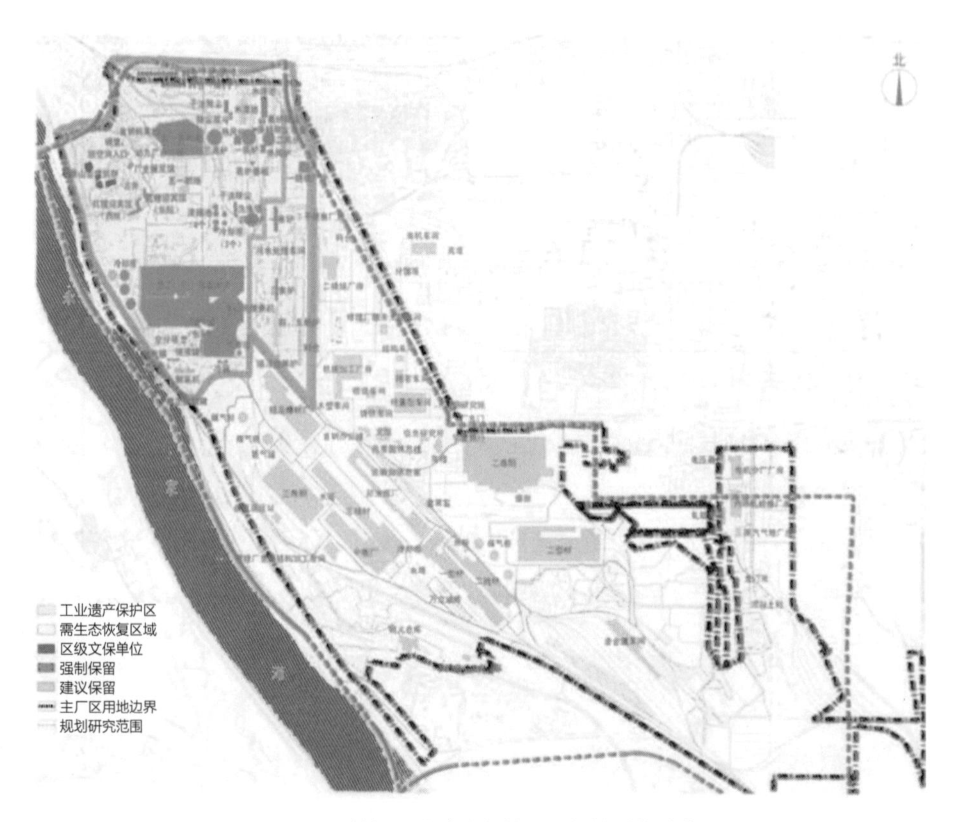

图2-4-8　首钢工业遗产保护区及保护对象分布图

计，首钢工业遗产共计101处，包括高炉、焦炉、冷却塔、料仓等（图2-4-8）。[①]

① 刘伯英，李匡．首钢工业遗产保护规划与设计[J]．建筑学报，2012（01）：30-35.

2）多规合一过程

首钢建设投资有限公司周婷在第八届工业遗产会发表《首钢工业区改造规划的历程与经验》，介绍了首钢的规划历程主要分为三个阶段的多规合一，分别是围绕2007年版控规、2012年控规、2017年控规。首钢工业遗产保护规划的发布期是2012年，本节探讨的多规合一围绕2012年控规的调整。

首钢工业遗产保护规划多规合一的做法流程为以下：首先，控规已经做完，但是不合理，如焦化厂规划定位为全部拆除；保护规划介入后，提出控规不合理的区域，考虑相关利益方诉求，编制保护规划，进而对控规进行修改，修改内容包括用地、路网、控制指标；同时规划师明确提出了首钢工业遗产保护规划编制并非传统的文物保护规划和历史街区保护规划，这二者对于遗产的刚性太强，一旦公布就是法规性内容，因此在首钢工业遗产保护规划编制的时候参考了历史街区的方法，但是更多是偏向城市设计，这样使得空间调整和指标制定更加具有弹性。[①]

在和规划师的交流中，规划师首先强调遗产的价值是基准，但是保护规划编制对于工业遗产而言，应该更加强调利用的内容，规划师也一直强调要务实，这种务实包括对未来遗产使用者的考虑以及政府的诉求，在这个过程中尽可能保护工业遗产。虽然在这个过程中有损失，但是从兼顾各利益方诉求的基础上，实现了多规合一（图2-4-9）。

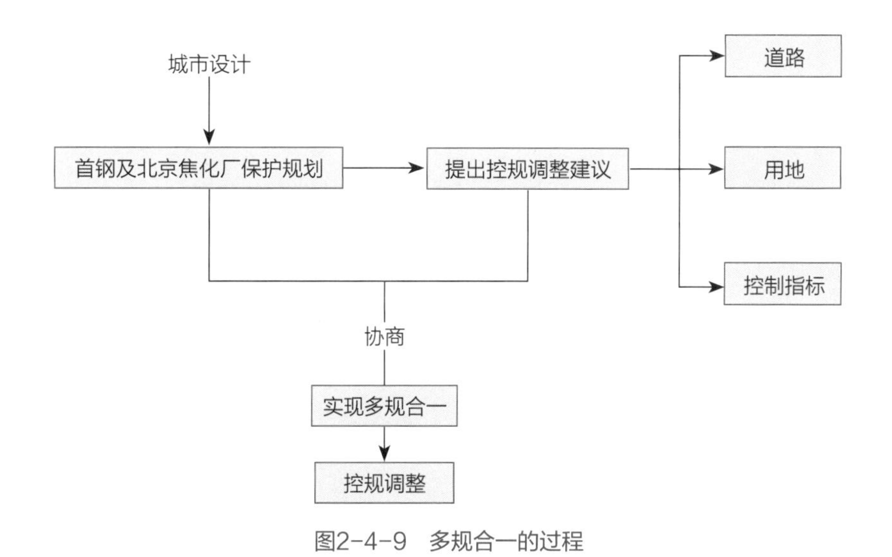

图2-4-9　多规合一的过程

3）价值、真实性、完整性考察

面临规模这么大的工业片区，进行价值分析进而对保护对象分类很重要。在访谈过程

① 访谈设计师李匡，2018年8月25日于北京华清安地建筑设计事务所。

图2-4-10　首钢工业遗产保护区划内的遗存分布图

中，规划师指出，考虑未来使用和土地经济平衡，遗产完整性保护并不现实，要有所取舍，从价值上看，保留了核心的生产区或者保存技术价值重要的构筑物遗存。对于首钢来说，石景山、晾水池、炼铁厂、焦化厂等区域工业遗存最为集中，整体格局保存较为完整，历史脉络清晰，钢铁工业风貌特征也非常明显，是首钢工业遗产的精华所在。因此，建议对以上区域进行整体保护，划为工业遗产保护区，总面积约200公顷。[①]参考济南钢铁厂炼钢工艺可知高炉区域为冶炼区，是生产流线的成品加工区，是主要区域，按照这个思路，首钢保存了钢铁冶炼区（图2-4-10）。

4）土地、功能

据规划师介绍："首钢的土地由自己开发，不用走政府收储程序，非住宅用地直接由首钢使用，住宅用地首钢可以上市去拍。"[②]

在总体布局上，规划"一轴、一带、五区"的空间格局，如图2-4-11。

---

① 刘伯英，李匡. 首钢工业遗产保护规划与设计[J]. 建筑学报，2012（01）：30-35.

② 访谈设计师李匡，2018年8月25日，北京华清安地建筑设计事务所。

图2-4-11　规划利用分区

5）相关政策

2014年，北京针对首钢推出专项政策扶持，包括土地、资金、投资模式及审批[1]（表2-4-3）。

政策整理　　表2-4-3

政策类型	内容
用地政策	按照新规划用途落实供地政策。利用首钢老工业区原有工业用地发展符合规划的服务业（含改扩建项目），涉及原划拨（或原工业出让）土地使用权转让或改变用途的，按新规划条件取得立项等相关批准文件后，可采取协议出让方式供地。经行业主管部门认定的非营利性城市基础设施用地，可采取划拨方式供地。对于首钢老工业区范围内规划用途为F类的多功能用地，可采取灵活的供地方式。 对于土地权属明晰、无纠纷，能够确权给首钢的项目，可按时序、分批次、相对集中地办理协议出让手续。对首钢特钢厂、二通厂、第一耐火材料厂区等无土地证，但土地权属明晰、无争议的土地，相关区国土部门可依照《确定土地所有权和使用权的若干规定》等有关政策规定进行上地确权，报区政府同意后，可由区政府出具土地权属认定意见，办理立项等前期手续，国土部门核发国有土地使用权证。建立健全市相关部门、区政府和首钢总公司统筹协调和协同联动的工作机制，会商解决边界相邻土地置换使用等问题
资金	专项使用土地收益。首钢权属用地土地收益由市政府统一征收，专项管理，定向使用。扣除依法依规计提的各专项资金外，专项用于该区域市政基础设施项目红线内征地拆迁补偿、城市基础设施、土壤污染治理修复、地下空间公益性设施等开发建设。 首钢权属用地土地收益按照规定实行“收支两条线”管理。首钢总公司依照基本建设程序，采取项目管理的方式，就符合规划和资金使用范围的项目，向市新首钢高端产业综合服务区发展建设领导小组办公室申请使用该专项资金。专项资金使用要依法依规，确保专款专用

① http://dbzxs.ndrc.gov.cn/zcgh/201411/t20141102_635945.html.

续表

政策类型	内容
投资模式	创新投融资模式。市政府与首钢总公司共同出资设立产业投资基金，吸引社会资本，扩大基金规模，创新基金管理和运营模式，支持首钢老工业区和曹妃甸北京产业园建设发展。支持首钢总公司开展资产证券化、房地产信托投资基金等金融创新业务，充分利用股权投资基金、企业债、中期票据、短期票据和项目收益性票据等融资工具，进行多种渠道融资。 积极争取国家发展改革委安排的城区老工业区搬迁改造专项资金，以及国务院有关部门安排的产业发展、市政基础设施和公共服务设施建设、污染治理等专项资金，支持首钢老工业区改造调整和建设。按照现行体制及政策，进一步加大市政府固定资产投资倾斜力度，优先支持区域重大基础设施和社会公共服务设施建设，安排国家专项资金配套投资。积极利用市相关部门设立的科技、文化等产业专项资金，加大对首钢老工业区改造调整和建设的支持力度
审批	推进行政审批制度改革试点。按照“加快、简化、下放、取消、协调”的要求，深入推进行政审批制度改革试点，进一步简化行政审批程序，提高行政审批效率。根据项目类别、投资主体、建设规模、产业政策等，明确市、区两级项目审批、核准、备案事权，由市区相关部门依法依规办理项目前期手续，重大建设项目纳入市政府绿色审批通道

2.4.4 个案分析：洛阳涧西区工业遗产保护规划、修建性详细规划

1）遗产概况

洛阳涧西苏式建筑群位于洛阳市涧西区，东西向集中分布于建设路和中州西路南北两侧。该建筑群是第一个五年计划期间（1953～1957年），由苏联政府援建的带有明显苏式建筑风格的工厂车间、厂房、职工住宅以及各种配套设施的组合。主要包括：第一拖拉机制造厂（以下简称“一拖”）大门、办公楼、毛泽东主席塑像及厂前广场；一拖十号街坊（图2-4-12、图2-4-13）；一拖十一号街坊；矿山厂二号街坊；轴承厂厂前广场及毛主席塑像和铜加工厂办公大楼。洛阳涧西苏式建筑群具有20世纪50年代中苏建筑风格，是我国社会主义计划经济时期具有代表性的工业区之一，在中国近现代工业发展史和东西方文化交流史上具有重要的历史价值。该建筑群的规划思路和原则体现了当时的时代特色，具有较高的科学价值和审美价值。

图2-4-12　十号街坊住宅一

图2-4-13　十号街坊住宅二

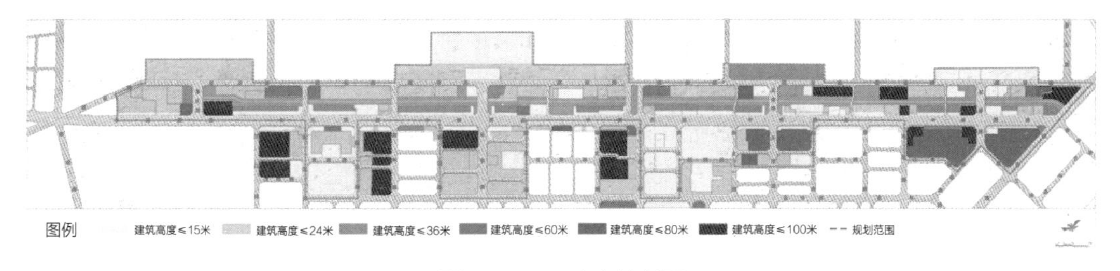

图2-4-14　高度控制图

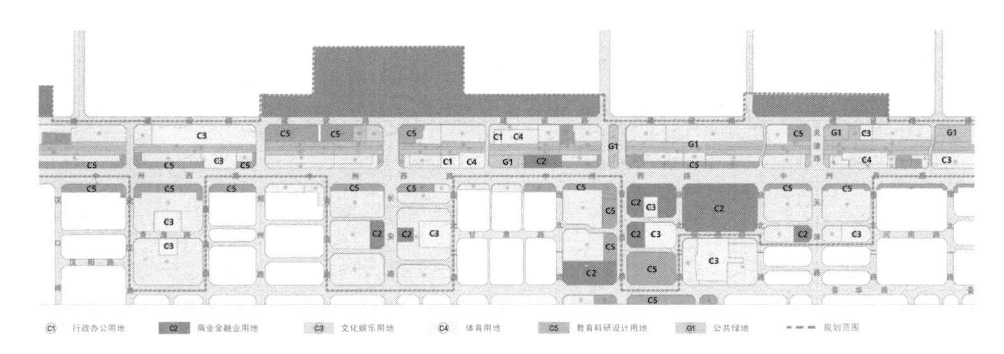

图2-4-15　用地性质规划图

2）多规合一过程

工业遗产保护规划编制到控规深度，提出了高度控制和用地性质具体指标，如建设高度控制主要为15米、24米、36米、60米、80米、100米（图2-4-14），并对用地进行限定（图2-4-15）。

规划师介绍："修建性详细规划就相当于保护设计，有点类似城市设计，是实质性保护，但是比保护规划低一个等级，在设计上更深入一点，更展开一点。我们当时想了很多，包括三个街坊，怎么把人置换出去，利用容积率的调节，再远的地方可能还是要把容积率提高一点，然后把人置换出去，而且一定是要补偿的，没有价值补偿就不要去谈别的，只能维持现状。"[①]

多规合一过程中（图2-4-16），规划师指出："规划要想如何安置这么多退休职工，结果后来发现每块地的指标都是拥挤的，无论把人安置在哪里都会有不满，那么就是要解决社

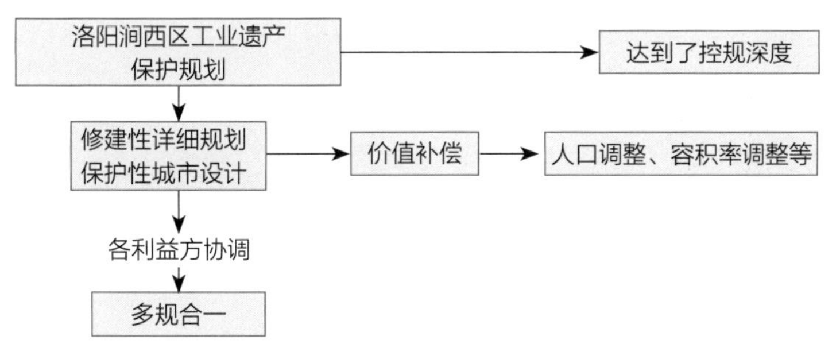

图2-4-16　多规合一的过程

① 访谈设计师常青，2015年6月5日，上海同济大学建筑设计研究院。

会问题，然后算了算，那边的容积率似乎还有一点富裕，然后就在那里调来调去，现在想想也蛮蠢的一种方式，但是怎么讲呢？最后你看到了情况极其复杂，绝对不是学者能够左右的，因为那些利益利害关系非常复杂，一个厂子其实就是一个利益集团，包括一拖、洛拖等。”①

3）价值、真实性、完整性考察

关于洛阳涧西多规合一，我们采访了修建性详细规划和旅游规划的设计师常青，他认为：“我们做旅游规划之前有一个保护规划，有一些该保护的没进保护体系”②。从这个角度看，保护规划对接控规的过程中价值是有损失的。

2.4.5 个案分析：南京浦口火车站历史风貌区保护规划

1）遗产概况

浦口火车站历史风貌区位于南京长江大桥北堡以南，与主城隔江相望，拥有许多历史的沉淀和记忆。该地区始兴于1911年津浦铁路筑成之时，它借助当时得天独厚的交通优势，作为南北水陆交通的中转枢纽，商贾云集，盛极一时。1968年10月1日，南京长江大桥正式通车。随着大桥通行能力的扩充，浦口火车站的客运逐步停止。2004年至今，浦口火车站客运停运，仅留下货运和维护的职能③（图2-4-17、图2-4-18）。

该风貌区内分布有全国重点文物保护单位——浦口火车站旧址及其他相关历史建筑（表2-4-4）。

图2-4-17　浦口火车站一

图2-4-18　浦口火车站二

① 访谈设计师常青，2015年6月5日，上海同济大学建筑设计研究院。

② 同上。

③ 宣婷，李晓倩，吴立伟．浦口火车站历史风貌区保护规划研究[J]．四川建筑，2012（01）：10-12.

浦口火车站遗存表　　　　表2-4-4

名称	保护级别
火车站主体大楼	文物保护单位
火车站月台和雨廊	文物保护单位
火车站车务段大楼	文物保护单位
火车站电报房	文物保护单位
浦口电厂旧址	文物保护单位
中山停灵台	文物保护单位
浦口邮局	历史建筑
兵营旧址	历史建筑
津浦铁路局高级职工住宅楼	历史建筑
慰安所旧址	历史建筑

2）多规合一过程

规划师介绍了保护规划与上位规划的调整关系："对比浦口火车站历史风貌区的现状和上位规划的要求，浦口老镇地区的商业、办公、教育、科研等设施都能满足需求，但文化用地严重不足，特别是缺乏大型的集展览、休闲、教育功能于一体的综合性文化设施。因而综合各方面因素确定以文化为主线进行保护利用的规划方式"[①]。除了调整控规的功能和用地外，保护规划还对接了文物保护区划，使得风貌区保护规划与控规和文物保护规划实现多规合一（图2-4-19）。

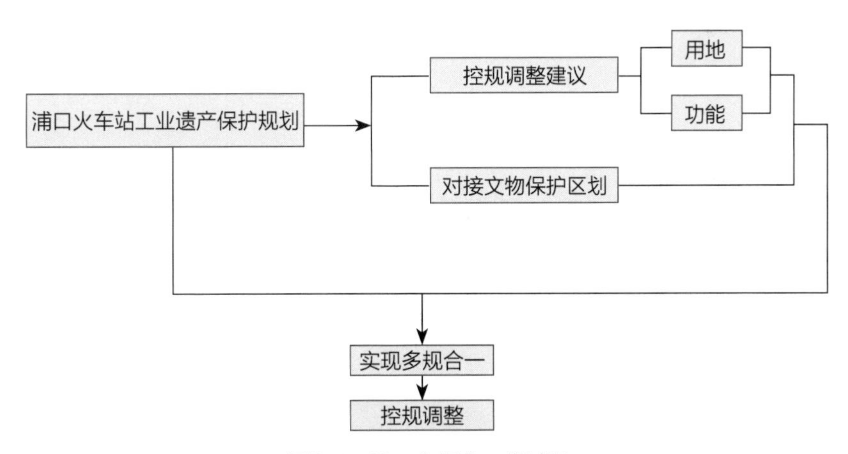

图2-4-19　多规合一的过程

① 宣婷，李晓倩，吴立伟. 浦口火车站历史风貌区保护规划研究[J]. 四川建筑，2012（01）：10-12.

3）价值、真实性、完整性考察

火车站的价值主要在于运输体系，保护区划划定（图2-4-20），均未包括铁路北段，这可能给遗产保护带来风险；而从保护规划总平面看，铁轨和站房完整保留并进行展示，使得运输体系的核心价值得以保留。

从风貌区整体保护的角度考察，浦口火车站片区内依托交通运输发展出的邮局、电厂、住宅等，属于工业遗产的社会价值，通过对路网格局及周边历史风貌建筑的保护，使得社会价值的载体得以保留（图2-4-21）。

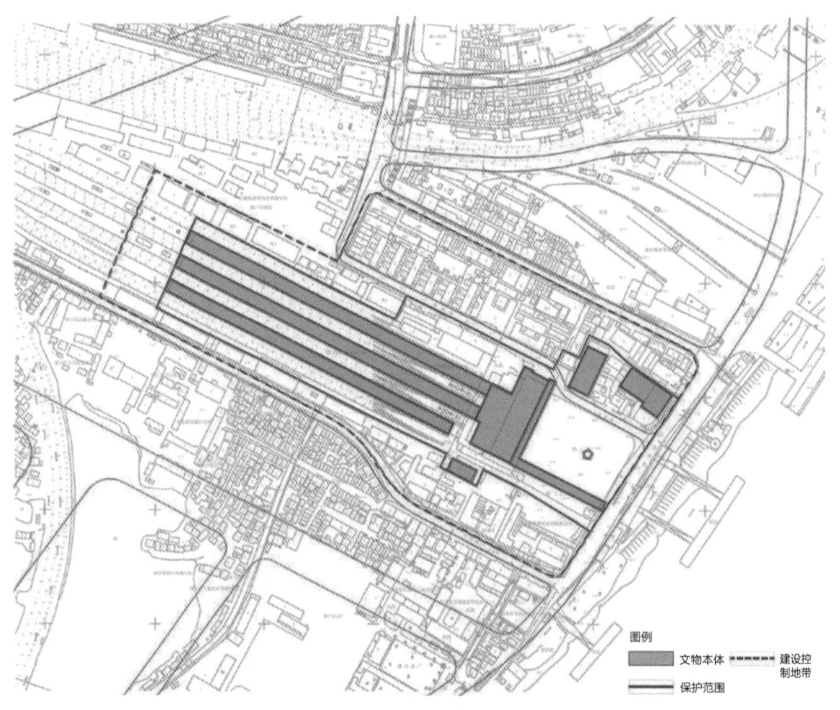

图2-4-20　保护区划规划图

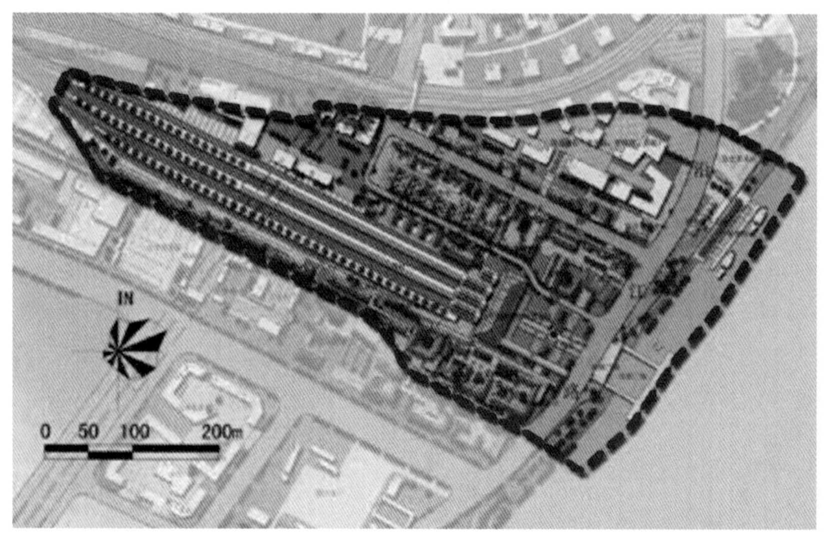

图2-4-21　保护规划总平面图

2.5　历史建筑保护规划的多规合一

2.5.1　既有保护规划技术要求

考察天津、上海、南京、西安、广州、重庆6个城市涉及历史建筑保护规划的法规，明确提出多规合一的相关城市为广州和西安，要求将保护规划纳入控规（表2-5-1）。虽然广州和西安目前未编制工业遗产城市层面的整体规划，但是历史建筑中包含了工业遗产。实际操作中，各城市历史建筑保护规划要求纳入控规。

广州、西安、重庆历史建筑保护规划多规合一的相关要求　　表2-5-1

城市	法规	多规合一要求	工业遗产
广州	2014年：广州市历史建筑和历史风貌区保护办法	城乡规划主管部门会同文物行政管理部门组织编制历史风貌区保护规划，按照《中华人民共和国城乡规划法》第二十六条的规定征求公众意见，报市人民政府批准，并相应纳入控制性详细规划	广东罐头厂（2018年第六批历史建筑推荐名单）
西安	2016年：西安市优秀近现代建筑保护管理办法	第十九条 市规划行政主管部门应当组织房屋、文物等行政主管部门编制本市优秀近现代建筑保护规划。将优秀近现代建筑分布较集中、成片的区域，纳入城市控制性详细规划	西安高压电瓷厂、西安仪表厂（2016年第一批优秀近现代建筑）
重庆	2018年：重庆市历史文化名城名镇名村保护条例	第二十五条 历史文化名城保护规划中的强制性内容应当纳入城乡总体规划、城市总体规划；历史文化名镇、名村、街区，传统风貌区和历史建筑保护规划应当与已批准的控制性详细规划、镇规划、乡规划或者村规划衔接。保护规划经依法批准后，可以作为规划管理和建设的依据。确需对控制性详细规划、镇规划、乡规划或者村规划进行修改的，应当同步修改	重钢

2.5.2　个案分析：杭州6处工业遗产保护规划

2016年杭州市公布第六批历史建筑保护规划图则，共53处历史建筑，工业遗产占6处（表2-5-2）。对比6处工业遗产保护规划图则，除了必要的保护要求外，对影响遗产保护的蓝线、绿线、道路红线均提出调整要求，并在地块具体建设项目中提出利用建议（图2-5-1）。6处历史建筑均为杭州工业遗产保护规划推荐纳入，案例分析以杭州氧气股份有限公司建（构）筑物群切入。

杭州市第六批历史建筑中的工业遗产名单　　表2-5-2

序号	名称
1	杭州市轻工局旧址
2	浙江矿业公司旧址

续表

序号	名称
3	杭州樱桃山铁路职工宿舍建筑群
4	杭州闸口电厂二宿舍建筑群
5	杭州铁路中学3号教学楼
6	杭州氧气股份有限公司建（构）筑物群

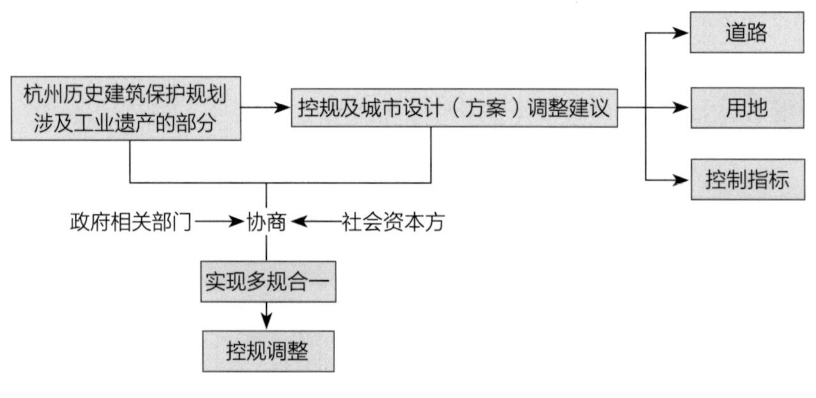

图2-5-1　多规合一的过程

1）遗产概况

杭州氧气股份有限公司建（构）筑物群位于下城区东新路366号，建于20世纪50～80年代，由7幢大小不一的大空间单层厂房组成，总用地面积约105743平方米，总建筑面积约43730平方米，为1949年初杭州市建造的大型标准工业厂区，在浙江省乃至全国工业发展史上具有一定的代表性和影响力，承载了杭州市民的深刻记忆[①]。

2）多规合一过程

遗产保护规划提出控规和城市设计调整，包括道路红线、建筑退让线、功能定位（图2-5-2、图2-5-3、表2-5-3）。

控规调整　　**表2-5-3**

调整内容	调整规划
东新河控制蓝线距离保护建筑较近，进行适当调整，留足空间。 规划5号路红线压历史建筑，应向南侧适当调整，避开保护建筑并留有一定建筑后退空间	控规调整
结合杭氧杭锅国际旅游综合体（城市之星）的建设，围绕国际城市博览中心定位，建设博物馆群配套商业、办公等	城市设计或方案完善建议

① 杭州市住房保障和房产管理局网站. http://www.hzfc.gov.cn/zwgk/zwgknews.php?id=219987，“杭州氧气股份有限公司建（构）筑物群”历史建筑保护整饬方案通过专家论证。

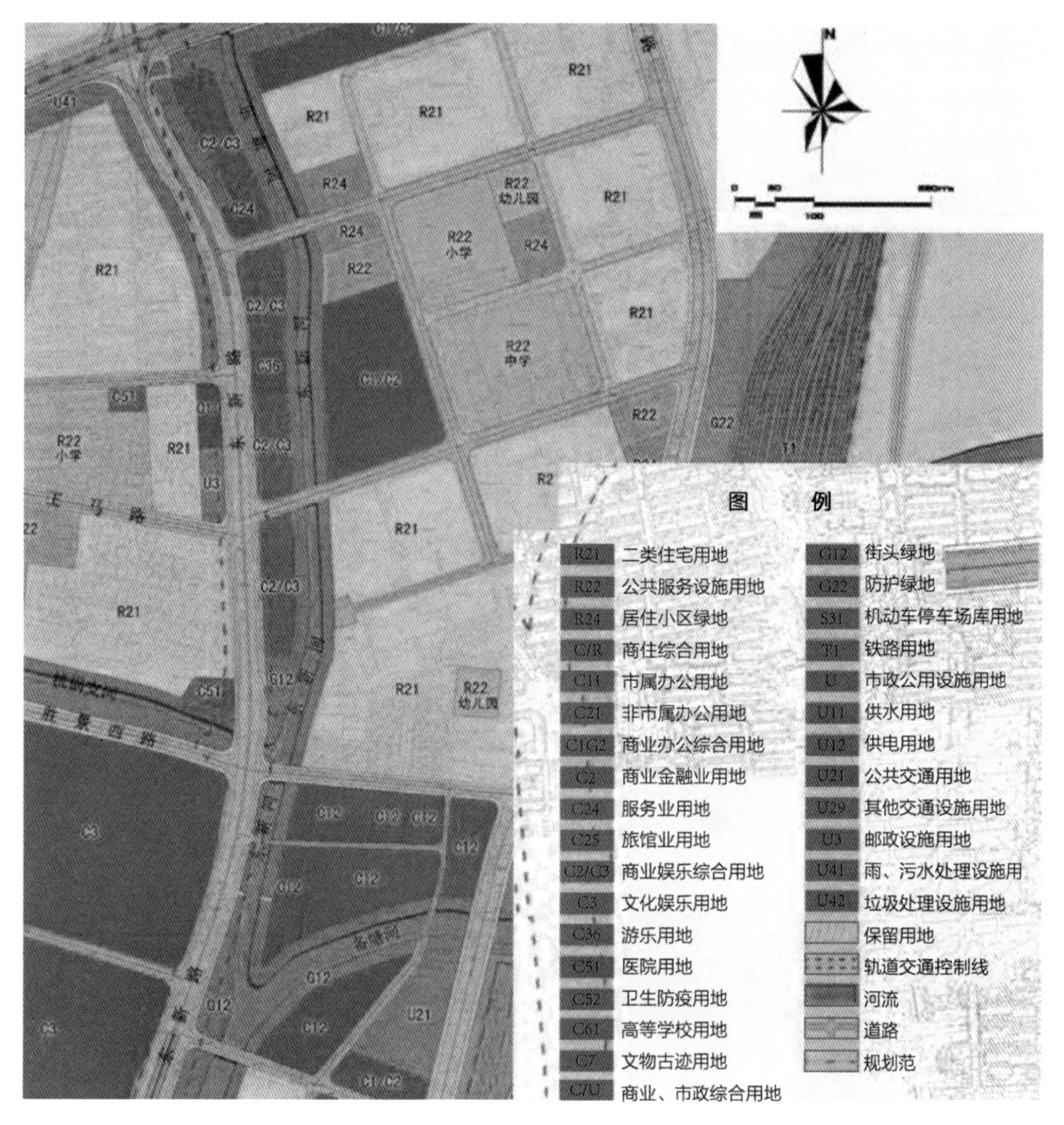

图2-5-2　地块控规图

3）价值、真实性、完整性考察

由控规可知，该地块已经出让，作为出让地块保存的7个厂房单体，代表了生产线不同环节的工艺，其价值、真实性、完整性保存较好。

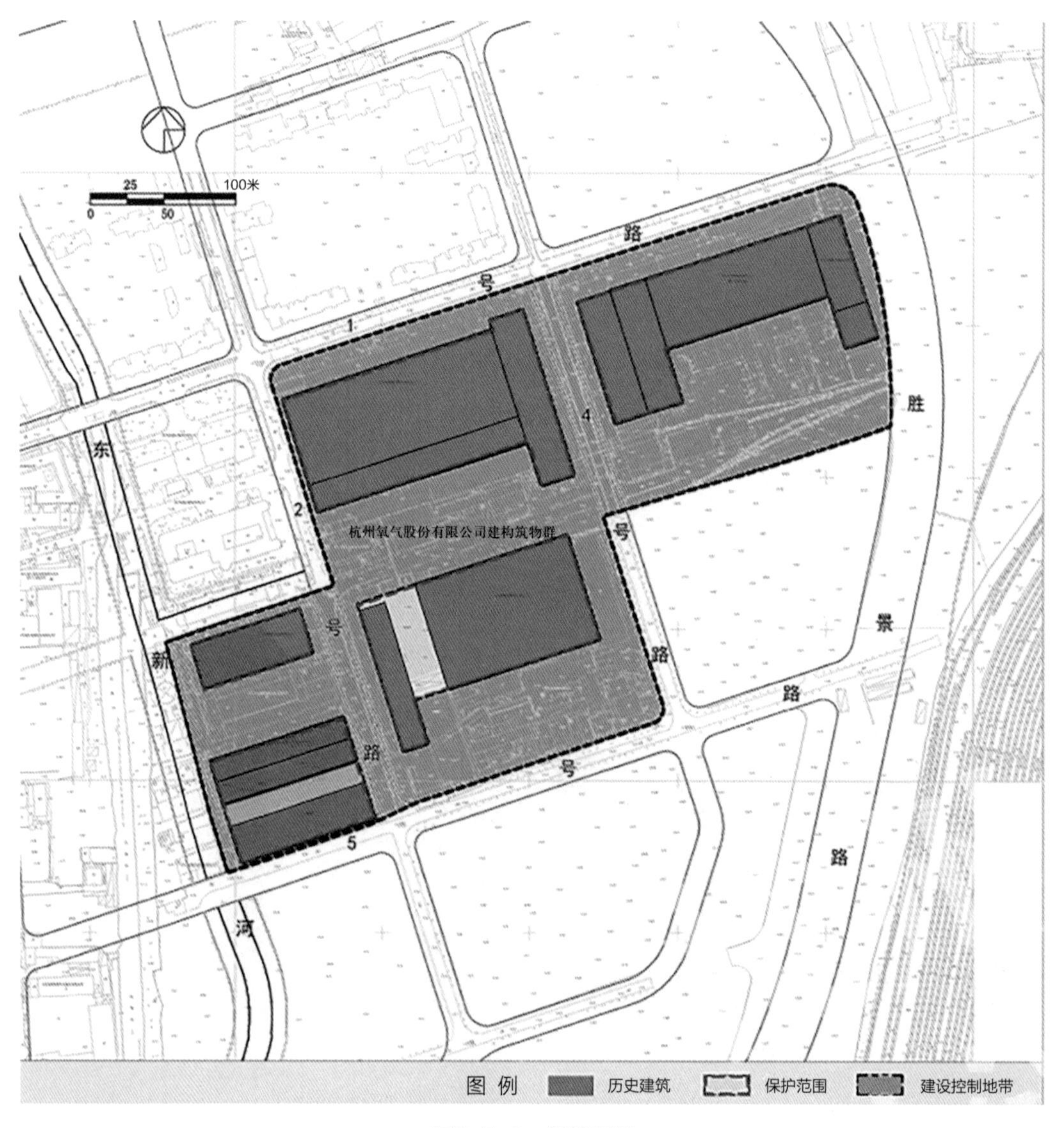

图2-5-3　保护图则

2.5.3　个案分析：上海3处工业遗产保护规划

1）遗产概况

从上海住房和城乡建设管理委员会官网整理出13处工业遗产，以现场调查的3处为例，分别为：工部局宰牲厂旧址（上海1933老场坊，上海市文物保护单位）、英商上海自来水公司（杨树浦水厂，全国重点文物保护单位）、裕丰纺织株式会社（上海国际时尚中心，三类历史保护建筑）（图2-5-4～图2-5-7、表2-5-4）。

图2-5-4　杨树浦水厂一

图2-5-5　杨树浦水厂二

图2-5-6　上海国际时尚中心

图2-5-7　上海1933老场坊

遗产概况　　表2-5-4

名称	概况
工部局宰牲厂旧址	工部局宰牲厂旧址又名1933老场坊共有1～4号楼4栋建筑，其前身为原上海工部局宰牲场。1号楼建成于1933年，是当时远东地区规模最大、技术最完善、功能最现代化的屠宰场，曾被称为“混凝土工业的机器”。随着历史进程，该建筑的功能一度演变为肉品厂、制药厂、廉价仓库、辅助用房等，至2002年彻底停用时已破败不堪，但其价值并未被彻底埋没，在2000年被列入上海市第四批近代优秀建筑名单①，2014年被公布为上海市文物保护单位
英商上海自来水公司	英商上海自来水公司又名杨树浦水厂，位于上海市杨浦区杨树浦路830号。1881年兴建，1883年开始供水。杨树浦水厂现存老建筑由J.W.哈特设计，建筑面积约1.3万平方米。现存警卫室，大门，大礼堂，一号、二号、三号、四号车间，办公楼，甲组、乙组滤池及水箱房，丙组滤池，清水库机房，次步唧机室，初步唧机室，初唧配电室，水质检验中心，4号和5号取水口②。杨树浦水厂是中国第一家现代化的水厂，也曾是远东地区历史最长、供水量最高、设备最为先进的大型水厂，具有较高历史价值。2013年被公布为全国重点文物保护单位
裕丰纺织株式会社	裕丰纺织株式会社又名上海国际时尚中心，是上海国棉十七厂所在地

① 张涵. 旧工业建筑遗产的创意改造——上海1933老场坊改造设计探究[J]. 建筑与文化，2016（02）：232-233.

② 全国重点文物保护单位综合管理系统http://www.1271.com.cn/NationalHeritageDetail.aspx?KeyWord=7-1694-5-087.

2）多规合一过程

对比三张历史建筑保护图则（图2-5-8～图2-5-10），可知上海市历史建筑保护规划直接纳入了项目建设管理阶段，但是当遗产和相关规划冲突的时候，会提出调整建议，如上海国际时尚中心建议调整道路规划红线（表2-5-5）。

保护图则的多规合一要求 表2-5-5

名称	纳入建设管理的保护要求	调整相关规划
工部局宰牲厂旧址	重点保护建筑单体各立面、外部空间形态、坡道、过廊等； 东幢：保护建筑基本空间格局、连廊、无梁柱帽等特色装饰物； 西幢：保护建筑基本空间格局和原有装饰	—
英商上海自来水公司	将保护建筑分为文物保护建筑、二类保护建筑、三类保护建筑	—
裕丰纺织株式会社	立面、环境保护的重点是外立面、结构、锯齿形屋顶、屋顶结构、采光天窗、周边环境	建议调整道路规划红线

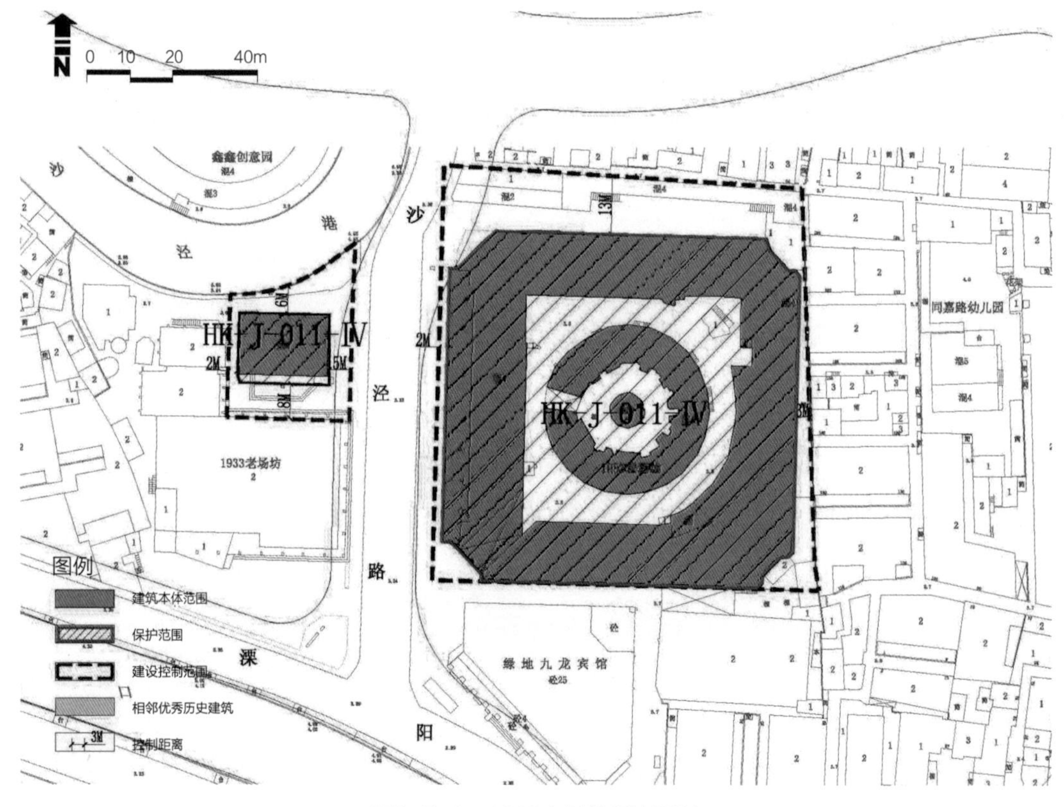

图2-5-8 1933老场坊保护图则

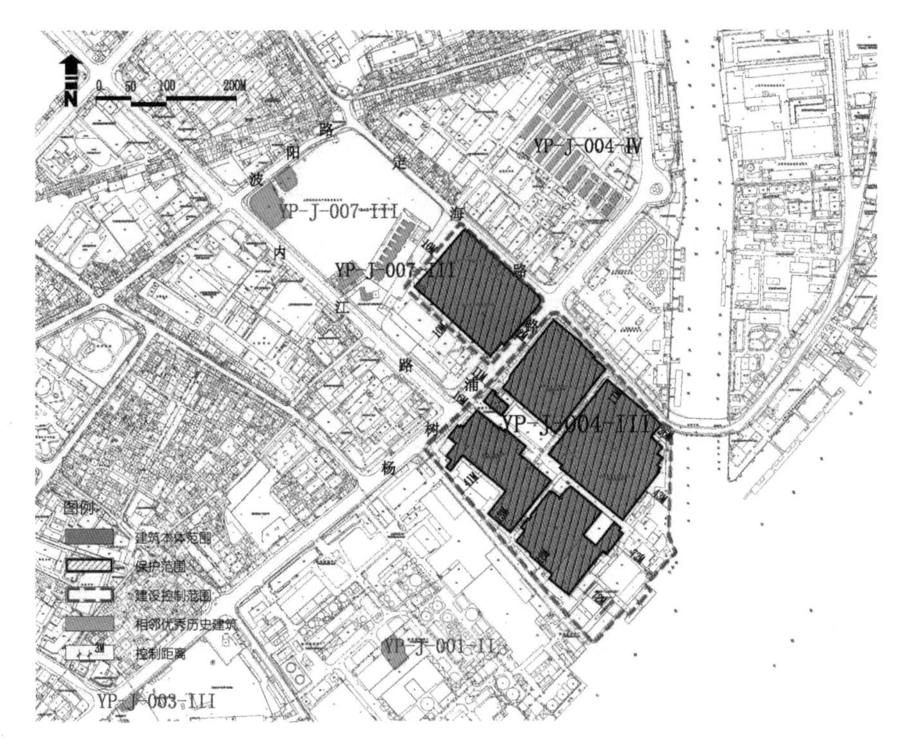

图2-5-9　时尚国际中心保护图则

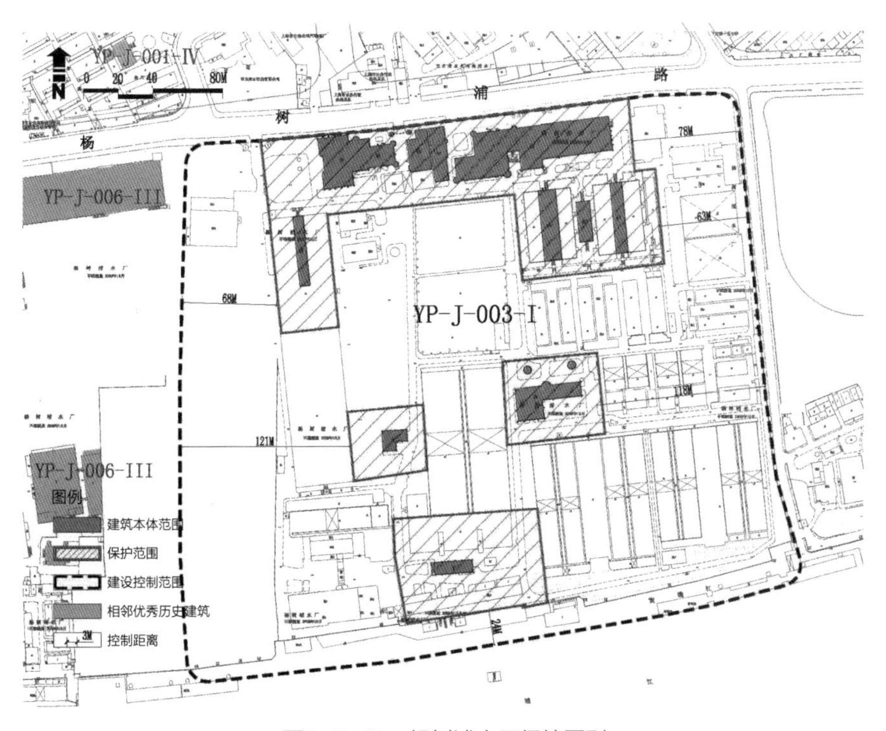

图2-5-10　杨树浦水厂保护图则

3）价值、真实性、完整性考察

上海杨树浦水厂现仍保持生产功能，近代生产工艺纳入到了现代生产线中，其价值、真实性、完整性保存较好；1933老场坊和上海时尚国际中心定位为文化创意产业，前者属于单体式，保存了宰牲厂的技术流线，后者属于建筑群，保存建筑有待和生产工艺结合进行考证。

2.6 一般工业遗存保护规划的多规合一

2.6.1 既有保护规划技术要求

本书中的“一般工业遗存”是指没有法定身份的工业遗产，主要包括城市专项工业遗产保护规划的保护对象，每个城市的经验有所不同，本节选取杭州、济南、武汉、天津4个城市进行分析。

2.6.2 个案分析：杭州28处工业遗产保护规划

1）遗产概况

杭州市涉及工业遗产保护图则的工业遗产共28处，28处遗产在2016年调查期间均未得到法定保护身份①。笔者选择其中4处进行调查，分别为文创、公园及居住区模式3个类型（图2-6-1～图2-6-6）。

图2-6-1 江墅铁路遗址公园建（构）筑物群（没有法定身份）

图2-6-2 杭州丝联制丝分厂建（构）筑物群（没有法定身份）

① 访谈杭州规划局刘长岐，2016年5月20日，杭州规划局。

图2-6-3　杭州重机有限公司建（构）筑物群一
（没有法定身份）

图2-6-4　杭州重机有限公司建（构）筑物群二
（没有法定身份）

图2-6-5　杭州双流水泥厂建（构）筑物群
（没有法定身份）

图2-6-6　通益公纱厂旧址
（文物）

2）多规合一过程

杭州市的经验是在编制控规之前对工业遗产地块先进行城市设计，通过城市设计的论证来划定合理的保护范围，同时使得控规设定的工业遗产地块的控制指标更具合理性[1]。在分析保护规划图则后可知，在调整内容上涉及了道路，这种调整后来在杭州市第六批历史建筑公布中，有4处工业遗产做法一致（同章节2.5.2）（图2-6-7）。

3）价值、真实性、完整性考察

多规合一的价值考察与杭州市历史建筑基本一致。

规划师介绍，多规合一后，具体实施上可能存在问题："比如在一个厂区内建设一栋高楼，厂区建筑是要保留的，但是新建建筑势必对周边工业遗产有影响，例如地基建设对遗产造成威胁，消防也通不过，因此真正实施起来，可能就会把工业遗产拆掉，所以说在

① 刘晓东，杨毅栋，舒渊，等. 城市工业遗产保护与利用规划管理研究——以杭州市为例[J]. 城市规划，2013（04）：81-85.

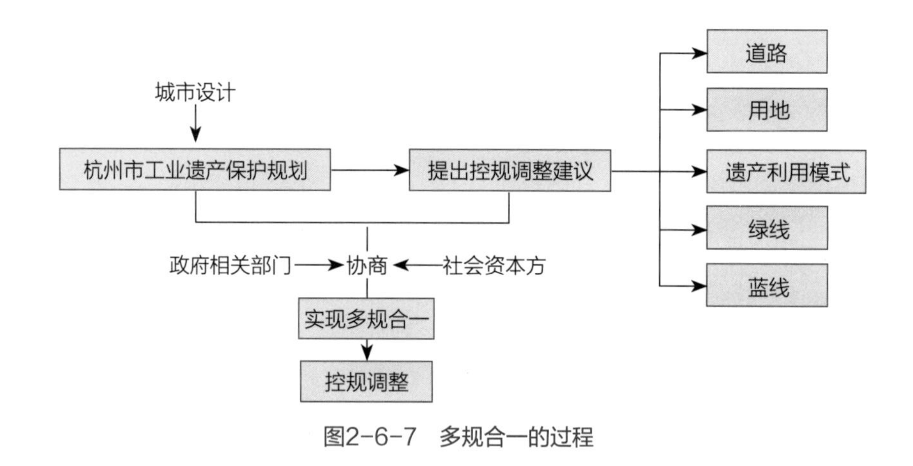

图2-6-7 多规合一的过程

实际操作过程中，是存在问题的。”[①]

4）地方政策

杭州市没有法定身份的工业遗产保护规划多规合一的顺利实现，与杭州市有关工业用地和工业建筑遗产的管理要求相关（表2-6-1），二者均明确了不同用地模式下的规划管理及规划技术指标和验收政策，有利于保护规划的实施。

地方政策：《杭州市工业遗产建筑规划管理规定（试行）》（2011年）　　表2-6-1

<table>
<tr><th>规划管理的内容</th><th colspan="2">规划政策扶持</th></tr>
<tr><td rowspan="7">市规划行政主管部门根据工业遗产的特点，坚持保护优先、适度利用的原则，负责组织编制工业遗产建筑保护规划，作为历史文化名城保护规划的专项规划，并按相关规定报市政府批准；
市规划行政主管部门应当会同市经济、房产、文物等相关行政主管部门，根据工业遗产建筑保护名录，制定每处遗产建筑的保护图则，经专家委员会评审、公示后报市政府批准实施；
市规划行政主管部门应组织对重要的工业遗产建设用地编制城市设计，并将批准的城市设计内容落实到相关控制性详细规划中，作为下一阶段项目审批依据</td><td rowspan="3">不同用地模式下的土地政策</td><td>行政划拨模式：工业遗产建设用地规划用途符合《划拨用地目录》，属行政划拨范围的，建设单位按照行政划拨方式取得建设用地使用权</td></tr>
<tr><td>公开出让模式：工业遗产建设用地规划用途属经营性的，建设单位按照招标、拍卖、挂牌出让方式取得建设用地使用权。建设用地原则上要求带建筑设计方案出让，鼓励采用招标或挂牌的方式出让</td></tr>
<tr><td>功能更新模式：在保持工业遗产建设用地现有土地权属性质和土地用途不变的前提下，如需临时改变工业遗产建筑使用功能的，建设单位应根据《杭州市人民政府办公厅关于印发杭州市加强与完善现有建筑物临时改变使用功能规划管理规定（试行）的通知》（杭政办函〔2008〕425号）规定，办理相关手续。如改为经营性功能的，土地权属人应当向政府缴纳改变建筑物使用功能的土地收益或土地年租金</td></tr>
<tr><td rowspan="3">规划技术指标政策</td><td>对工业遗产建设用地内的建筑，在尊重现状、满足保护要求和符合城市设计的基础上，经相关职能部门审查同意，在建筑退让、建筑间距、绿地率、建筑密度、停车配建等指标上可适当放宽要求</td></tr>
<tr><td>工业遗产建筑内部使用功能应当符合保护规划的要求，并在符合结构安全、消防、卫生、环保等规范标准的前提下，根据功能需要对内部空间进行适当分隔，因分隔所增加的建筑面积可不计入容积率，不办理产权</td></tr>
<tr><td>单幢工业遗产建筑不得分割销售或分割转让，但允许分割出租或整体转让</td></tr>
<tr><td>工程验收政策</td><td>工业遗产建筑建设工程未涉及新建的，开工可不验灰线，竣工后办理竣工规划确认手续</td></tr>
</table>

① 采访规划师郭大军，2016年5月21日，杭州市规划院。

2.6.3 个案分析：济钢集团炼铁厂保护规划

1）遗产概况

济钢集团炼铁厂于1957年2月勘察选址，1958年7月开工建设，由原第一炼铁厂、第二炼铁厂、烧结厂、球团厂和焦化厂炼焦区整合成立。截至2016年底，职工人数2867人。炼铁厂机关设置一室四科，即党政办公室、管理科、生产技术科、机械动力科、安全环保科；设直属单元——调度指挥中心；下设20个生产车间。主要设备有高炉4座、烧结机5台、球团竖炉3座、焦炉7座、干熄焦系统3套、发电机组8套、热风炉12座（表2-6-2、图2-6-8～图2-6-12）。

济钢工业生产分区　　表2-6-2

编号	分区
1	炼铁厂
2	厂办区
3	动力厂
4	重工机械公司
5	宽厚板厂
6	气体公司
7	化工厂
8	复合板厂
9	彩钢厂
10	标准件厂

图2-6-8　济钢集团炼铁厂一

图2-6-9　济钢集团炼铁厂二

图2-6-10　济钢集团炼铁厂三

图2-6-11　济钢集团炼铁厂四

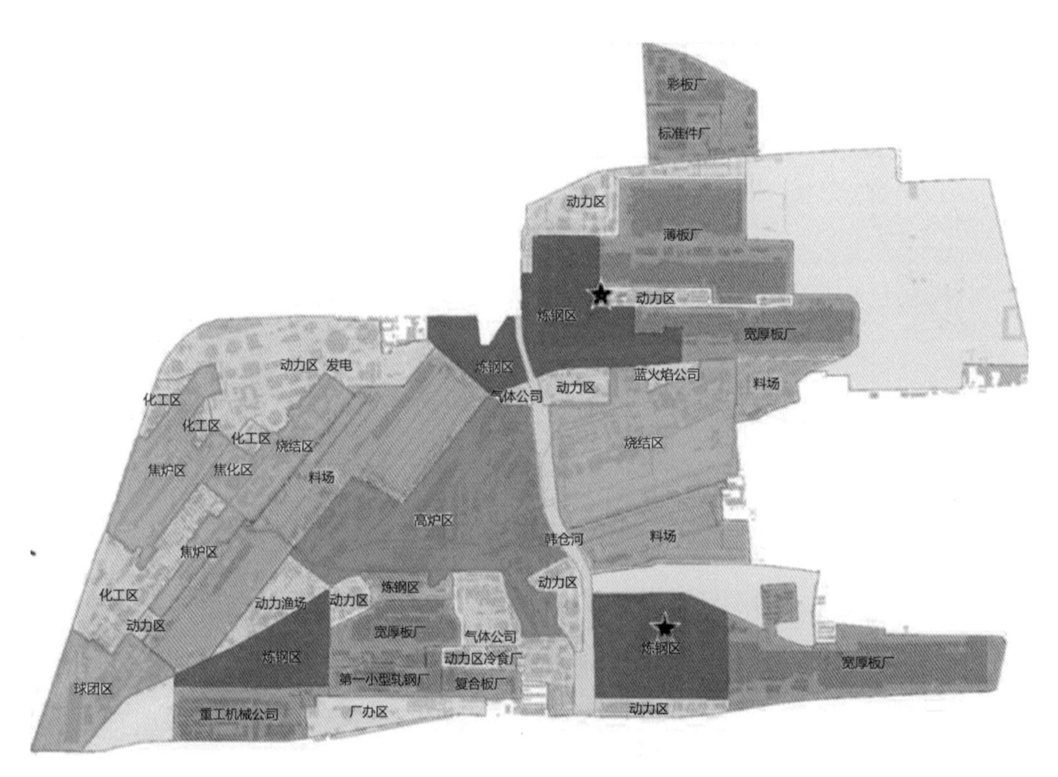

图2-6-12　遗产分区及构成

2）多规合一过程

济钢控规地块目前是特殊控制区，在政府还没明确开发方向的情况下地块已经进入了收储程序，城投公司、产权方和政府一级市场开发方等多方介入，加上济钢有自己的规划部，使得保护规划最终呈现了“底线”状态（图2-6-13）。规划师表示：“编制过程中提出的内容

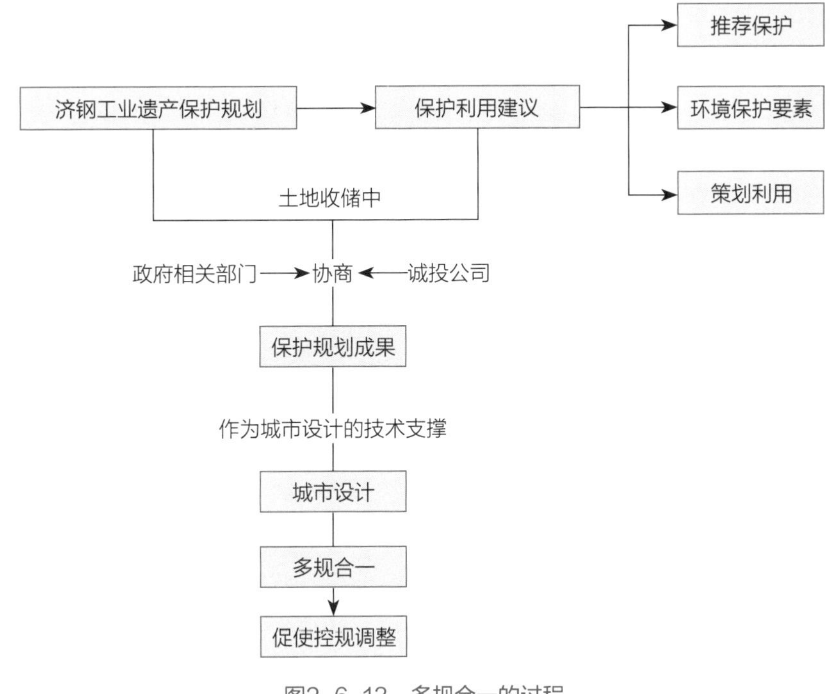

图2-6-13　多规合一的过程

比最终成果丰富，因为各方博弈，最终选择保留具有生产特色的建筑、设备及环境要素。”①

根据笔者和济南规划局访谈可知，保护规划编制后“城市设计和工业遗产保护规划、控规的关系，以城市设计为主线，城市设计承担了部分控规的功能，保护规划为城市设计提供保护范围和保护名单，作为技术支撑。”②

3）价值、真实性、完整性考察

城市设计按照保护规划技术要求保留了核心生产工艺区，但是从用地图和城市设计总图看（图2-6-14、图2-6-15），其他未纳入保护名录的工业遗存基本拆除，重新规划路网，用地多以商业、居住为主。保护规划在平衡各利益方后，选择性保留了工艺核心区，从这个角度保存了炼铁工艺的完整性及真实性（图2-6-16、图2-6-17）。但是就整个厂区的发展平衡看，济钢的工业生产分区明确，现存遗产的真实性、完整性从整体布局到单体保存均很好，目前强制保留的建筑13处，非强制保留的25处，一半将面临城市建设开发的拆除风险；从占地分区看，保存的区域占比十分之一；从建筑保存到规模保存量看，若未来的城市建设依据城市设计执行，其在价值、真实性、完整性与开发创意性之间的平衡关系略差。

① 采访规划师张振华，2018年4月3日，通过邮箱联系。
② 采访规划局某主任，2018年9月26日，济南规划局。

图2-6-14　城市设计总图

图2-6-15　城市设计用地图

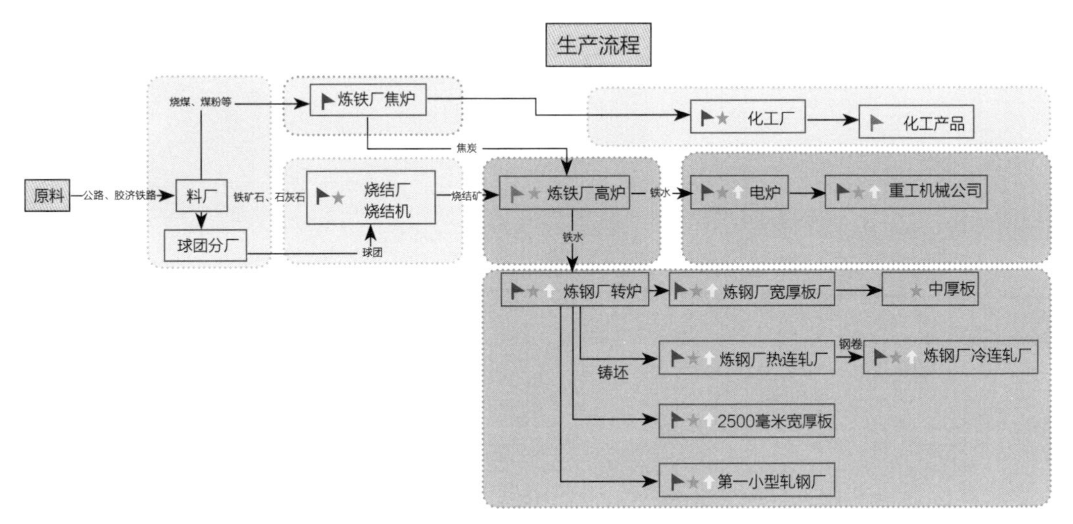

注：深红色区域为保存的生产工艺部分。

图2-6-16　核心工艺流线

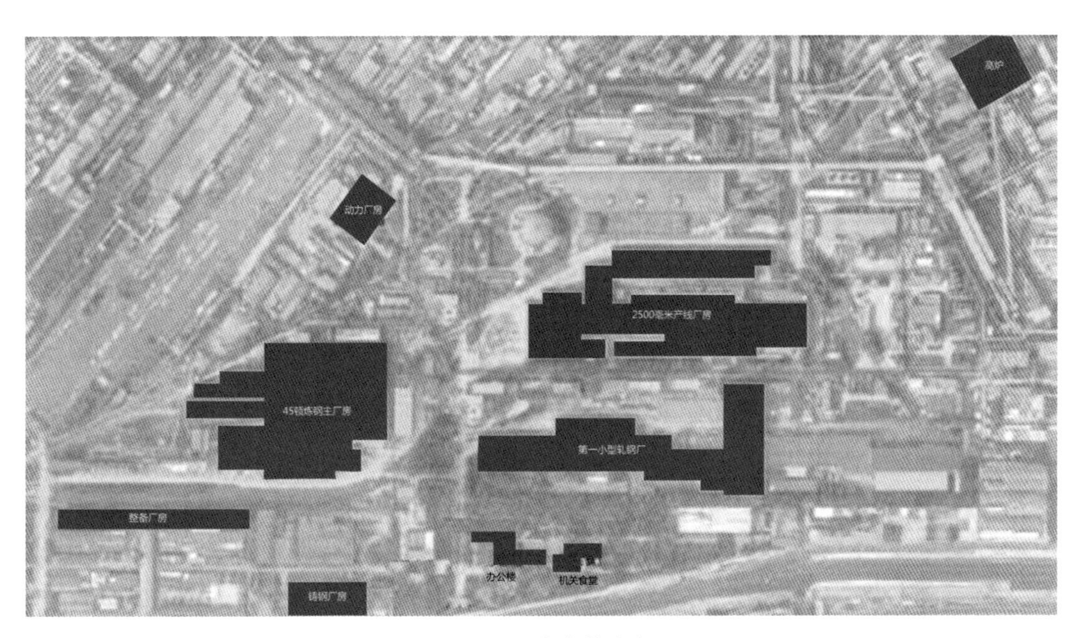

图2-6-17　保存的生产区

2.6.4　个案分析：武汉汉阳钢铁厂保护规划

1）遗产概况

汉阳钢铁厂位于汉阳龙灯堤特1号，建于1952年，是“一五”时期建设的钢铁工业企业，

图2-6-18　汉阳钢铁厂一

图2-6-19　汉阳钢铁厂二

图2-6-20　汉阳钢铁厂三

现存的工业建筑、附属构筑物极具代表性，且保存较好①。汉阳钢铁厂厂区内建筑的数量相当庞大，共74栋，其中正在生产的有66栋，已经废弃的有8栋。汉阳钢铁厂作为一个实物遗存，真实地反映了武汉从19世纪末到20世纪初这一段时间的工业发展情况，同时也反映了武汉在这一段时间工业发展的技术和生产水平②（图2-6-18～图2-6-20）。

2）多规划合一过程

通过对规划图纸的研究（图2-6-21、图2-6-22）可以看到，保护规划提出城市规划调

---

① 摘自《武汉市工业遗产保护与利用规划》。

② 董飞飞．汉阳钢厂建筑遗产再利用与环境再生研究[D]．武汉：武汉理工大学，2012.

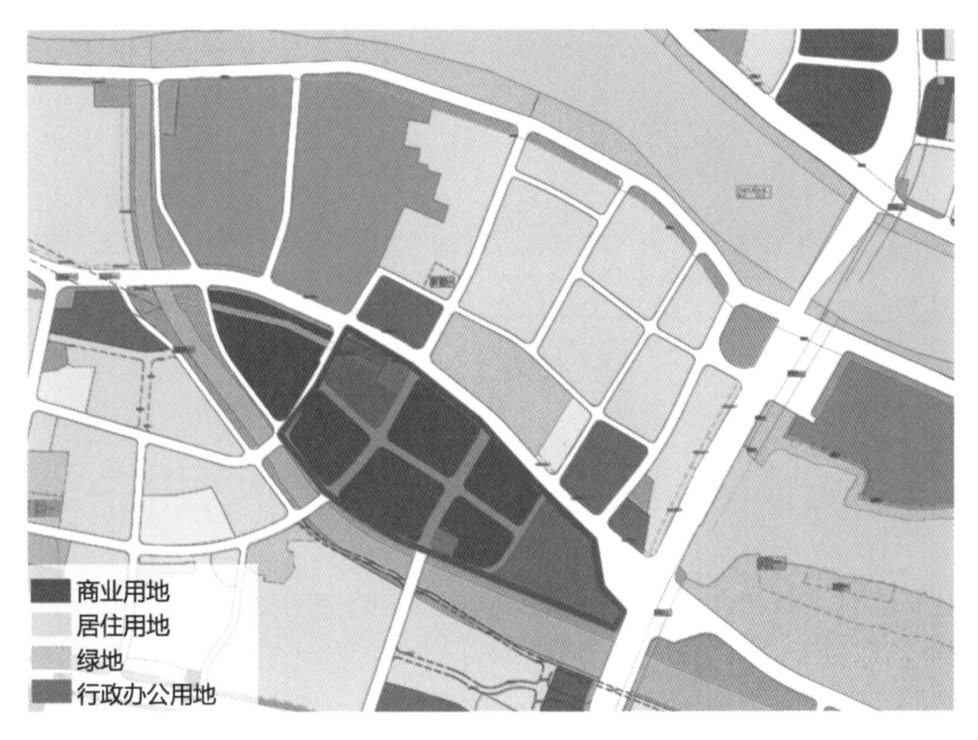

图2-6-21　武汉市统一规划管理用图

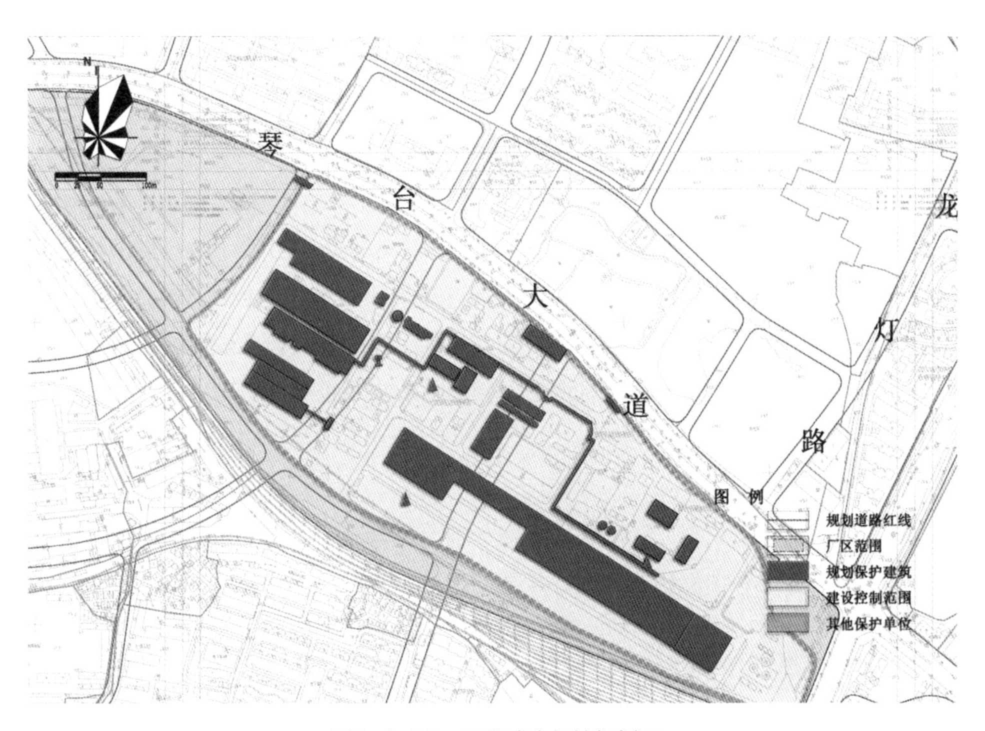

图2-6-22　工业遗产保护规划图

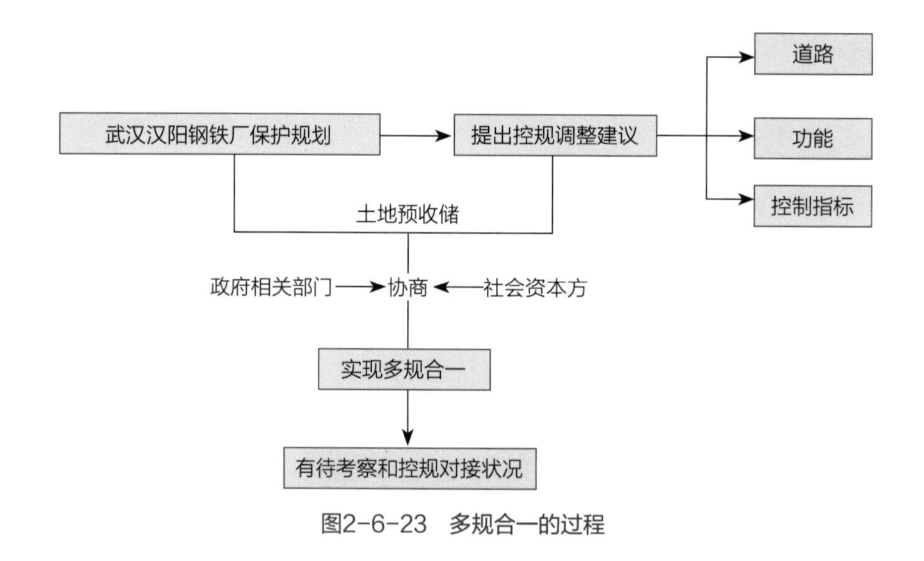

图2-6-23　多规合一的过程

整的建议包括：①功能调整为结合张之洞博物馆的博览和文创；②调整道路，完整保留遗产（图2-6-23）。

3）价值、真实性、完整性考察

武汉汉阳钢铁厂保护规划确认的建设控制范围即为厂区，规划保护建筑基本为生产线上的核心，对工业遗产的价值、真实性、完整性保护较好。

2.6.5　个案分析：天津亚细亚火油公司塘沽油库旧址保护规划

1）遗产概况

亚细亚火油公司塘沽油库旧址位于海河北岸三槐路86号（图2-6-24）；现保留有一座英式2层楼房和两个1905年所建的圆形储油罐，占地13745平方米；建于1915年，是英国、荷兰两国在中国转运经营石油产品贸易的专门机构，至今已有近百年历史。它是近代天津被迫开埠的产物，是西方列强对中国进行经济渗透和掳掠的历史见证。

2）多规合一过程

该规划为《天津市工业遗产保护规划》的一部分，多规合一的问题同北洋水师大沽船坞类似：以控规为基准编制保护规划，实现多规合一。

3）价值、真实性、完整性考察

仅存的两个油罐是生产区的见证，办公楼房是贸易文件签署的重要场地，同时具备较高的艺术和历史价值。保护规划的保护范围和建设控制地带均未包含北侧油罐（图2-6-25），

图2-6-24　亚细亚火油公司塘沽油库旧址

图2-6-25　工业遗产保护规划图则

且油罐定性为保护元素。首先工业遗产保护规划的定义和作为文物保护单位的定义不一致（后者为文物建筑）；其次该保护区划无法有效与文物保护规划对接；最后，若工业遗产保护规划实施，北侧油罐的历史环境，甚至本体的留存都是有待观察的。

4）土地、功能

实地调查可知，除保留的油罐和办公楼外，其余厂区建筑基本拆除，土地已完成收储。从控规看（图2-6-26），未来该地块分为两个大的部分：南侧油罐和办公楼位于绿地内，作为绿地相关配套设施；北侧厂区为商业和居住用地，油罐位于道路上，若按照控规执行，北侧油罐将被拆除。控规和工业遗产保护规划在功能和土地上基本达成一致，但是和文物保护区划相冲突（图2-6-27），文物保护区划划定了北侧油罐的保护范围，且建设控制地带包含了南北厂区的空间联系，规定限高18米，这和控规二类居住用地（高层）相悖。

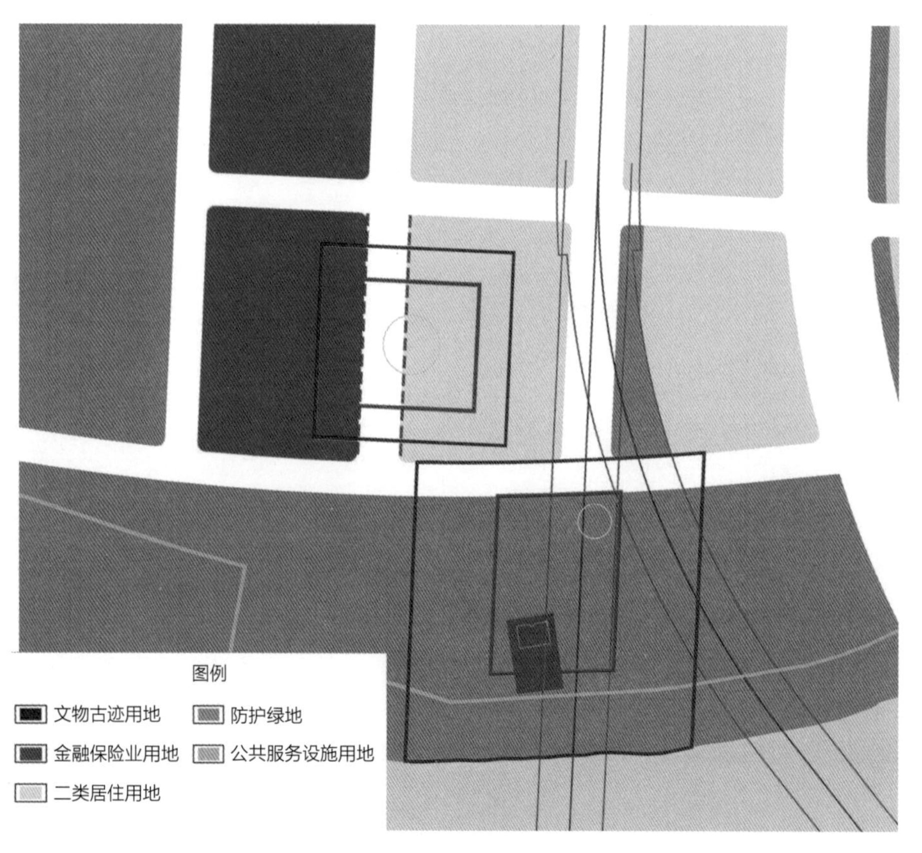

图2-6-26　地块控规

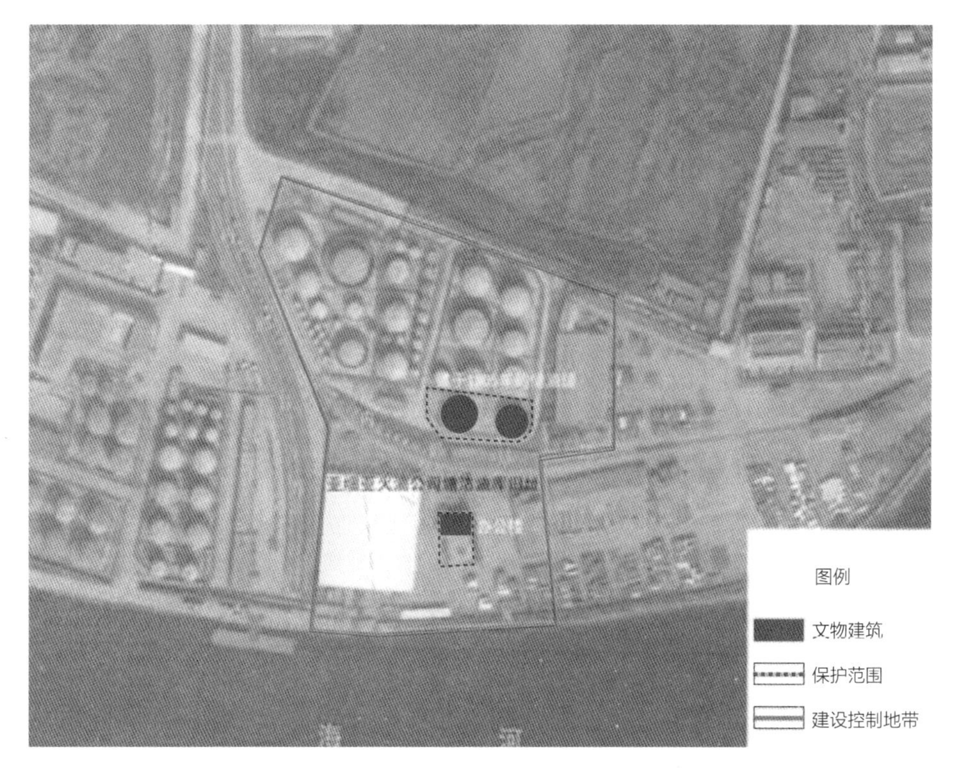

图2-6-27　文物保护区划图

2.7　工业遗产保护规划多规合一的总结与建议

2.7.1　工业遗产保护规划多规合一总结

2.7.1.1　多规合一后的固有价值和创意价值平衡问题

以上探讨的15个案例除了世界文化遗产和全国重点文物保护单位有其特殊的保护和利用要求及政策扶持外，对于低级别的文物、历史建筑、一般工业遗产而言，在多规合一过程中是要面对再利用的问题，特别是职工安置、产业转型问题，单单依靠申遗和国保的中央经费扶持模式很难实现。这些遗产的保护再利用与所在城市政府的财政实力有关，而中国正处于土地和地产结合的高度发展背景中，如何平衡各方利益很关键。以上15个实证案例再利用模式最终实现与控规对接的占比为9/15，但是实现对接的案例中普遍以居住、商业开发模式来实现价值与创意的平衡，这种模式的选择使得工业遗产的保存规模大幅缩小（表2-7-1）。在保护规划和控规未能实现对接或者正在论证的6个案例中，多数也是因为控规选择居住和商业模式的开发处于协商阶段（图2-7-1、图2-7-2）。

保护规划的相关统计 表2-7-1

多规合一的案例	多规合一后选择的使用功能	多规合一的实施状况
华新水泥厂旧址保护规划	博物馆	实现与控规对接：9处
郑州纺织工业基地保护规划	博物馆、居住、商业	
哈湾达工业遗产保护规划	综合利用	
首钢工业遗产保护规划	综合利用	
浦口火车站历史风貌区保护规划	综合利用	
杭州6处工业遗产保护规划	以居住、商业为主	
上海3处工业遗产保护规划	以文创为主	
天津亚细亚火油公司塘沽旧址	以居住和商业为主	
杭州28处工业遗产保护规划	以居住和商业为主	
河南省塑料机械股份有限公司旧址保护规划	以居住和商业为主	未对接：1处
北洋水师大沽船坞遗址保护规划	待定	论证阶段：2处
法国永和公司造船厂旧址	待定	
洛阳涧西区工业遗产保护规划	待定	有待考察：3处
济钢集团炼铁厂保护规划	待定	
武汉邯钢钢铁厂保护规划	待定	

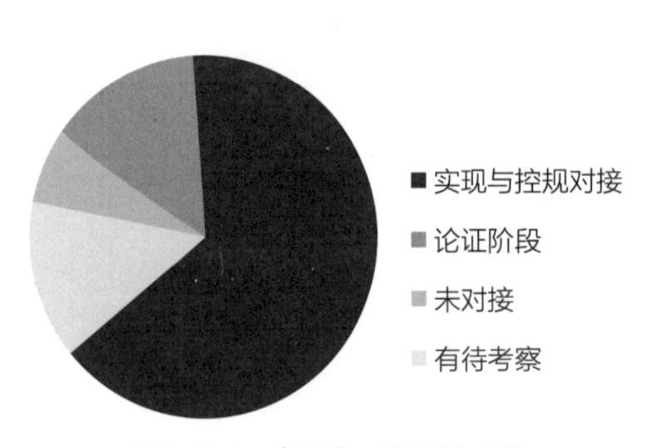

图2-7-1 多规合一实现的占比

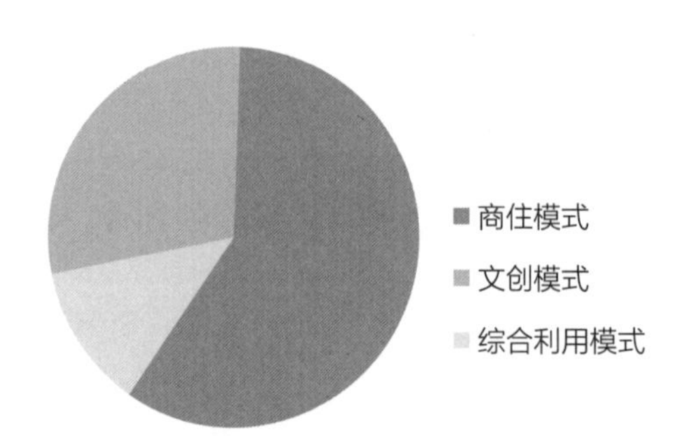

图2-7-2 多规合一实现的功能模式

2.7.1.2 传统文物保护规划模式在多规合一过程中的局限性和不适性

1）局限性体现在对城市建设发展的控制指标上

对比12个文物保护规划规划案例的控制指标（表2-7-2），以建设高度为例，除了华新水泥厂外，最低的是5米（塘沽火车站旧址），最高则是华新水泥厂旧址（64米），而最常用的指标是9米和12米（图2-7-3）。这对于工业遗产中的厂房，不论是近代还是现代，其控高均有局限性，9米或者12米更加适宜于古建筑建设控制地带控高。建设指标中还包括容积率、建筑密度等内容，这些同样为控制内容，城市有机更新过程中如何制定控制指标，使之既能尊重现状又可协调未来城市发展需求，是保护规划要面对的重要课题。

保护规划中的建设控制指标制统计 表2-7-2

规划名称	建设控制地带控制指标（一类、二类、三类）
华新水泥厂旧址保护规划	一类：建筑高度<6米；二类：建筑高度<12米、15米；三类：建筑高度<8米、32米、64米
北洋水师大沽船坞遗址保护规划	建筑高度≤16米
北洋水师大沽船坞遗址保护区划①	控高9米
塘沽火车站旧址保护区划	一类：建筑高度<5米；二类：建筑高度<10米
黄海化学工业研究社旧址	限高18米
河北省石家庄市井陉矿区正丰矿工业建筑群文物保护规划	一类：建筑密度<5%，建筑高度<7米，风貌：选用乡土建筑材料和传统工艺； 二类：建筑密度<35%，住宅建筑高度<9米，公共建筑高度<12米
洛阳西宫兵营保护规划	建筑高度≤12米，容积率≤0.5，风貌：坡屋顶、不可使用瓷砖贴面、体量不宜过大
侵华日军第七三一部队旧址保护规划-细菌蛋壳制造厂遗址	一类：建筑高度<6米；二类：建筑高度<9米；三类：建筑高度<18米。蛋壳厂地块为一类建设控制地带
上海江南造船厂厂区工业遗产保护规划	未制定具体指标
河南省塑料机械股份有限公司旧址保护规划	建筑高度<9米
郑州纺织工业基地（国棉三厂）文物保护及展示规划	建筑高度不得超过历史建筑（住宅楼）的高度，最高3层，推算为12米
山西省晋中市晋华纺织厂旧址保护规划	建筑高度<6米，风貌：体量与传统协调，屋顶坡顶和平顶，建筑材料宜采用青砖灰瓦木材，墙面不得使用瓷砖、铝合金、玻璃幕墙等现代材料

另外则是对风貌的控制，不论是与传统风貌协调，还是选取乡土材料和传统工艺，都与建设控制地带内现代城市建设要求表现出不适性。如晋中市晋华纺织厂旧址（图2-7-4、图2-7-5）保护规划建设控制地带要求：墙面不得使用瓷砖、铝合金、玻璃幕墙等现代材料②。而建设控制地带为厂区外围一定范围（图2-7-6），厂区内近代建筑以青砖为主，简单要求外围禁用现代材料很难与城市规划对接，也会造成一批仿古建筑。

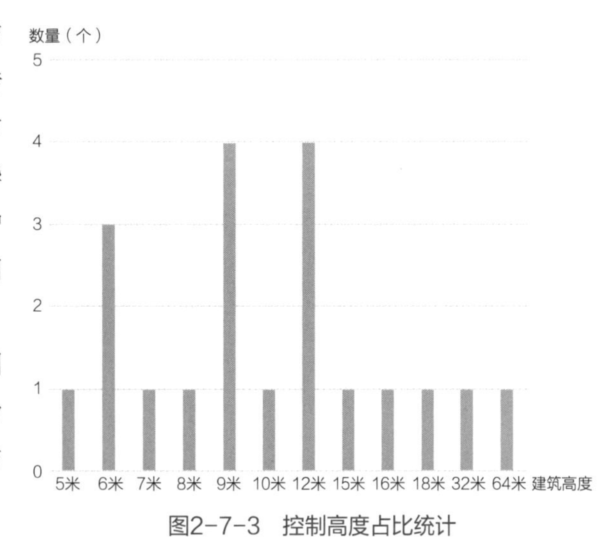

图2-7-3 控制高度占比统计

① 天津市2015年公布的保护区划，在文物保护规划通过审查前，按照9米执行。
② 山西省晋中市晋华纺织厂旧址保护规划文本。

图2-7-4　晋华纺织厂旧址一

图2-7-5　晋华纺织厂旧址二

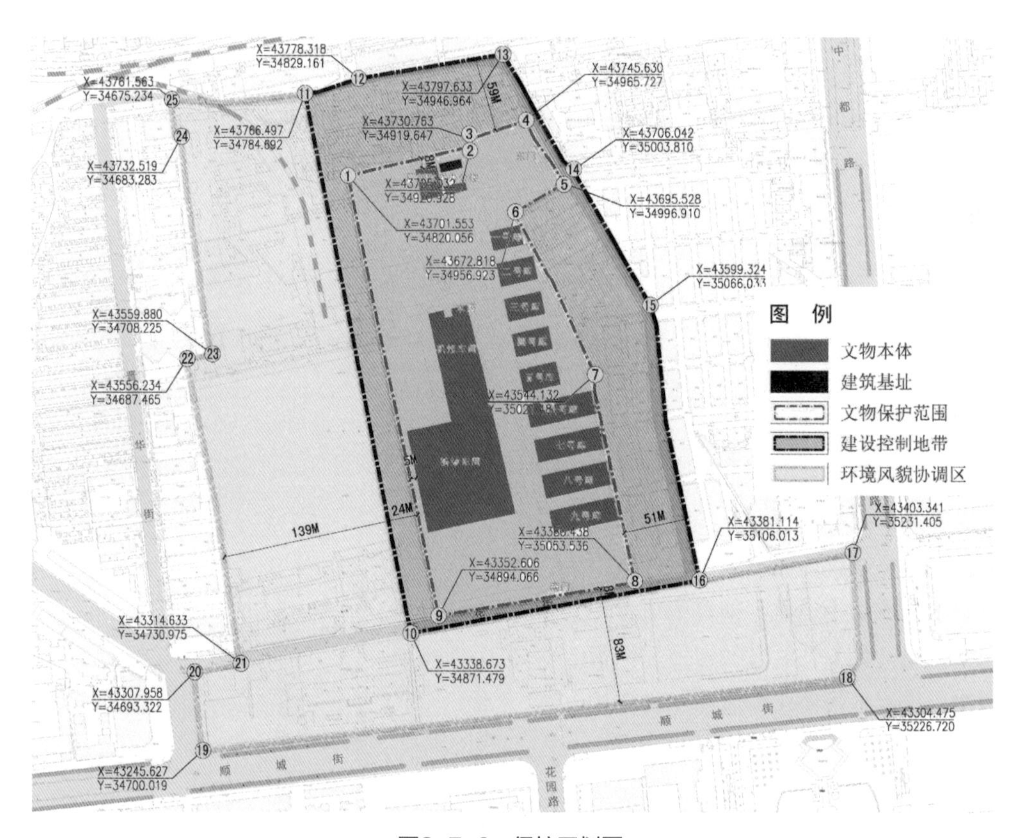

图2-7-6　保护区划图

不适性还表现在与控规具体对接时的指标制定依据。在编制北洋水师大沽船坞遗址保护规划的过程中，我们尝试增加视线分析以及对天津市船厂的策划，但是建设方的未来不确定性加之土地收储的成本需要平衡，我们提出的控制指标往往不被控规采纳，这与郑州棉纺三厂的规划利用设想有相似的问题。华新水泥厂周边建设控制除了保持视线通畅外，其余参考控规地块相关指标制定，易于实施，但实质上其厂区是完整性被保留的，保护范围的建设控制指标比较严格，对于一般工业遗产而言，遗产地块内部更新指标的制定才是关键。在这方面，历史建筑和各城市没有保护身份的工业遗产在实施层面更加易于操作。首先是保护区划划定，各城市的经验往往是建设控制地带是厂区，保护范围是保留建筑本体，即使是和文物身份重复的历史建筑做法也是如此（如上海杨树浦水厂、浦口火车站）。工业遗产文物保护规划从理论到编制遵循价值、真实性、完整性的逻辑，但是在再利用层面必须考虑社会问题如何解决，这些直接体现在划定的保护区划、认定的保护对象层面，文物保护规划的经验往往是厂区为保护范围、外扩一定距离是建设控制地带，而文物保护法对于保护范围的严格规定使得工业遗产活化利用受到比较大的限制，这种规划模式更适于古建筑或者功能定位为文化展览的建筑。

2）不适性体现在对城市规划技术标准的解读

指标的关键技术标准主要为对用地性质的理解。2012年《城市用地分类与规划建设用地标准》GB50137-2011中对文物古迹用地的定义为：具有历史、艺术、科学价值且没有其他使用功能的建筑物、构筑物、遗址、墓葬等用地。工业遗产属于近现代范畴，且工业遗产的使用功能多数要求多样化，并非局限于博物馆一种功能，将工业遗产的厂区或者保护范围简单定性为文物古迹用地，从技术标准的解读上就很难与城市规划对接。并且政策中有允许土地不变更的规定，这是为了活化使用工业遗产。我们可以参考同样为文化遗产的历史建筑，天津五大道的银行建筑基本保持商业金融用地性质，土地和使用功能匹配，并没有改变为文物古迹用地，也不影响保护。

2.7.1.3 土地状态制约文物保护规划编制及实施

以上实证案例中，从多规合一过程可以发现，土地状态是很关键的影响因素。土地性质不变或者土地收储对于保护规划而言，多规合一的协商可能性增加；而土地一旦出让，保护规划往往在协商的过程中造成遗产的大规模损失。

2.7.1.4 控规中必须考虑文化遗产保护

经过上述实证案例的讨论，以控规为基准编制保护规划往往造成遗产核心价值的损失。控规的路网、用地性质、功能定位、控制指标往往是土地利益最大化的体现，如济钢的城市设计、天津的控规等，虽然保护规划和控规保持了一致，但是遗产损失增多。

2.7.2 工业遗产保护规划多规合一建议

2.7.2.1 以价值为基础进行多规合一

价值是基础，多规合一应根据选择的功能模式进行价值和创意的平衡。工艺流程是关键，对于遗产价值较高的工业遗产，应予以引导价值的完整性保护。而价值一般的工业遗存则应该选择生产线的关键环节或者是某环节的关键节点进行保护。

价值包括历史价值、艺术价值、技术价值等，但是对工业遗产而言更重要的是技术价值，而且历史和艺术价值往往都容易判断，不仅仅是保护规划的专长，也是城市规划的基本常识，而技术价值则是比较欠缺的地方。通过以上案例可以知道，我们必须分析技术流程、生产线，知道生产线的各个环节及之间的关系，包括与遗产的对应关系，在这个基础上多规合一，在不能完整保护的情况下有所取舍，选取关键环节或者关键节点进行保护。

2.7.2.2 引入城市设计的多规合一技术路线

经过实证比较分析，具备城市设计特征的保护规划往往容易和控规对接，原因有四点：第一，保护规划和控规均是比较刚性的规划，强调控制；第二，城市设计具备规划柔性特征，且城市设计的管理逐渐受到重视（图2-7-7）；第三，工业遗产规模较大，整体利用通过城市设计搭建保护规划和控规对接的桥梁；第四，保护规划的性质决定偏向保护，专长于历史空间的研究，对于职工的安置、产业转型或土地更新环节研究较薄弱，而城市规划和城市设计则是基于社会问题的解决考虑空间规划，二者互相弥补可使遗产保护利用更加具备可持续性（图2-7-8）。

实现多规合一技术路径要强调以下几点：第一，保护规划深度在保护图则或控制内容上与控规对接，这个问题规划师李匡在专访中以及杨毅栋在学术会议上均做过类似表述，如首钢工业遗产保护规划师李匡认为："杭州的做法也是跟我们做首钢比较类似，就是说你真要做到跟控规对接，你的尺度不能太大，你还是要划分成一个街区、一个片区这么去做，你才能够有一定的深入程度，才能跟部门去做对接，你以一个城市为尺度来做，这个东西永远对接不上，谁去做它的深度都达不到。像我们一般做个几平方公里，怎么得做一两年。一个

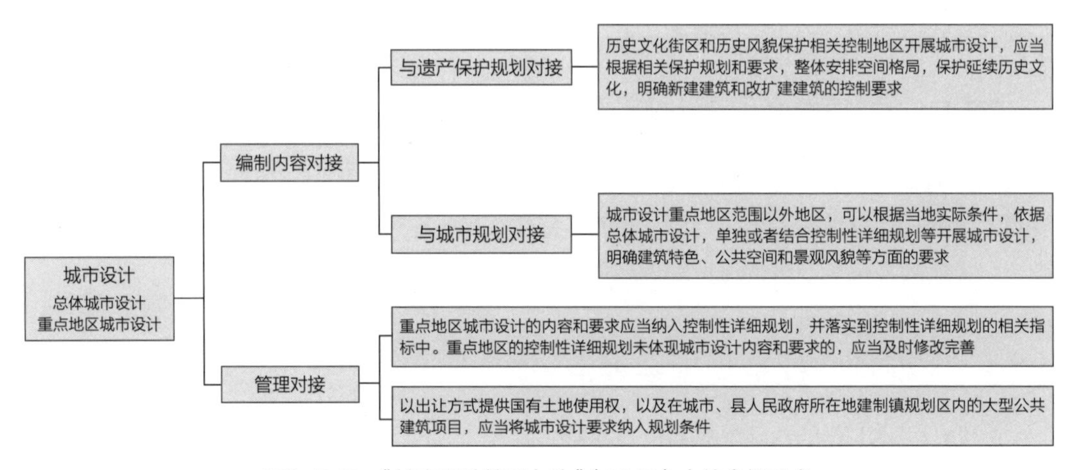

图2-7-7 《城市设计管理办法》(2018)中的多规要求

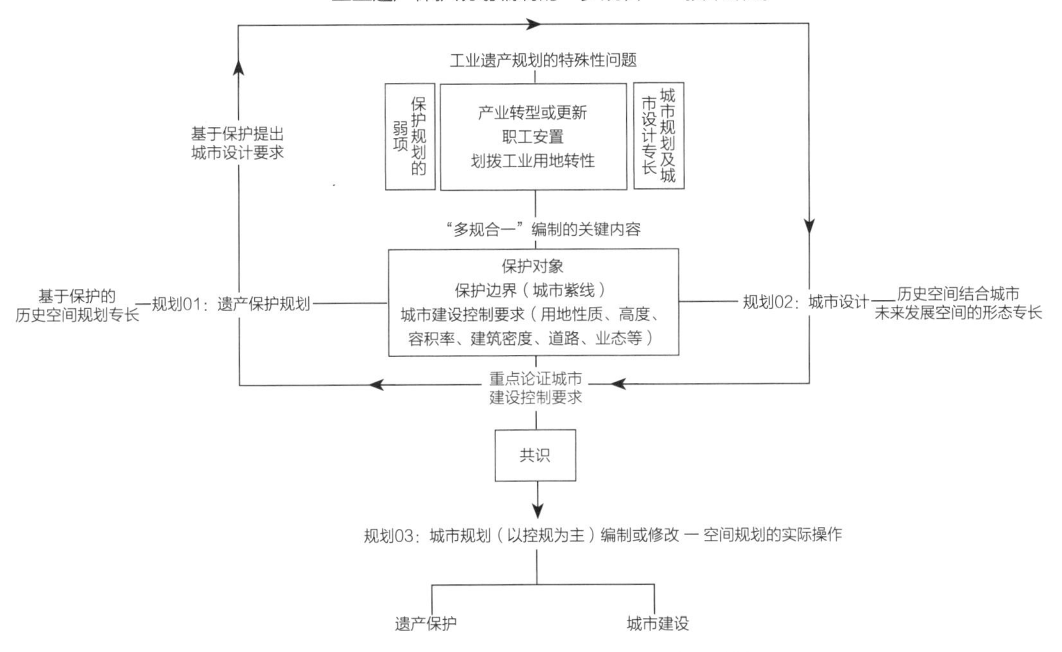

图2-7-8　引入城市设计的多规合一技术路线

城的尺度几百上千平方公里，谁也做不到那个深度。①”杭州规划师刘晓东、杨毅栋等认为：“与国家法定规划相衔接，将工业遗产保护规划纳入城市总体规划，将保护图则与控制性详细规划相结合，增加保护规划的可操作性，完善规划编制体系。②”以上两位规划师的观点均强调了与城市规划规划体系对接；在深度上，二者均同意与控规对接，而这种对接本身也是根据控规的遗产规模而定，与控规地块规模比较匹配的对接更易实现，而中国城市层面工业遗产保护规划更多是偏向“公布名录”，将名录对接到总规中将有利于指导控规层面的城市规划、城市设计和保护规划。第二，保护规划在多规体系中应和其他规划协同编制。天津工业遗产保护规划设计师于红在《“协同式规划”保护天津工业遗产》中介绍了协同式规划的理论和天津实践应用建议，协同式规划的实质为对话，包括规划涉及的政府、产权单位、设计师、专家、公众等人员的参与③。而工业遗产保护规划就多规体系而言，主要涉及了城市规划、城市设计、其他遗产相关规划三种，与其保持或尽可能协同编制将有利于问题的有效协商及保护规划的实施。第三，保护规划体系之间要预先做到多规合一。因为中国遗产保

① 访谈设计师李匡，2018年8月25日，北京：华清安地建筑设计事务所。

② 刘晓东，杨毅栋，舒渊等．城市工业遗产建筑保护与利用规划管理研究——以杭州市为例[J]，2013（04）：81-85.

③ 于红．“协同式规划”保护天津工业遗产[C]//中国城市规划学会．城市时代，协同规划—2013中国城市规划年会论文集．青岛：中国城市规划学会，2013：1015-1023．关于传统规划的弊端，设计师在文中指出：传统的城市规划是建立在“自上而下”的政府权力运作体系上的，其缺点在于运作过程是单线性且相对封闭的，难以支持平行结构中的各部门对话与沟通，更难以主动去支撑和容纳各部门的多种目标、多种政策和多种行动。

护规划编制的政府主体不同，同一处遗产往往呈现不同的保护规划成果，即使是同一个编制主体在保护规划成果上也有所不同，这在以上案例讨论中已经验证。在以控规为主要对接路径的多规体系中，遗产保护规划应首先协调问题，在达成共识（调整或者无法调整，了解无法调整的原因）的基础上与控规、城市设计进行多规合一。

2.7.2.3 工业用地变更前的保护规划前置原则

工业用地变更前编制保护规划对于多规合一十分必要。目前中国已经有相关的经验可以借鉴，这些经验包括“预保护”“考古前置”“保护身份创新”。预保护为没有潜在价值的遗产在没有法定身份的情况下的保护制度，如广州、陕西、重庆均作出了具体要求，而这适用于没有身份的且具备一定遗产价值的工业遗存（表2-7-3）。考古前置主要是针对不可移动文物。中央层面要求：完善基本建设考古制度，地方政府在土地储备时，对于可能存在文物遗存的土地，在依法完成考古调查、勘探、发掘前不得入库[①]。郑州则是地方首个出台考古前置要求的城市，且早于中央：①国有建设用地土地使用权招标、拍卖、挂牌出让前，由市级土地储备机构向市文物部门提出考古调查、勘探申请；②涉及文物保护单位的建设用地，由市文物部门告知市级土地储备机构文物保护要求，由市级土地储备机构在土地招拍挂公告中列明。用地单位在开发建设前应当按照文物保护要求报请市文物部门履行相关审批手续。需调整用地规划的，由市规划部门按照有关程序调整城乡规划[②]。保护身份创新：重庆在不可移动文物、历史建筑保护体系中增加了传统风貌建筑，从规定和要求解读，同样适用于工业遗产；陕西省在建筑保护条例中分出一般建筑保护类型，同样也适用于工业遗产。以上三种模式在全国可以推广且适用于工业遗产，并且在这种前提下增加保护规划的要求，使得遗产的保护与再利用能够在多规体系中统筹考虑。

各地方遗产预先保护和保护身份创新统计 表2-7-3

名称	内容	核心
《广州市历史建筑和历史风貌区保护办法》（2013）	未达到文物和历史建筑标准的，由所在地的区（县级市）人民政府登记为传统风貌建筑，按照本市传统风貌建筑的相关规定予以保护。 任何单位和个人发现有保护价值的建筑都可以向城乡规划主管部门和文物行政管理部门报告。城乡规划主管部门和文物行政管理部门接到报告后，应当立即通知建筑所在地的区、县级市人民政府进行预先保护，预先保护的期限为自城乡规划主管部门或者文物行政管理部门向区（县级市）人民政府发出预先保护通知之日起的12个月，预先保护期间该建筑不得损坏或者拆除，确需修缮的按照本办法第二十五条的规定执行。因预先保护对有关单位或者个人的合法权益造成损失的，政府应当依法给予补偿	预先保护

① 《关于加强文物保护利用改革的若干意见》（2018年）.

② 《郑州市人民政府 关于招标拍卖挂牌出让国有土地使用权 考古调查勘探发掘前置改革的通知》（2017）.

续表

名称	内容	核心
《陕西省建筑保护条例》（2013）	本条例所称的一般建筑是指除文物、重点保护建筑之外，依照法定程序建设的城乡建筑；但不包括抢险救灾等临时性建筑。第二十七条，城乡建筑的建设、使用应当注重社会效益、经济效益和环境效益，体现地域和文化特色。对既有建筑应当充分发挥其设计功能，根据使用状况及时进行维护保养，延长使用年限，避免随意拆建	保护身份创新
《重庆市历史文化名城名镇名村保护条例》（2018）	在历史文化名镇、名村、街区，传统风貌区保护范围内，不属于不可移动文物，也未公布为历史建筑的建（构）筑物，符合下列条件之一的，可以认定为传统风貌建筑： （一）对传统格局和历史风貌的形成具有价值和意义； （二）具有一定建成历史，能够反映历史风貌和地方特色。 传统风貌建筑通过经批准的保护规划进行认定。 区县（自治县）人民政府应当定期对本行政区域内的历史文化资源开展普查工作；对单位和个人提供的历史文化资源保护线索应当组织核实。具有保护价值的，应当组织专家论证，确定为预先保护对象，并通报市城乡规划主管部门	保护身份创新+预先保护

2.7.2.4 规划管理和政策建议

上述案例从经费到立法，包括针对个案的扶持政策均有利于保护规划的实施，本研究在此基础上结合各保护规划文本建议的规划政策构建工业遗产政策保障体系（图2-7-9）。而目前国内已经针对该体系出台了相关政策要求，这些政策有的是针对工业遗产，有的是针对具备法定身份的文化遗产（表2-7-4），对于工业遗产而言都是有益的参考。

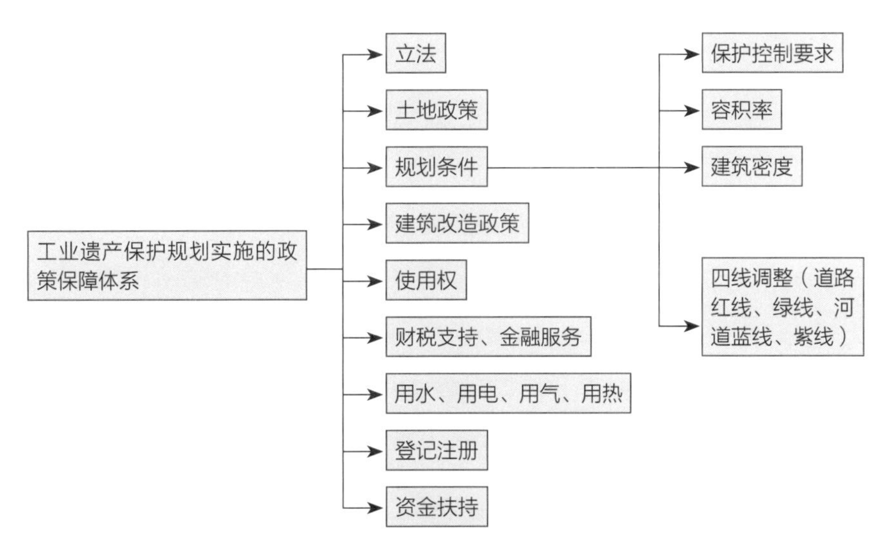

图2-7-9 工业遗产保护规划实施的政策保障体系

各城市工业遗产保护规划中的管理和政策建议　　表2-7-4

城市	政策类型	内容
天津	规划条件：保护控制要求	在使选址意见书、规划条件、建设用地规划许可证、建设工程规划许可证合法时，应加入工业遗产的相关要求，形成针对工业遗产项目行之有效的审批控制内容
	规划条件：容积率政策	通过制定容积率奖励等政策，充分调动企业产权单位、土地整理部门和开发单位保护工业遗产的积极性。在符合控制性详细规划的前提下通过提高容积率、调整用地结构增加服务型制造设施和经营场所
	资金政策	对在工业遗产保护与再利用工作中有突出贡献的单位和企业给予一定的资金奖励和政策支持
杭州	土地政策	吸收民间资金及部分土地出让金对工业遗产加以保护利用：可以借鉴发达国家的经验，采取政府出资与社会参与相结合的方式，政府可致力工业博物馆等公益性项目的建设，提供工业遗产保护区基础设施及其他社会服务，同时利用各种优惠政策吸引民间资金参与工业遗产保护利用，通过工业遗产的保护和利用，使投资者从中获得效益，最终达到社会、政府、企业三方共赢的效果； 同时为了确保工业遗产保护、利用、管理和经营落到实处，规划建议土地出让金谁收、保护利用的经费谁出、保护和利用的全过程谁负责的方式来加强工业遗产保护
	立法及管理机制	落实责任，尽快制定工业遗产保护的相关法律法规； 完善体制，建立杭州市工业遗产保护与利用专家委员会； 搞好设计，明确工业遗产保护利用路径与目标：通过建筑设计或城市设计，明确工业遗产保护利用的路径与目标
武汉	规划条件：容积率政策	建立容积率转移政策。为保障工业遗产保护的资金来源，建议建立容积率转移政策，即对于涉及工业遗产保护的地块，其因遗产保护未能实施的容积率可以进行有偿转让，转让收益可用于遗产保护
	立法及管理机制	（1）尽快制定工业遗产保护的相关法律法规； （2）为确保我市工业遗产抢救性保护的落实，建议将工业遗产保护纳入我市历史风貌街区保护体系； （3）建立改造地块内工业遗产论证机制：对于改造地块内的工业遗产，建议经相应主管部门专家对实施方案进行审查，通过后方可实施
常州	资金、税收、登记	由政府出台相关的优惠税收、资金、奖励、登记等政策，支持工业遗产的保护和再利用
	管理机制	鼓励工业遗产保护利用中的社会参与。例如，鼓励海外艺术家参与工业遗产保护开发的设计，鼓励引导私人资本的投入，以及优先引导艺术个人和团体的入驻等，以点带面，形成良好的保护利用机制，并积极吸纳本市文化艺术界人士的参与，形成具有本市文化特色的工业遗产保护利用模式
无锡	管理机制	（1）具体工业地块的更新应当视开发主体和开发模式进行切实可行的修建性详细规划设计； （2）建立市场化的运作模式：政府在河道综合整治上持续投入外，尽可能多地吸收社会力量和资金开展工业遗产保护，包括工业企业的、开发商的和个人的；市场运作为主，政府指导为辅开展遗产保护与再利用。通过市场化的运作，将工业遗产托付给开发商、企业和个人，在符合政府指导的前提下，开展工业遗存的保护性更新和再利用，在符合现行房产政策的前提下，按照“谁保护谁受益”的原则进行经营； （3）采取小地块开发模式，工业地段的更新应尽可能把地块划细、划小、做精； （4）建立市场化、规范化的租赁制度，工业遗存归国家所有，使用权可以转让、交易，建立规范化的市场租赁制度，辅以相关财税政策作为调节手段
	立法	加强工业遗产保护的法律制度建设
重庆	规划条件：保护控制要求	规划许可严格遵守城市紫线有关要求，在规划许可的“一书二证”阶段将工业遗产保护作为规定性要求，切实加强工业遗产的保护
	管理机制	在相应控规中划出工业遗产紫线，按照《城市紫线管理办法》，由市规划部门会同有关部门，经专家论证，划出工业遗产城市紫线，纳入规划管理

在我们探讨工业遗产保护技术问题的同时我国也在发展文化创意产业。文化创意产业逐渐和工业遗产保护走到一起。从我国工业遗产相关的政策中可以看到早期的政策是分离的，土地问题、创意产业问题是单独考虑的，逐渐地，将土地使用、创意产业、工业遗产保护等问题结合起来。从国家层面出台的相关政策可以看到土地的使用、创意产业发展的变迁，但是还没有出台土地使用、工业遗产保护、文化创意共赢的文化政策（表2-7-5）。

相对于国家层面的宏观政策，地方出台的相关政策更快地涉及各地的工业遗产保护问题，北京更快地探索了工业遗产和文化创意产业的密切结合问题（表2-7-6）。

国家层面出台的相关政策　　表2-7-5

规划条件：容积率政策	《城市国有土地使用权出让转让规划管理办法》1991	受让方在符合规划设计条件外为公众提供公共使用空间或设施的，经城市规划行政主管部门批准后，可给予适当提高容积率的补偿
用地	《关于支持新产业新业态发展促进大众创业万众创新用地的意见》2015	在不改变用地主体、规划条件的前提下，开发互联网信息资源，利用存量房产、土地资源发展新业态、创新商业模式、开展线上线下融合业务的，可实行继续按照原用途和土地类型使用过渡期政策。过渡期满，可根据企业发展业态和控制性详细规划，确定是否另行办理用地手续事宜
	《国务院关于推进文化创意和设计服务与相关产业融合发展的若干意见》2014	支持以划拨方式取得土地的单位利用存量房产、原有土地兴办文化创意和设计服务，在符合城乡规划前提下土地用途和使用权人可暂不变更，连续经营一年以上，符合划拨用地目录的，可按划拨土地办理用地手续；不符合划拨用地目录的，可采取协议出让方式办理用地手续
使用权	《国务院关于进一步加强文物工作的指导意见》2018	对社会力量自愿投入资金保护修缮市县级文物保护单位和尚未核定公布为文物保护单位的不可移动文物的，可依法依规在不改变所有权的前提下，给予一定期限的使用权
财税支持、金融服务等政策	《关于促进文物合理利用的若干意见》2016	支持符合条件的企业、项目纳入扶持文化产业发展专项资金、税收政策范围，纳入文化产业投融资服务体系支持和服务范围。对经认定为高新技术企业的文化创意和设计服务企业，减按15%的税率征收企业所得税。文化创意和设计服务企业发生的职工教育经费支出，不超过工资薪金总额8%的部分，准予在计算应纳税所得额时扣除。企业发生的符合条件的创意和设计费用，执行税前加计扣除政策。鼓励众创、众包、众扶、众筹，以创新创意为动力，以文化创意设计企业为主体，开发文化创意产品，打造文化创意品牌。成效明显的文化创意产品开发试点单位，可参照《中华人民共和国促进科技成果转化法》相关条款的规定，适当增加绩效工资总量，在净收入中提取最高不超过50%的比例用于对在开发设计、经营管理等方面做出主要贡献的人员给予奖励，各地可结合实际制定具体办法
	《国务院关于推进文化创意和设计服务与相关产业融合发展的若干意见》2014	在文化创意和设计服务领域开展高新技术企业认定管理办法试点，将文化创意和设计服务内容纳入文化产业支撑技术等领域，对经认定为高新技术企业的文化创意和设计服务企业，减按15%的税率征收企业所得税
用水、用电、用气、用热	《国务院关于推进文化创意和设计服务与相关产业融合发展的若干意见》2014	推动落实文化创意和设计服务企业用水、用电、用气、用热与工业同价

地方出台的相关政策和实践 **表2-7-6**

城市	政策类型	政策文件	内容
西安	规划条件 容积率政策、建筑密度	《西安市优秀近现代建筑保护管理办法》	国有的优秀近现代建筑所对应的土地，不得重新出让或者划拨。建设项目中保留的优秀近现代建筑，可以不计入该项目的容积率和建筑密度指标
北京	土地政策	《关于保护利用老旧厂房拓展文化空间的指导意见》2018	对保护利用老旧厂房改建或兴办文化馆、图书馆、博物馆、美术馆等非营利性公共文化设施的，依规批准后，可采取划拨方式办理相关用地手续； 对保护利用老旧厂房发展文化创意产业项目，且不改变原有土地性质、不变更原有产权关系、不涉及重新开发建设的，经评估认定并依规批准后，可实行继续按原用途和原土地权利类型使用土地的5年过渡期政策，过渡期内暂不对划拨土地的经营行为征收土地收益。过渡期满或涉及转让需办理相关用地手续的，经评估认定并依规批准后，可按新用途、新权利类型、市场价，采取协议出让方式或长期租赁、先租后让、租让结合等方式办理相关用地手续
	资金扶持政策		鼓励社会资本参与老旧厂房保护利用，对于符合支持条件的保护利用项目，可从市政府固定资产投资中安排资金补贴；对保护利用项目中的公益性、公共性服务平台建设与服务事项，通过政府购买服务、担保补贴、贷款贴息等方式予以支持。鼓励老旧厂房所有权主体和运营主体，以老旧厂房所有权、租赁权和运营权为标的，以租金收益为基础，通过资产证券化等方式进行融资，拓宽资金来源
	登记注册		对符合保护利用范围但暂未取得房屋所有权证的，按有关规定办理工商登记注册。经市相关部门确认的文化创意产业功能区内示范园区、文创小镇、文创街区、文创空间，工商部门对其入驻企业在登记注册方面予以支持
	建筑改造政策		对于属于保护利用范围且确需调整改造的老旧厂房，可在不改变原有土地性质、不变更原有产权关系、保证消防和结构安全等前提下，按要求对建筑内部空间适当调整装修
南京	税收及租金等	《秦淮区人才引领创新驱动若干扶持措施（试行）》2011	（1）对在科技创业特别社区孵化器内创办的企业，首租经营场地，给予两年“零租金”的待遇，并按其所缴纳增值税地方留成部分，三年孵化期内予以全额扶持，专项用于企业的创新活动； （2）对从科技创业特别社区孵化毕业转入加速器的企业，其经营场地租金，给予两年减半的待遇；并按其税收留成财力部分的50%予以扶持，扶持期为两年； （3）高校毕业生在“创业苗圃”内创办科技企业的，经认定批准后，全额补贴工商注册等费用，全额补贴两年租金，专项资助2～10万元； （4）在文化创意和设计服务领域开展高新技术企业认定管理办法试点，将文化创意和设计服务内容纳入文化产业支撑技术等领域，对经认定为高新技术企业的文化创意和设计服务企业，减按15%的税率征收企业所得税
福州	土地政策	《关于利用工业厂房建设文化创意产业园区的管理办法》	鼓励盘活存量房地资源，对利用具有特殊历史记忆形象的古建筑、老建筑或利用空余闲置的工业厂房、仓储用房等房地资源兴办文化创意产业，不涉及重新开发建设，不改变原有土地性质，不变更原有产权关系，且符合国家规定、城市功能布局优化及有利于产业升级的，经有关主管部门和财政部门审核，市文化改革发展工作领导小组确认，市政府批准，暂不征收原产权单位土地年租金或土地收益。原产权单位该部分土地系以划拨方式取得的，土地使用权性质可保持不变
	规划条件： 容积率政策建筑密度		对利用工业遗产发展文化创意产业，可按规定程序适当调整该保护区内局部建筑容积率和密度，确保工业遗产保护区范围内出让地块建筑容积率和建筑总量不受影响
	租赁政策		利用工业厂房建设文化创意产业园区满5年，发展状况良好且未纳入城市近期建设改造范围的，经市文化改革发展工作领导小组确认并报市政府批准，可予适当延期。对属于国有性质的工业厂房，在园区租赁合同期满后，由产权单位按照有关规定重新招标，原园区运营单位在同等条件下享受优先权利

续表

广州	土地政策		政府收储类的国有旧厂项目规划容积率（毛）在2.0以内（含2.0）的，按土地出让成交价款的40%计算土地权属人的补偿款。自行改造类的国有旧厂项目按规划新用途的基准地价扣减已缴纳原用途土地出让金的未使用年限部分后补交土地出让金。政府收储和自行改造结合的国有旧厂项目（位于城市重点规划功能区的核心区、珠江景观控制区、地铁等交通枢纽站附近），分两种情况：1、地块面积超过3公顷的不少于50%地块交由政府收储；2、地块面积不足3公顷（含3公顷）的30%规划建筑面积无偿移交政府统筹安排①
济南	使用权		老商铺9号创意产业园调查：使用单位在负责修缮该范围文物保护单位的前提下，获得厂房的20年使用权
青岛	资金扶持政策		青岛纺织博物馆调查：企业自主更新，市政府扶持资金已投入4000多万

特别引人注目的是文化创意产业和工业遗产结合的相关政策。文化创意产业近年受到广泛关注，而文化创意产业需要物质载体，大部分文化创意产业都是入驻工业遗产，这也为工业遗产保护提供了出路。文化创意产业的政策和前面提到的规划部门和文物部门的保护规划合体将促进工业遗产从保护到运营，是一个理想的多规合一的路线。文化创意产业的政策逐渐从单一思考文化创意本身，转向开始关注工业遗产保护。2018年4月北京出台《关于保护利用老旧厂房拓展文化空间的指导意见》，从四部分强调了保护利用的工作原则。第一是提出“坚持保护优先，科学利用”，把保护放在首位，而不是把开发放在首位。“坚持需求导向，高端引领”。聚焦文化产业的创新发展，让老房子对接高端项目资源。“坚持政府引导，市场运作”，在工业遗产保护问题上强调了政府的督导作用。第二是“扎实做好保护利用基础工作”，普查、评估、规划、促进多元利用。这个部分提示了保护工业遗产的真实性和完整性。第三是“完善保护利用相关政策”。这个部分和工业用地政策配套的政策还需要强化。第四是“健全保障措施”。加强组织实施，加大资金支持，加强服务管理。此外还应该支持各种补助金。

特别值得注意的是“扎实做好保护利用基础工作”，普查、评估、规划、促进多元利用。评估的结果需要提交专家审查，也需要提出规划方案，这也是和控规、文保规划进行多规合一；此外还需要考虑经营问题，在保护好工业遗产价值的前提下推进与经营等规划的联动。笔者认为工业遗产不能落实保护，大部分原因是没有给工业遗产一个合理的经营出路，没有把经营规划和文保规划合一，北京之所以推出这样的政策是因为经过一段时间探索发现这样的结合是可行的，如北京768创意产业园，在海淀区清华大学附近，过去是大华电子厂，是一个老企业。这个厂改造之前每年亏损4000多万，改造以后，现在入驻企业130家，90%以上为文化科技融合设计创意类企业，园区总人数接近4000人，园区总产出18亿元，上

① 2016年9月28日，广州市城市更新规划研究院副院长骆建云在北京市城市规划设计研究院工业遗产保护利用管理办法研讨会上的发言。

缴税收8000余万元[1]。北京的案例说明多规合一可能不仅仅是城市规划、文物保护规划等技术方面的问题，还涉及文化政策和整体的土地利用问题。因此可以看到在解决技术问题的同时应该有更为宏观的政策支持，才能保证工业遗产保护落到实处。本套丛书第五卷将陈述工业遗产保护和文化产业发展双赢的问题。

---

① 《关于保护利用老旧厂房拓展文化空间的指导意见》新闻发布会，2018年4月4日。http://www.beijing.gov.cn/shipin/szfxwfbh/16133.html.

第  章

中国主要城市工业遗产设计实证研究[①]

① 本章执笔者：刘宇。

3.1 主要城市工业建筑遗产保护与再利用实践项目比较分析

3.1.1 区域分布特征

对中国工业建筑遗产的再利用项目进行设计类型分析时，要关注由于利用方式导向不同、遗产自身的特有价值不同，导致在改造方向上也存在着的较大差异。由于中国国土面积辽阔，工业遗产众多，特别是近些年以各种利用方式为出发点的改造项目也在不断增加，因此本章站在全国的角度将实地考察与文献资料整理结合对比，在对工业遗产改造的实践项目进行调研与数据统计时，结合中国城市发展的进程展示不同区域和不同级别的城市之间工业遗产改造的现状情况。在数据统计和分析时我们采用了以中国行政分区（主要分为六大区）和城市级别划分（主要关注一、二、三线城市）两种方式展开研究。根据中国的行政分区，分别对华北、东北、华东、中南、西南、西北6个地区的主要工业遗产改造项目进行了重点考察，选取了各个地区具有代表性的共计143个项目进行分类研究。

从行政划分的角度我们可以发现华北和华东地区的工业遗产改造项目数量居多，占主导地位（表3-1-1）。其中，华东地区的改造项目61项，占到总数比例的42.66%；华北地区的改造项目共计44项，占总数比例的30.77%；其次是中南地区，近些年改造项目明显增多，占到总比例的17.48%；东北、西南、西北地区所占份额较小，分别为3.50%、4.20%、1.40%（图3-1-1）。在对这些区域进行关注时，我们可以看到由于区域所在位置不同，经济发展不同，所带动的工业遗产改造的项目数量和类型有很大差别。华东地区特别是以长三角为经济核心，横向连接黄淮平原及黄河中上游地区，辐射延展至整个东南沿海，带动了江苏、浙江、福建、山东乃至整个台湾地区的经济发展，在产业规模和产业形式上也走在全国的前列。该地区的城市化进程明显，企业转型时期较早。同时，该地区也是中国早期民族工业主要的发祥地，所以存在大量的工业遗产，这些工业遗产能够很好地反映出中国民族资本和外来资本共同建设、发展的工业形式。该地区工业遗产的实践主要以面向创意产业的改造案例为主，同时配合商业办公的改造案例也很多。在这一区域，中国工业建筑具有改造发展状况较好、改造形式丰富、能够在改造项目中实现产业协同、利益共享和优势互补的特点。华北地区的主要核心——环渤海地区是中国国内目前新的增长点，主要围绕渤海湾辐射的天津、北京、大连、青岛等主要城市，同时以华北平原的济南、石家庄、太原等为辐射中心，形成了沿海湾、主要交通线交错的多轴线产业布局。在这一区域中建设大量的城市创业产业园区，主要是以服务新型第三产业为主，为中小企业和自主创业创新的团队提供更好的创业办公环境，深层次地激发社会的经济活力，创业园区的设立将逐步地塑造多种产业链的形式。面向创意产业的工业改造能够较好地形成创意与创新的合力，为第三产业的发展提供空间上和模式的支持。同时，该地区的特点是拥有一大批在国内极有影响力的国有大中型企业，这些企业多是在20世纪五六十年代为发展中国的工业生产所建立的，这些工业区都是由大型的厂区和生活配套区组成，形成了具有中国社会主义建设特点的工业建筑遗产的形式。例如，北京的首都钢铁厂、北京焦化厂、天津拖拉机厂、沈阳铁西区，这些大型工业区在近些年都受到城市"退二进三"发展的直接影响，大多外迁，将有特色的、有代表性的工业区打造成工业遗址公园；同时受房地产迅速扩张的影响，很多不能得到及时保护的建筑都被拆除，发展为各类地产开发项目。特别是面积庞大、数量众多的大型国有工业企业如何对这些工业遗产进行保护与更新，使其能融入到当代发展的大环境，继续发挥其持有的能力，是我国在城市化进程中不可回避又急需解决的问题。中南地区一方面靠近广东、海南等沿海地区，紧邻港澳台，受到海外影响大，主要发展成为对外的经济基地，大量吸纳国外的先进技术，主要以制造生活消费品和非耐用品为主，同时也是高薪技术产品的制造中心。此类地区工业建筑的改造特点主要是面对各类服务型行业展开的，多以打造具有工业遗产印记的城市公共空间和商业办公为主。例如，深圳的华侨城就已成为该地区工业建筑再利用的典范。中南地区所涉及的湖北、湖南等地存在着大量在中国三线建设时期遗留下来的工业遗产，这些工业遗产的特点主要体现在地理位置偏僻、交通不便、对外开放程度较低，但同时旅游业发达，大多可以将大片区的工业建筑的改造与工业旅游、旅游开发相结合，探索出具有特点的工业旅游模式。东北地区则是中国重型装备集中制造基地，这一地区目前面临着资源枯竭、产业结构升级的问题；这一区域有大量的工业遗产，但是由于经济活力不足，大量的工业企业处于维持或闲置状况。西南和西北地区由于地处偏僻，自然条件和经济状态都有待提升，所以区域的工业建筑改造发展速度较慢。

另外除了中国大陆的工业遗产案例，我们也关注了中国台湾10个案例和中国香港的3个案例，借以作为大陆工业遗产保护的参考。

中国大陆六地区工业遗产改造项目统计 表3-1-1

区划	省级行政区	项目数量	项目总数	区域占比
华北	北京	27	44	30.77%
	天津	11		
	河北	3		
	山西	2		
	内蒙古	1		
东北	辽宁	5	5	3.50%

续表

区划	省级行政区	项目数量	项目总数	区域占比
华东	上海	21	61	42.66%
	江苏	16		
	浙江	9		
	福建	3		
	山东	12		
中南	湖北	9	25	17.48%
	湖南	1		
	广东	15		
西南	重庆	2	6	4.20%
	四川	4		
西北	陕西	2	2	1.40%

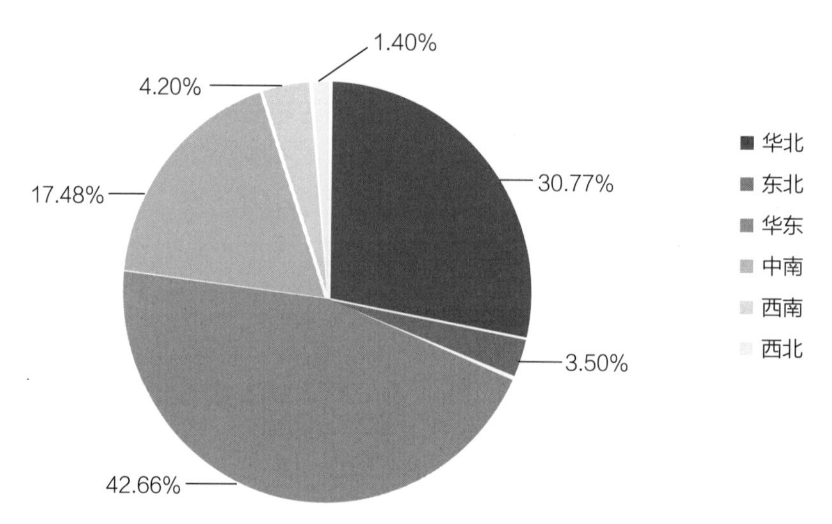

图3-1-1　中国大陆六大地区工业遗产改造项目统计比较

根据城市分级的不同，对工业遗产改造数量进行对比，在我们考察的140个项目中，如果按照2014年情况看，一线城市北京、上海、广州、深圳、天津共有改造项目70例，占到总比例的50%；而以南京、武汉、沈阳、重庆为代表的16个二线城市则有59例改造项目，占到总比例的42%；考察的6个三线城市改造项目占总比例的6%；三线以下城市只占到2%（表3-1-2、图3-1-2）。如果根据2020年城市排行榜分级，仅仅属于一线城市的改造项目就有60例，占比43%；新一线城市则有55例，占比40%；二线城市共16个，占比11%；三线占比4%；三线以下城市只占到2%。所以可以看出中国工业遗产的改造是以一线城市为引领，以经济状态良好的城市为凸显，大量的新一线、二线城市也在不断拓展，已经进入到发展的初步阶段，三线及以下城市基本处于发展的萌芽阶段，只是在个别案例中有一些尝试性的实践。

国内一、二、三线城市工业建筑遗产改造项目统计　表3-1-2

城市分级	城市	项目数量（个）	项目总数（个）	城市级别占比
一线城市	北京	24	70	50%
	上海	21		
	广州	10		
	深圳	5		
	天津	10		
二线城市	南京	7	59	42%
	武汉	7		
	沈阳	3		
	西安	2		
	成都	4		
	重庆	2		
	杭州	7		
	青岛	7		
	大连	1		
	宁波	2		
	长沙	1		
	福州	1		
	苏州	5		
	无锡	4		
	济南	4		
	厦门	2		
三线城市	呼和浩特	1	8	6%
	佛山	1		
	鞍山	1		
	唐山	3		
	淄博	1		
	太原	1		
其他城市	高平	1	3	2%
	黄石	2		

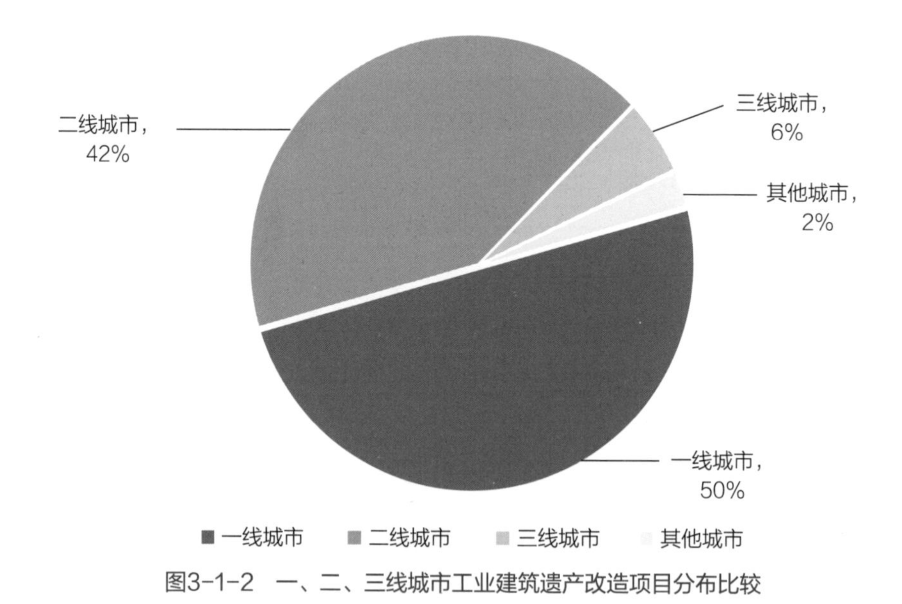

图3-1-2　一、二、三线城市工业建筑遗产改造项目分布比较

从地区分布及城市分级两个角度进行统一与研究，我们可以清晰地看到，中国工业建筑遗产受到地理环境、社会环境和经济环境的不同影响，再利用分布是极不均衡的。华北、华东地区和一线城市处于明显优势，再利用项目的分布呈现出集聚的状态，而在东北、中南、西南、西北四个地区以及大量的二线城市则呈现出散点状分布的形式。

3.1.2　主要城市工业建筑遗产再利用的类型分析

现今国内工业遗产改造项目主要以文创产业、博物馆、城市公共空间、商业空间、办公模式以及住宅开发为主要改造类型。其中文创产业占据绝对优势，占整体比例的49.68%；博物馆、商业空间与办公空间开发则居于次席，分别占有9.62%、9.94%、12.35%，累计占整体比例的31.89%；而城市公共空间、住宅开发与文化设施的改造模式总体较少，只占13.15%（表3-1-3）。从改造类型的比例关系看，文创产业处于一枝独秀的地位，成为遗产改造转换最多的方式。其原因可从两个方面进行分析：第一，地方制定的相关政策驱使工业建筑遗产向文创产业转型；第二，地方经济状况具备发展文创产业的条件。地方制定政策具有导向性，可决定遗产转换的模式与方向。它多不考虑城市自身的条件，单纯从政策入手，开展文创产业。其创意产业的发展具有形式性与政策性。而地方经济状况对于文创产业的转型具有决定作用。如北京、广东、上海等一线城市，人才储备居多，城市地位突出，经济基础雄厚，具备发展文创产业的一切条件。因此，它们所开展的文创产业在内容与形式上都具有良性效益。从表3-1-4的统计分析可知，文创产业数量居多的城市也以北京、上海、广州最为突出。其中上海拥有15项、北京有10项、天津有7项，而这些城市早已步入工业化后期，城市的转型也基本完成。因而，它们所转换的文创产业模式，就符合时代发展的规律，有利于工业遗产保护与业态发展的良性循环。另外，现有商业、办公空间的转换类型在数量上也极为可观，累计总数为36例，并集中于一线城市，而城市公共空间与文化设施转型的案例却相对稀少。因此，从整体数量与比例的统计看出，工业建筑再利用的类型主要以文创产业、商业、办公空间为主导开发模式，并集中体现在改造策略的经济性、商业性以及政策性引导上。除此之外，从所陈列的信息看出，一线城市虽在整体数量上少于二线城市的总和，但在项目改造的总数以及整体所占据的比例上，都要高于二线城市。这也充分说明工业遗产改造实践一定要与城市自身的社会地位相匹配，与城市经济发展的状态相适应。最后，国内现有改造类型还应在城市公共空间、文化设施等类型的改造模式上，作进一步的探索与实践。该种改造模式在自身功能与价值上具有吸引群体休憩、传递工业化信息以及塑造城市形象的作用，因此，它也具有传播信息的便捷性、实体功能的多样性以及受众群体的广泛性等特点。如充分挖掘城市工业遗产的潜能，转换更多的城市公共空间，将有利于工业遗产保护的可持续发展。

国内工业遗产改造项目类型分类　　表3-1-3

类型	博物馆	文创产业	城市公共空间	重大事件	文化设施	商业空间	办公空间	住宅开发
项目数量（个）	15	78	10	6	6	16	20	5
占比	9.62%	49.68%	6.33%	3.77%	3.75%	9.94%	12.35%	3.07%

国内主要工业遗产改造项目类型统计分析表（个）　　表3-1-4

地区	工业博物馆	文创产业	城市公共空间	重大事件	文化设施	商业空间	办公空间	住宅开发	总计
北京	0	10	0	4	0	5	8	0	27
上海	1	15	0	2	0	0	3	0	21
天津	0	7	0	0	1	1	1	1	11
重庆	0	2	0	0	0	0	0	0	2
河北	1	1	0	0	1	0	0	0	3
辽宁	2	1	1	0	0	1	0	0	5
内蒙古	0	0	0	0	1	0	0	0	1
山东	1	7	0	0	0	3	1	0	12
山西	0	2	0	0	0	0	0	0	2
陕西	0	1	0	0	1	0	0	0	2
四川	1	3	0	0	0	0	0	0	4

续表

地区	工业博物馆	文创产业	城市公共空间	重大事件	文化设施	商业空间	办公空间	住宅开发	总计
广东	1	5	3	0	0	0	6	0	15
浙江	2	5	0	0	1	0	1	0	9
湖北	2	1	2	0	0	1	0	3	9
江苏	2	5	3	0	1	4	0	1	16
福建	1	2	0	0	0	0	0	0	3
湖南	0	0	0	0	0	1	0	0	1
总计	14	67	9	6	6	16	20	5	143

3.2 以博物馆式整体保护为导向的改造设计类型分析

以博物馆为导向的保护模式主要是以遗产的历史价值、社会价值及科学技术价值为考虑的重点。其中，科学技术价值构成了导向因素的核心内容。主要原因在于选择博物馆式的保护方式，大多因为原有遗产的生产工艺、操作流程、产业设备体现了当时最先进的生产方式，成为社会生产力进步与革新的重要佐证，可透过物质实体的保留与展出，了解工业时代的科技水平与发展脉络。另外，厂房自身的建筑结构、框架技术也是科学技术价值的重要体现。如桁架结构、无梁楼盖、薄壳结构、抗震技术的运用，都是工程技术发展的成果，成为建筑技术发展创新的产物①。除此之外，以生产、生活为中心，形成的企业精神与企业文化，则成为一个时代社会发展的状态与缩影，体现了遗产自身的社会价值、历史价值。博物馆改造模式作为工业遗产的改造方向之一，它以承担展示、宣传工业文明的发展历程与发展成果，以及相关历史文物资料为主要功能，以弘扬工业文明的发展文脉、提升城市文化品质、增加区域核心竞争力为目的，集中凸显政府主导开发的先驱作用。因此，以科学技术价值为核心所延伸出的社会价值、历史价值就构成了导向因素的主体，也促使改造模式应以保护性再利用为主。而博物馆就为这种改造方式提供了最佳的转换方向。其建造的基址多选取具有典型代表意义的工业厂区，通过功能的置换与内外的综合改造，将废弃的工业区更新为工业博物馆。它对于场所的整体环境、旧有企业的历史地位、企业的社会贡献都有较高的标准。国外以德国鲁尔工业区工业博物馆的改造为代表，而国内以沈阳铸造博物馆为典范。

---

① 许东风. 重庆工业建筑遗产保护利用与城市振兴[M]. 北京：中国建筑工业出版社，2014：106.

3.2.1 沈阳铸造博物馆工业建筑遗产保护与再利用

沈阳铸造厂始建于1939年，其前身为日本高砂制作所，1949年更名为沈阳铸造厂。整体占地面积约为33万平方米，是当时亚洲规模最大的铸造企业，作为国家重工业发展的代表企业，自身的产业设备与铸造工艺都处于国内领先水平，为国家的现代化建设作出了巨大的贡献。而随着高新技术产业的兴起，铁西工业区产业结构开始退化并逐渐搬迁至城外发展，而遗留厂房与闲置用地也同样面临如何再利用的问题。鉴于沈阳铸造厂重要的历史地位，以及自身承载工业发展文脉的纪念特性，市政府决议将现有效益良好的企业搬迁至铁西新区，而对于亏损严重的企业则令其破产重组，所遗留的厂房则用于工业博物馆的开发。厂区整体建筑结构现状保持良好，环境形态保存完整，博物馆即在原址基础上改建而成。改造工程首先对主体建筑进行了安全检测与加固处理，以求确保建筑的安全系数。之后，再将建筑功能划分为内外两个展厅，重新定义厂房的职能。其中，室外展厅以展示工业景观为主，通过对原有工业构件、设施的重组与艺术化加工，使其转换为富有艺术特性的工业雕塑，充分展现工业建筑特有的刚硬气质[①]。而室内展厅则以展示产业信息、企业文化、工艺流程为主。通过对原铸造厂车间的保留，将大量的工业资料、构件放置在馆内，如钢水包、铸件的放置。所形成的效果达到了保存工业记忆的目的（图3-2-1～图3-2-5）。之后，再通过对1523件铸造设备与铸件的保存，完整地还原了传统七大铸造工艺的制作流程，展示了工业遗产所蕴含的科学技术价值。另外，改造工程还将企业的相关图片、音像进行联动放映，使生产场景的记忆以动态的方式得以再现，进而又将场所的空间记忆与时间记忆加以串联，突出了博物馆的纪念属性。现今，铸造博物馆的室内展厅已承担着三大职能，即“铁西工业发展回顾”“工业会展与文艺演出”，以及沈阳市“铁西创意产业中心”。这三大职能的汇入与整合，使工业遗产的技术价值、社会价值、历史价值得以完好的呈现。现今，沈阳铸造厂已成为国内最大的工业博物馆。

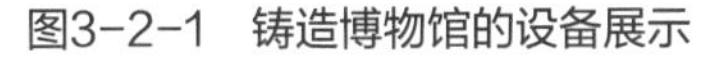

图3-2-1 铸造博物馆的设备展示

图3-2-2 铸造博物馆建筑外形

① 李慧民. 旧工业建筑的保护与利用[M]. 北京：中国建筑工业出版社，2015：196.

图3-2-3　铸造博物馆的图片展示

图3-2-4　铸造博物馆的设备展示

图3-2-5　铸造博物馆的产品展示

3.2.2 鞍钢集团博物馆工业建筑遗产保护与再利用

鞍钢集团博物馆由旧炼铁厂二烧车间闲置厂房改建而成，在改造策略上采用“修旧如旧，建新如故”的理念，集中体现博物馆展示、纪念、宣传的功能属性；总建筑面积约1.25万平方米，其中主体使用面积为9400平方米，游览流线长达2000多米。博物馆根据鞍钢集团的企业历史文化与企业发展精神，将空间划分为12个主题展区、2个特展区。[①]其中两个特展区又由1919年建成的一号高炉和原二烧车间改建而成。博物馆通过对构件、历史图片、文字信息等资料的展出向人们展示鞍钢集团的工业历程；通过运用现代多媒体技术、影像放映技术等方式，又将企业的历史辉煌以画面的形式进行呈现，加强了展示宣传的力度，从而使工业遗产的保护达到承载工业历史记忆、弘扬工业文明的目的（图3-2-6～图3-2-8）。

图3-2-6　鞍钢集团博物馆主题展示

图3-2-7　鞍钢集团博物馆文献展示

图3-2-8　鞍钢集团博物馆生产工艺展示

① 王金侠. 浓缩中国近现代冶金史 打造鞍钢文化名片 鞍钢集团展览馆落成开馆[N]. 攀钢日报. 2014-12-28.

工业遗产的保护以博物馆的形式进行再现，更多的是通过此种方式进行普及与宣传，将工业文明发展的成果与历程进行展示。改造过程中多运用原始的具有代表性的企业或厂房为展览空间，在保存原有工业生产流程的基础上结合新型的展示方式进行宣传，也是一种将工业建筑原有的历史价值转向为对工业生产和技术的再现。对于博物馆式的保护应避免在二次装修改造中对建筑的内、外部空间产生破坏，应充分尊重建筑形态的原真性，对其特定历史阶段进行全方位的真实再现。

3.3 以发展文创产业为导向的改造设计类型分析

以文创产业为导向进行的改造设计，主要是从工业遗产自身的经济价值与社会价值为考虑核心，欲充分利用工业建筑的可塑性与体量优势，赋予其新的使用功能。首先，工业建筑本身的结构特征与空间规模具备再利用的潜质，可为文创园区的开发与转换提供必要的物质基础。工业建筑一般多采用单层排架或多层混凝土框架的结构体系，其建筑的主体特征在于内部空间宽阔高挑、跨度较大且承重基础设施完备，可通过不同方式的分隔与加层，扩大空间的使用面积，增加建筑的使用功能。因此，空间结构的可塑性与多功能适用性就成为工业建筑经济价值的重要体现。其次，文创产业可充分利用工业建筑的容积条件降低成本。文创产业园区本身属于高新技术产业，科技人才与创新理念是其发展的主脉，建筑只是其外在的形式，如选址新建，则会提高经营的成本。因此，将工业建筑进行有效的置换，既可降低产业开发的成本，又可延续工业建筑的使用寿命。同时，它还符合“低碳、节能、循环经济”的发展政策①。除此之外，企业在城市发展中多作为城市经济体系内的重要环节，如将其转换为新型产业，可使旧工业建筑以新的运营方式融入城市经济链条中，具有经济价值与社会价值的双重性。因此，文创产业的导向核心是以经济、社会价值为考虑因素。

以文创产业为驱动因素进行的工业遗产保护，是将文创产业作为新的产业职能注入旧有的工业遗产中，使这些工业建筑借助创意产业的植入而得到有效的保护与再利用。工业遗产建筑多因产业的结构调整、企业的整体转型、厂址迁移而造成大量的工业建筑闲置。其工业建筑的再利用，在保护策略上多采用功能置换的方式，将原有厂区的职能进行再生，集中体现以文创产业为目的的改造特性。而创意产业的开展需要通过经济、文化、教育以及人才的支撑作为保障，它对于城市经济的发展有着严格的要求，一般都在经济发展水平较高、工业基础雄厚，且步入工业化发展后期的城市进行开展。国内的创意产业城市以上海、北京、广州、深圳、南京、杭州、台北为主。其中上海是以政策为先导，提出工业遗产保护结合创意

① 许东风. 重庆工业建筑遗产保护利用与城市振兴[M]. 北京：中国建筑工业出版社，2014：107.

产业共同发展的思路；北京则体现以自发使用逐渐过渡到政府主导开发的特点；而台北则以发挥自身文化、商品城市的国际影响力，将其工业遗产保护与创意产业相结合；深圳以工业厂区为基础，引入创意产业的功能将其打造为具有后现代特征的创意空间。

3.3.1　上海创意产业聚集区工业建筑遗产保护与再利用

上海作为中国近代工业的发祥地，其工厂开办的门类广泛，产业建筑的种类多样，建筑的年代久远，可充分透过建筑的形式风格，看出上海工业发展的不同分期。这些遗产建筑无论从历史、社会方面，还是从技术、艺术方面都具有特殊的价值与意义，应对其进行有效的保护与再利用。针对上海自身深厚的工业遗产价值，上海市政府首先通过法律与法规的形式，对工业遗产进行保护。例如1991年颁布了《上海市近代建筑保护管理办法》，并通过2002年实施的《上海市历史文化风貌和优秀历史建筑保护条例》将政府法规上升为地方性法律，从而加大了对工业遗产保护的力度[①]。条例中明确规定，对于工厂、仓库等工业建筑遗产应进行保护与积极再利用。政府法规的支持为工业建筑的保护以及创意产业的发展提供了政策性保障与资源条件。而在选择改造与发展的方向上，上海市政府则提出结合本地的优势与资源，并以发展创意产业为基础，对其工业历史建筑进行保护性开发的思路。通过对遗产建筑注入新元素的手段，使旧有的工业建筑在形式上得以更新，而通过对旧企业注入新职能的方式，又使原有的产业结构在内容上得以转型。这种结合创意产业进行再利用的思想理念现已成为上海提升城市特色的新模式。经过十几年的发展，上海的创意产业已经从单独、分散的创意企业个体发展到具有一定规模的创意产业集聚区，从而使工业建筑保护结合创意产业的更新理念，在形式与内容上得到质的飞越（图3-3-1～

图3-3-1　上海M50创意园

图3-3-2　上海老码头创意园区

① 张松，陈鹏．上海工业建筑遗产保护与创意园区发展——基于虹口区的调查、分析及其思考[J]．建筑学报，2010（12）．

图3-3-3　上海尚街loft创意园区

图3-3-4　上海越界创意园

图3-3-5　上海智造局创意园

图3-3-6　上海田子坊文创街区

图3-3-6）。这不仅使建筑的形态得到有效的保护，同时还使更新改造后的产业遗产具备创造经济价值的新能力。对于加快上海城市的整体转型，以及上海国际化形象的塑造都具有重要意义。另外，上海以创业产业为主导的特点，还可通过相关的数据得以体现。从2005年起，上海分四批公布了77个创意产业集聚区，其中有62处是由工业建筑改造而成。第一批18处的创意产业集群有15处来源于旧工业建筑的改造；第二批中有9处来自改建；第三批与第四批分别有11处和27处。这些数据都充分说明上海的工业建筑是结合创意产业的发展进行的保护与更新。它无论从法律政策上、指导思想上，还是实际操作统计上，都体现了以创意产业为主导的改造特点。

3.3.2 北京798艺术区工业建筑遗产保护与再利用

北京798艺术区的建立是在经济价值催化下孕育而成的，集中反映文创艺术产业为导向的开发特点。从开发模式来讲，两大园区兼具自主分散使用与政府引导开发的双重特点，都利用建筑自身的经济价值与社会价值转化为文创艺术空间。798艺术区原为国营798电子厂，厂区由东德负责设计，采用德国包豪斯风格；整体建筑结构承重良好、基础实施配套齐全，建筑内部空间高大宽敞、可塑性极强，适用于不同功能的置换与改造。这种良好的基质条件与可塑性的空间优势，也为后来的整体性改造带来了契机。798工厂起初先是由一批艺术家或艺术团体自发、分散地利用，租用成本较低，改造活动也只局限于某个厂房或仓库。这批艺术家多通过立面加层处理与平面分隔重置的手法打造个人的工作室与创意空间。随着各个艺术家的入驻，厂房的利用范围逐渐扩大，厂区也承担了各种与文艺相关的社会活动，如连续三年举办民间性质的大山子国际艺术节[①]。这种社会活动的多样性与广泛性，扩大了厂区的社会关注度与影响力，提高了798工业区的知名度。厂区也在2006年被市文化创意产业领导小组认定为市级创意产业集聚区，纳入规划范围。因而，798因其经济价值的开发，又引发了广泛的社会共鸣，体现工业遗产社会价值对于文创产业转型的影响（图3-3-7～图3-3-10）。从2007年之后，艺术区所举办的活动都具有官方性质，这也标志着798工业区的再利用进入了以政府引导开发的阶段。北京市政府在对798工业区产业发展的方向进行明确定位后，将

图3-3-7　798艺术区外部空间

图3-3-8　798艺术区室内空间

① 孔建华．北京798艺术区发展研究[J]．新视野，2009（01）：28.

图3-3-9　798艺术区绘画展示

图3-3-10　798艺术区雕塑展示

其提升为市级重点规划项目，并对厂区市政设施与周边环境的改造给予了资金支持。从以上的分析可以看出，798文创产业园的改造最先是空间的可塑性与价格低廉的吸引力为改造提供了原始动力；之后广泛的社会关注度与影响力又为文创产业园规模化的发展带来了契机。因此，内部强大的再利用潜质与良好的社会效益就成为798文创园创立的核心因素。随着798艺术区改造的成功，它的影响性也辐射到临近751厂的北京时尚设计广场。

798艺术区在改造方向与内容上是以文创产业为开发模式。二者厂区内部再利用的可塑潜能与完整的基质形态，为文创产业的开展提供了必要的基础条件。原有厂房既可改造为艺术展示空间、酒吧、餐厅，或先锋工作室，又可以转换为博物馆、画廊等商业空间。因此，两大园区的设立都与建筑自身的经济再利用性与社会效益密切相关。

3.3.3　北京二通机械厂工业建筑遗产保护与再利用

北京首钢集团在整体迁移后，原有的工业用地急需进行更新处理，这为城市用地的复兴带来了相关的契机。北京二通机械厂作为北京首钢集团的重要组成部分，在整体改造的理念上，仍然遵循首钢的改造策略。虽然在具体的再生实践中，是以每个建筑、厂房为改造的实体对象，但北京二通机械厂在全园的规划以及产业发展的导向上，却仍是以城市工业用地的复兴为理论基础。其具体的改造理念是以发展创意产业园区为转型的主导方向，以寻求首钢得到经济、社会的全面更新为目的，并同时寻求与周边环境的共融。

二通机械厂现今已改造为“二通动漫产业园”，厂区面积83公顷，所处空间在功能上与周边相隔较近。全区在整体规划上强调与周边场所环境的关联性，并通过分期、分阶段的改造进行实施。首先，二通机械厂在前期对土地的所属权、土地的产权关系、今后改造的模式与方向，以及如何进行开发、开发的程度与状态都做了预期的规划与讨论，并在深度比较后，确定了改造的模式。而以上的产业要素都属于城市工业用更新中物质实体更新的重要内容。这种分化不同产业要素，并对其进行细化分析的举措，是城市复兴理论的重要体现。其次，园区内部分化为两种改造方式，即对于室外采用加固、维护的手法，对于室内则采用“新旧对比”的手法。

首先是内部的“新旧对比”。现有园区内的铸钢车间具有统一的特征，即露天跨、高挑厂房。改造首先针对框架结构进行加固处理，主要是针对梁、柱和屋架进行的加固。之后，采用“横向与竖向”分割的方式重新定义场所的功能，增加了空间的使用面积与功能属性。而在内部材料选择上，改造还运用了钢架与玻璃幕墙的组合方式，利用原有柱网的位置，将建筑内部分划为3层，并将原有的钢架结构进行粉饰。另外，整体内部空间还建立了新的交通系统，通过加建钢架楼梯的方式，串联楼层的交通流线。改造后的场所在形式与内容上，都与原有空间形成鲜明的对比（图3-3-11、图3-3-12）。

其次是外立面的维护与加固。设计首先采用“粉刷与聚合物水泥砂浆勾缝”结合的手法，对原有破损的砖体进行更新，并对其周边进行包框维护；之后，针对原有陈旧的窗体构件，采用更换的手法进行再造，多将原有构件进行拆除，并用新的窗体进行填补（图3-3-13）。最后，外立面还采用局部加建的手法，增设了新的钢架雨篷，从而强化了建筑的入口位置以及使用性质（图3-3-14）。

图3-3-11　内部分层与形式更新

图3-3-12　增设钢架楼梯

图3-3-13　外立面表皮修缮与翻新

图3-3-14　外立面加建的雨篷

二通机械厂即在两种改造方式共进的催化下，得以转换成功。除此之外，二通机械厂在改造中还存有一大特色，即强化与周边环境的交通联系性。它将厂区内的道路体系与整体的城市道路紧密相连接，并围绕轻轨环线建立园区的交通体系，将交通连线的起始与终点相连接，预留了与城市轨道连接的结点，增加了交通流动性与便捷性①。

二通机械厂在改造过程中保留了原有的景观与园区形态，对具有重要价值的建筑、场地以及工业设备都做了相应的保存措施。这种确保园区完整性，并将原有的园区形态、肌理、工业园区的记忆进行保留的方式，符合当代城市工业用地复兴的理念。这种整体进行工业园区规划、高效利用土地的方式，以及与周边交通系统相连接的方式，是城市用地作为驱动因素的集中体现。其与周边的建筑、街道、街区在功能上构成一种联系与层次，从而将工业园区的改造与周边环境进行共融。

3.3.4　深圳华侨城创意产业聚集区旧工业建筑保护与再利用

深圳华侨城创意产业聚集区是在原有华侨城东部工业区的基础上改建而成的。该项目旨在通过对工业建筑的置换与改造，将厂区打造成具有多功能属性的工作、生活空间。原有厂区主体办公楼为多层砖混结构，生产厂房为排架结构，整体空间结构保存完好，再利用价值较强，可通过不同方式的改造转换为创意园区。改造过程中充分发挥原有厂房灵活分隔的特性，对排架结构的厂房采用“竖向与横向”搭配的分隔方法，划分为多个创意工作室。另外，改造工程还将原有厂房的历史痕迹与形态加以保留，通过加固处理的方式，使旧有构件达到新结构的标准，而局部加建的楼梯与装饰构件，也体现了场所个性化的艺术氛围②。园区欲充分吸引不同文化设计企业的入驻，通过引入优秀文化的方式，提升产业的文化品质，

① 北京市建筑设计研究院．首钢铸钢清理车间厂房改造[J]．建筑学报，2010（12）：55.
② 李慧．旧工业建筑的保护与利用[M]．北京：中国建筑工业出版社，2015：169.

图3-3-15　华侨城工作室外景1

图3-3-16　华侨城工作室外景2

图3-3-17　华侨城工作室外景3

并通过与周边社区的互动，加强民众参与性。最终使基地的业态发展呈现多元化态势，既具有设计、画廊、艺术家工作室等创意产业职能，同时也具有餐饮、酒吧等服务性功能①。综合性的华侨城文创基地可为创意工作者与社会民众提供一个既具艺术品质与又具文化氛围的艺术场所（图3-3-15～图3-3-17）。华侨城东部工业区在规划过程中充分利用厂房建筑的多样性与灵活性，对其进行不同职能的转换与形式的更新。如园内艺术中心的改造就运用局部加添金属网的方法，使空间具备展示功能，而在厂区内部还分别加建了具有特色化的展示空间与艺术工作室，使创意基地的主导特点更为明显。另外，华侨城创意园还在厂房之间的空地介入了餐厅、酒吧、先锋工作室以及商店等空间，以此来建立交互式、互动式的场所框架，充分体现创意产业灵活、多样、活力的特点。而在建筑立面的改造中，设计大面积使用了壁画元素，并与原有墙体形成统一的样式，从而体现文创场所艺术性、大众性、自由性的主题特征。

因此，深圳华侨城创意产业聚集区也集中体现建筑的再利用价值对于文创产业的导向作

① 都市实践．深圳OCT-LOFT华侨城创意文化园规划设计[J]．住区，2007（24）：11.

用。工业遗产面向文创产业进行的改造成为当今产业更新的主流方向。文创产业以多样化、大众化、灵活化的特点很好地再现了后工业时代人们的生活方式和价值取向，也是第三产业中最具有前景的行业之一。根植于自然土壤，通过自然聚落形成的创意园区往往更符合社会的需求和时代的属性。而一些由政府强加上马的创意产业则容易出现不接地气、发展持久力差的问题。另外与创意产业相对接是工业建筑改造的途径之一，但并非所有的工业建筑都要与创意产业相对接。产业与建筑的结合，更应注重其天然的联系性和自然的规律，应避免在实际项目中出现草率对接、盲目上马、重复复制、低端运作的弊病。发挥工业建筑的优势，适度地满足文创产业的需求，使其出现良性的循环发展，更多地与社会草根阶层相联系，这才符合产业发展的规律。

3.3.5　台北酒工场——华山文创园的工业建筑遗产保护与再利用

台湾的工业遗产改造和再利用表现出色，值得学习。华山文化园区作为台北两大重要创意产业园区之一，现今已成为台北乃至台湾地区的文化创意地标，其发展文创产业的理念是园区改造的特点。华山文化创意园前身为台北酒厂，始建于1914年，原为日本侵占时期芳酿株式会社酒造厂，抗日战争胜利后，酒厂曾经历黄金时期，但由于后期产业化结构的调整与升级，以及相关市场价格、区位环境等因素的制约必须进行搬迁，而旧厂在闲置长达十年之久，才被重新利用。1997年该厂被一批文艺工作者发现，并决议将其改造为一个发展多元文化的艺文展演空间，经过两年多的筹划，成立了“华山艺文特区”，这可视为创意产业在华山的最初开展，成立后的艺文特区可为个人、艺文界，以及非营利性的团体与组织提供创作场所。而之后华山文化区又历经多次的产权移交，于2007年2月才以文建会促进民间参与模式，指明了明确的定位与发展方向。经策划后的华山文化区以引入创意产业的业态模式，将该厂的建筑、厂房、道路进行全面的整修。并于同年12月将园区经营管理权移交给台湾文创发展股份有限公司，园区也正式定名为“华山1914文化创意产业园区”①。

从以上华山文化区的演变过程看，华山文化园在早期的发展多以松散的团体或个人自发使用为主。而在厂区得到一定的社会关注度与影响力之后，才逐渐以政府性的引导开发为主。文建会作为园区开发的主体，为园区制定相关的发展战略与方向，民间的团体则作为经营的主体进行再利用。华山文创园发展理念的形成是依据台北自身的发展趋势而定。台北作为国际化都市，商品经济发达，文化与知识是城市的主导优势特点。因此，以文创为出发点是促成华山文化区更新的主导驱动因素。这种指导思想也催生了台北两大文创区，即华山文创园与松山文创园，文化的主导性对于园区的发展尤为突出。可以说台北工业遗产的改造与更新是根据城市的优势进行定位的。转型后的创意园区在整体的空间职能上植入了创意性工

① 孙立极．台北华山1914创意文化园区：创意起江湖“华山”今论剑[N]．人民日报，2011-06-03.

坊、艺术作品展示中心、绿地景观等，为艺术家提供了一个交流与学习，以及推广、营销创意作品的空间。园区至今已举办多次大型展演活动，展示各种装置艺术、创意产品。园区内的旧建筑物在翻新后，也吸引大量的民众前来参观、拍照，成为台北文创产业改造的典型案例（图3-3-18～图3-3-21）。

图3-3-18　华山文创园1

图3-3-19　华山文创园2

图3-3-20　华山文创园3

图3-3-21　华山文创园4

3.4　以城市滨水区提升为导向的改造设计类型分析

以城市公共游憩空间为导向的改造设计，主要考虑工业遗产的社会、文化价值对于城市生活的影响与意义。其原有企业多在过往发展历史中起到加速城市化进程的作用，对于城市经济的发展作出过杰出贡献。另外，此种工业遗产在自身形成的过程中还与城市的主体廊道相关联。因此，工业建筑的社会价值除体现在广泛的认知度外，还体现在对城市公共空间的塑造上。其遗产的再生还应结合城市廊道的保护，协同并进。本节将以河道综合整治为案例背景，通过不同案例的解析，揭示河道整治与遗产改造的关系，并通过具体改造手法的分析，彰显工业遗产的社会价值，体现城市公共游憩空间的导向性。以下将以上海苏州河沿岸工业区、广州太古仓码头以及广东中山岐江公园的改造为例，进行具体分析。

3.4.1 上海苏州河沿岸工业建筑遗产保护与再利用

上海作为新的国际化都市，较早地出现逆工业化现象。产业结构的调整以及城市用地的矛盾，使得上海的城市空间结构发生重大变化，原有传统工业区逐渐向城市郊区转移，废弃的工业场地也需要通过新的方式进行再利用，城市的发展已进入后工业时代。而对于上海城市工业用地，应以苏州河两岸的工业区为代表，它在更新过程中集中体现了滨水区改造的驱动性，原因主要有以下几点：首先，苏州河作为运输物质的通道，为上海近代工业的发展提供了便捷的交通，早期的工业厂区也大量集聚于运河的两岸，并在长期的发展中形成一定的规模。在步入20世纪90年代后，苏州河沿岸的工业区虽仍在一个阶段持续发展，但已经明显出现产业滞后的现象，而企业的迁移也造成了大量的工业废地，周边区域的环境与生态也呈现消退的状态，城市的形象与形态遭到了严重破坏。这些都与上海的城市地位不相匹配。因此，城市滨河工业区的改造成为上海城市更新的当务之急。其次，苏州河两岸的工业在长期的发展中，造成了严重的水流污染与河道淤积，水质已明显下降。很多生活污水、农业污水、工业污水都未经处理直接排放入河，这导致了河道自净能力不断减退①。因此，对于苏州河污水的整治工程，已成为城市进一步发展与更新的关键点，这也同样体现滨水区作为主要驱动因素的改造特性。再次，苏州河沿岸商业繁茂、区位优势显著，同时还分布着很多著名的人文建筑，如文汇博物院、百老汇大厦、新天安堂、英国领事馆、光陆大戏院、圣约翰书院（后为圣约翰大学）等。这为苏州河沿岸工业建筑的开发与改造，提供了相应的转型模式与改造方向，同时也带来了潜在的经济价值。工业遗产建筑可充分借助滨水区的改造，使自身的产业职能得以转换。苏州河沿岸代表性的工业遗产有M50创意园（图3-4-1、图3-4-2）和由上海市第八棉纺厂改造的半岛1919创意园（图3-4-3、图3-4-4）。

现今上海城市内聚集了大量的创意产业集聚区，它在发展方式与开发内容上，具有文创产业与城市游憩空间的双重特性。其业态发展除承担产业功能外，还具备塑造城市公共空间的作用。上海市内的城市雕塑艺术中心、苏州河沿岸的艺术仓库就具备城市休憩与文创产业的双重属性。上海城市艺术雕塑中心整体是以保护性再利用为主，内部主要采用改造、重塑的手法，外部则使用艺术化景观的展示手法。其建筑内部空间利用轻质隔墙与钢架的组合方式，划分了多个功能空间，并分别形成不同的主题展厅，从而为多种形式的艺术品展示提供空间。建筑外立面的保护还采用了修缮的手法，将原有建筑的砖体进行了翻新，并在入口

① 任仲发．从河流整治看挖掘城市发展潜力[N]．经济日报，2011-04-16.

图3-4-1　M50创意园的中心广场

图3-4-2　M50创意园改造后的室内画廊

图3-4-3　半岛1919创意园的建筑改造利用

图3-4-4　半岛1919创意园室内改造

处加建了服务性设施。另外，厂区内的广场还利用原有废弃的工业设备，通过艺术化加工与再造的手法，转换为工业雕塑，从而形成了主题多样的工业景观。整体广场建立后，产生独特的文化气质，吸引了大量民众前来参与游憩，并得到了广泛的共识与肯定。它所构成的空间氛围，具有城市公共游憩的性质。苏州河沿岸的艺术仓库是由若干厂房的改造组合构成。它在一定程度上，形成城市的景观廊道，并以创意产业为主体经营内容。其沿岸的工业建筑多通过重新整合转化为文创园区。其产业建筑的内部多采用“彻底更新”或“新旧对比”的手法进行更新，而外部立面多采取保护性再利用的改造手法。例如，由四行储蓄会所置换而来的创意仓库，在内部改造过程中，就是采用彻底更新的手法，将室内空间进行了重塑，使内部空间无论从平面的格局、立面的装饰，还是从风格形式上，都与原有建筑形成强烈的反差。沿岸工业建筑的外部表皮还以维持现状或局部增加基础设施的方式进行改造。整体的建筑在保持特色立面的基础上，又赋予了新的职能，如创意仓库建筑外部独特的照明方式①。另外，苏州河沿岸的艺术仓库是一个整体，每个工业建筑都是整体廊道的一个遗产点，在改

① 刘继东. 创意仓库之深度设计[J]. 建筑学报，2006（08）：37.

造模式与方式上存在着共性，所形成的线性廊道具有城市游憩空间的特征。因此，从以上的分析看出，上海苏州河沿岸的工业建筑虽在业态职能上以文创产业为主，但在其社会影响力以及所形成的文化景观上，具有塑造城市游憩空间的功能。

3.4.2 广州太古仓码头工业建筑遗产保护与再利用

广州太古仓码头于1872年由英商太古轮船公司开办，后经多次改建、扩建成为国内重要的货物运输港口，其船舶停泊转往的流动量较大、货物囤积量极高，成为当时对外开放的重要口岸。而随着近几年的发展，该港口的运输作业逐渐东移，原有的码头功能逐渐退化，企业的发展也面临如何调整产业结构的问题。根据码头自身的区位特点与遗产构成，2007年市政府将其划入新城区规划的重点工程进行更新改造。其整体的更新以打造城市休憩公共空间为主体。首先，广州太古仓码头位于珠江南河道东岸，北与白鹅潭相邻，南与鹤洞大桥相接，自身所处环境的位置都与滨水区密切相关，改造与滨水区开发构成天然的联系。其次，原有太古仓码头占地面积广阔，既有水域面积又有陆地面积，其码头沿线长达312米，并在周边分设了大量的工业建筑①。因此，滨水改造的内容必然涉及工业遗产的再利用。另外，市政府在改造模式上将其定位为城市公共休闲空间，以构成连续的滨江景观带。在更新的模式上由于滨水区密不可分，具备形成城市滨水区的条件，整体码头改造采用修缮、功能置换、“修旧如旧”，以及“新旧对比”的手法进行更新。改造工程先将原有7幢仓库与3个丁字形码头采用“修旧如旧”的手法，进行修缮与加固处理。之后，对7幢仓库的功能进行重新定位，并划分为四个主体功能区。其中，1、2号仓库被置换为酒展与贸易中心；3号仓库单独转化为展示中心，并形成室内与露天双向展区；而6、7号仓库则植入多功能理念，形成服装设计创意园与怀旧影院②。另外，码头区还在沿江滨水设木栈道，建设了特色休闲空间，如布置咖啡休闲区、茶座休息区等。整体室外休闲空间在建立后，吸引了大量游客的往来，具有广泛的社会影响力与参与性。可以说，广州太古仓码头的改造是借助滨水区的区位优势，发挥遗产自身广泛的知名度与社会共识度，共同将码头打造成城市滨水游憩空间（图3-4-5～图3-4-8）。

3.4.3 广东中山岐江公园旧工业建筑遗产保护与再利用

广东中山岐江公园位于广东省中山市区，原址为粤中造船厂旧址。厂区在城市生活中具有较高社会关注度，曾对国家工业现代化的发展作出重要贡献。而当进入20世纪90年代，该

---

① 陈婷．旧工业建筑的革新与再利用——浅析广州市太古仓码头旧仓库建筑改造设计[J]．价值工程，2011（06）：43.

② 李慧民．旧工业建筑的保护与利用[M]．北京：中国建筑工业出版社，2015：156.

图3-4-5　太古仓外立面

图3-4-6　太古仓滨水栈道

图3-4-7　太古仓滨水码头

图3-4-8　太古仓滨水景观

造船厂受到新产业技术的冲击规模日渐缩小，企业也面临搬迁。如何对旧有的场所进行处理，如何对待旧有的工业设施与构筑物，成为企业转型、城市区域形态转变的关键。项目在综合考量建筑的遗产价值与社会影响力之后，将其定位为城市公共休闲空间，以求通过工业遗址公园的改造将厂区重新融入市民的生活中，保留场所的工业记忆与城市记忆。整体改造工程首先对岐江公园的功能进行重新布局，大体上将厂区分为旧工业建筑区、休憩娱乐区，以及自然生态区。其中，工业遗产区内的工业设施以点状的形式进行分布，并通过新构建的园路系统进行组织与串联。而每个工业设施还采用“艺术化重组”的方法进行“活化”再利用，如将原场内的船坞、机器设备、水塔、铁轨、钢架进行修缮加固与解构重组（图3-4-9、图3-4-10）。与此同时，这些重构的工业设施又以新的景观职能重新填充到园区内，并成为园区的重要景点。因此，工业遗产区域在改造方法上，既使用了艺术化加工的手法，又运用了功能置换的方式；在形式上体现了艺术、形态美学的特性，而在内容上还具有“景观点”的功能，体现保护性再利用的模式特性。现园内的骨骼水塔、琥珀水塔就是采用以上手法改造而成的。粤中造船厂借助转换职能的契机，以新的角色重新与城市生活相对接，在使自身得到再生的同时，还提升了城市的形象与品质。因此，它在主体方向上体现了厂区环境、自身社会价值、社会认知度对于改造模式的主导作用（图3-4-11～图3-4-13）。

图3-4-9　厂房的改造

图3-4-10　工业构件景观再造1

图3-4-11　工业构件景观再造2

图3-4-12　工业构件景观再造3

图3-4-13　工业构件景观再造4

3.5　以重大事件为导向的改造设计类型分析

以重大事件为导向进行的工业遗产保护，多体现重大事件对于遗产更新的带动作用。因国际性会议和活动的举行，使城市在一定阶段具备某种特殊的使命，需要对城市的绿化面积、空间形态进行局部的调整与扩充。而遗产自身的历史价值、社会价值以及区位优势，具备服务事件的条件。工业建筑遗产的更新即可通过城市重大活动的召开，实现再生。另外，这种工业遗产保护在活动举办后，还应考虑遗产后期如何发展等问题。

3.5.1　上海世博会契机的工业建筑遗产保护与再利用

上海江南公园利用世博会这个重大机遇得到了临时性改造与更新。这种重大事件对于江南公园的驱动性，主要体现在以下几个方面。第一，江南公园用地的基址为原江南造船厂，该厂区建于1865年，是中国最悠久的军工造船企业，在中国近代工业发展史中具有重要地位。其厂区深厚的历史价值与文化价值可作为城市的形象代表进行深层次的挖掘，从而向世人展示中国近代工业文明的发展历程。因此，世博会的召开为江南造船厂的改造带来了最佳契机。第二，江南公园作为世博会临时的景观，东临黄浦江、西至卢浦大桥，与浦东世博公园隔江相对，位于世博会主要的活动范围内，其区位要素的重要性极为突出，这为江南造船厂的改造提供了动因。第三，世博会期间，城市需要提供大量的公共绿化用地，而江南公园基址形态中间开阔，两端狭长，面积适中，极有益改造成城市公共空间。因此，世博会的影响又为江南造船厂的职能转换提供了选择的方向。改造工程首先将其定位为一个具有多功能的服务广场，通过“装配”主题的引入，以“易拆卸组装”的拼接手法，调配建筑景观的装配形式，从而改变园内的景观基质。同时，这种方法具有使用的暂时性，可衔接活动各项目的需求以及后期基础设施的更换。之后，改造工程将2号船坞进行保护性再利用，并分期加以实施。其中，建筑整体的结构体系得以保留，并采用节点、包钢的方式进行了加固。外立面改造所选取的材料以混凝土挂板、U型玻璃、模块外墙为主（图3-5-1～图3-5-5）。另外，厂区内的景观硬地采用“前密后疏”的布局形式，与整体的绿化形成映衬关系[①]。改造后的江南公园在世博会期间主要承担庆典、集会、演说等公共活动。从以上内容的分析来看，世博会的举办使江南造船厂在区位环境的关键地位更为突出，为工业遗产的保护与再利用提供了契机，同时也将改造的模式定位在公共空间，最终促使江南造船厂由原有的生产职能转换为具有文化展示功能的城市公共休闲空间。

这同样也诠释了工业遗产保护结合城市生活的更新理念。而在肯定项目改造效果的基础上，改造活动还需要对江南公园的临时性问题进行反思，需要对世博会结束后江南公园的转

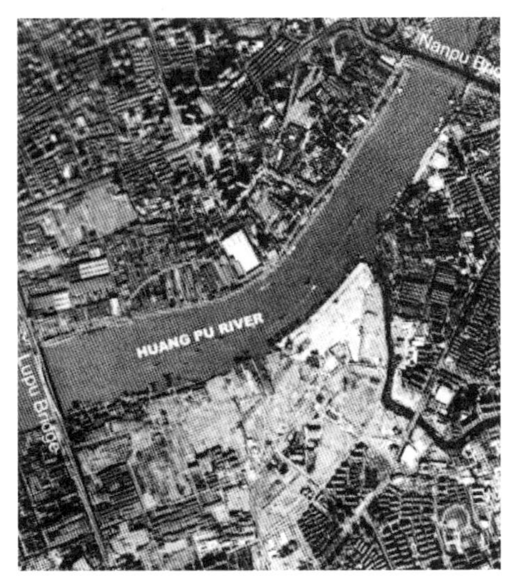

图3-5-1　江南公园的基地情况

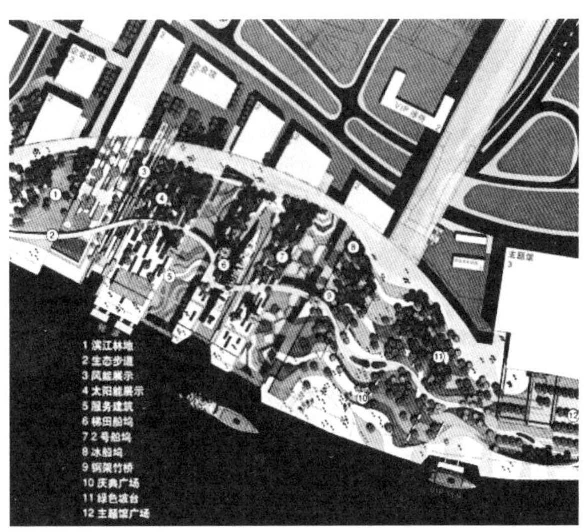

图3-5-2　江南公园的平面规划

① 阳毅，于志远．上海世博会江南公园景观改造方法研究[J]．建筑学报，2010（12）：27.

2号船台

1号船坞

3号船坞

图3-5-3　船厂改造前的场地实景

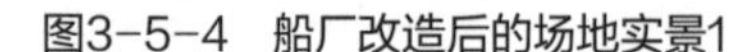

图3-5-4　船厂改造后的场地实景1

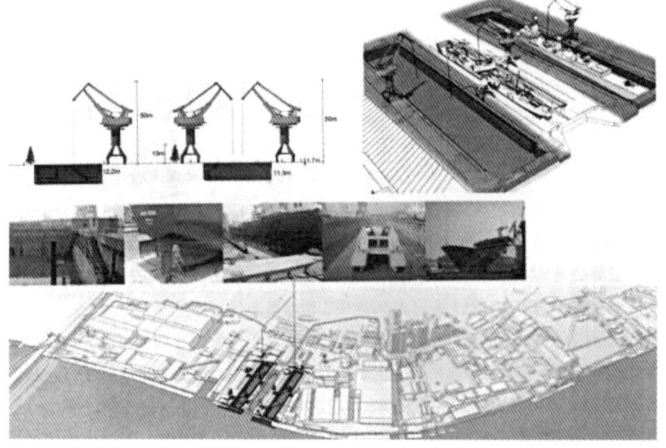

图3-5-5　船厂改造后的场地实景2

换问题进行重视。对于江南公园会后的重组与维护，以及会后采用何种方式进行持续性保护，成为江南公园改造案例得以真正成功的关键。

3.5.2　北京首钢工业区工业建筑遗产保护与再利用

2014年中国奥委会正式致函国际奥委会提名北京市申办2022年冬季奥运会，首钢成为重要的场馆区域，这成为推进首钢工业遗产改造的最大契机。

首钢工业区在中国工业的发展史上具有重要地位，它是北京城市发展过程中建厂历史最为悠久、影响力最大的国有企业之一，曾作为带动了京津冀地区工业发展的重要企业，为国家的政治、经济以及社会的持续、稳定、发展作出了不可磨灭的贡献。然而，随着社会产业化的升级，以及相关政策的颁布与提出，首钢工业集团面临进一步加快自身工业区转型、调整现有产业结构以及适应新时代发展需求等重大课题。从2001年开始，党中央、国务院和北京市委、市政府部署将首钢集团向河北搬迁的工作；到2010年底，首钢石景山主厂区钢铁主业实现全面停产；再到2013年，首钢工业区成为全国城区老工业区搬迁改造的试点工程，首钢工业区的土地复兴经过了详细的规划与渐进性的实施[1]。而在此过程中，如何突破传统工业用地向第三产业用地变性转化的现实瓶颈，以及如何解决工业用地的再利用与现有的城市发展功能相匹配的城市更新难点，成为首钢工业用地更新工程的关键所在。其土地的复兴过程既涉及土地的整合、土地的所属转让、土地收益方式等物质实体更新，还涉及产业结构的转型升级、产业培育升值、投资建设资金来源、管理体制革新等经济文化的更新，这些都集中体现以城市工业用地复兴为驱动模式进行开发的特点。它实质上是一种以政府为主导力量，以城市工业用地复兴为主要驱动因素，并以经济社会的全面复兴为目标的工业用地开发项目。这种城市工业用地复兴驱动因素的表现主要体现在以下几个方面：

首先，从文化方面，首钢老工业区位于长安街西端，东端为故宫、天安门广场、首都博物馆等重要文化建筑，这种地处文化中心区域的独特性决定了首钢工业遗址与工业建筑的改造与更新必然涉及城市整体的规划，以及城市形态、形象的构成等因素[2]。其次，从城市空间方面，首钢老工业区作为长安街与永定河交汇的重要空间地带，已成为周边地区与中心城区衔接和联络的纽带，其土地的更新还涉及提升区域城市功能、塑造城市特色等相关事宜。再次，从产业结构方面，老工业区周边多以文化、服务为主导产业，其土地的再利用与建筑功能的转换需要与周边的产业职能相匹配，而这种适应性需要首钢工业遗存保护再利用在土地再利用的高效性以及新建的基础设施、构建的产业体系、配套的服务能力上加强，确保土地供应方式、土地收获效益、建筑的功能置换等改造内容得以顺利展开。以上这些因素都属于城市工业用地的重要内容。另外，首钢老工业区的更新改造是在相关政府的政策引导下形成，集中体现政府为主导的开发模式，同样也是驱动因素的主要表现（图3-5-6～图3-5-9）。

首钢工业区工业建筑遗产保护现今以产业结构优化升级和创新为转型的重点，将首钢老工业区从原有单一产业转变为多元化、现代化的服务性产业（图3-5-10～图3-5-15）。更新后的首钢可作为京津冀协同发展的平台与纽带，对其他城市工业用地的复兴与转型起到典范与带动作用。这种从前期方案、中期操作到未来发展都作出全面分析与规划的更新模式，集中体现了以城市工业用地复兴为驱动因素进行的工业遗产保护。

① 北京市发展和改革委员会首钢老工业区全面调整转型[N]. 北京日报，2014-09-26.

② 刘伯英. 中国工业建筑遗产保护——从首钢说起[M]//金磊. 中国建筑文化遗产1. 天津：天津大学出版社，2011：107.

图3-5-6　首钢陶楼

图3-5-7　首钢高炉内景

图3-5-8　首钢工业遗产1

图3-5-9　首钢工业遗产2

图3-5-10　改造后的首钢高炉

图3-5-11　改造后的首钢高炉内部空间

图3-5-12　厂房改造后的酒店

图3-5-13　首钢工业遗产改造后的形态1

图3-5-14　首钢工业遗产改造后的形态2

图3-5-15　首钢工业遗产改造后的形态3

配合重大事件的工业建筑改造，往往借助于事件的影响力，形成大片区的、集中式的整体开发。这种方式主要体现在决策充分、资金充足等方面的优势，往往容易依托事件快速形成短期效应。但事件结束后其自身的发展持久力是否充足，保护与改造的定位是否满足日后长远的发展需求，都是需要关注的实际问题。另外在改造过程中，建筑遗产应有自己的价值评定标准和基本的改造原则，不能因为重大事件的影响而使其改造方法偏离了原则底线，造成破坏性改造的现象。

3.6 以城市文化教育设施为导向的改造设计类型分析

以城市文化教育设施建设为导向的改造类型是将工业遗产的保护与城市的文化建设相结合，从而突出城市的发展特点与文化品质。这种改造的类型更加强调从城市发展的实际情况出发，挖掘自身遗产价值的潜力，使改造的项目区别于其他大城市的商业模式，进而达到展示自身城市历史文化精神的目的。

3.6.1 唐山城市展览馆工业建筑遗产保护与再利用

唐山城市展览馆改造项目作为工业遗产保护与城市文化建设相结合的典型案例，它的改造模式与定位集中体现以城市形象、历史文化为主导的特点。其在遗产改造的思路上与上海、北京、广州等前沿城市有所不同，以上这些城市所进行的改造实践都建立在自身高度的城市发展水平与城市地位的基础上，改造的性质更加商业性、消费性。而唐山作为二线城市，如何区别一线城市改造特性，挖掘自身遗产价值的潜力，从而使遗产的改造符合城市发展的实际，进而突出城市的文化气质，应是遗产保护成功的关键。改造项目依托大城山的环境优势，将日本侵占时期的仓库改造为城市展览馆，其场所承担着介绍城市发展史与宣传城市未来规划的展示功能。改造无论从场地的选址、遗产的功能定位，还是更新后的公众影响力，都以突出唐山城市的特色与气质为核心。即通过平淡的仓库改造，将唐山功能城市的地位进行彰显，使原本平凡的遗产建筑在与城市文化建设相结合后，变得不平凡，并体现出唐山工业遗产建筑保护的个性。改造工程主要分为两个部分，即以修缮、加固、加建为主的外立面更新和以“彻底更新”为主的内部重构。

首先，原有仓库群外部以修缮、加固、维持现状的方式保留了特色肌理。在其整修后，又于仓库的顶部、旁侧加建了“X”形天窗与“人”字形框架，所选用的材料以钢架结构为主①。之后，为增加场所的使用功能，改造又在仓库旁新建了VIP接待处，其整体建筑的形式、风格与原有的仓库群形成鲜明的对比（图3-6-1、图3-6-2）。

其次，厂区内部的改造以彻底更新的手法为主。改造工程首先保留顶部原有的桁架结

① 王辉. 凤凰涅槃[J]. 建筑创作，2009（01）：118.

图3-6-1　加建天窗与框架

图3-6-2　增设的VIP接待室

图3-6-3　室内的展示空间

图3-6-4　室内错落的空间布局

构，并对其进行加固、粉刷处理，增设了新的基础设施。之后，再对其内部空间进行重新布局，并以横向、竖向分隔空间的方式，划分了不同的使用功能，从而满足了场所的展示功能。另外，内部空间在界面装饰上，与原有风格截然不同，体现“彻底更新”改造手法的特点（图3-6-3、图3-6-4）。

除此之外，场所外部的钢架连廊与水池还构成了场所独具特色的线性结构，成为园区的一大亮点。从现有的图片看，工业建筑自身高大的空间体量与良好的开发潜质，成为改造更新的主导要素。

3.6.2　西安陕西钢厂工业建筑遗产保护与再利用

陕西钢厂曾为中国十大钢厂之一，在其停产后面临如何更新、解决闲置厂房与土地等问题。鉴于陕西钢厂在西安经济发展中的重要地位，如何保留原有场所的城市记忆，并与现有城市文化发展的趋势相对接，成为更新的主导驱动因素。西安建筑科技大学作为陕西钢厂的开发主体，将其更新为第二校区华清分校。现有校内的图书馆、教学楼、学生活动中心都通过原有大跨度的厂房改建而成[①]（图3-6-5、图3-6-6）。这种改造策略在将原有工业遗产进

① 王西京，陈洋，金鑫. 西安工业建筑遗产保护与再利用研究[M]. 北京：中国建筑工业出版社，2011：65.

图3-6-5　陕西钢厂生产车间改造

图3-6-6　陕西钢厂生产车间改造为图书馆

行保护与再利用的同时，又将其作为文化教育机构的空间载体继续与城市的发展、生活相融合。这种与文化建设相对接的改造模式，也强化了陕西工业遗产保护的特色，体现以与城市文化教育设施建设相对接为驱动的改造特性。

改造工程首先将园区划分为四大功能，即教学区、运动区、综合服务区与住宿区。首先，将原有1、2号轧钢车间以保护性再利用的方式置换成教学楼，其内部钢筋混凝土排架结构以加固的方式进行了保留；而外部立面则采用“新旧对比”的方式进行局部装饰，其材料选用轻质墙体与橘红明框幕墙结构，与原有立面形成对比。其次，将原有煤气发电站转换为餐厅，其内外的更新都以“新旧对比”的手法为主。其中，内部空间在保留屋架结构的基础上，又增设了室内采光设施，完善顶部的功能。之后，改造工程又在交通系统中增加了自动扶梯，从而解决了庞大人流量疏散的问题。而在外部立面中，设计主要采用泰柏板更新墙体的方式，使整体立面形式与原有建筑形成对比。另外，改造工程还将1号轧钢车间西侧的厂房置换为图书馆，内部空间采用竖向加层的方式，增加了空间的使用功能。与此同时，内部新建的表演舞台与灯光音响设施还扩展了图书馆的功能。除此之外，改造工程在材料的选取与应用上，还体现了环保的原则，如对内部空间增加基础设施时，选用节能、隔声、隔热、高强度的桔梗板。外立面墙体的更换中，也选用防水、轻质的泰柏板，从而在整体上达到节能、环保的要求。

与城市文化设施相对接的改造类型是工业建筑再利用的一种新尝试。工业建筑自身就具有一定的文化价值，如何将这种文化价值与新的功能相对接，如何利用建筑自身的空间特点满足新功能的需求，都是在改造中需要涉及的问题。所以面对此类项目应该采用前期谨慎规划、后期大胆实施的原则，更好地实现工业建筑与文化设施的结合，使其打破常规预想，塑造出好的改造品牌形象。

3.7 以房地产综合开发为导向的改造设计类型分析

以房地产综合开发为导向所进行的遗产更新，主要围绕遗产自身的商业价值、经济价值展开。由于其更新的内容复杂、资金投入庞大，需要政府、开发商的主导才能实施。下文以天津棉三、天津拖拉机厂的综合体改造为例进行分析。

3.7.1 天津棉三旧址的工业遗产保护与再利用

棉三的纺织工业史长达90年，见证了天津纺织业乃至中国纺织业的发展历程，工业历史悠久，遗产价值丰厚。这决定了棉三综合体的改造理念，不能用全部拆除的形式进行更新，而应体现保护性原则。棉三位于海河东岸，周边商业繁茂，自身所处的区位环境与优势使得该区域拥有潜在的商业与经济价值，在保护与更新上还需要植入商业理念对其进行再利用。因此，综合两种价值的考虑，棉三综合体的开发在改造模式上应以保护性再开发模式进行，即通过对原有工业遗产建筑有目的、有选择的保护、翻新来到达保护遗产的目的，同时还要通过引入商业职能的方式使遗产的资源价值得以实现。更新项目将遗产定位为集聚商业、文化、办公为一体的综合服务空间。通过建筑的物质实体更新转化为经济、社会更新，进而使该地区的产业链与周边其他商业圈形成联系，促进地区的全面复兴（图3-7-1～图3-7-3）。

棉三项目主要采用了新建与改造并行的方式，包括13栋新建建筑与9栋改造建筑。在实际操作中，又将其分为两期进行更新。一期以沿河新建为主，建筑的产业职能为商业性场所。二期工程则主要以改造更新为主，包括对老厂房进行职能转换的工作。棉三项目在改造中采用房地产开发带动遗产保护的模式，体现了以商业、经济为主导的驱动性（图3-7-4～图3-7-6）。关于棉三项目在本丛书第五卷中有专题调查报告。

图3-7-1　棉三整体功能布局

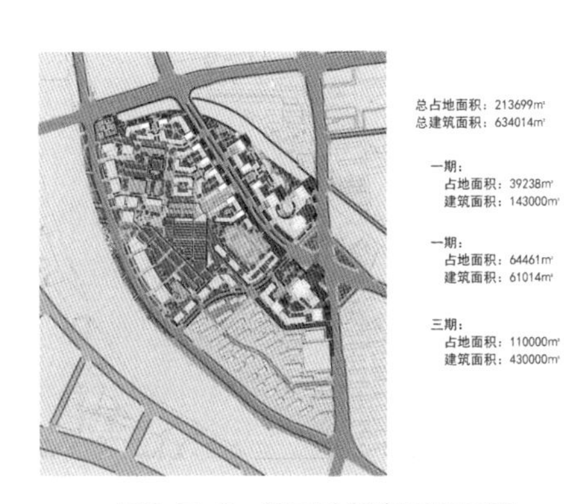

图3-7-2　棉三功能布局平面图

图3-7-3　棉三整体布局效果图

图3-7-4　棉三开发后现状1

图3-7-5　棉三开发后现状2

图3-7-6　棉三开发后现状3

3.7.2　天津拖拉机厂旧址的工业建筑遗产保护与再利用

天津拖拉机制造厂始建于1937年，是中国四大拖拉机生产基地之一。厂区东临中环线，西邻城市快速路及地铁6号线，交通便捷，西北毗邻候台风景区，自然环境优越，周边高校林立，科技企业密集、产业优势突出。天拖现占地67公顷，占总规划用地的68%，总建筑面积约17.48万平方米。主要厂房现状保存良好，厂区绿树成荫，道路齐整。为挖掘该厂区的区位优势，“十一五”期间，天津市政府决议将天津拖拉机厂进行迁移，而原址可借助毗邻南开区高校、科研院所的项目和人才的区位优势，建设成以天津拖拉机厂为中心的技术总部商务区，打造成以科技为主导的都市产业群（图3-7-7～图3-7-9）。

天津拖拉机厂更新计划，在开发主体上，是以政府为主导力量与驱动因素，进行的区域地段更新。通过政府施行的决策与规划、投资与组织、引导与政策等一系列举措，为吸引私人企业的投资与入驻带来契机。整体的复兴计划是以区域、地段为规划主体，集中体现“城市规划驱动”模式的特点，即通过局部地块物质环境的规划、置换与更新，为带动周边区域的社会与经济复兴奠定物质实体保障。在规划中保留了原厂址的道路框架与绿化生态系统，强化了东西、南北两条轴线的主导作用，对原有六千多棵高大的树木进行了相应的保护；针

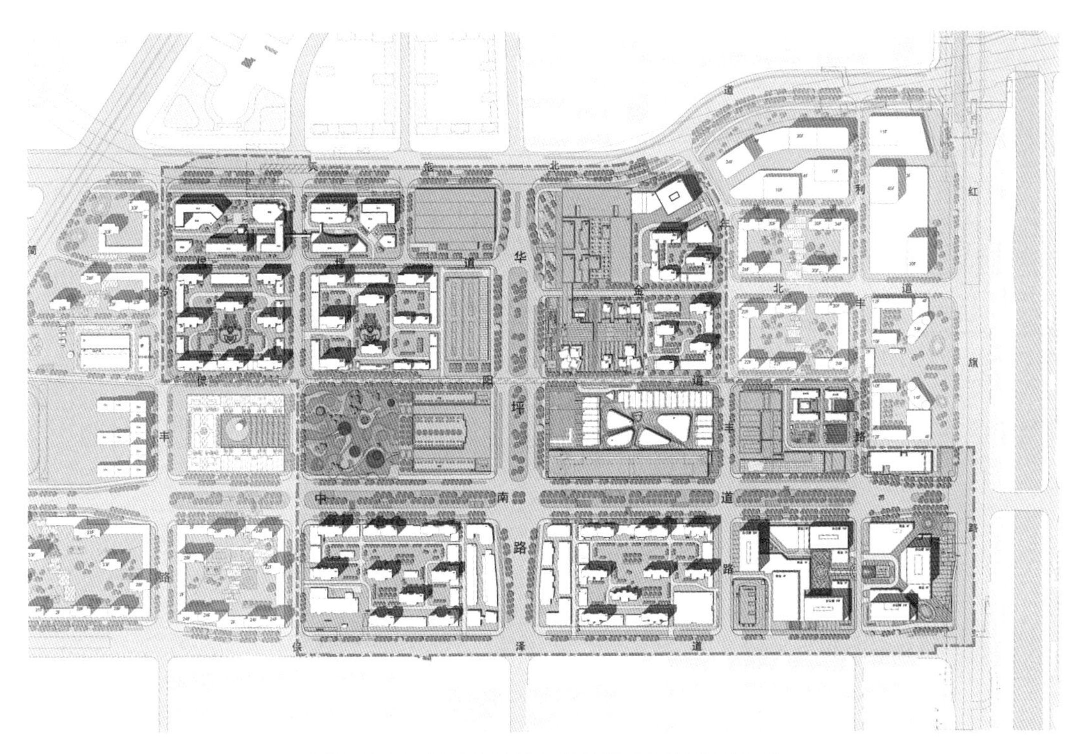

图3-7-7　天津拖拉机厂地产综合开发功能布局

图3-7-8　厂区现状1

图3-7-9　厂区现状2

对遗产价值深厚的厂房建筑，在保留6.9万平方米的基础上，分别对建筑进行分年代、分空间结构、分等级的方式进行保护与改造（表3-7-1）。有效地将“四大文化创新区”“两大公建风貌带”以及“一个生态核心区”贯穿起来，体现了以商业开发为主导的特点（图3-7-10、图3-7-11）。

天津拖拉机厂项目开发技术经济指标表　　表3-7-1

项目	单位	最新方案	规划条件
		数值	
一、规划可建设用地	平方米	370669.1	370669.1
二、总建筑面积	平方米	1423597.7	1423597.7
1．地上建筑面积	平方米	1018900	1018900
（1）商业金融类建筑面积	平方米	565000	565000
1）新建公建建筑面积	平方米	465000	465000
2）老厂房建筑面积	平方米	100000	100000
①保留老厂房建筑面积	平方米	68945	—
②拆改老厂房建筑面积	平方米	31055	—
（2）居住建筑面积	平方米	453900	453900
1）住宅建筑面积	平方米	378000	378000
2）配套公共服务设施建筑面积	平方米	15000	15000
3）经营性商业建筑面积	平方米	50000	50000
4）幼儿园建筑面积	平方米	6400	6400
5）养老院建筑面积	平方米	4500	4500
2．地下建筑面积	平方米	404697.7	—
（1）地下商业建筑面积	平方米	29730.6	15000
（2）地下其他建筑面积	平方米	374967.1	—
三、容积率	%	2.75	2.75
四、建筑密度	%	41.5	40
五、绿地率	%	21.26	25

图3-7-10　天津拖拉机厂地产综合开发鸟瞰图

图3-7-11　天津拖拉机厂地产综合开发建筑立面

以房地产开发为主导的工业遗产改造项目，往往更多地追求商业价值和经济回报，对遗产的改造也多以开发项目的定位为主导因素，往往容易使建筑失去原有的特质，而过多地趋同于项目开发的需求；此外，为满足容积率和使用功能的需求，对建筑内部空间的破坏也很大，经常会出现仅仅借助工业遗产的表皮和框架，对其内部空空间进行大量的拆改和重组的现象。这种开发方式对遗产的破坏是致命的，应引起我们的广泛关注。

本章总结

本章对中国主要城市工业遗产的改造项目的分布情况作了详细的统计，分别对一、二、三线城市工业遗产改造项目进行了梳理。通过比对分析，对我国工业遗产改造的发展状态有了清晰的认识。同时，以不同的再利用改造类型对国内的相关改造项目进行了细分，从图表的数据对比可以清晰地总结出改造再利用类型的分布情况。基于数据的统计和再利用类型的分析，将主要的再利用导向分成了具有代表性的6种类型，深入研究了6种不同类型所具备的不同核心价值，以及如何在改造案例的实施过程中突显这种价值。对典型性案例的分析有利于我们更好地借鉴其成功的经验，为未来相似项目的改造实施提供有价值的判断依据。

第4章

中国建筑师工业遗产再利用设计访谈录[①]

① 本章执笔者：赵子杰、徐苏斌、青木信夫。

4.1 访谈对象的选择与研究方法

今天中国建筑师成为工业遗产改造更新的主力军，其实践工作直接影响工业遗产保护与利用的实际效果。在产业转型与存量更新的社会背景下，工业遗产改造实践项目遍布全国，因此考察当代建筑师群体对于工业遗产问题的认知与介入方式有着重要的社会现实意义。当下工业遗产保护利用工作尚处探索阶段，笔者选取在工业遗产改造和再利用方面的10位建筑师作为采访对象，通过对其设计思想的梳理，展示当前中国工业遗产改造的思路和发展，为今后的改造实践提供思考。当然，限于种种客观原因还有很多涉及工业遗产改造的建筑师没有采访，这将作为今后的课题。

本章研究目的并非讨论已有遗产保护利用工作的对错，而是对建筑师群体在改造实践过程中的价值认知与决策过程进行必要的整理与总结，为今后工业遗产保护社会共识的达成提供必要的前期资料，具体内容包括：

（1）考察建筑师对于工业遗产的价值认知方式与标准，归纳其共性影响因素。

（2）从城市设计与单体设计两个层面，考察建筑师价值认知下的工业遗产改造设计思路与具体手法。

（3）考察工业遗产改造实践中建筑师对于遗产真实性（Authenticity）与设计创意性（Creativity）关系的认识，归纳影响两者平衡的因素。

笔者选择了10位拥有工业遗产改造实践经历的主创建筑师进行深入的访谈，采用半结构式访谈方法①，以工业遗产价值认知与设计思路为提纲核心，针对不同项目灵活地提出相对应的问题，并通过对被访者回答的分析，进行必要的追问。访谈过程保持开放的态度，使受访建筑师充分表达自己的观点，围绕访谈大纲与建筑师观点进行提问。

为了保证受访建筑师群体的多样性，受访者包含高校学者型建筑师、明星私人事务所建筑师、国有设计院建筑师及地方建筑师；记录方式采取笔记与录音两种方式，访谈录音均逐字转录，使被访谈者的观点与细微差别在文本中显而易见，受访者详细名单见表4-1-1。

每位建筑师采访提纲的主题顺序保持一致，访谈过程中根据建筑师本人意愿与项目差异对访谈问题进行随机补充与修改；访谈主题提前发予被采访人，以确保其对于主题内容的了解准备程度；访谈问题的设置以价值为何、价值何为的思考模式出发，并不单单关注于肌理的变化，重要的是如何理解遗产的价值与物质遗存，以及如何保护利用。主题围绕建筑师对

① 按访谈的控制程度可以将访谈分为结构式访谈、半结构式访谈与无结构访谈三种。半结构式访谈一方面需要根据事前资料的收集与整理确定需要探讨的问题，另一方面鼓励受访人提出自己的想法与意见。详见袁方，王汉生．社会研究方法教程[M]．北京：北京大学出版社，2006：297．笔者在访谈前期曾采取结构式访谈法，由于问题的僵化限制与设计师活跃的思维方式导致了访谈效果不佳，因此在后期改用半结构式访谈法，仅设置必要的访谈主题，使被访者有更多的表达选择余地。

于工业遗产的价值认知与认知指导下的改造工作展开，参考近代建筑保护利用技术路线[①]，涉及工业遗产改造实践中遇到的各类内容，主要分为城市设计与单体设计两部分，具体问题如下：

受访建筑师信息　　表4-1-1

受访人	受访建筑师设计单位	工业遗产改造实践项目
钟冠球	竖梁社建筑事务所联合创始人，华南理工大学建筑学院讲师	T.I.T创意园区、琶醍啤酒文化创意园区、泉州万科中侨糖厂改造、广州树德创意园
何健翔	源计划建筑事务所创始合伙人，主持建筑师	艺象iD TOWN创意园区、折艺廊、京满华美术馆、麦仓顶工作室、价值工厂筒仓改造
陈倩仪	混际Remix Lab城市新型空间运营商设计部建筑师	广州混际创意园区
柳亦春	大舍建筑设计事务所主持建筑师	艺仓美术馆、民生码头8万吨筒仓改造、西岸艺术中心
章明	同济大学建筑与城市规划学院教授，原作设计工作室主持设计师	当代艺术博物馆、杨浦滨江公共空间示范段、原作设计办公空间改造、长阳创谷创意产业园
匿名A	山东意匠建筑设计公司建筑师	意匠老商埠九号、西街工坊、1953茶文化创意园
李匡	清华大学建筑设计研究院四所所长，中国建筑学会工业建筑遗产学术委员会副秘书长	首钢工业遗址保护与开发利用城市设计、莱锦文化创意产业园规划设计、首钢西十筒仓改造、重庆钢铁厂工业博物馆片区规划与改造
Aurelien Chen 陈梦津	法国建筑师及结构师，2007～2017年就职于崔愷工作室，现为Zhijian Workshop 主持建筑师	西安大华纱厂改造、宝鸡文化艺术中心、陇烨陶瓷工厂创意园、红星工厂创意园（方案设计）、智汇园厂房改造（方案设计）
薄宏涛	筑境设计主持建筑师	北京西十冬奥广场、国家体育总局冬季训练中心、首钢三高炉博物馆、首钢星巴克店设计
赖军	北京墨臣建筑师事务所董事合伙人、总裁、设计总监	墨臣建筑设计事务所新办公楼、北京首尚定福庄齿轮厂改造

（1）工业遗产在城市中的作用及改造利用的意义；

（2）工业遗产城市设计思路；

（3）工业遗产价值评估标准；

（4）工业遗产单体建筑设计思路；

（5）工业遗产利用真实性与创意性的认识与平衡；

（6）工业遗产改造实践中遇到的问题与限制；

（7）其他：改造成功的标志、功能选择、结构与空间、私有资本与公有资本、开放程度、运营方式。

① 详见：《建筑设计资料集》（第三版）第8分册第18页近代建筑保护利用技术路径，其路路径顺序为：上位规划解读—保护建筑分类分级—历史研究、调研、测绘—价值评估与现状评估—确定保护措施—建筑设计—结构设计—设备系统更新。

4.2 工业遗产改造城市设计思路考察

在当前存量更新的社会背景下，城市工业遗产区的转型建设势在必行。城市设计作为一种贯穿城市规划与建筑设计的创新设计思路，在工业遗产区转型过程中，可以有效地整合历史资源与现实机遇，对空间环境与功能定位进行梳理与提升。因此本节将从城市设计层面考察建筑师群体对工业遗产改造利用的价值认知与对应的城市设计思路，着重关注工业遗产区与城市的互动关系，总结其影响因素，从以下两部分进行梳理：

（1）建筑师认知下的工业遗产保护更新对于城市的意义与作用；

（2）工业遗产区城市设计思路与重点城市案例考察。

4.2.1 工业遗产保护利用对于城市的意义与作用

4.2.1.1 建筑师观点归纳与总结

近年来，工业遗产的改造利用已经成为越来越多城市发展更新的常见选择，工业遗产在城市中所发挥的美学、文化与经济价值已逐步改变了公众对于工业遗产的既有认知。一方面，遗产被广泛用于构建和突出一个城市的良好文化形象；另一方面，从城市发展角度看，随着国家“退二进三”的政策以及各地城市更新转型计划的实施，城市内大量的工业用地与工业建筑不再符合城市发展进程中的需求，转型势在必行，因此如何正确地认识与利用城市工业遗产成为目前亟需解决的问题。

本节选择的城市设计案例既包括大面积的工业遗产区改造设计，也包括小型城市厂区创意园区设计，案例样本与被访建筑师包括了上海杨浦滨江工业区改造总建筑师章明、上海民生码头区域改造建筑师柳亦春、北京石景山首钢工业区改造建筑师李匡与薄宏涛、广州T.I.T创意园与珠江琶醍啤酒创意园建筑师钟冠球、深圳iD Town园区建筑师何健翔、广州混际创意园建筑师陈倩仪、济南1953茶文化创意园建筑师山东意匠建筑师A。此节笔者总结了建筑师认知下的工业遗产再利用对于城市的意义与作用，详见下表（表4-2-1）。

工业遗产再利用对于城市的意义与作用　　表4-2-1

建筑师	观点
钟冠球	1. 工业遗产处于一种快速消失的状态，要求我们去保护与研究； 2. 对于城市历史遗产的保护是社会发展的必然趋势； 3. 工业遗产代表了一种城市的记忆； 4. 工业遗产可以成为开放性的城市空间被利用
何健翔	1. 工业遗产区域的艺术、文化行为激发公众的保护意识； 2. 工业遗产（包含物质、文化、集体生活等一系列东西）对于建筑师具有特殊吸引力

续表

建筑师	观点
陈倩仪	1. 激活地区活力； 2. 再利用可以赋予建筑、历史街区新的价值，通过我们的努力，可以使这个城市或者地区越来越有趣
柳亦春	1. 保留工业时代痕迹，丰富城市文化厚度； 2. 工业建筑简洁朴素的空间特质与新时代生活价值相结合，会碰撞出不一样的能量
章明	1. 城市需求：城市工业用地指标过高，原有工业部门转型需求，城市未来发展定位需求； 2. 文化价值：工业遗产所蕴含的文化资本要素与当下社会文化诉求相契合，工业遗产的空间、尺度、环境与文化设施空间有较高的匹配度
李匡	1. 保留与传承城市文化传统脉络； 2. 有助于城市形象多元化； 3. 与城市经济生活密切相关，满足城市社会需求（有很强的经济性）
薄宏涛	1. 工业遗产区的动态更新会逐步改变公众对于区域的传统认知，促进区域转型； 2. 从工业性到城市性使得工业遗产从交通、生态、产业等各个方面融入城市，与城市经济生活关系进一步密切； 3. 遗产改造后产能与活力的提升促使人们认可它的人文价值与社会价值，保留了工业时代在这座城市中的印记
山东意匠建筑公司建筑师A	1. 工业建筑曾是我们记忆的一部分，粗犷、简约的工业建筑最能勾起建筑师的创作激情与情怀； 2. 丰富城市文化内核，保留城市文化记忆

根据访谈观点摘要可以看出，建筑师对于工业遗产在城市设计中的作用可以归纳为以下五点。

1）促进社会经济转型

当前，中国许多城市正处于优化经济结构的转型进程之中，它要求每个城市必须拥有自己独特的城市特色来发展新的经济增长点。与此同时，城市工业的去产能化为城市发展带来了大量的闲置土地与建筑空间，而工业遗产独特的文化、物质资本契合了城市发展需求，使工业遗产成为一种能够改善城市形象、加速经济转型的重要城市资产。工业遗产通过改造成为文化创意园区、公共文化活动空间及商业办公场所，为改善城市经济、建构多元化产业体系作出重要贡献。以上海市为例，在2018年出台的《上海市城市总体规划（2017-2035）报告》[①]中，强调严格控制建设用地总规模，严守城镇开发边界，加强对于历史文化街区、历史建筑、工业遗产的保护。鉴于规划报告的要求，占据上海三分之一城市用地的工业用地转变迫在眉睫。当前上海进行了大量的工业遗产改造利用实践，包括黄浦江、苏州河两岸的城市公共文化空间贯通工程，以及众多文化创意园，为上海市聚集了一大批文化传媒产业，极大程度地促进了环境、经济、社会的综合转型发展。

2）增强城市历史身份认同

受访者普遍认同了工业遗产文化资本对于城市历史身份的认同感与归属感的增强作

① 参见上海市人民政府：《上海城市总体规划（2017-2035）报告》，第六章第三节第137页，2018年1月，http://www.shanghai.gov.cn/nw2/nw2314/nw32419/nw42806/index.html，检索日期：2018年10月。

用，认为工业遗产将当下世界与工业时代联系起来，城市工业遗产的保留与利用丰富了城市文化层次，使工业遗产成了城市独特的建筑景观与历史组成部分。大舍建筑事务所主持建筑师柳亦春表示："如何使工业时代能够在这座城市的时间、空间中保有一席之位，就是将工业遗产作为城市设计或城市空间的重要组成部分进行保护与活化。我认为一个城市只有它各个时期的各类文化都可以通过某种方式呈现在这个城市的空间中，这座城市就会变得特别有厚度。"

此外，城市工业遗产的活化利用实践从另一个方面唤起了公众对于工业文化的记忆，使社会认识到了工业遗产也是城市重要的组成部分，并促成了一些自下而上的保护实践案例。例如华南理工大学建筑学院钟冠球老师以T.I.T创意园背后的故事来阐述工业遗产文化推广、建设对于城市空间与公众态度的影响："随着这些创意园的产生、运营，公众发现这些工业遗产也是一种城市文化，他们就上书给市长，可不可以保留T.I.T园区，后来市长开会讨论说这里一定要保留，这个就是城市文化记忆的一部分。"

3）空间功能匹配度高，满足社会对土地建筑空间的需求

工业建筑具有很强的适应性，它们的建造是为了容纳大尺寸工业技术系统与生产机械，具有内部空间大、采光通风良好的物理特征，与公共文化设施、办公、商业、住宅等众多功能需求有着较高的匹配度，也可以满足社会对于特殊空间的使用需求。目前大部分工业遗产仍处于工业用地状态，在政府支持政策下进行文化创意园开发，往往具有租用价格低廉的优势，适宜于创意人群合作办公。

4）激发公众保护意识

访谈中许多建筑师表示工业遗产的内在品质对艺术家、建筑师以及各类创意人群有着强大的吸引力，并常常提及以798艺术区、红专厂等为代表的艺术区对于城市经济文化空间的贡献，也因此吸引了大批文化艺术人才。通过艺术家们富有灵感的创造力，工业遗产可以重新焕发城市魅力，塑造具有文化艺术活力的城市环境。

另一方面，由艺术家与建筑师主导的文化创意园通过使工业遗产地重焕活力，唤起了公众对于工业遗产的再认识，产生了很多公众讨论，更有力地促成了工业遗产的保护与利用。如华南理工大学钟冠球老师所讲："工业遗产在城市层面的设计与作用不单单会影响一座城市的物理面貌，更会极大程度地影响这座城市的人文素养与公众意识，它是一种思维的引导手段。"当前公众遗产保护意识从简单的对老厂房的保护利用到一种社会普遍意义的保护共识，是一种重大的进步。

5）改善城市形象

首先，工业遗产中针对厂房等建筑部分的改造相对于新建或者拆除会节约建筑能源，且

改造成本低廉，减少了建设材料与人力资源的重复浪费[①]。同时对于工业遗产的改造利用可以有效促进环境、经济的可持续发展，既可以防止不可逆的遗产损失，又可以保护宝贵的环境资源。

其次，工业遗产通过设计师的精心设计，创造出具有吸引力与工业感的城市街景，可以有效改善地区形象。工业遗产常常处于交通便利的中心地区，通过改善社区环境，减少空置与废弃建筑物，可以增加社区活力，为居民与外来工作者提供舒适的生产生活环境，并通过吸引外来投资与产业振兴来提高生活水平，为城市经济、生态环境作出重大贡献，有助于建立可持续创新社会。

4.2.1.2 案例分析——以上海市滨江工业遗产城市设计为例

自2010年世博会起，上海重点打造了世博—前滩—徐汇滨江的文化功能核心区，引领文化功能聚集，积极推进城市工业区更新，以黄浦江、苏州河沿岸用地转型为重点工程，打通滨江、滨河公共空间通道，打造世界级滨水区，引入个性化、艺术化的公共文化设施，彰显文化魅力。本节笔者将结合《上海市城市总体规划（2017-2035年）》，上海市徐汇、杨浦滨江段工业遗产改造案例，以及同济大学章明教授对于上海市工业遗产改造利用中城市经济、文化发展作用的讲解，从城市设计层面解读上海市滨江工业遗产改造为城市公共文化设施的原因与作用。

（1）工业用地指标过高：上海未来建设是以经济、贸易、金融和航运为四大中心定位，以及未来要打造成为创意和文化的大都市。在这种定位目标下，上海工业仓储用地面积占比27%（图4-2-1），占据了城市建设用地的四分之一以上，比例过大；与此同时城市公共设施和绿化广场用地占比15%，远低于其他国际大都市。因此对于工业用地的调整迫在眉睫。

（2）原有工业的转型：随着生产结构的变化，大量工业不再适合当下生活社会需求，对于上海来说，工业用地绩效区域差距明显，规模以上的工业企业占全市工业用地的40%，却贡献了约95%的工业产值[②]。那些老旧落后产业工业企业需要转型，工业用地转变为公共设施、商业、居住用地的工作迫在眉睫。

---

① 从对多位建筑师的访谈与实践走访中，笔者了解到在工业遗产改造实践中，如果改造项目通过正规审批渠道，往往需要根据结构鉴定书进行大量的结构加固，所需资金极高，成本不低于重建；如果以装修为名进行改造，只需进行消防疏散检查，不需要结构加固，改造成本较低。

② 引自上海市人民政府《上海城市总体规划（2017-2035）报告》。“上海土地利用现状问题：4. 上海市工业用地绩效区域差距明显：漕河泾等国家级园区单位面积土地绩效超过一般级别园区20倍以上，规模以上工业企业占全市用地40%，却贡献了95%以上的工业产值，其余占地超60%的工业企业仅占5%左右。开发边界外低效工业用地地均工业产值不到全市平均产值的30%”，第三章第三节国土资源利用，第45页。

规划用地平衡表

用地性质		现状2015年		规划2035年	
		面积（平方公里）	比例（%）	面积（平方公里）	比例（%）
建设用地	城镇居住用地	660	21.5	830	26
	农村居民点用地	513	16.7	≤190	≤6
	公共设施用地	260	8.5	≥480	≥15
	工业仓储用地	839	27.3	320-480	10-15
	绿化广场用地	221	7.2	≥480	≥15
	道路与交通设施用地	430	14.0	640	20
	其他建设用地	148	4.8	200	6
	小计	3071	100	3200	100
非建设用地	耕地	1898	—	1200	—
	林地	467	—	980	—
	其他非建设用地	1397	—	1453	—
	小计	3762	—	3633	—
总计		6833	—	6833	—

注：1. 根据国标《城市用地分类与规划建设用地标准》（GB50137-2011）的用地分类和比例要求，按照规划发展目标导向，结合现状用地结构，确定各类规划用地比例构成。在各区总体规划、单元规划层次和详细规划层次，应当根据用地平衡表的比例要求，在各类用地功能区内部细分用地分类，确保各类用地比例的深化落实。

2. 未来上海将结合长江口、杭州湾河势控制形成新的土地，规划用地构成将在严格控制规划建设用地总规模前提下适当调整。

3. 规划用地平衡表的用地分类与规划用地布局图不是一一对应关系，用地布局规划图采用主要功能区的表达形式，代表该地区主要的用地功能引导，内部应布置必需的配套设施用地，还可以布置其他可以兼容的用地。

城市工业仓储用地将由2015年27.3%调整为2035年的10%～15%，城市公共设施用地由8.5%调整为大于等于15%，绿化广场用地大于等于15%。

图4-2-1　上海市城市规划用地平衡表

（3）城市未来发展转型需求：通过对比上海城市发展规划1999-2020年版[①]与2017-2035年版[②]中对于上海城市发展的定位，可以清晰地发现上海未来将着重打造科技创新中心和文化大都市，鼓励以文化导向利用工业遗产等历史资源，实现打通城市滨江公共文化空间的目标。而黄浦江、苏州河流域两岸工厂所在地恰恰是现代城市最重要的城市公共活力带，非常适合发展公共文化设施，因此滨江工业遗产改造契合了城市发展的需求，满足了城市居民对于文化精神的需求。在这样的大背景前提下，工业遗产才有可能转化为城市公共文化设施。

（4）延续城市工业文化脉络：工业遗产本身蕴含一定的文化资本要素，这些文化资本要素如果能够与当下的社会文化诉求结合，就可以实现华丽转身，成为有活力的公共文化设施，传承城市的工业文化脉络。

（5）空间匹配度高：工业区域本身的空间、尺度、环境与文化设施空间有着较高的匹配度，其空间分布于河岸两侧也极大程度满足建立公共活动带的要求，以实现“还

① 2001年国务院批准的《上海市城市总体规划（1999-2020）》明确提出将上海建设为国际经济、金融、贸易、航运四大中心以及现代化国际大都市的战略目标。引自上海市人民政府:《上海城市总体规划（1999-2020）报告》，第二节总体目标，1999年1月，第1页http://www.shanghai.gov.cn/nw2/nw2314/ nw2319/nw10800/nw11407/nw12941/u26aw1100.html，检索时间2018年10月。

② 2018年国务院批准的《上海市城市总体规划（2017-2035）》明确提出将上海建设为国际经济、金融、贸易、航运、科技创新中心与文化大都市，国际历史文化名城的战略目标。引自上海市人民政府:《上海城市总体规划（2017-2035）报告》，第二章第二节目标愿景，第26页。

江于民”的城市转型要求。作为城市欠缺的文化需求，独特的工业空间体验符合人们对文化设施的精神需求。

4.2.2　工业遗产的城市设计思路

4.2.2.1　建筑师观点归纳

从社会经济发展功能需求及公众对于工业遗产城市标志、历史身份认可的角度看，面积占比过大的工业遗产区重新成为城市振兴的重要资产。目前许多城市的工业遗产区更新设计在传统区域规划之下设置城市设计环节，以更好地应对多样的城市发展规律与空间转型要求。例如上海黄浦江东岸公共空间贯通开放建设规划中，针对每一段岸线进行不同主题的城市设计，使黄浦江两岸呈现出缤纷的城市空间景象。鉴于此类项目，笔者本节重点考察建筑师在工业遗产区更新中的城市设计方法，各建筑师设计思路要点总结见表4-2-2。

工业遗产城市设计思路要点总结　　表4-2-2

建筑师	观点
钟冠球	1. 保留原有生产、生活记忆与痕迹，符合当代的城市社会发展使用需求； 2. 保持开放性，激发遗产活力； 3. 允许个性存在，不完全从遗产保护的角度出发，欢迎新的内容，允许新旧共存； 4. 提倡工业遗产城市更新的微改造，不大拆大建； 5. 政府政策：由政府主导的工业遗产城市更新应当树立正确的改造范例，并对民间改造进行一定的规范要求； 6. 公众保护意识：允许社会力量介入遗产的保护与更新，进而正确地引导公众意识，增强地区活力； 7. 建筑师、规划师应当更多地关注遗产改造与城市之间的相互作用关系，而不仅仅是具体的技术手段、空间特征
何健翔	1. 考虑如何激发大家对于遗产保护的关注，建立普遍的公众保护意识； 2. 提倡点式、阶段性的介入，给予工业遗产自我成长、自我更新的过程，反对纯粹商业化投资的园区改造； 3. 保持对未来的开放性
陈倩仪	1. 通过运营使工业遗产创意园区成为城市最有活力的共享空间； 2. 对于私人投资的创意园区，总的投入是有限的，在遵守规范的同时，希望可以得到一些政策上的扶持； 3. 注意再利用的产业定位
柳亦春	1. 综合考虑城市区位与未来城市功能定位需求； 2. 评估工业遗产既存空间质量与文化价值； 3. 再利用产业定位与城市发展的结合与互动
章明	1. 考虑城市发展定位、未来功能定位，契合居民文化精神需求； 2. 评判工业遗产价值，确定保留利用方式； 3. 根据场地功能要求，确定适宜的厂房尺度，做增量或减量处理； 4. 考虑历史文脉（尽量地留存与保护，减少拆除）、边界开放度（增加开放程度）等问题； 5. 妥善解决土地产权转化问题，给予适当的优惠政策，考虑工业遗产改造利用如何合理地进入市场； 6. 通过设计与脉络梳理，使工业遗产区慢慢成为城市有机的一部分，包括它的融入度、协调度、共享度等

续表

建筑师	观点
李匡	1. 原则：既能将工业遗产有价值的部分留下来，又可以与城市发展很好地融合在一起，遗产保护与城市发展综合考虑； 2. 通过价值评估，确定保留建筑与保留方式； 3. 遗产区与城市关系：土地出让方式、城市道路规划、产业定位、环境保护； 4. 务实的设计思路：工业遗产的城市设计不是一个理想化的东西，要是太理想化，结果可能适得其反
薄宏涛	1. 符合城市整体规划的发展定位； 2. 制定长期的城市更新发展战略，不断动态更新，保持与整个区域的定位匹配； 3. 遗产区全面与城市相衔接：交通、产业、生态、生活、生产，达成从工业性到城市性转变； 4. 周期性的评估系统，保证活力
山东意匠建筑公司建筑师A	1. 整体设计要符合规划局、文物局等政府政策，符合政府发展要求； 2. 成本控制很重要，需要政府在容积率、绿化率等方面给予适当的放松； 3. 增强公众对于工业遗产的保护意识

根据访谈对工业遗产城市设计思路进行总结如下：

（1）结合城市发展定位：工业遗产改造利用的功能产业定位要与城市发展结合与互动；

（2）价值、空间质量评估：认定和评判遗产价值，评估遗产的既存空间质量；

（3）遗产与城市之间的相互作用关系：考虑工业遗产场地环境、历史文脉、开放程度等因素，通过设计与文脉梳理，使工业遗产成为城市有机的一部分；

（4）政府政策：妥善解决土地转化问题，在容积率、绿化率等指标上给予适当的优惠政策；

（5）遗产的当代性表达：升华旧的价值，允许新的创作，通过富有创意与启发性的干预措施，使工业遗产具有新的当代价值；

（6）社会参与：允许社会力量、社会资金参与工业遗产的保护与改造中，树立正确的公众保护意识；

（7）长效更新机制：构建持续发展模式，制定长期发展计划，通过艺术干预与商业合作等措施，长期培养遗产区的特色与文化，使遗产建筑与社区更具有吸引力，鼓励经济增长与外来投资。

4.2.2.2　设计思路分析总结

笔者根据表4-2-2总结的建筑师设计思路的顺序整理与观点次数制作下图（图4-2-2），标号代表设计思路顺序，圆饼比例代表被提到的次数。

通过图表可以得知：

（1）建筑师认为遗产与城市发展定位结合比设计本身的创意性更为受重视（未来城市发展定位与遗产的当代性表达占比最高）；

（2）遗产价值与空间质量评估、场地环境、文脉关系是建筑师认为城市设计实际操作的目标方向；

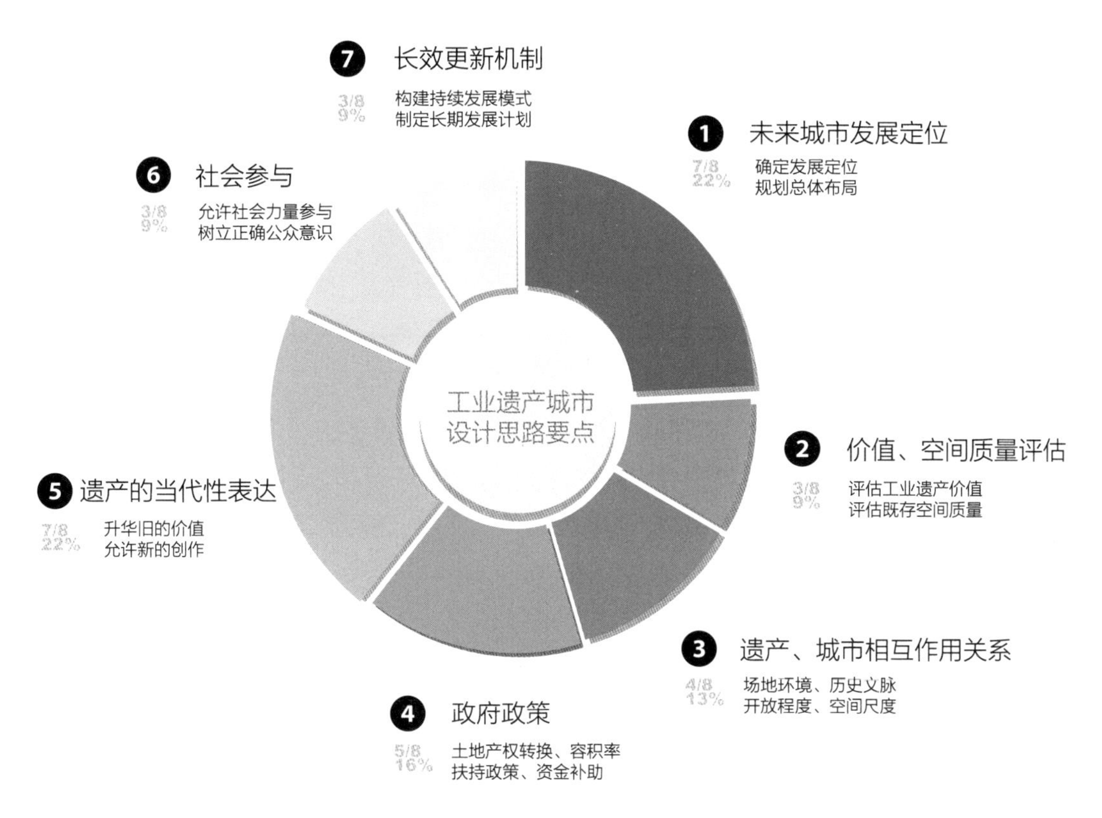

注：编号代表工业遗产改造的指导顺序，比例代表被提到的次数。

图4-2-2　工业遗产城市设计思路要点

（3）政府政策引导对于遗产的改造会有较大的影响；

（4）社会力量的参与和长效更新机制的建立可以确保改造的长期发展。

分析建筑师认知下的工业遗产城市设计思路可以发现，其更偏重于遗产与城市发展的结合与空间设计的表达，而价值评估、社会参与等相对较弱，侧面反映了遗产改造和再利用设计多元参与的重要性。

4.2.3　重点城市工业遗产城市设计思路考察

在访谈中，同一地区的建筑师们在讲述城市设计思路时常常会不约而同地提起某些相同点。例如，珠三角（广深）的建筑师钟冠球、何健翔、陈倩仪共同提到了社会力量介入、政府政策引导、公众意识等问题；上海的建筑师章明、柳亦春则会注重于工业遗产区与城市发展定位的结合；北京的建筑师李匡则会更多地关注工业遗产本身的价值与展示，从而带动经济发展。因此本节笔者将通过对珠三角（广深）、上海、北京三座城市工业遗产改造案例的统计分析与建筑师观点的整理，共同探讨不同城市工业遗产城市设计的特性与共性。

4.2.3.1　开发主体与功能类别各城市对比

笔者统计了广州、上海、北京三地工业遗产改造案例，总结了各城市工业遗产所属工业行业（图4-2-3）、开发主体（图4-2-4）、改造功能类别（图4-2-5）以及工业部类。

广州工业遗产改造项目统计：共计31个改造案例，21个属于轻工业行业，10个属于重工业行业；开发主体包括5个由国有资产经营公司或政企合作开发，9个由原工业企业与私营商业公司合作开发，17个由私营商业公司开发；改造类别包括24个文化创意园，5个商业、酒店、办公，2个博物馆。

上海工业遗产改造项目统计：共计57个改造案例，30个属于轻工业行业，27个属于重工业行业；开发主体包括20个由国有资产经营公司或政企合作开发，6个由原工业企业与私营商业公司合作开发，31个由私营商业公司开发；改造类别包括25个文化创意园，14个商业、办公，17个博物馆类公共文化设施，1个学校。

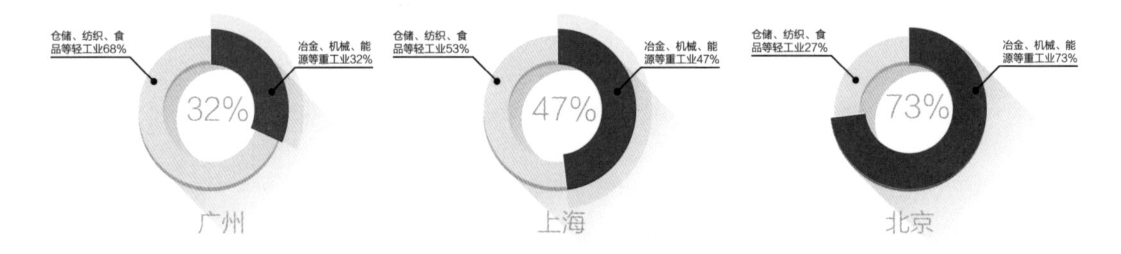

图4-2-3　工业遗产所属行业各城市对比图

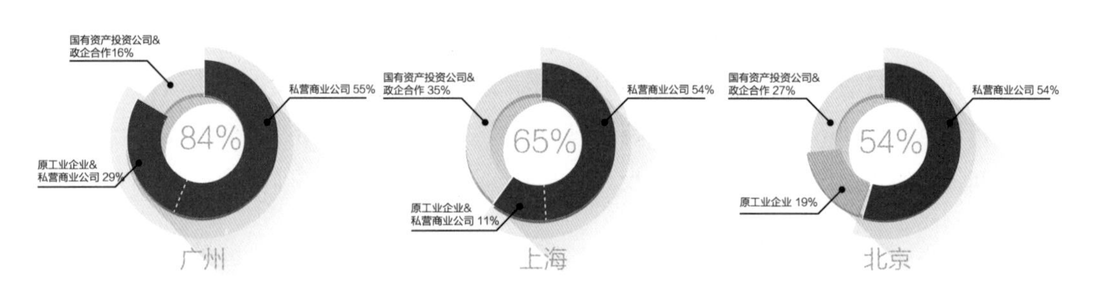

图4-2-4　工业遗产开发主体各城市对比图

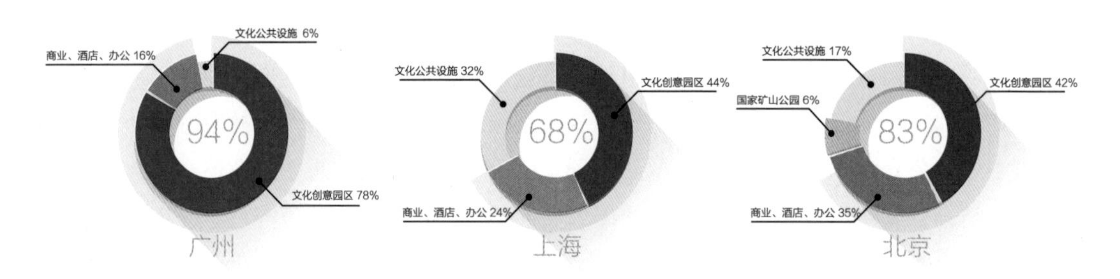

图4-2-5　工业遗产改造功能类别各城市对比图

北京工业遗产改造项目统计：52个改造案例，14个属于轻工业行业，38个属于重工业行业；开发主体包括14个由国有资产经营公司或政府投资开发，10个由原国有企业改制后企业投资开发，28个由私营商业公司投资开发；改造类别包括22个文化创意园，18个商业、酒店、办公，9个博物馆类公共文化设施，3个矿山公园。

通过上图对比可以得出以下结论：

广州：工业部类以纺织工业、食品工业、仓储工业等轻工业为主，占比达68%；改造功能选择以文化创意产业为主，占比78%，商业、办公、酒店等占比16%，文化公共设施只有2例，占比6%；开发主体以民营资本为主，占比84%（包括私营企业开发、原工业企业与私营企业联合开发两类），有政府投资背景的案例较少，占比16%。

上海：工业部类轻重工业占比均衡，其中轻工业为53%，重工业为47%；改造功能选择较为平均，其中改造成为文化创意产业占比44%，酒店、办公类占比24%，文化公共设施类占32%（文化公共设施以文化、艺术展览为主，如西岸艺术中心、艺仓美术馆等）；开发主体国有资产投资公司和政府投资占35%，私营企业、原工厂企业与投资发展公司合作占65%。

北京：工业部类以电子、精仪、电器、能源、冶金等重工业为主，占比达73%；改造功能类别文化创意产业占42%，商业、酒店、办公占35%，国家矿山公园占6%，文化公共设施占17%（包括工业博物馆与艺术博物馆两类，工业博物馆有首钢博物馆、铁道博物馆，自来水博物馆等，艺术类博物馆包括今日美术馆、悦美术馆、寺上美术馆，以及798艺术区中木木美术馆、尤伦斯当代美术馆等）；开发主体中，政府投资公司及政府部门投资占27%，由原工业企业改制后国有公司开发占19%，私营企业占54%。

4.2.3.2　北京工业遗产城市设计思路考察

1）保护与发展系统考虑的工业遗产城市设计

中华人民共和国成立后，为满足国家的发展要求，北京形成了以重工业为中心，国有经济与集体经济为主体的完整工业布局。至20世纪90年代，随着产业结构的转型，北京开始逐渐鼓励城区工业企业外迁。今天，北京作为中国文化政治中心，如何有效地保护和利用城区工业遗产成为城市发展面临的重大难题，以酒仙桥地区718联合厂、垈头地区北京焦化厂与石景山地区首钢园区为代表，它们有着地理位置优越、占地面积大、封闭厂区环境复杂、建筑风貌独特的特征。当这类封闭大型工业厂区向城市开放时，必将全方位多层次地与城市交通、功能、景观等城市设计因素进行碰撞与衔接。

在重大课题组的统计中，北京工业遗产部类以能源、冶金、电子等重工业为主，其各类再利用功能比例相对上海、广州较为平均，值得注意的是文化公共设施中以工业为主题的博物馆较多，符合其工业文化城市的定位。另一方面在北京工业遗产改造利用开发主体中，政府投资公司及政府部门投资占比26%，由原工业企业改制后国有公司开发占比19%，私营企业占比55%，相对于上海、广州可以发现，北京工业企业多为大型国企，实力雄厚，有能力对所属厂区进行开发；重工业厂区面积过大，政府无力支付大额土地出让金，而由原工厂企业进行开发也更易于解决厂区职工人员的再就业等现实问题，因此由原企业投资开发的工业遗产改造成为了北京的一大特色。此节，笔者以首钢集团主持开发的首钢园区改造为例，总结北京工业遗产城市设计思路及要素。

2）首钢园区城市设计思路——从工业性到城市性

首钢园区位于长安街西侧终点，占地8.63平方公里，是北京规模最大、环境最复杂的工业遗存区（图4-2-6），其改造利用如何与城市的发展、生活结合，对建筑师来说是一个极大的挑战[①]。在此背景下，首钢开发以首钢遗产价值判断与保护利用策略为基本依据，通过城市设计弥补与缝合控制性详细规划与单体建筑、环境设计间的裂痕，既有效保护工业遗产核心价值，又与城市发展需求形成良好的融合，以城市织补理念为指导，展现自然与工业和谐共生的城市风貌[②]。根据现状要求，筑境设计主持建筑师薄宏涛提出了从工业性到城市性的核心改造理念，表示："首钢过去是一种封闭大院的形式，它跟城市之间的这种关联远远不是说一道大门所能解释的，它自己内生系统的完善性和周围城市交通系统、产业系统以及一些经济活动相互之间的组合是非常复杂的。"

华清安地主持建筑师李匡也表达了相同的观点，老首钢区域的改造复兴必须与城市发展相结合，表示："如何能够有效地保护遗产有价值的部分，或者说将有代表性的遗产留下，然后又符合新的城市发展需求，能够将两者很好地融合在一起，平衡遗产保护与城市发展两者的关系，需要做一个综合考虑。"

为了更综合地解决老首钢地区转型问题，设计师们尝试从保护措施、用地布局与规划管控、土地出让方式、交通路网规划、环境保护、产业定位等方面对首钢转型做出综合设计。

（1）保护措施：通过历史研究梳理场地信息，对首钢工业遗存进行价值评估，确定分级保护利用的原则。遵循北京市政府提出的工业遗存能保就保、能用则用的原则，对首钢工业

---

① 针对老首钢园区的改造复兴设计，笔者选择华清安地主持建筑师李匡与筑境设计主持建筑师薄宏涛进行以工业遗产改造为主题的访谈，被访的两位建筑师均主持或参与过首钢园区内的工业遗产保护利用规划编制、城市设计以及单体设计，具有权威的话语权，能够最大限度地还原首钢园区改造设计的思考过程。

② 设计要求详见中共北京市委办公厅，北京市人民政府办公厅《加快新首钢高端产业综合服务区发展建设打造新时代首都城市复兴新地标行动计划（2019年—2021年）》："加强重点区域城市设计要求，推进长安街西延长线城市设计进程，落实建筑风貌、道路景观等方面要求，融入冬奥元素，展示大国首都形象。提升永定河两岸生态风貌，重点改善冬奥广场片区和群明湖、秀池面貌，营造山水融城的自然生态环境。在首钢园区，运用城市织补理念，以新旧空间对比延续首钢'素颜值'工业之美，展现石景山'绿颜值'独特魅力，强化高炉雄风、石景山色、绿色长安、永定河滨等山、水、工业遗存共生的城市风貌"，京办发〔2018〕30号，第三节第一条第二点，2019年2月14日，http://www.beijing.gov.cn/zhengce/wenjian/ 192/33/50/438650/1573657/index.html，检索时间：2019年2月。

图4-2-6　首钢石景山工业区区位示意图

园区进行保护[①]（图4-2-7）。

（2）用地布局与规划管控：强调区域整体发展与场地文脉综合考虑。一方面，以长安街功能轴线与景观生态轴为城市发展轴线；另一方面，综合考虑厂区内现有文脉特征，以斜向物流通道线为新区域空间轴。同时设立工业遗产保护核心区，纳入主要的工业流线遗存，对于处于非保护核心区的具有工业流线重要价值的单位，采取点式保留，尽可能将其与公共绿地相结合，利于开发利用。同时进一步创新城市更新规划管控体系[②]，在保证开发强度的前提下，增加规划实施弹性。在一些重点建设项目中，采取先进行方案设计，经过审核后，反推规划指标条件的方式，逐步探索更新规划新模式。例如在工舍精品酒店改造设计中，先进行酒店设计方案，由专家审核认可后，规划局再给出相关的设计指标。

（3）土地出让方式：传统的土地出让方式是由政府收储工业用地，变更土地性质，对土地进行三通一平，经招、拍、挂进行市场化的出让与转让程序。在首钢园区土地出让过程中，根据国务院办公厅下发的《关于推进城区老工业区搬迁改造的指导意见》与《北京市人

① 保护要求详见：中共北京市委办公厅、北京市人民政府办公厅印发的《加快新首钢高端产业综合服务区发展建设　打造新时代首都城市复兴新地标行动计划（2019年—2021年）》第二节第一条："推进文化融合传承，实现文化复兴。按照工业遗存能保则保、能用则用、分区分类、保用结合的原则，对老工业文化脉络进行保护，传承山、水、工业遗存特色景观体系，形成整体特色风貌。"

② 规划要求详见：中共北京市委办公厅、北京市人民政府办公厅印发的《加快新首钢高端产业综合服务区发展建设　打造新时代首都城市复兴新地标行动计划（2019年—2021年）》第三节第一条第三点："进一步创新城市更新规划体系要求，结合城市更新特点要求，优化规划审批模式，在保持规划指标刚性、控制开发强度前提下，增加规划实施弹性，下放相关审批权限，充分利用现有工业资源进行织补改造，不搞大拆大建，服务老工业区城市更新。积极运用规划管控模型，严格控制建设规模，合理安排建设时序。"

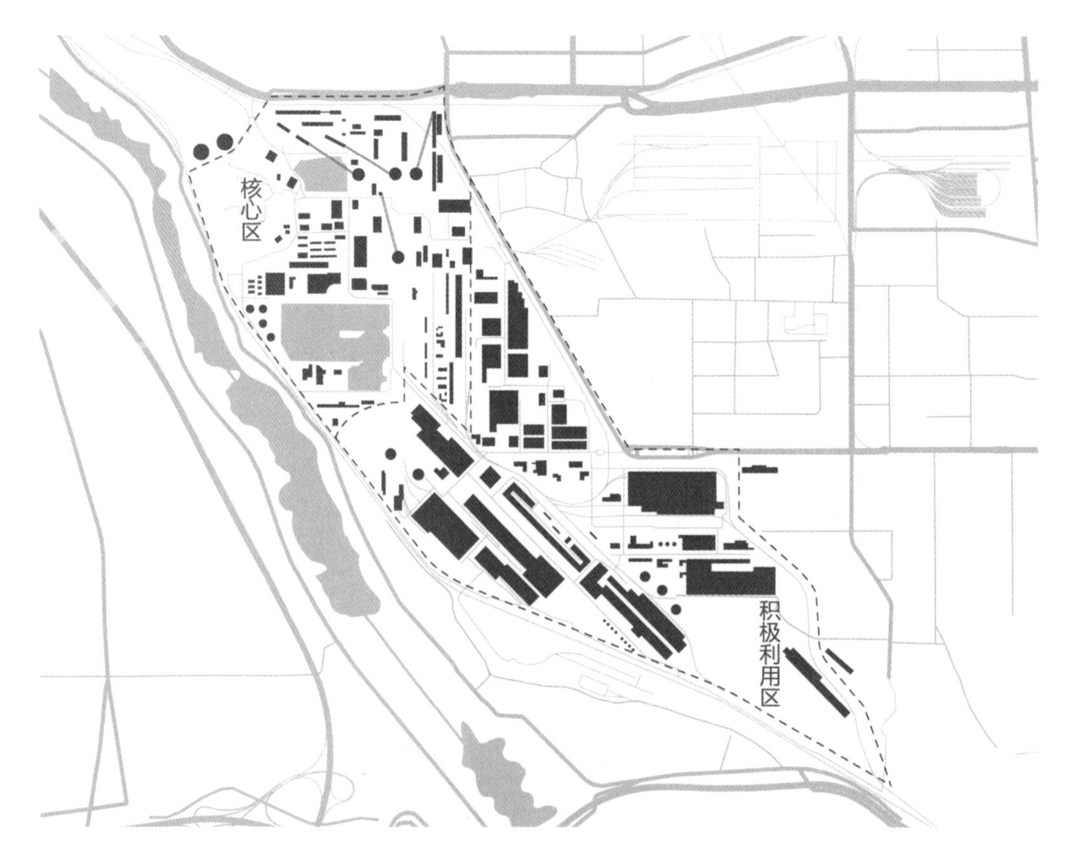

图4-2-7　首钢工业遗产保护区平面
（北区为工业遗产核心保护区，南区为积极利用区）

民政府关于推进首钢老工业区改造调整和建设发展的意见》[①]规定，“国家给予首钢以协议出让方式供地的政策，使得首钢园区成为本区最大的土地供应方与持有方”，符合首钢发展规划的产业，可采取协议出让方式供地；对于非营利性城市基础设施用地，采取划拨用地的方式；对于F类多功能用地，可以采取灵活供地方式；对于住宅用地需上市拍卖，首钢拍得由首钢开发，其他单位拍得，土地出让金可用于首钢的保护与发展。此政策极大地保证了首钢园区的运营与收益。

（4）交通路网规划：原有工业厂区内公路、铁路、原料运输流线与新的城市网络化道路相互冲突，厂区路网与新城市路网如何衔接成为城市设计的一大挑战。首钢厂内交通道路原为服务物料运输，采取道路、铁路、运输带结合的交通系统，路网并不规整，与城市

① 土地出让方式要求详见北京市人民政府：《北京市人民政府关于推进首钢老工业区改造调整和建设发展的意见》（京政发〔2014〕28号）第三节政策措施，“利用首钢老工业区原有工业用地发展符合规划的服务业（含改扩建项目），涉及原划拨（或原工业出让）土地使用权转让或改变用途的，按新规划条件取得立项等相关批准文件后，可采取协议出让方式供地。经行业主管部门认定的非营利性城市基础设施用地，可采取划拨方式供地。对于首钢老工业区范围内规划用途为F类的多功能用地，可采取灵活的供地方式”，2014年9月，http://www.beijing.gov.cn/zfxxgk/110001/szfwj/201409/24/content。

空间形态差距较大。在向城市开放的过程中，对于城市交通干道应予以优先安排；对于次级城市道路规划需要根据工业遗产区内道路现状作出部分调整，同时厂区内道路狭窄、曲折，不符合城市道路宽度要求等问题都需要与规划部门进行沟通，可以从退线、绿化等方面进行协调；对于铁路网可以按照工艺流程作为工业旅游线路使用，总体来说交通路网的衔接需要与城市发展相互平衡。以薄宏涛建筑师为首的筑境设计团队曾对首钢进行了一次区位交通基础分析，认为由于首钢的封闭式存在，造成了首钢周边区域的梗阻，交通、产业均无法相互联系，薄宏涛认为："随着首钢的城市化，整个区域将被激活，能够有效地联系南面的丰台、北面的海淀，等到门头沟跨河一旦完成，那么东西向通行仅仅需要两三公里，大大拉近了城市的距离，这个时候城市性就达成了，它的交通、产业能够融为一体，原来梗阻的部分能够重新焕发活力，它的更新不单单是解决首钢内部的问题，更是一个带动城市发展的过程。"

（5）环境保护：冶金工业产生的重金属污染从水体、土壤、空气等各方面对人体与环境生态造成了严重影响。在首钢北区开放景观改造规划设计中，通过植被等方式改善环境污染。

（6）产业定位：经济上首钢集团需要稳定的收入，仅以遗产公园门票等公益形式收入等无法支持企业运转。因此对于首钢的发展定位以京津冀协同发展为大背景，着力发展以高端研发科技园区+文化创意办公区+国家工业遗存纪念地为产业的北京西部次区域中心。在北京市政府2019年发布的《加快新首钢高端产业综合服务区发展建设　打造新时代首都城市复兴新地标行动计划（2019年—2021年）》中，明确了将努力实现超大城市中心城区文化复兴、产业复兴、生态复兴、活力复兴（图4-2-8）。

在首钢转型过程中，冬奥会的助推是转型成功的重要因素。在首钢西十筒仓改造结束后，由北京市政府推荐，冬奥组委会对首钢进行了全面评估，最终将首钢北区定为冬奥会组委会办公驻地，并提出了绿色奥运、节俭奥运的口号，对首钢的改造复兴给予了极大的推动。此外北京市对于首钢地区的高标准规划以及首钢地区优越的自然交通条件都将是首钢成功转型的重要推力，我们有理由相信首钢园区会进入一种良性更新状态，成为国内具有长远规划目标的工业遗产更新示范区。薄宏涛建筑师对此说道："希望通过一些大型的城市事件作为推动力，让这块土地完全融入城市的系统里面去，它的生活、它的经济、它的产业、它的空间、它的交通、它的方方面面，都希望能够变成北京市城市的一个重要的有机的组成。而且我们也希望通过奥运这种重大事件的介入，使它未来在产业方面完成一个高素质的提升，不单单解决自己的更新，同时能够辐射周边，为整个北京西区的总体产业结构的二次提升提供一个帮助。"①

① 内容源于2018年12月天津大学中国文化遗产保护国际研究中心师生参观首钢园区改造时薄宏涛建筑师的讲解，参观人员包括徐苏斌、刘宇、马斌、于磊及笔者。

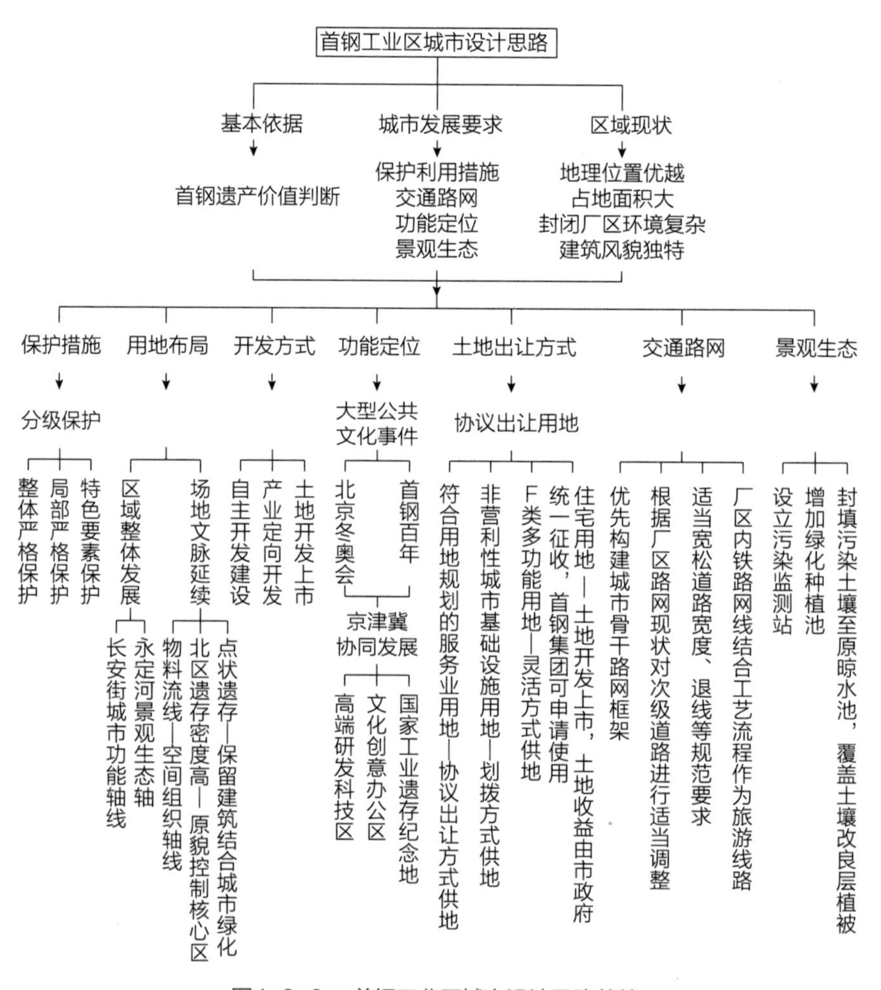

图4-2-8　首钢工业区城市设计思路总结

4.2.3.3　上海工业遗产城市设计思路考察

上海作为中国近代民族工业的重心，工业类别以航运、仓储等轻工业部类为主，厂房大多沿黄浦江与苏州河两岸分布。自2002年黄浦江两岸地区综合开发，至近年《黄浦江两岸地区公共空间建设三年行动计划（2015年—2017年）》的提出，标志着黄浦滨江转型的开始。在重大课题组的统计中，上海工业遗产改造项目共有57例，改造功能包含了公共文化设施、创意产业园、商业办公等，其中32%比例的公共文化设施（共计17个），相较于其他两个城市最为突出，细分其公共文化设施组成，12个为艺术文化类展览博物馆[①]，5个为主题类博物

① 城市雕塑艺术中心、上海当代艺术博物馆、西岸艺术中心、余德耀美术馆、苏河艺术馆、雅昌艺术中心、韩天衡美术馆、相东佛像艺术馆、民生码头八万吨筒仓、上海油罐艺术中心、艺仓美术馆、船厂1862。

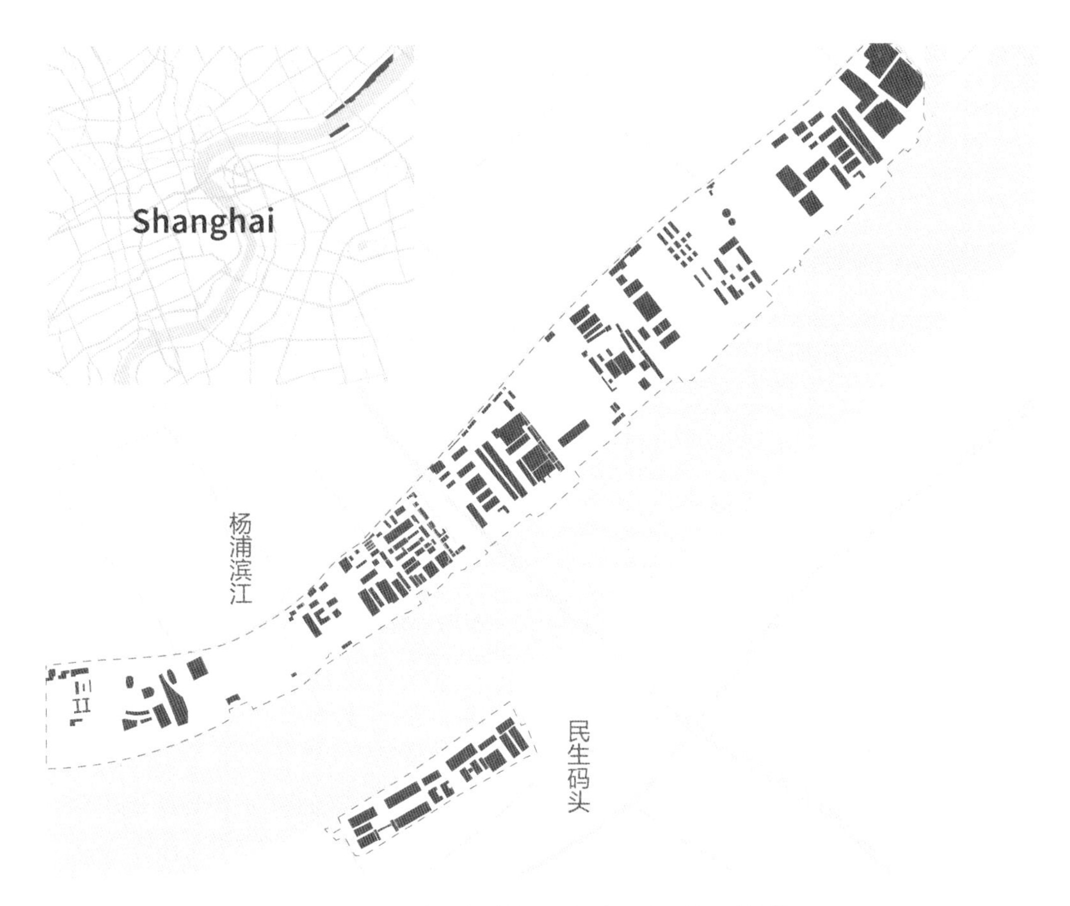

图4-2-9 上海杨浦滨江及民生码头区位示意图[①]

馆[②]。上海私营资本（65%）与政府资本（35%）投入案例，相对平衡；同时在对上海建筑师访谈时，同济大学教授章明、大舍建筑事务所建筑师柳亦春均表示工业遗产改造要与未来城市发展定位相结合，在滨河滨江两岸将工业遗产打造为滨江公共文化空间走廊，城市内部的工业厂房则积极鼓励创意文化产业，与上海市城市发展目标“繁荣创新、幸福人文、韧性生态之城”相匹配。本节，笔者将以杨浦滨江改造与民生码头改造为例（图4-2-9），阐释上海滨江工业遗产城市设计思路。

1）杨浦滨江公共空间城市设计思路

本小节以章明教授主持的上海杨浦滨江段城市设计为例，讲述上海滨江工业遗产与文化

① 章明教授为上海杨浦滨江段贯通工程总建筑师、总体顾问，主持设计了杨浦滨江公共空间一期改造；二期改造由上海大观景观设计有限公司主创杨晓青主持。

② 四行仓库抗战纪念馆、宝钢大舞台、上海自来水科技馆、苏州河工业文明展示馆、船厂1862。

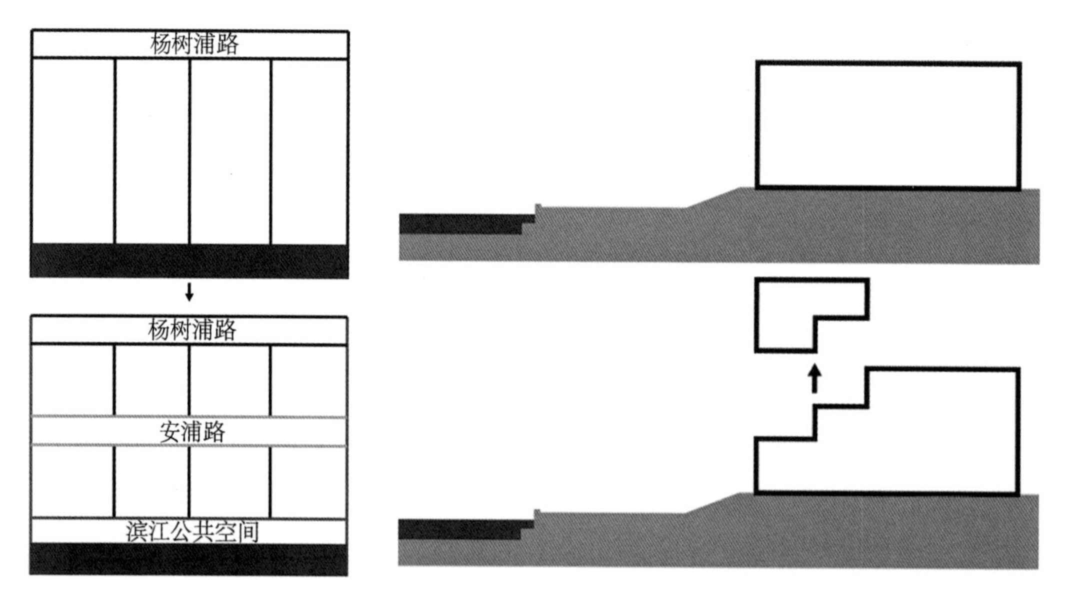

图4-2-10　杨浦公共空间道路规划—增设安浦路

图4-2-11　杨浦滨江公共空间建筑体量增减示意图

公共空间相结合的思考过程。杨浦滨江见证了上海工业的百年发展历程①，为了使这段历史得到传承，建筑师将发扬与保护工业遗产价值作为整个设计工作的核心。杨浦滨江沿杨树浦路以南的滩涂全部为一间一间的工厂，纵深约300～500米，它们以杨树浦路为陆路运输，以黄浦江为水路运输，可以说是上海工业的发源地，支撑了整个上海的工业基础。

在上海城市规划中确定了“以工业传承为核心，打造生态型、生活化、智慧型的杨浦滨江公共空间”②，一方面在“还江于民”的政策指导下，在杨树浦路与黄浦江之间增设了一条安浦路（图4-2-10），同时延伸纵向路网，完善街区可达性，构建步行网络，打造亲水公共空间；规划上将安浦路以南50米左右大量区域作为城市滨江开放空间，将区域内的厂房厂区转变为城市滨江的公共服务设施。具体方案首先是对场地内建筑、设备设施与工业构筑物进行价值评估与筛选、保留工作，尽可能地保留工业遗产；其次是功能置换，引入一些新的文化创意功能，能够与公众产生更好的互动。从城市角度考察，滨江一线的建筑密度不宜过大，在这种前提下，老厂房的尺度是适宜的，其中小尺度的厂房可直接改造利用，而大尺度的厂房会对其体量进行适量的削减（图4-2-11）。例如原烟草公司机修仓库的改造，改造前

① 原文为：目前，在杨浦滨江南段，规划保护、保留的历史建筑共计24处，共66栋，总建筑面积26.2万平方米，除此外还保存一批极具特色的工业遗存，如中国最早的钢筋混凝土结构的厂房（怡和纱厂废纺车间锯齿屋顶，1911年）、中国最早的钢结构多层厂房（江边电站1号锅炉间）等。引自：吴春花，章明，秦曙，王绪男．杨浦南段滨江的更新贯通之路［J］．建筑技艺，2017（11）：34．

② 上海市政府于2003年正式批复了杨浦滨江南段控制性详细规划，确立了“历史感、智慧型、生态型、生活化”的规划设计理念，形成了“一带四心、四轴”的空间架构。转引自：吴春花，章明，秦曙，王绪男．杨浦南段滨江的更新贯通之路［J］．建筑技艺，2017（11）：36．

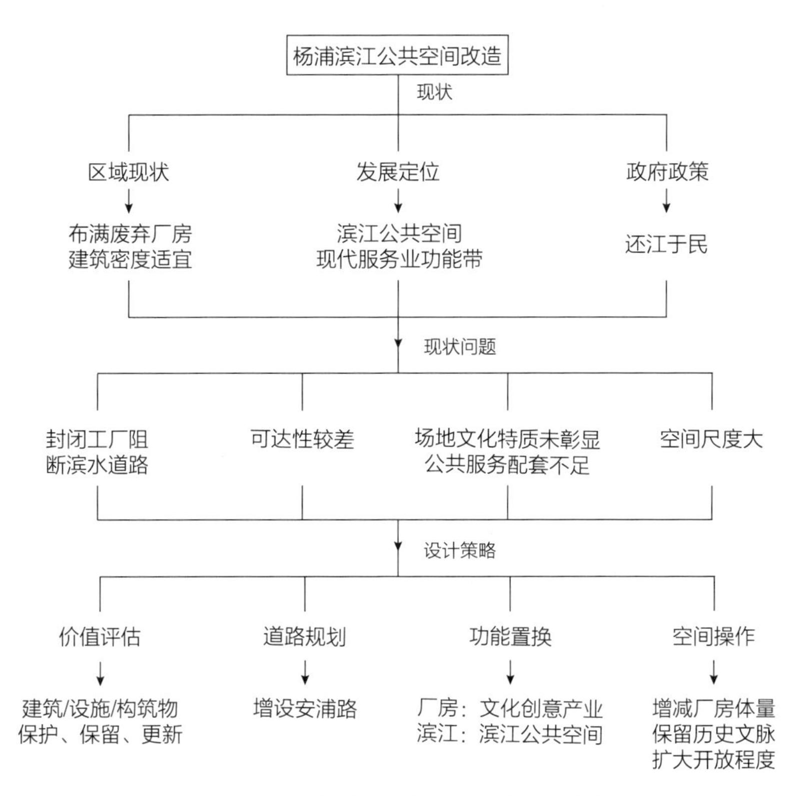

图4-2-12　杨浦滨江公共空间改造城市设计思路

是23000平方米，改造后缩减到14000平方米。正常来说大部分厂房因为内部空间大，可以做到50%～100%的增量，然而在滨江设计中，如果厂房距离江边过近且尺度过大，建筑师实际上是做削减处理。建筑师表示无论作缩量或增量，都需要以滨江开放空间的诉求为前提条件，并不是越多越好，要考虑历史文脉、边界开放度等问题（图4-2-12）。

2）浦东民生码头工业区城市设计

大舍建筑主持建筑师柳亦春则以浦东民生码头8万吨筒仓讲述工业遗产城市设计如何与区域产业定位相结合。他认为如何明晰一个区域的产业定位，是工业遗产城市设计很重要的工作，说道："民生码头项目开始由政府开发公司主导，做过很多轮国际竞赛，但都没有采纳，最重要的问题就是改造定位不清晰，没有明确的产业定位。"通常城市区位产业策划会委托咨询公司，比如麦肯锡策划公司在做大范围的城市区域策划时，会把经济要素变成一个重要的考量标准，做大量的经济模型分析与市场调研，但没有办法根据既有空间反向思考产业定位。因此民生码头在建筑师的策划下采取工作营方式，以建筑师为主导，邀请三个团队：一组以掌握国际优质业态资源的OMA[①]亚洲公司牵头；一组为研究城市再生课题的日本

① 荷兰大都会建筑事务所亚洲公司。

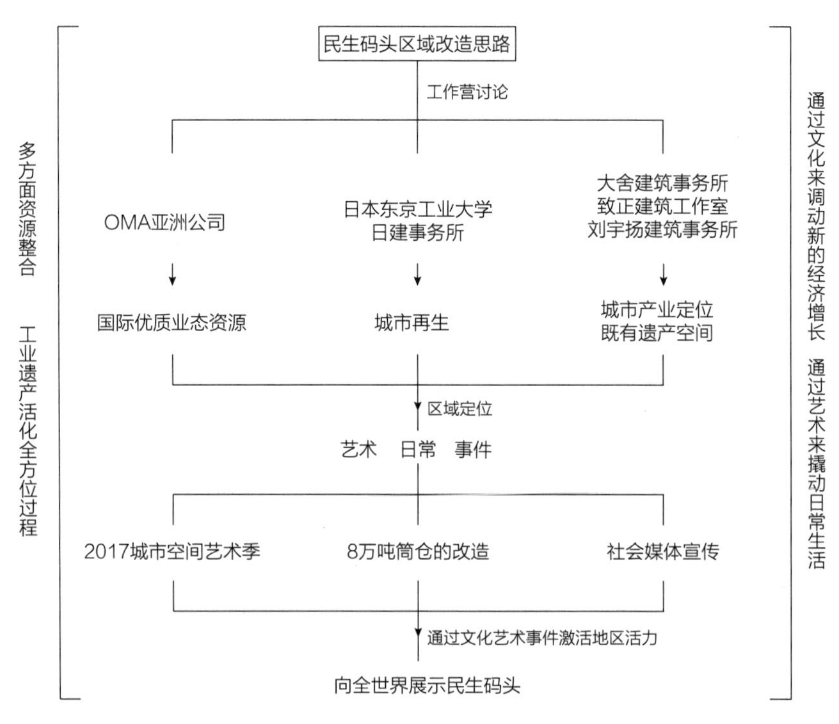

图4-2-13 民生码头工业遗产城市设计

东京工业大学岸田幸一教授与日建事务所，从日本城市更新角度来看民生码头8万吨筒仓改造的方向；另一组以上海建筑师团队为主，包括了大舍建筑设计事务所、致正建筑工作室、刘宇扬建筑事务所，同时增加了策划公司，通过建筑师与策划师的紧密联系，统一共享背景资源。三个团队分头做方案，定期讨论，形成共识，最后整合为一个方案，帮助业主将民生码头确定成为一个以艺术、日常、事件这三个关键词为中心的区域定位（图4-2-13）。追溯其以艺术定位的根本原因就是上海进入了后工业时代，城市发展定位以创意文化为支柱，通过文化来调动新的经济增长，通过艺术来撬动日常生活，通过艺术使这片区域里住户、商户的生活方式得到更新，使艺术变成日常生活的一部分，最后通过社会媒体宣传等多方面资源融合，达到工业遗产地的复兴。建筑师表示："城市空间艺术季这次事件只占用了部分空间，但通过这次事件把整个民生码头向全世界展示出来，也通过多方面的资源融合，来使工业遗产活化，这个过程就是在完成一个工业遗产区的城市设计，它是一个全方位的过程。"

3）依据城市生产生活定位的工业遗产城市设计思路

2018年编制完成的《上海城市总体规划（2017-2035年）报告》[①]将上海的城市性质定义

① 参见 上海市人民政府:《上海城市总体规划（2017-2035）报告》，2018年1月4日，http://www.shanghai.gov.cn/nw2/nw2314/nw32419/nw42806/index.html，检索日期：2018年10月。

为卓越的全球城市，明确提出了促进黄浦江、苏州河沿岸用地转型，打通滨江、滨河公共空间通道，打造世界级滨水区的发展要求。随着城市经济转型，加速了黄浦江两岸产业结构的调整，黄浦江两岸的功能重塑成为上海城市发展的必然选择。以黄浦江东岸为例，几乎所有的滨江战略地段全部进行了城市设计，整条岸线被分为文化长廊、多彩画卷、艺术生活、创意博览与生态休闲五大特色区域，细分为29个城市节点①。因此，上海工业遗产城市设计不是一个简单的形态设计过程，而是一个城市的生活产业的定位过程。

4.2.3.4 珠三角（广深）工业遗产城市设计思路考察

对比珠三角（广深）、上海、北京三地，可以发现以广州、深圳为代表的珠三角地区工业遗产改造以民间资本投入为主，功能大多为创意园区。建筑师钟冠球与何健翔在访谈中均谈及在广州的工业遗产城市设计必须对民间资本进行吸纳，鼓励各方参与，需要政府树立正确的改造范例与引导政策，同时要提高公众对于工业遗产的保护意识。

竖梁社工作室建筑师钟冠球表示在民间资本活跃的珠三角地区，政府一方面应当出台一定的政策去吸引民间资本参与工业遗产的保护利用，这样可以使工业遗产更具有活力与多元性；另一方面应当由政府树立正确的改造范例，并对民间改造进行一定的规范，限制大拆大建的行为，并提出城市微改造应当是当下城市更新的优先选择。建筑师钟冠球说道："对比东北老工业基地哈尔滨等重工业城市，改造项目都是由政府或者国企来主导，基本上没有民间的力量，这是因为城市发展没有到这个阶段，政府也没有出台相关政策，但在北、上、广、深，由于市场经济活跃、民间资本强盛，其城市设计的思路也会发生改变，因此要根据不同城市的实际情况确定相应的改造策略。"

源计划工作室建筑师何健翔表示广州民间资本旺盛，在这种情况下广州的工业遗产改造项目基本上都是私营项目，这种民间资本的介入有利于城市工业遗产的保护利用多元化发展。同时建筑师表示当下广州市政府对于工业遗产改造政策与规范仍不完善，指出："当前政府允许的土地使用期限太短，不可能有一种长远的文化预期，但如果有好的政策与投资，而且不要求马上有利益上的回报，那应该会取得成功。"源计划事务所同时参与了红专厂早期的项目改造，表示在亚运会时广州有了第一次对于工业遗产保护利用的尝试，但当时也并没有明确地提出保护的概念，红专厂只有为期三年的试营业，由广州美术学院牵头，以文化、艺术为主题。三年后当红专厂真正做起来的时候就产生了许多公众讨论，反而支撑了政府暂时不要拆除红专厂。如同T.I.T创意园，广州产生了与北京798一样的自下而上的城市更新模式，由社会力量对城市更新发展产生了重要的作用。

---

① 包括文化长廊——杨浦大桥滨江绿地、歇浦路8号保留建筑、洋泾绿地、民生艺术港、新华湾、船厂滨江绿地；多彩画卷——陆家嘴北滨江绿地、丰和路节点广场、观鸟湿地浅滩、陆家嘴南滨江绿地、由隆花园住宅、浦东美术馆；艺术生活——东昌绿地、老白渡绿地、艺仓美术馆、北栈绿地、中栈绿地、船坞绿地、南栈绿地、南码头绿地；创意博览——白莲泾公园、庆典广场、世博公园、后滩公园、耀华绿地、前滩国际友城公园、休闲公园、上中路绿地、三林滨江绿地。

1）艺象iD Town——深圳鸿华印染厂城市设计思路

源计划建筑工作室主持了深圳大鹏旅游新区艺象iD Town创意园的整体设计规划，与常规的商业投资式的文创园不同，建筑师在设计iD Town创意园时，并没有按照常规的创意园设计一次性做一个整改，而是点式的、阶段式地介入，使园区有一个自我成长、自我更新的过程。建筑师希望尽可能地保留场地中的时间、空间关系，减少来自建筑师、开发商人为的介入，保持建筑与自然和谐的关系。整体设计规划保留了场地原有的空间布局，以策略性的总图（图4-2-14）为指导方针，通过对外部空间节点进行优化设计引导人流，对于建筑空间也并没有固定的设计方式，而是在保持外观完整的情况下，对内部空间进行不同方式的策略性改造，每一栋建筑都有自己的个性，呈现一种多元与活跃的态度。改造后的创意园分为艺术空间、创意空间、商业空间与学校空间四类，在一期工程中，折艺廊改造将新的装置直接置于老的空间中，通过并置带来了非常强烈的新旧对比，而新与旧之间的空间则为艺术家、设计师提供了未来表演的场所；在二期工程中，满京华美术馆的构想则源于对其建筑剖面空间重新组织的策略，将一个新的建筑体块植入老厂房，形成内外多重空间，将新与旧隔绝。在整个规划建设招商过程中，建筑师始终坚持以文化追求为重点，希望通过不断的文化艺术活动重新激活该区域。

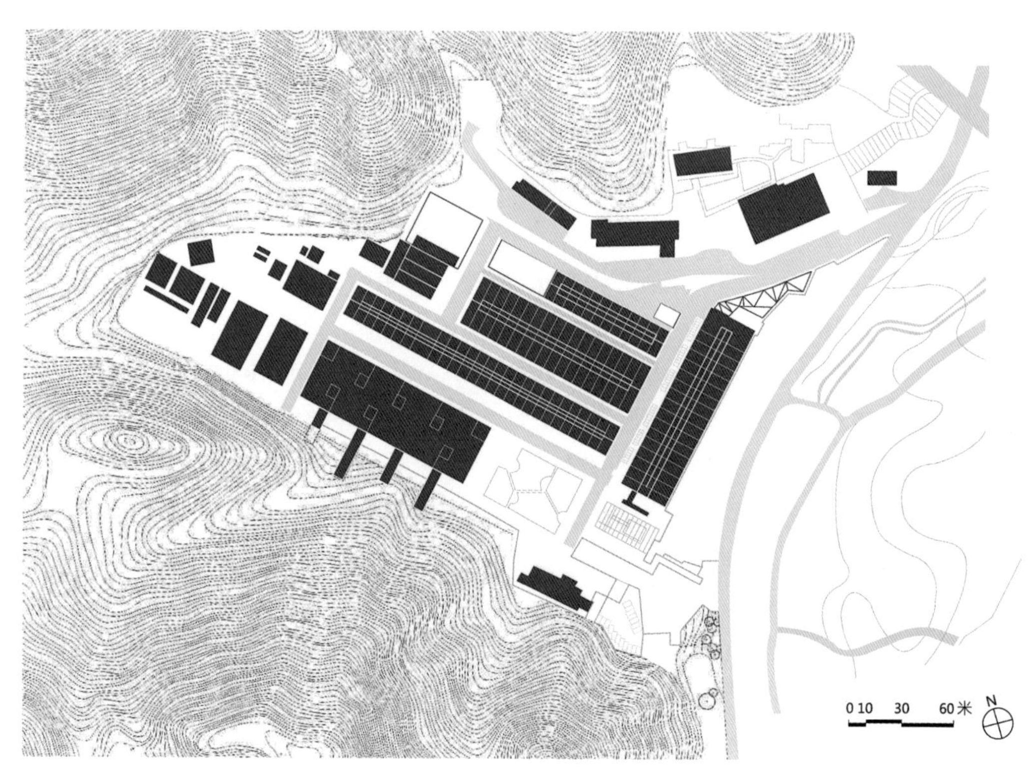

图4-2-14　艺象iD Town 总平面图

2）鼓励与引导民间资本的工业遗产城市设计思路

珠三角地区工业遗产多为轻工业厂房，面积较小，符合民营资本投资可控范围，因此广州工业遗产改造多为民营创意园，以自下而上的更新模式为主，通过阶段式或城市微更新的设计策略完成改造实践。对于珠三角地区，工业遗产城市设计不是简单的设计师的空间趣味和改造手段，城市设计会极大程度地影响城市面貌，它是一种引导手段[①]（图4-2-15），鼓励与引导民间资本对工业遗产进行开发利用，引导社会公众遗产保护意识从简单的对老房子的保护利用到一种社会普遍意义的共识，鼓励工业遗产的微更新，使工业遗产真正意义上活过来。

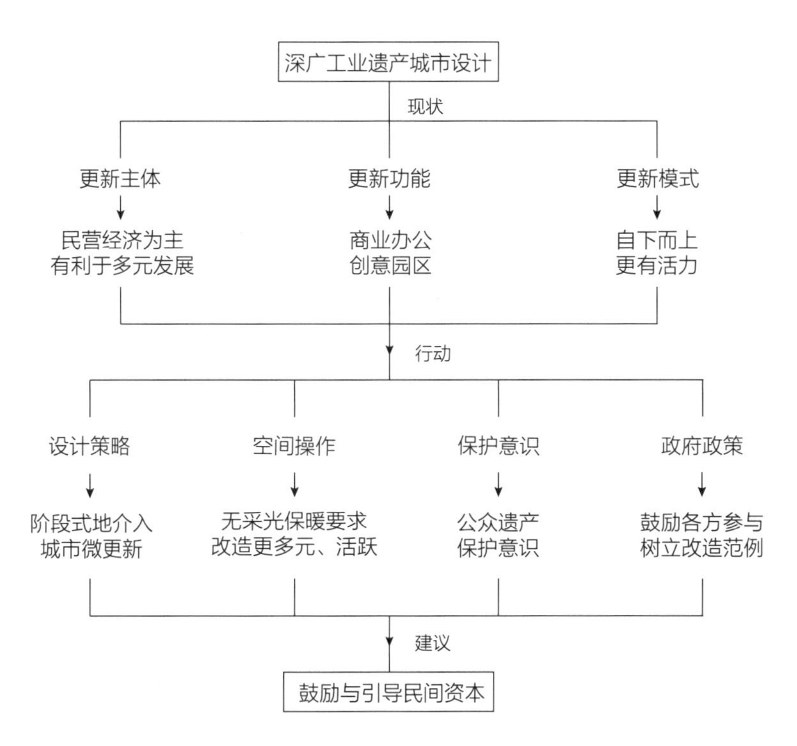

图4-2-15　广州工业遗产城市设计思路总结

4.2.3.5　结语

本节从建筑师价值认知视角出发，考察城市设计层面工业遗产保护利用对于城市的意义及相应的城市设计思路，重点梳理6位建筑师在北、上、广、深地区的实践案例，总结工业遗产城市设计现状与影响因素。

① 此处借用钟冠球建筑师的观点。

城市	工业遗产特征	再利用开发主体特色	改造功能特色	主要矛盾	城市设计思路
北京	市区大型重工业封闭厂区	原工厂国企实力雄厚	功能分布均衡	封闭厂区与城市发展衔接矛盾	遗产保护与城市发展系统考虑
上海	沿江分布轻工业厂房	多元主体	公共文化设施	城市产业发展定位与需求	一个城市生产生活定位的过程
广州	沿江分布轻工业厂房	社会资本实力强大	商业、创意办公为主	社会资本商业追求与遗产保护的矛盾	引导与鼓励社会资本

面向未来而设计的工业遗产城市设计

图4-2-16　不同城市工业遗产城市设计思路对比总结

工业遗产城市设计因各城市遗产特征、开发主体、城市发展要求等背景因素差异，有着不同的设计思维（图4-2-16）。北京工业遗产以市区大型重工业封闭厂区为主，相对于其他地区开发主体，其特征为原工业企业资金雄厚，各类再利用功能比例均匀，主要矛盾为大型封闭厂区与城市发展衔接的矛盾，因此其工业遗产城市设计思路主要为遗产保护与城市发展的系统考虑与创新发展；上海市工业遗产部类多是运输业、仓储业及其他轻工业，分布集中于沿河、沿江的公共开放地带，改造主体中政府和社会比例均匀，改造类别相比其他城市可以明显看出公共文化艺术设施较多，城市设计主要解决思路为协调工业遗产与城市产业发展定位的需求，设计思路可以归纳为一个城市生产生活定位的过程；广州的工业遗产以轻工业为主，沿江分布，往往面积较小，契合民营资本费用承受范围，因此广州工业遗产多为私人资本开发，以商业、创意办公为主，公共文化设施改造项目较少，其主要矛盾表现为社会资本利益追求与遗产保护之间的矛盾，广州工业遗产城市设计思路应以引导与鼓励社会资本为主，培养社会普遍意义的遗产保护思想。

建筑师认可了工业遗产保护利用对城市转型发展起到的积极作用，保留工业遗产既丰富了城市的历史文化层级，又满足了社会经济需求；认为工业遗产独特的外在形象与文化象征正在成为一种新的地域性差异景观，是抵制城市同质化景观与建立独特城市形象最有力的武器。

通过总结分析建筑师工业遗产城市设计思路要点可以发现，城市发展需求与遗产的当代性表达是影响建筑师城市设计的主要因素，而对于遗产的信息收集与价值评估并没有严格的标准，这些工作往往会交由规划局、历史建筑研究所或者高校进行，凸显了遗产保护多元合作的重要性。

通过对重点城市案例的分析与梳理，可以发现工业遗产城市设计思路会受到各个城市经济特性、发展定位、工业遗产文脉特征等实际情况的影响。建筑师认知下的工业遗产城市设计并不是一个理想的过程，需要与各个利益方进行博弈。工业遗产的城市设计已经不是传统的规划辅助工具，而是一种引导手段，一个城市生产生活的定位过程，一种遗产保护与城市发展综合创新活化的思维方式，它的责任是对城市社会经济文化发展起到积极的推进作用，是一种面向未来的发展战略。

4.3　工业遗产改造利用单体设计思路考察

工业遗产作为一种新兴的近代历史遗产，尚处于“遗产化”过程的中间阶段，这个时期的工业遗产由于没有明确的法律保护，其保护利用工作尚处于探索时期。在前小节讨论工业遗产城市设计后，本节将考察视角转向工业遗产单体设计层面，单体设计作为城市设计的下一层级，建筑师对其有着不同的思考角度，在城市设计中关注于工业遗产区与城市的关系，在单体设计中则关注于遗产本身的价值判断与空间改造。相比于城市设计，建筑师在单体设计中可以更为直接、有效地落实其设计概念，能够更直观地反映建筑师对于工业遗产改造设计的思想认知。在传统的文物类遗产保护设计中，设计过程分为历史研究、价值评估、制定保护措施与建筑设计策略等步骤[①]，本文将着重考察建筑师价值认知下的工业遗产价值评估标准与相应的单体建筑设计思路，梳理与总结中国工业遗产单体设计层面改造现状，分为以下两部分：

（1）建筑师认知下的工业遗产价值评估标准与评估方式；

（2）工业遗产单体改造设计思路与重点案例考察。

4.3.1　建筑师们的工业遗产价值评估

4.3.1.1　建筑师工业遗产价值评估体系归纳与整理

工业遗产的价值评估一直是工业遗产保护研究的重要讨论内容，通过对遗产价值的精准评估，可以为遗产的保护利用提供指导性意见，给出合理的解决方式。中国目前通行的文化遗产价值体系包括历史价值、科学价值、艺术价值、社会文化价值四大价值[②]，2014年提出的《中国工业遗产价值评价导则》（试行）中针对工业遗产的特殊性提出了12项指标[③]，这些

---

① 详见《建筑设计资料集》第三版第8分册第18页近代建筑保护利用技术路径，其路径顺序为：上位规划解读—保护建筑分类分级—历史研究、调研、测绘—价值评估与现状评估—确定保护措施—建筑设计—结构设计—设备系统更新。

② 引自国际古迹遗址理事会中国国家委员会：《中国文物古迹保护准则（2015）》，第一章第三条，http://www.icomoschina.org.cn，检索时间2018年10月。

③ 12项指标包括：年代、历史重要性、工业设备与技术、建筑设计与建造技术、文化与情感认同、推动地方社会发展、重建修复及保存状况、地区产业链厂区或生产线的完整性、代表性和稀缺性、脆弱性、文献记录状况、潜在价值。引自中国文物学会工业遗产委员会、中国建筑学会工业建筑遗产学术委员会、中国历史文化名城委员会工业遗产学部：《中国工业遗产价值评价导则》（试行），3.2节中国工业遗产价值评价指标选取，2014年4月。

体系往往是从遗产保护视角出发，而在工业遗产改造实践中价值评估通常是由建筑师来完成的，因此本节将探析建筑师群体对工业遗产价值评估的标准与方式，建筑师观点总结见下表（表4-3-1）。

建筑师工业遗产价值评估内容摘要 表4-3-1

建筑师	观点
钟冠球	1. 物质价值：物质载体本身的价值，包括厂房的年代、建筑结构、建造技术工艺等； 2. 人文价值：挖掘物质载体背后所蕴藏的丰富历史背景； 3. 价值标准是一个综合加权的评定，需要考虑到方方面面的因素，对于理论研究可能会是一个精确的价值理论，但在实践中往往是一种并不精确的综合平衡，建筑师往往要进行一种取舍或优先化排序，将建筑师本人的意愿加入其中； 4. 当下，真正值得关注的不是那些有文物保护身份的工业遗产，反而是那些普通到不能再普通的工业厂房，这些厂房具有很强的经济利用价值
何健翔	1. 对于普通的废弃厂房，严谨、量化的价值评估是不切实际的； 2. 我们会因应厂房的具体情况，从定性的角度去研究分析它的结构形式、材料工艺、与周边环境的关系、文献记录等，通过这些分析会分别得到适应不同现状的具体设计策略； 3. 带有研究性质的设计，在研究中进行设计，在设计中继续研究
陈倩仪	1. 初步挖掘、了解厂房的历史背景； 2. 由建筑师个人的审美与建筑素养对厂房建筑、空间、结构、细部等进行感性的价值分析
柳亦春	1. 对于有历史价值的工业遗产，会与专业的历史保护机构合作，最后由规划局来决定各个建筑的保护等级； 2. 对于建筑师来说，任何一个保留下来的东西都是有价值的，但当它面临新的功能时，我必须要做一个取舍，去拆除那些相对来说没有价值的部分，不能以单纯的、僵化的标准去评判； 3. 建筑师会比较感性地去认识工业遗产的价值，任何一个项目都需要具体问题具体分析； 4. 如何能够把工业遗产的物质文化价值、新介入的功能以及建筑师的设计思想系统地融合起来，就是对工业遗产价值的最大升华
章明	1. 物质资本以房屋检测报告为准，包括房屋质量牢固度等； 2. 针对工业遗产价值的特殊性，总结工业遗产价值评估体系：从历史价值、文化价值、技术价值、社会情感价值、美学价值、生态价值六大方面进行考核评估，使用专家打分制
山东意匠建筑公司建筑师A	1. 参考由规划部门、文物部门出具的一些评估结果； 2. 主要由建筑师个人的素养来对一些有工业特色的部分进行评估并予以保留与利用
李匡	1. 历史文化价值、科学技术价值、社会文化价值、审美艺术价值、经济利用价值； 2. 遗产的价值评估并不是一个统一的标准，需要针对不同案例采取不同的评价方法
陈梦津	1. 历史沿革、厂区变迁、人文价值； 2. 特色工业建构筑物——特色工业建筑元素类型、体现生产工艺流程的工业构筑物
薄宏涛	1. 历史价值——代表性、重要性； 2. 社会价值——城市贡献、文化情感认同； 3. 工艺价值——工艺特殊性、工艺完整性； 4. 艺术价值——厂区保存状况、建构筑特征性； 5. 实用价值——空间保持状态、再利用可行性； 6. 土地价值——交通及市政条件、极差地价状态
赖军	1. 历史价值——年代、历史沿革； 2. 科技价值——厂房的建造技术、工业生产技术； 3. 美学价值——建筑美学； 4. 经济利用价值——可持续经营、改造成本

通过对访谈观点的总结，可以发现建筑师们往往更关心建筑的改造设计过程，关注的角度也会从建筑设计出发，以空间、结构、材质、细部、环境等建筑实物遗存为价值评价因素；其次可以将建筑师对于价值评估的方法分为两步骤：第一步通过文保式价值评估体系对遗产进行评分，制定分级保护利用原则；第二步通过建筑师个人感受对工业遗产进行定性价值评定。针对具有文保身份的工业遗产，其价值评估往往由历史保护机构出具相关的价值评估与保护利用导则，例如上海民生码头由华东建筑设计研究院历史建筑保护设计所出具改造细则，在设计时遵循改造细则与保护规划要求；对于没有文保身份的普通厂房，往往由建筑师进行感性的认识，以艺术设计与经济空间利用为设计出发点。整体来说，大多数建筑师认为对工业遗产的价值评估并不是一个严格意义上的定量的精确研究，而是一个综合的优先化评定。

基于此现象，笔者对各建筑师所提到的价值因素进行归纳与总结，设计指标选用建筑师访谈中所有谈及遗产价值的关键词，并参考《中国工业遗产价值评价导则（试行）》所列指标，包括历史价值、科学技术价值、审美艺术价值、社会文化价值、生态环境价值、经济利用价值，同时科学技术价值下设生产工艺重要性与建造工艺重要性两项指标；审美艺术价值下分空间尺度、结构构造、文脉特征三项指标；社会文化价值下分文化情感认同、城市经济社会贡献度两项指标；经济利用价值下分改造成本收入效益与土地价值两项指标，详见下表（表4-3-2）。

建筑师工业遗产价值体系汇总表 表 4-3-2

<table>
<tr><th colspan="2">建筑师
指标</th><th>钟冠球</th><th>何健翔</th><th>陈倩仪</th><th>柳亦春</th><th>章明</th><th>意匠A</th><th>李匡</th><th>陈梦津</th><th>薄宏涛</th><th>赖军</th></tr>
<tr><td colspan="2">历史价值</td><td>√</td><td>√</td><td>√</td><td>√</td><td>√</td><td>√</td><td>√</td><td>√</td><td>√</td><td>√</td></tr>
<tr><td rowspan="2">科学技术价值</td><td>生产工艺重要性</td><td>√</td><td></td><td></td><td></td><td rowspan="2">√</td><td></td><td>√</td><td>√</td><td>√</td><td rowspan="2">√</td></tr>
<tr><td>建造工艺重要性</td><td>√</td><td>√</td><td></td><td>√</td><td></td><td>√</td><td>√</td><td>√</td></tr>
<tr><td rowspan="3">审美艺术价值</td><td>空间尺度</td><td>√</td><td>√</td><td>√</td><td>√</td><td rowspan="3">√</td><td>√</td><td rowspan="3">√</td><td>√</td><td>√</td><td>√</td></tr>
<tr><td>结构构造</td><td>√</td><td>√</td><td>√</td><td>√</td><td>√</td><td>√</td><td>√</td><td>√</td></tr>
<tr><td>文脉特征</td><td>√</td><td>√</td><td>√</td><td>√</td><td>√</td><td>√</td><td>√</td><td>√</td></tr>
<tr><td rowspan="2">社会文化价值</td><td>文化情感认同</td><td>√</td><td>√</td><td></td><td>√</td><td rowspan="2">√</td><td>√</td><td>√</td><td>√</td><td>√</td><td></td></tr>
<tr><td>城市经济社会贡献</td><td></td><td></td><td></td><td>√</td><td></td><td>√</td><td></td><td>√</td><td></td></tr>
<tr><td colspan="2">生态环境价值</td><td></td><td></td><td></td><td></td><td>√</td><td></td><td></td><td></td><td></td><td></td></tr>
<tr><td rowspan="2">经济利用价值</td><td>改造成本收入效益</td><td></td><td></td><td>√</td><td></td><td></td><td>√</td><td>√</td><td></td><td>√</td><td>√</td></tr>
<tr><td>土地价值</td><td></td><td></td><td>√</td><td></td><td></td><td></td><td>√</td><td></td><td>√</td><td>√</td></tr>
</table>

注：合并表格代表建筑师整体概括。

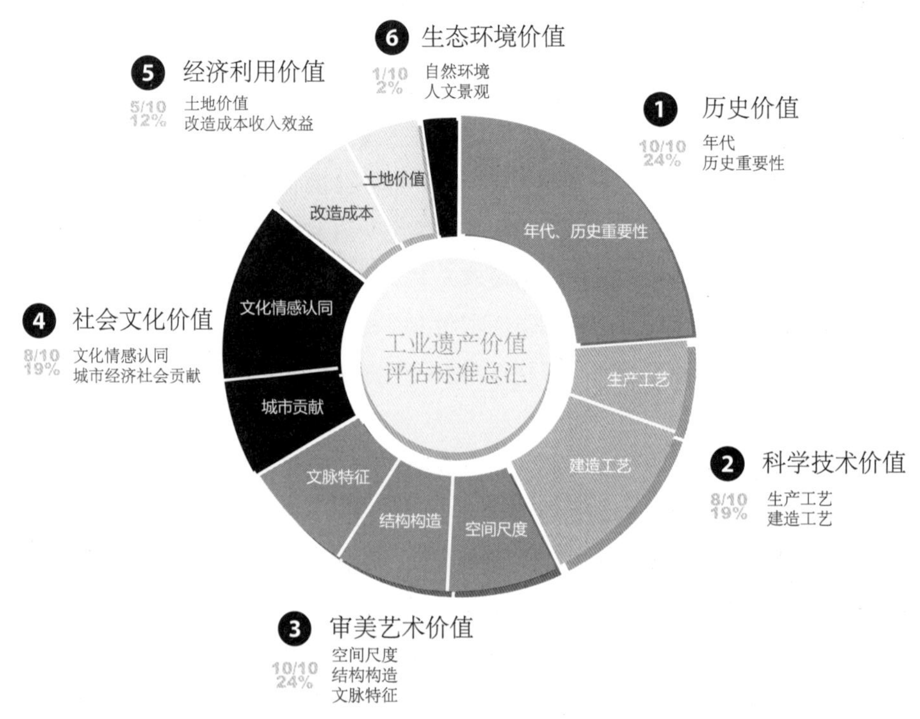

注：编号代表价值被建筑师提及的先后顺序，比例代表被提到的次数。

图4-3-1 建筑师认知下的工业遗产价值比例分布图

据表4-3-2与图4-3-1可知，遗产的历史价值与审美艺术价值是所有建筑师所关心的部分。以何种态度去对待历史遗产以及历史遗产所具有的历史见证价值被建筑师认为是价值认知中最需要被确立的事情。例如原作设计建筑师章明在接手杨浦滨江改造设计后，坚决反对拆除场地中遗存的码头工业痕迹，认为这些痕迹恰恰体现了历史沿革与土地本身的特征，也因此做到了对历史遗产有态度、有意识。

审美艺术价值可以被视为与更新设计最密切相关的部分，也是建筑师们着墨最多的一章。建筑师在价值评估的过程中会代入本专业的视角，去关注工业建/构筑物的空间尺度、场地文脉等实物遗存。例如陈梦津、陈可尧等建筑师对大华纱厂特色建筑元素与工业构件进行了梳理与分析，并以此作为设计的线索，使其成为城市身份的独特标志。

科学技术价值与社会文化价值是建筑师第二梯次关注的部分。对于科学技术价值，建筑师主要关注于建造工艺与生产工艺的重要性，这也是工业建筑遗产最具有特色的部分。建筑师对于工艺流程的了解程度直接决定了遗存的保留与拆除。以首钢三大高炉改造为例，建筑师薄宏涛通过对工艺流程的熟练掌握，整理与筛选了详细的高炉管道拆除名单，令人信服地保护了高炉的固有价值，突出了高炉本体的宏伟形象；建造工艺与生产工艺不同，建筑师对于建造工艺有着难以言说的亲切感，在现场考察时，往往第一眼便会被建筑物独特的建造工艺所吸引，并以此作为更新设计很好的切入点。建筑师钟冠球在访谈中，特意强调了福建泉州一带的厂房营造，工人常常使用本地盛产的条石作为营造材料进行砌筑，这种高效、合理、低成本的方式在当下看来反而成为物质载体建造过程的重要记录，成为改造设计的重要线索。

社会文化价值在建筑师的认知中主要涉及文化情感认同与社会贡献两类。例如薄宏涛建筑师认为首钢作为北京工业长子，在近百年的发展中，有力地支持了中国的现代化建设，企业与城市是一种共荣共辉的关系；同时首钢作为一个大型工矿企业，可以看作一个相对独立的社会，许多首钢人几代工作生活在这里，个人记忆与集体记忆深深地交织印刻在这片土地上，因此在厂区的改造设计中建筑师考虑将这种记忆纳入改造设计的考量因素。

经济利用价值在城市更新过程中起到了重要的推动力作用，在市场化进程中，遗产改造只有展现出好的经济价值才可能助推产业的不断升级。因此在访谈过程中，建筑师大多提到了改造成本与效益及土地价值两项经济指标。需要说明的是目前中国大部分工业遗产改造项目用地性质仍为工业用地，如果改变土地性质，需要补交高额的土地差价费，因此大部分改造项目以报装修为名办理开工证，改造后违规转租进行商业活动；对于走合法流程的遗产改造项目，其加固改造成本极高，其改造代价比新建只高不低，财务核算往往做不到收支平衡，因此改造设计中这些现实的经济问题也是亟待解决的。

4.3.1.2 基于遗产价值的工业遗产价值评估

1）李匡——契合工业遗产特性的价值评估

华清安地建筑事务所建筑师李匡与清华大学建筑学院副教授刘伯英曾在2008年于《建筑学报》上发表《北京工业遗产评价办法初探》一文，探讨北京工业遗产的价值体系。在此次采访中被访者表示评价体系（图4-3-2）除了借鉴文物保护准则中的历史价值、艺术价值和科学价值外，还根据工业遗产特征新增了社会文化价值与经济利用价值。其中，社会文化价值来源于社会对于工业遗产的情感记忆。建筑师表示："很多家庭几代人都在工厂里上班，待了一辈子的地方，现在将厂房拆掉觉得接受不了，这些人半辈子的生活情感经历都在工厂里发生，所以保留就很有价值，社会文化价值就很有说服力。"

经济利用价值一方面是改造后的工业厂房可以产生新的价值，工业遗产结构承载能力较好，经过简单的装饰、加固就可以重新利用，如果拆掉重建则是一种资源的浪费；另一方面

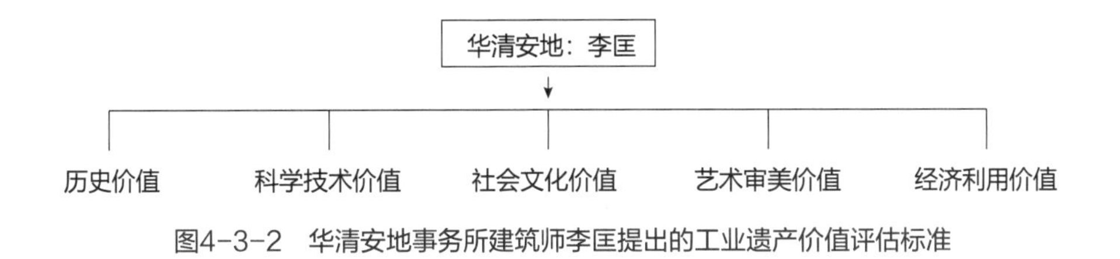

图4-3-2 华清安地事务所建筑师李匡提出的工业遗产价值评估标准

建筑师表示：“把有时代特色的老厂房拆除以后，再新建现代社会形式、功能的建筑，原来的特色反而没有了，同时厂房空间尺度大，可改造空间大，可以提供普通建筑所不具备的开敞空间，再加上形象的独特性，使工业遗产成为一种独特的城市资产。”

被访者同时表示，在实际操作过程中社会对于这5个价值权重其实是不一样的。在对由专家、政府组成的保护规划中，历史价值、科学技术价值、审美艺术价值、社会文化价值会占据很大的权重，经济价值放在最后；但如果涉及具体的投资改造，要与具体的开发商交涉，经济价值就会被放在最重要的部分，这也代表了不同利益方对于遗产价值认知的异同。建筑师表示：“对于房地产商来说，保留一些工业遗产并不是为了保护或利用厂房来获利，而是希望通过保留遗产从政策方面获得一些其他的好处，比如说容积率、绿化率指标的放宽……所以对于房地产商来说，他对于遗产的保护利用是为了获取更大的经济利益，其他的历史文化价值往往成为次级考虑。”

被访者建议在实践中对于工业遗产价值的判断与评估一定要进行分级处理，对于价值高的遗产，应由政府或公益基金进行开发利用，改造成为公益性项目，以保护与展示遗产的历史文化价值为主，不需要担心利润问题；对于价值评估分数低的建筑，可以交由社会资本投资，先保证经济的可行性，尽量考虑社会情感的价值。同时被访者表示，对于遗产的研究保护一定要务实地结合城市发展，孤立的冷冻式保护只会对遗产造成更大的伤害。

2）钟冠球——综合加权评定的遗产价值评估

华南理工大学讲师、竖梁社建筑事务所联合创始人钟冠球在接受访问时谈到，对于工业遗产价值评估常常从物质价值与人文价值两个方面进行（图4-3-3）。

物质价值：工业遗产物质载体本身的价值，包括了建筑年代、建筑特征、工艺流程等，同时需要考察是否有很特殊的建筑类型。建筑师将工业建筑分为几类：一种是普通的工业厂房，其建筑设计初衷完全取决于工业生产流程；一种是从属于建筑生产的住宅、仓储建筑；一种是针对特殊工艺建造的厂房，例如筒仓、烟筒等具有标志性的建筑部分，这类建筑外形会赋予遗产更高的价值。其次是对建筑年代的摸索以及对建筑特征、工艺流程的了解。建筑师钟冠球表示对于物质载体建造过程的认识是十分重要的，以福州地区条石建造的工厂为

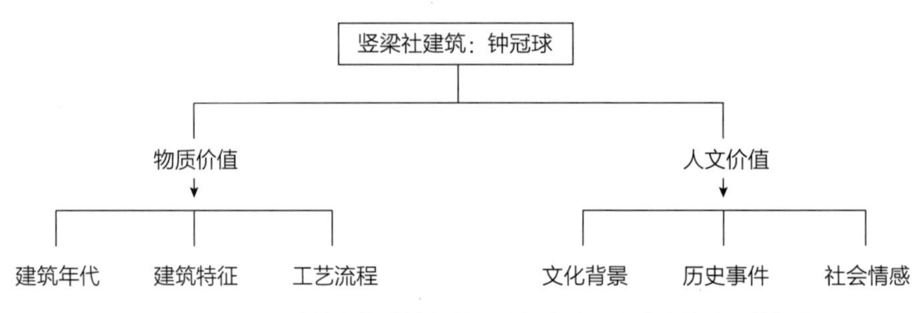

图4-3-3　竖梁社建筑主持建筑师钟冠球提出的工业遗产价值评估标准

例，工人们为了更高效、更合理、更低成本地完成建造动作，选用比砖还要便宜的石材作为建造材料，而现在我们依然可以从遗产中读出这些事情。

人文价值：人文价值包括了工业遗产的文化背景、历史事件、社会情感等部分，建筑师表示许多厂房看起来很普通，但其背后可能有着深厚的历史文化背景，这些人文价值是跳脱出物质本身而存在的。建筑师说道："对于工业遗产来说，人文价值对于遗产的保护也有一定的推动作用，一些工业遗产见证了中国近代工业化发展的进程，而一些普通工业遗产往往也有很强的社会精神价值。"

被访者认为在实践中对于工业遗产并没有统一的价值标准，它就像切片一样，价值最高的有时是它的结构完整性，有时是文化价值，有时是建筑材料或者工艺等方面。建筑师需要将这些价值进行所谓的优先化排序，进行一个综合的加权评价。因此，对于实践来讲，价值评估是一个不太精确的综合平衡，理论研究才会是一个精确的量化的价值评估。

同时被访者表示社会发展到今天，对真正的工业遗产（有文物身份）本身来说身份基本不会有争议的，有争议的是大量普通的工业建筑，这些才是社会最应该关心的东西。

3）章明——遗产现状考察与六大遗产价值

同济大学章明教授从两大方面对工业遗产进行价值评估（图4-3-4）：一方面以房屋检测报告为核心的遗产现状考察，主要针对工业遗产建筑部分的结构牢固度等因素进行考察；另一方面，章明教授针对工业遗产特性总结了六大价值体系，包括历史价值、文化价值、技术价值、社会情感价值、美学价值和生态价值。在价值评估时使用专家打分制，并根据价值评估得分采取不同的设计策略。

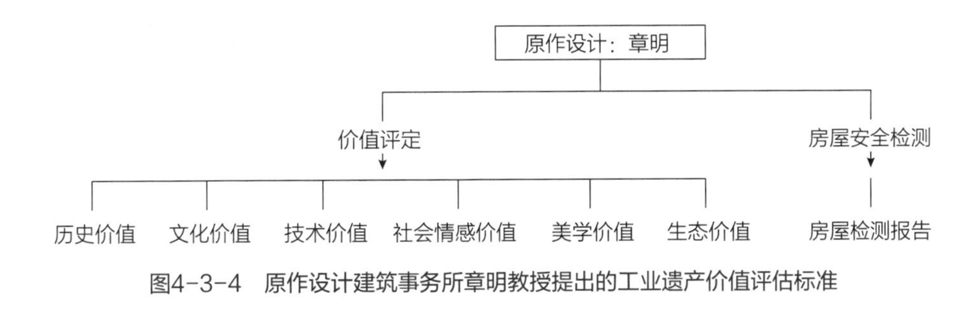

图4-3-4　原作设计建筑事务所章明教授提出的工业遗产价值评估标准

4）陈梦津——保持对历史的追溯

法籍建筑师陈梦津认为对于遗产类建筑的改造设计与价值评估应当做到保持对历史的追溯，包括了对于厂区的历史沿革、厂区变迁、人文价值的研究与分析，以及保留与利用那些能够表现出曾经的生产工艺流程及历史痕迹的建筑特色元素和工业构筑物。以大华纱厂为例，建筑师对厂区内遗留的特色工业建筑元素与工业构件进行了统计与保护，并将之作为设计的线索予以保留与发展，详见图4-3-5。

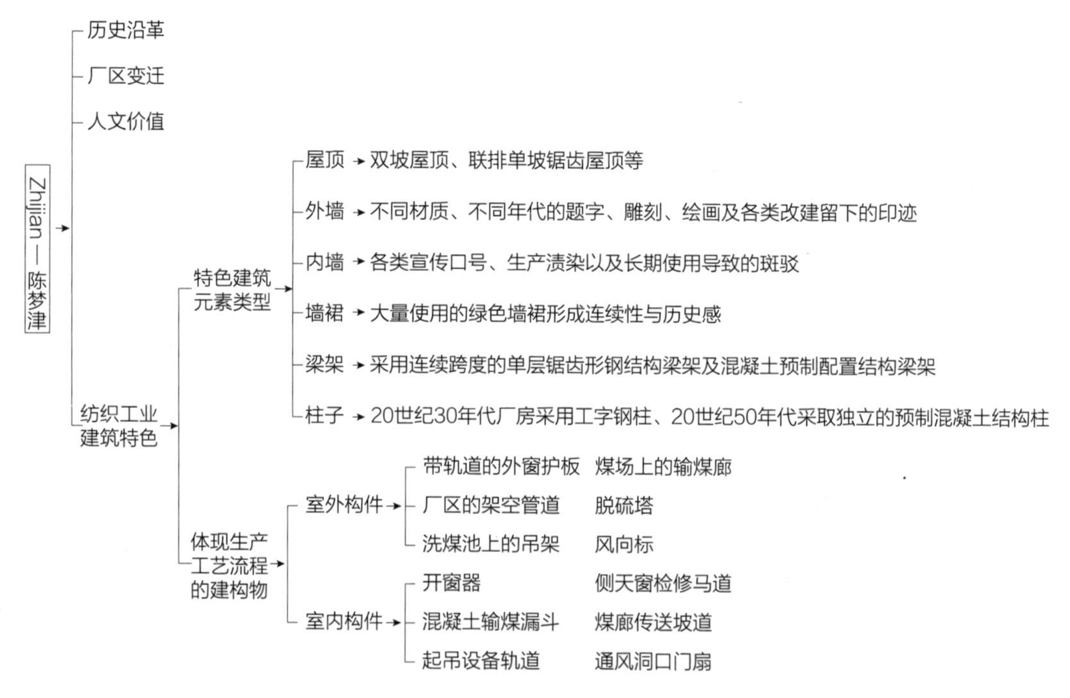

图4-3-5　Zhijian Workshop 建筑师陈梦津以大华纱厂为例提出的工业遗产价值评估标准

5）薄宏涛——历史、工业、人文

薄宏涛总设计师以首钢工业园区为例，讲述了首钢改造设计前期信息收集进行的评估遗存价值、详尽掌握原图、充分勘探基地、了解工艺流程、精细测绘现状、准确鉴定结构6个步骤，其中评估遗存价值的评判指标分为6大主支、12分支（图4-3-6）。价值评定分为历史价值（代表性、重要性）、社会价值（城市贡献、文化情感认同）、工艺价值（工艺特殊性、工艺完整性）、艺术价值（厂区保存状况、建构筑特征性）、实用价值（空间保持状态、再利用可行性）、土地价值（交通及市政条件、极差地价状态）六大类。

薄宏涛总设计师在访谈中表示，除了传统的文物价值评估体系外，工业遗产价值评估还应着重注意工艺流程、经济价值两个方面。例如首钢三高炉改造不同于常见的大跨厂房改造，其直接以工业生产设施为改造本体，拥有极其繁复、庞大的工艺信息量，对建筑师提出了更高的要求；在经济价值方面，薄宏涛建筑师表示工业遗产的改造必须契合城市整体产业结构调整，并对城市的产能或者活力有所提升，说道："只有证明你有经济价值，才能够助推产业的不断升级，产业的不断升级，才能保证土地真正获得一个良性的更新的活力，这个才是我们最后更新的目的。"

4.3.1.3　基于艺术与空间利用的一般工业遗产价值评估

在上节中，笔者介绍了建筑师基于文化价值对工业遗产的价值评估方式，但在实际

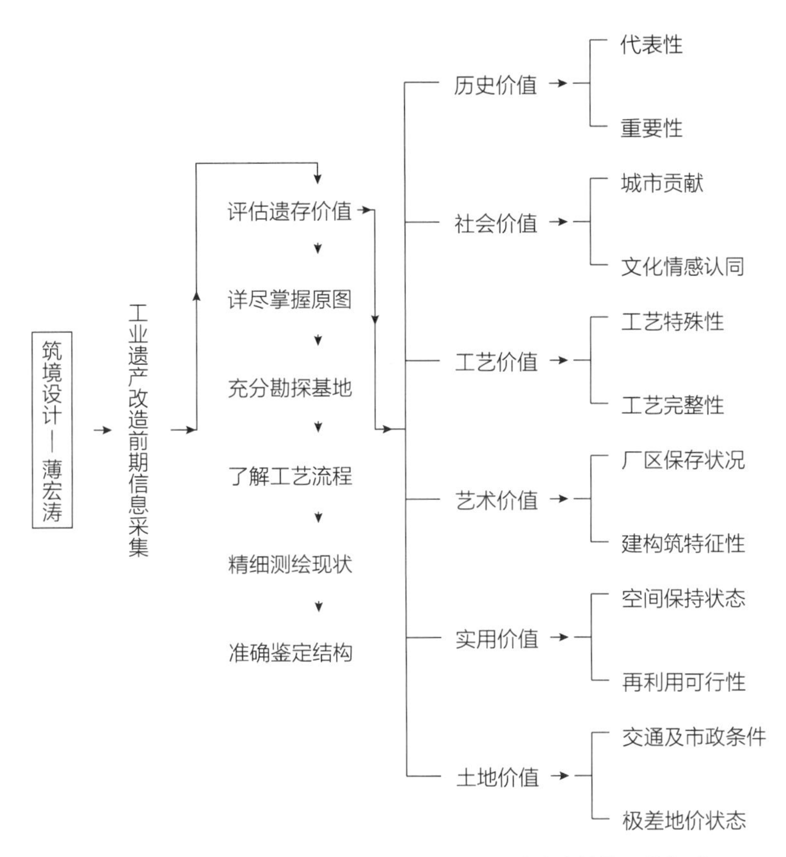

图4-3-6　筑境设计建筑师薄宏涛提出的工业遗产价值评估标准

中，大量没有文保身份的一般工业遗产改造往往很难对应一套详尽的价值评估体系。在这类改造实践现场，往往没有任何资料与历史信息，对于遗产的解读不可避免地会因建筑师主观认知而产生差异。同时政府没有出台详细的规范、设计导则去规定具体的评估流程与实践标准。因此，从建筑师改造实践的角度出发，一般工业遗产的价值评估往往不能概括为一种量化的精确价值理论，建筑师只能以感性的、本能的方式进行解读，进行一种取舍或者优先化排序。

对于一般类工业遗产的改造利用，大舍建筑事务所主持建筑师柳亦春表示，评价的过程并不是一个单纯的、僵化的评价过程，建筑师并不能简单地说哪个价值高、哪个价值低，而是都是有价值的，工业遗产的这种特性恰恰为建筑师提供了更大的机会去创造。建筑师补充说道："从根本上，任何一砖一瓦都是有价值的，只不过当它在面临新的功能的时候，假如我一定要做取舍，我尽量拆除那些相对来说没有价值的，或者说在这个建筑里面，我如何通过一个新介入的东西，跟旧的东西形成一个新的有活力的设计，我觉得这是我们的思考点。"

源计划建筑事务所主持建筑师何健翔也表示了相同的观点，在其接触到的工业遗产改造案例中没有任何文献留存，很难从严格意义上去对应一套价值理论方法，建筑师关注的不仅仅是房子本身，也应该包括这个房子的物质、文化和文献，所有的东西应该是一个整体，但实践中几乎没有相应的资料。因此在面对具体项目时，价值评估这个过程没有办法量化，建筑师往往会判断这个房子包括它空间、美学等类似的方面，去发现它最动人、最有价值的部分，可能是它的结构、它的表皮或是它的内外空间关系，建筑师会因应这种不同的关系，有着不同的回应。建筑师何健翔着重强调道："对我们来说，用什么方式把它留存下来或者留存更久一些是更重要的事情，我会因应这个房子的具体情况，但不是量化地评估，而是会考虑它的结构形式、材料工艺、与周边环境的关系，会有一些从设计定性角度的研究与分析，然后通过这些分析会分别得到因应不同现状的具体设计策略。"

面对这些不具备文物身份的普通工业遗存，建筑师对其的认识大多以现存实物为主，实践中注重艺术感受与设计思维，考察建筑的空间组织、结构体系、材质工艺、细部构造、文脉环境等因素。同时可以发现，工业遗产对于建筑师有着天生的吸引力。建筑师们认为工业建筑是一种基本的建筑形式，一种优秀建筑的典范，是现代建筑一个重要的起点，能够参与到工业遗产改造设计当中是一件非常有意义的事情。

4.3.1.4 价值评估体系的探索

除了建筑师有个人的判断标准之外，有一些设计单位还提出了评估体系。在此笔者补充介绍经验丰富的广州市城市规划勘测设计研究院[①]进行勘测评估的《广州钢铁厂旧址——工业遗产类不可移动文化遗产评估》。

历史研究：遗产保护人员对广钢的发展历程、历史地图演变、社会文化价值、各时期主要分区、停产前的功能分区、钢铁生产流线六部分进行研究。

现状概况：针对广钢停产后的现状进行评估，包括了拆迁、土地出让及周边环境评估等环节，同时指出现存问题。

价值评估体系：首先确定评价体系的评估原则及相关价值指标体系，根据评估结果对工业建（构）筑物进行分等级保护利用。广钢评价体系中评估原则分为两条。一是评价因子考虑工艺流程、艺术审美等综合因子，并非对厂区群体建筑及设施进行整体保留，而是根据其在炼钢流程中的重要性以及具有的工艺美学价值进行选择性保留；二是不重复保留，只保留无生产功能设备：对相同功能、相似结构的工业建筑进行取舍，保留标志性的主体部分。鉴于部分工业厂房建造年代较晚，为现代建筑，整体保留价值不高，且部分设施较新，原则上只保留废弃设备。广钢工业遗产价值评价体系下设指标包括目标层A、准则层B、指标层C、方案层P四层，准则层分为历史文化价值、社会价值、美学价值、技术价值、景观价值、经济价值六大价值（图4-3-7）。

① 广州市城市规划勘测设计研究院曾主持过广州T. I. T纺织服装厂勘探测绘、济南钢铁厂旧址文化遗产评估、广州钢铁厂旧址文化遗产评估。

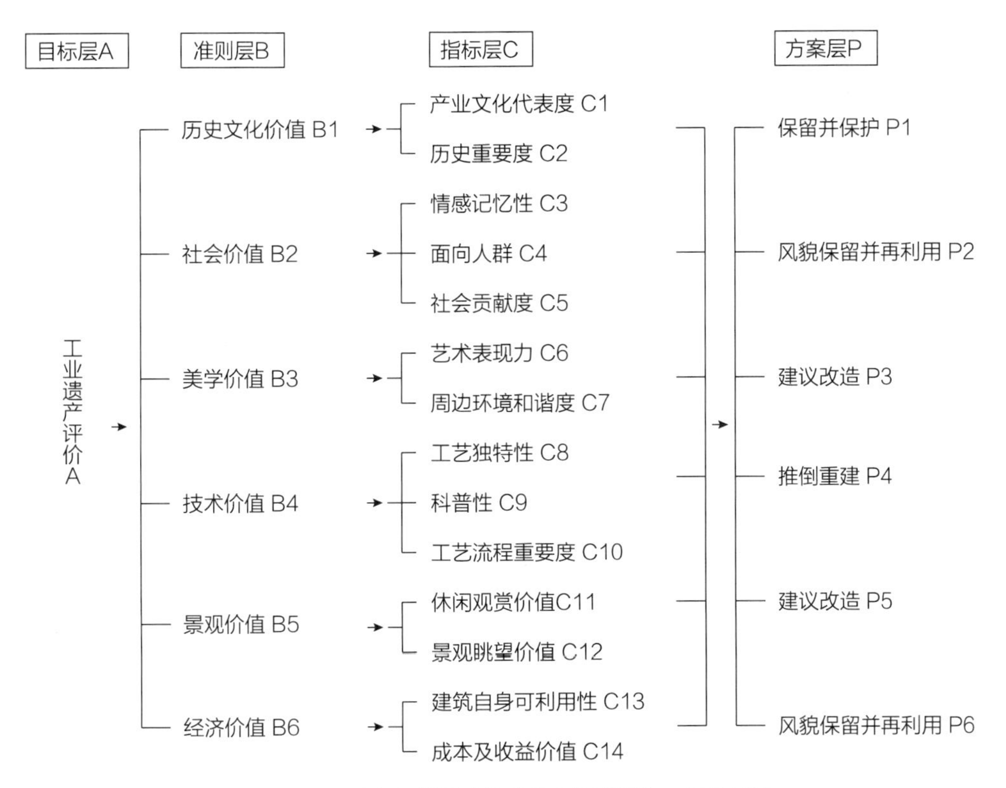

图4-3-7 广钢旧址遗产评价体系构建思路—评估原则

根据价值评估结果对建（构）筑物分级保护：将遗产建（构）筑物分级为优秀工业遗产建筑、比较重要的工业遗产建筑、一般工业遗产建筑以及工业遗产景观四类，共推荐18处历史建筑线索、13处传统风貌建筑。

4.3.1.5 小结

本小节笔者探讨了建筑师们在理论与实践过程中对于价值评估的认识与实践方式，可以根据遗产价值分为两类评估方式（图4-3-8）：一类是针对优秀/比较重要的工业遗产采取定量文物价值评分与定性遗产现状特性分析相结合的方式进行价值评估；另一类针对一般类工业遗产采取以建筑师定性评估为主的价值评估，注重遗产艺术感受与经济空间利用。关于后者笔者考察了价值理论与改造实践之间的关系，大部分建筑师认为对于有文物身份的工业遗产应当由政府投资，进行以公益功能为主的改造，进而激发周边生产生活活力；对于一般类工业遗产，可以在政府引导下交由社会资本开发利用，在保证经济可行性的情况下，兼顾历史价值与社会情感价值。同时许多建筑师认为在实践中，对于遗产价值的评估不可能是一种量化的精确的评价，要从实际出发定性分析，作出权衡。

笔者通过对比遗产保护与建筑学两个角度下工业遗产价值评估方式，可以发现，遗产保护者更关注于遗产本体的价值，对于遗产的历史信息采集、数据库构建及文化价值评估更为

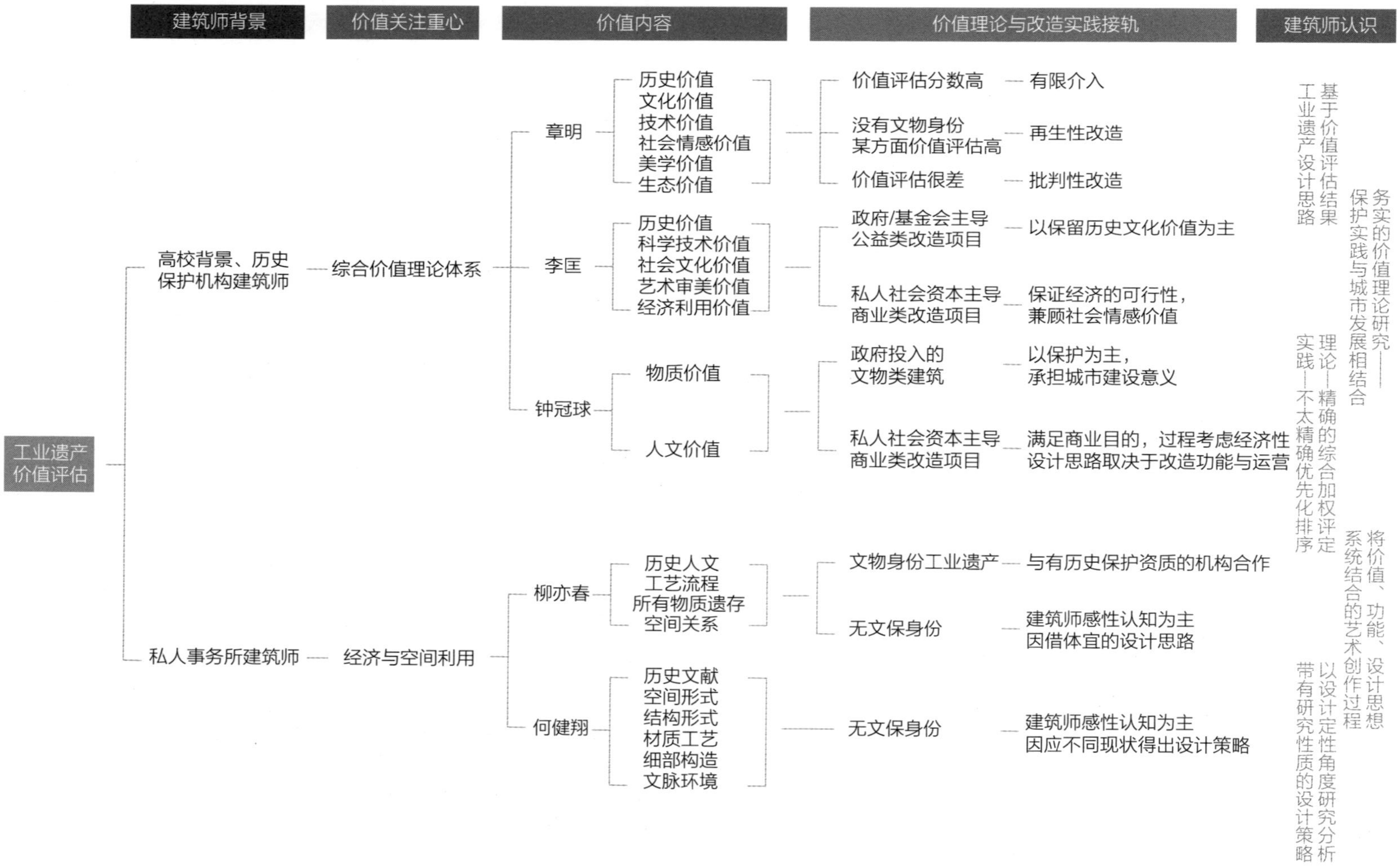

建筑师背景	价值关注重心	价值内容		价值理论与改造实践接轨		建筑师认识
高校背景、历史保护机构建筑师	综合价值理论体系	章明	历史价值 文化价值 技术价值 社会情感价值 美学价值 生态价值	价值评估分数高	有限介入	基于价值评估结果工业遗产设计思路
				没有文物身份 某方面价值评估高	再生性改造	
				价值评估很差	批判性改造	
		李匡	历史价值 科学技术价值 社会文化价值 艺术审美价值 经济利用价值	政府/基金会主导 公益类改造项目	以保留历史文化价值为主	务实的价值理论研究——保护实践与城市发展相结合
				私人社会资本主导 商业类改造项目	保证经济的可行性， 兼顾社会情感价值	
		钟冠球	物质价值 人文价值	政府投入的 文物类建筑	以保护为主， 承担城市建设意义	理论——精确的综合加权评定 实践——不太精确优先化排序
				私人社会资本主导 商业类改造项目	满足商业目的，过程考虑经济性 设计思路取决于改造功能与运营	
私人事务所建筑师	经济与空间利用	柳亦春	历史人文 工艺流程 所有物质遗存 空间关系	文物身份工业遗产	与有历史保护资质的机构合作	将价值、功能、设计思想系统结合的艺术创作过程
				无文保身份	建筑师感性认知为主 因借体宜的设计思路	
		何健翔	历史文献 空间形式 结构形式 材质工艺 细部构造 文脉环境	无文保身份	建筑师感性认知为主 因应不同现状得出设计策略	以设计定性角度研究分析带有研究性质的设计策略

（总节点：工业遗产价值评估）

图4-3-8　建筑师工业遗产价值评估理论汇总表

重视，其价值研究着眼于历史价值与工艺流程特殊性；建筑师则关注于遗产的实用价值，将文化价值与经济价值作为价值评估的重要考量标准，进行必要的改造设计前期信息收集与空间经济效益分析等工作。可以看到，二者学科视角及目的之间的差异导致了对于遗产价值评估侧重点的不同。因此笔者建议在改造设计中鼓励历史研究者的介入，辅助建筑师平衡遗产的真实性与设计的创意性，更好地完成遗产的保护更新。

4.3.2 工业遗产单体建筑的设计思路

4.3.2.1 建筑师的设计策略归纳与整理

上节笔者梳理了建筑师对于工业遗产的价值评估标准与方式，本节将重点转向建筑师在设计过程中如何根据价值评估结果制定改造设计策略及重点案例设计思路的整理，首先对10位建筑师设计思路进行初步总结，详见表4-3-3。

建筑师工业遗产单体建筑设计思路总结　　表4-3-3

建筑师	观点
钟冠球	设计思路需要根据改造功能与后期运营来决定： 1. 政府投资的非文保单位项目，政府资金投入造价高，改造建筑承担城市建设意义，以保存展示工业遗产为主要目的； 2. 私人资本投入的非文保单位项目，采取带有商业性目的的保护利用设计思路，改造会结合许多功能性要求，带有一部分经济性考虑； 3. 文保单位改造项目：对于遗产价值高的核心区域采用博物馆式保护利用，以保护展示工业文明为主，利用文化价值吸引人流，对于周边可采取轻度开发，加入商业等经济目的，与核心区相互服务
何健翔	快速植入的工业遗产设计策略： 1. 设计思路要通过对遗产的综合解读与功能要求来决定，使每一个空间、遗存都能够呈现多元、不一样的状态； 2. 在面对这种政策以及经济回报的不确定性的改造更新时，会采取一种快速植入的概念，保持对未来的开放性； 3. 工业遗产有它的独特的历史记忆，只有你把它读懂了，新的东西才能展现出来
陈倩仪	以功能为导向的再利用设计：实时根据租户、运营需要调整空间组织
柳亦春	因借体宜的艺术创作过程： 1. 因借既有的现状，使新的设计得体合宜。工业遗产是一种时间的沉淀，在新的改造中一定要把过去时间的痕迹以合适的方式呈现出来，使遗产重新焕发生命力； 2. 强调设计的美学作用
章明	1. 有限介入：针对价值评估分数较高的建筑，持一种相对谨慎的态度，采取以保护为主的改造利用； 2. 再生性改造：对于没有文物身份但在某些方面有独特价值的工业遗产，在维持基本建筑风貌与空间特征的基础上，通过对原有特质要素的修缮与改变，满足新的功能诉求，让人感觉既有过去的传承又有新的内容植入； 3. 批判性改造：对于价值评估很差的厂房，采用只保留结构，其余部分全部更新的策略，改造更多保留一种体量的记忆
山东意匠建筑建筑师A	重点保护利用某些有价值的工业特质、元素，通过重新的空间组织等方式满足功能需求

续表

建筑师	观点
李匡	核心——控制设计师的创作冲动： 1. 空间转换——大尺度空间转变为生活尺度； 2. 满足结构、消防、采光、通风等要求，确保舒适度与安全性； 3. 外立面——克制的外观更新
陈梦津	保持对历史的追溯： 1. 前期研究：建筑师个人感受、城市关系分析、历史研究分析； 2. 进行总体规划与业态定位； 3. 厂区街道空间改造； 4. 单体设计：考虑空间轴线、特色空间的利用、新旧材料的处理、结构加固设计、机器与工艺流线的展示、整体性的把握
薄宏涛	封存旧、拆除余、织补新： 1. 价值评定与信息采集：评估遗存价值—详尽掌握原图—充分勘探基地—准确鉴定结构—精细测绘现状—了解工艺流程； 2. 基于价值评定与工艺流程重要性，确定保留与拆除名单； 3. 设计结合场地文脉，考虑空间、流线、功能设置； 4. 注重修缮技术的应用，保证历史风貌得到最大限度的呈现； 5. 注重人文情怀
赖军	基于可持续经营的工业遗产改造设计： 1. 首先进行价值评估； 2. 招商与运营前置，确定改造功能与改造要求； 3. 考虑外形、空间、流线设计

4.3.2.2 原作建筑工作室

1）基于价值评估的设计策略

同济大学章明教授在访谈中表示，对于工业遗产的改造设计思路一定要结合价值评估结果来决定，因此其设计策略可以分为三种：有限介入、再生性改造与批判性改造（图4-3-9）。

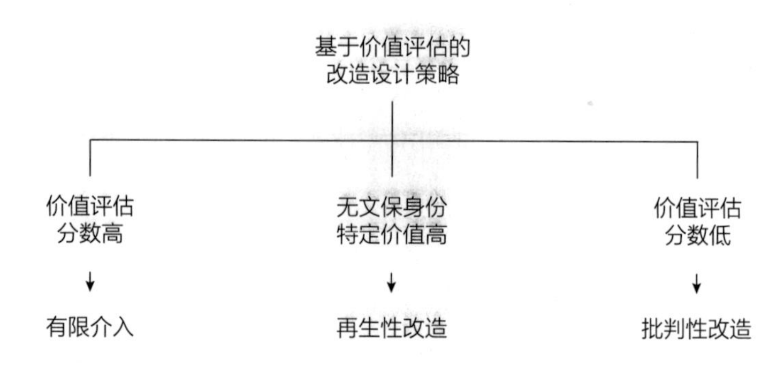

图4-3-9 章明教授工业遗产改造设计思路

图4-3-10　当代艺术博物馆外观

图4-3-11　当代艺术博物馆大厅

2）有限介入

对于价值评估结果评分最高的工业遗产，进行保护性的改造利用，再利用介入度较低，对原有的建筑特征，包括色彩、空间形制、体量等特质性要素，持一种比较谨慎的态度，采取以保护为主的态度去改造利用。以上海当代艺术博物馆[①]为例，有限介入意味着最大限度地保存与再现工业建筑原始秩序与工业遗产特征；建筑改造根据原有空间尺度与结构完整性进行功能性调整；根据结构的跨度、安全性和经济合理性进行结构逻辑的梳理；根据设备的位置、走向与特征，进行设备体系更新；根据原有外立面的形制与肌理，进行重点部位的改造与加建（图4-3-10、图4-3-11）。

3）再生性改造

对于没有文物身份但有一定价值的厂房类别，建筑师章明采用再生性的改造策略，既保留工业遗产原始的痕迹，又使其符合当代的使用状态，内部格局也会发生一些变化。以原作工作室办公空间为例，现在的中庭原来是室内空间，建筑师将屋顶屋面拆除，对木桁架与檩条进行保留，原来的室内空间就变成了室外空间，解决了新老厂房紧密相连产生的通风采光问题（图4-3-12①、⑤）；另一侧框架结构厂房，将其山墙面打掉与木桁架厂房相连接形成一个整体空间，改造成为大台阶式的夹层空间，更适于工作室的空间秩序（图4-3-12②）；改造在新老厂房之间插入了三个体块，以更好地处理交通流线与空间组织（图4-3-12③、④）。对于一个有七十多年的老厂房来说，其完整的屋架系统无疑是整个建筑最有价值的部分，建筑师对木屋架只做了最基本的维修维护，修复脱落的榫口，除去表面覆盖层，漏出原有木材的质地（图4-3-13）。

在再生性改造案例中，章明教授提出了锚固与游离的概念，来源于对场所精神与场所记

---

① 2006年，上海南市发电厂关闭；2010年改造成为上海世博会城市未来馆；2012年改造成为上海当代艺术博物馆。

图4-3-12　原作工作室改造轴测图　　　　图4-3-13　原作工作室现场照

忆的应对与思考[①]。建筑师解释道："工业遗产既然要再生，那么就不是简单地把它删除掉，而是要把一些有价值、有特征的内容保留好，这就叫作锚固，原来基地当中留存的那些信息是飘离在建筑空间当中的，我们如何让这些信息固定下来，让时间断层更加清晰，锚固既有的历史信息。在这种状态下再游离，游离出去的就是新和老的结合，新的内容是游离在老的历史信息之上的。游离就像是风筝一样，与老的东西发生脉络上的联系。所以叫作锚固与游离，新老之间产生一种互动的关系。"以杨浦滨江公共空间一期改造为例，方案没有采取传统的新旧融合手段，而是从局部元素与其连接方式出发，保留原有防汛墙、鱼市货运通道、防汛闸门、趸船浮动限位桩等多种极富工业渲染力的场地特征物，通过一种既尊重历史痕迹又避免符号化的介入方式来满足新时代使用要求。

4）批判性改造

批判性改造思路适用于价值评估中各项指标评分均较低的工业遗产案例。设计策略只保留结构，其他部分全部重新设计。改造完成后大家会觉得焕然一新，对它的记忆可能只剩下记得有这么一栋房子，更多是一种体量的记忆。

4.3.2.3　华清安地建筑设计事务所

1）律己、务实的工业遗产改造思路

华清安地建筑设计事务所建筑师李匡在访谈中表示，对于工业遗产改造设计来说，最核

① 引自章明. 锚固与游离[J]. 城市环境设计，2017（03）：394. "近三十多年，中国的快速城市化进程，使大量场地独有的记忆被覆盖，诸多设计呈现出文化断层状态。然而每一块场地都是地脉和文脉的结合，有着不同的场地特征与历史记忆，这就是场所精神。锚固与游离这个主题便是来源于对场所精神与场所记忆的应对与思考"。

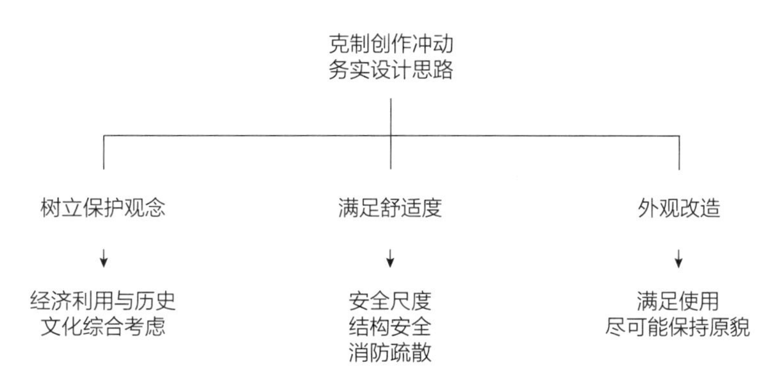

图4-3-14　建筑师李匡工业遗产改造设计思路总结

心的是要控制自己的创作冲动，并解释道："遗产的改造设计与普通的建筑设计不同，它不是从一张白纸上开始的，而是在原有的过时的作品上进行修改，使其与这个时代相融合，因此建筑师应保持律己、务实的创作思路。"

建筑师李匡着重强调了三点内容：一是工业建筑原本是为工业生产而设计的，当生产停止，工业遗产需要转型改造与当代生活相结合，原有的工业空间尺度应当转化为生活尺度；二是厂房原本作为生产空间，机器在其中占主要地位，它对于厂房的结构安全、消防标准、人的舒适度等要求与生活建筑不同，当其面临改造利用时，应当满足市民的生活要求，这需要建筑师通过专业的设计来实现；三是建筑外立面改造，对于改造设计来说，最直观的感受就是外立面改造，这需要建筑师仔细的推敲，不能盲目保护，陷入完全不动的误区中，也不能随意改动，要做到既满足生产生活使用需要，又使外立面改造尽可能展示原有建筑风貌，做到具有可识别性（图4-3-14）。

2）首钢西十筒仓改造—呈现核心工业流程特色要素

首钢西十筒仓[①]属于首钢工业园区内需要保留利用的建筑，没有文物或工业遗产保护名录等保护身份，属于综合价值不高、但部分价值突出的工业遗产类型。筒仓作为一种纯粹用于生产的建筑类型，极具审美价值的高耸体量与具有科学技术价值的流程工艺成为其保护与适应性利用的一个重大考验。在改造之初，建筑师与首钢集团对筒仓的改造方式进行了慎重的讨论，从建筑师的角度出发，应当尽量为筒仓寻找与其空间匹配度高的功能，以减少改造对其本体的干扰。对于筒仓特殊的圆柱体空间来说，最理想化的功能类型就是博物馆或者展

① 项目背景详见杨伯寅，刘伯英．首钢西十筒仓改造工程简析[J]．城市环境设计，2016（04）：362．"首钢西十筒仓位于新首钢高端产业综合服务区工业主题园区最北部……场地内完好保留16个钢筋混凝土筒仓、2个大型料仓以及其他工业设施如转运站等……西十筒仓规划改造后面积90000平方米，功能定位为集创意服务、特色商务、工业旅游、文化娱乐休闲于一体的综合创意产业聚集区……开发主体首钢建设投资公司邀请了英国伦敦思锐建筑设计事务所、比利时时戈建筑设计事务所和北京华清安地建筑事务所三家设计机构共同进行方案设计。"

览馆；但从实际出发，以企业角度去审视，改造需要尽量降低经营风险，能够产生稳定的收益，兼顾历史保护与经济利益。首钢投资公司认为对整个首钢园区进行保护需要大量的资金投入，而筒仓经价值评估属于可改作商业办公的保留建筑，需尽可能地产生经济收益以满足对整个园区的长远考虑。因此，甲方提出以办公为主的功能改造，利用较低的租金来吸引北京规模庞大的创业办公人群。经过多次碰撞，综合两者思路，方案形成以办公为主、博物馆为辅的混合功能，设计保留了筒仓工业生产的核心流线，包括传输带、出粮仓、料斗等核心构件，形成了一个较为完整的工业流程参观流线。在此基础上，建筑师需要满足消防疏散、采光通风等要求，确保民用空间舒适度与安全性。

（1）工业遗产保护与展示：西十筒仓一期改造包括为三大高炉上煤的6个筒仓，每个料仓内部工业流线基本相同，全部保留意义不大，因此设计保留了最为完整的一号总仓，通过拆除一号筒仓与东侧配电室之间的筒壁形成博物馆入口，保留出料层料斗与传送带等最核心的工业信息，在负一层形成一个1000平方米左右的工业博物馆，游客可以顺阶梯而下，近距离感受混凝土内锥形外斗，感受到旧时工业生产的场景（图4-3-15）。

（2）交通疏散：单个筒仓面积有300余平方米，高30米，属于高层建筑，这意味着每个筒仓需要两部疏散楼梯与电梯，交通核占比面积过大，办公可用空间不到一半。在这种情况下，建筑师选择将两两相近的筒仓进行连接作为一个单元，利用两筒仓间距作为交通核空间，每个筒仓各设一部楼梯，互为疏散，同时将电梯放置于筒仓间的连接缝部分，以保证每个筒仓留有至少300平方米的空间，满足使用要求（图4-3-16）。

（3）采光通风：更新设计中一个核心挑战是如何使全封闭的混凝土筒仓转变为明亮、通风的现代办公空间。开窗位置在考虑朝向、功能需求等基础上，顺应筒壁表面混凝土浇筑模版位置与参数（300毫米×1200毫米木质模版），采用4种对应的开窗规格，既不会因开窗面积过大影响结构安全，又不会破坏筒壁表面肌理。与此同时建筑师别出心裁地保留每一组筒仓中四分之一的完整立面，在一定角度看去可以看到改造前的原始立面，是对于真实性的一种呈现。

图4-3-15　西十筒仓室外入口

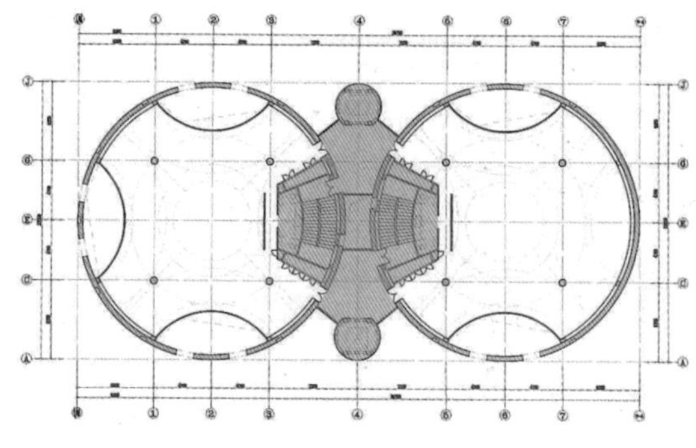
图4-3-16　筒仓平面图

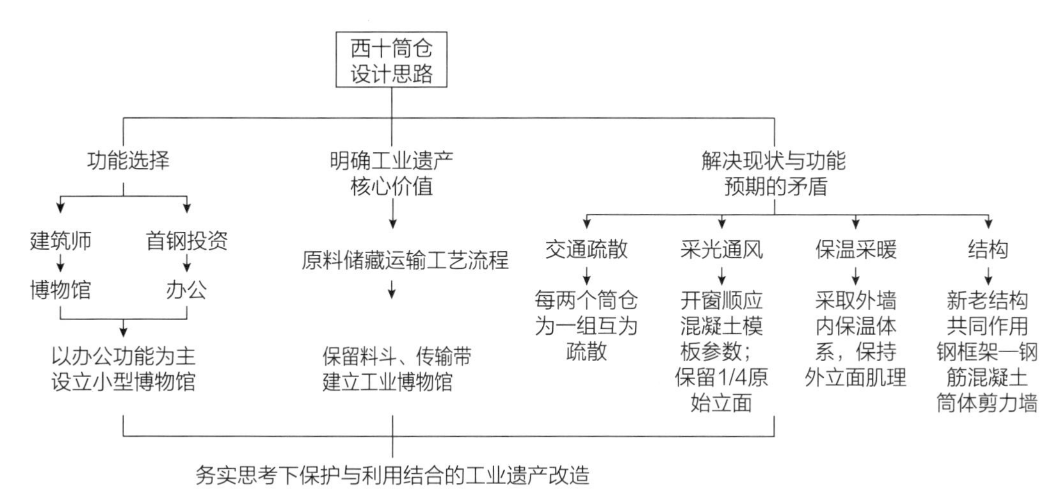

图4-3-17　西十筒仓改造利用设计思路

（4）保温采暖：筒仓壁由钢筋混凝土浇筑而成，在二十几年的炼铁冶钢过程中，筒壁附着了大量红锈色的铁矿石，与混凝土模板肌理形成了一道独特的风景线。然而由于规范的限制，改造不得不对建筑增设外保温层，为了尽可能保留这些时间留下的肌理痕迹，建筑师提议利用夹芯保温砌块（300毫米厚，两边为混凝土板，中间夹聚苯板保温材料）在筒壁内部进行保温处理，既解决了保温问题，又不干扰外筒壁。

结构：根据办公空间要求，改造需要在筒仓内架设夹层，从结构角度考虑，原有筒仓的钢筋混凝土筒壁多承受来自原料的水平侧推力，而新加夹层无疑会增加筒壁的荷载，因此建筑师决定植入新的钢框架结构，与老筒壁共同承重。

总结：改造过程具有理性的设计思路（图4-3-17），设计方案尽可能地保留原有结构部件，当其与实际使用相矛盾时，改动也会有局部保留的考虑。对遗产的保护绝不是极端的全部保留，而是明确核心价值点，保留至少一条完整的工业流线，同时满足未来功能的需求。

4.3.2.4　本土设计研究中心

1）明确历史的踪迹

法籍建筑师陈梦津认为工业遗产改造利用必须满足新的时代要求，同时保持过去的记忆与历史气息，以保持对历史的追溯作为新设计基础。[①]

2）西安大华纱厂改造

西安大华纱厂建于1934～1936年，是具有重要历史价值的近代民族工业典范。2011年由

---

① 原文引自中国建筑设计研究院有限公司．重生——西安大华纱厂改造[M]．北京：中国建筑工业出版社，2018：226，227．“The factory must change and adapt itself to a new historical era, but the memory of the place is too strong that I am afraid of touching it”。

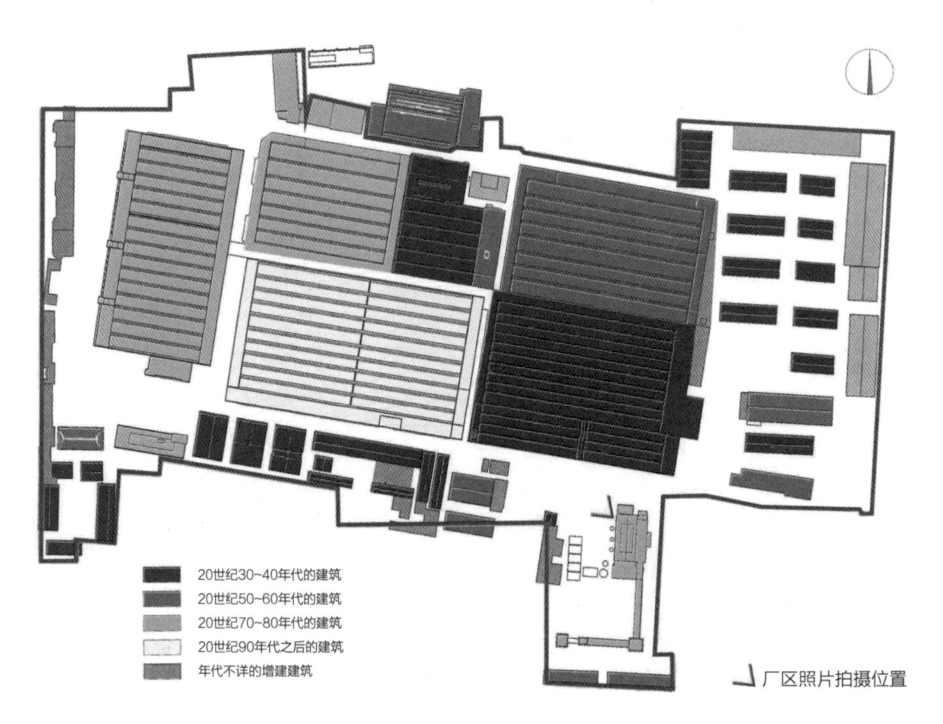

图4-3-18 大华纱厂各建筑年代分析图

曲江大明宫投资集团投资进行改造，2014年改造完成，形成以文化、商业、创意办公为主的大华1935园区。本节内容将通过建筑师陈梦津的讲述回顾大华纱厂的改造设计过程。

（1）历史研究：本土设计研究中心的建筑师对大华纱厂的建筑历史进行了细致的归纳与分析（图4-3-18），根据建筑年代、建筑结构、厂区建筑群体布局以及各类特色工业元素的价值研究与综合分析，结合城市关系、使用需求确定具体设计策略。

（2）业态定位：建筑师通过对区域内功能需求的调研，综合考虑经济性与文化性需求，对有较高历史文化价值、建造年代最早的老布厂车间（20世纪30年代），规划为工业博物馆等文化性较高的功能；同时，为了满足经济性的要求，在建造年代较晚的厂房中设置商业与办公空间，以吸引办公人群与获取经济利益，维持园区运营，使其更好地服务于社会。

（3）总体布局规划：明确历史的踪迹，大华纱厂改造设计团队通过对单体建筑与建筑群体关系的研究，着重选择了12个具有工业历史特征的建筑空间进行改造设计（图4-3-19浅灰色部分），并从中选取几个最具特殊意义的点（图4-3-19黑色部分），将其作为新规划中的重点设计区域，并通过新的步行街道与公共空间的设置，将历史元素进一步突显成为厂区历史身份的标志。

（4）厂区街道与公共空间操作：原有厂区建筑密度极高，各类厂房鳞次栉比，为了满足步行街道公共空间的需求，建筑师拆除了主要厂房周边的辅助建筑及后期搭建部分，以形成

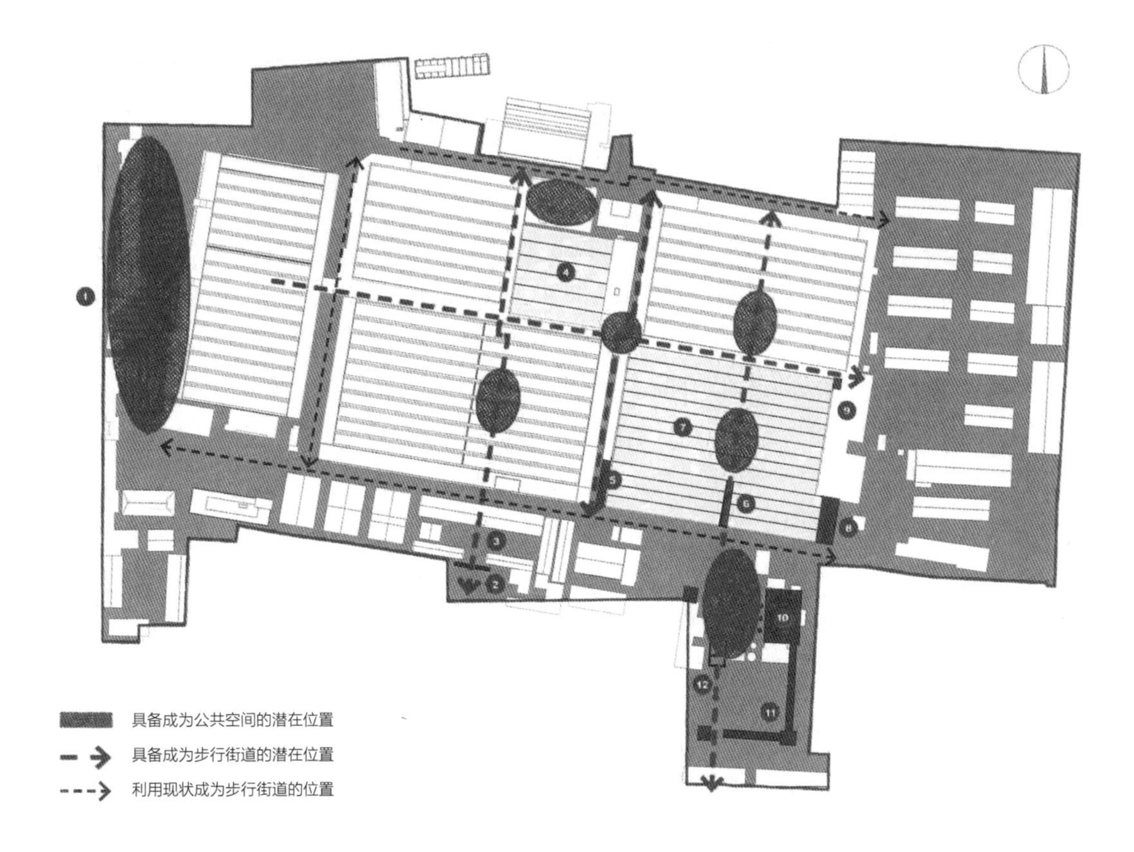

改造前有历史特征的建筑及空间元素

1. 大华纱厂生产厂区大门
2. 大华纱厂老南门（20世纪30年代厂门）
3. 老南门经理办公区院落
4. 筒并捻车间（20世纪30年代的主要厂房之一）
5. 老布厂车间入口门楼
6. 老布厂车间气楼
7. 老布厂车间（20世纪30年代的主要厂房之一）
8. 老布厂车间办公辅房（含特色的屋架结构）
9. 老布厂车间通风塔
10. 厂区锅炉房
11. 厂区锅炉房输煤廊
12. 混凝土吊架及沉淀池

图4-3-19　设计线索综合整理

室外街道、广场；打破生产车间的封闭状态，形成各类半室外空间、街道；同时将具有历史特色的建筑设计设置为具有城市特征的公共空间节点。

（5）建筑设计：以厂区锅炉房[①]改造为例，建筑师以具有工业感的空间特质为改造的设计线索，利用完整的输煤、脱硫及锅炉工业流程作为综合交通流线连接各个功能区；新体块的加入则是为了使工业遗迹更为突出，例如艺术展览馆入口新体块的红棕色不锈钢背

① 1935年建厂时，为满足纱厂用电的需要，在现锅炉厂位置建设一座小型发电厂，至1962年废弃。1983年为满足生产需要，在电厂原址上修建厂区锅炉房，至2008年关停。

景将老煤道更为明显地展现给游客，以及为了强调沉淀池与吊架作为文化轴线的重要性与轴线感，新体块沿轴线做半室外过廊空间，通过干净、规则的立面形象与吊架形成的长轴共同产生了强烈的通道感，不锈钢板变成了一扇大门，围合起了质朴的工业遗迹广场，打通了时间的轴线。

在施工过程中常常会出现出人意料的发现，对于这类发现，建筑师往往会进行现场设计，尽可能地保护与展示历史痕迹。比如老布厂车间东侧的墙面在去除粉刷层的过程中发现了大量"文革"标语，建筑师现场改变了原设计，并通过增加透明的玻璃廊道对标语进行展示。

（6）机器设备：大华纱厂刚废弃时留存了许多机器设备，但由于没有人认识到机器的历史价值，造成绝大多数设备的遗失。改造中，在崔愷总建筑师恢复最初厂房生产氛围的建议下，由曲江集团出资买来了同类机械放置于工业博物馆内。

（7）整体性把握：在整体设计中对颜色、材料、设计手法等方面进行统一的思考，保证厂区风貌的连贯性。例如色彩方面，改造建筑师根据原有的空间感受与色彩风格制定了统一的颜色标准，选用红、黄、灰三种颜色作为整体色彩基调。

（8）设计思路总结：大华纱厂设计思路基本依据为建筑师个人场地感受与对历史的研究分析与判断，通过对纱厂与所在城市关系的梳理，把对历史的追溯作为新设计的基础。通过历史研究、业态定位、总体布局规划、厂区街道与公共空间操作、建筑设计、机器设备保留与展示、整体性把握等环节，使大华纱厂在保留过去记忆与气息的基础上，符合新时代的发展使用要求（图4-3-20）。

4.3.2.5 大舍建筑设计事务所

大舍建筑设计事务所主持建筑师柳亦春认为能够参与到工业遗产的改造设计本身就是一件很有意思的事情，工业遗产是以工业生产为目的的纯粹设计，这使它们有着优秀建筑典范所具有的良好比例与建筑形态，同时工业遗产没有厚重的历史负担，使其改造设计有着更大的创造机会与创作余地。

在访谈中柳亦春表示对于工业遗产的改造，应当将遗产核心价值、新介入功能以及建筑师设计思想融合起来综合看待，在其看来，如何在一个系统内把方方面面的因素融合好是工业遗产改造设计的关键。

1）因借体宜的艺术创作过程

对于工业遗产改造的设计思路，柳亦春认为其不同于新建筑的设计，工业遗产改造有既定的结构与空间，因此设计之初最关键的是为既有空间去寻找或安排适合每一个空间的功能，通过空间使用分析为工业遗产选定合适的再利用功能；从另一个角度来说，功能是否可以打破固有空间的限制，在既定空间结构中改变与创新功能使用模式。以筒仓为例，从艺术的角度出发，以策展的经验为重点，筒仓并不是艺术展览场所的理想起点，传统的展览馆应

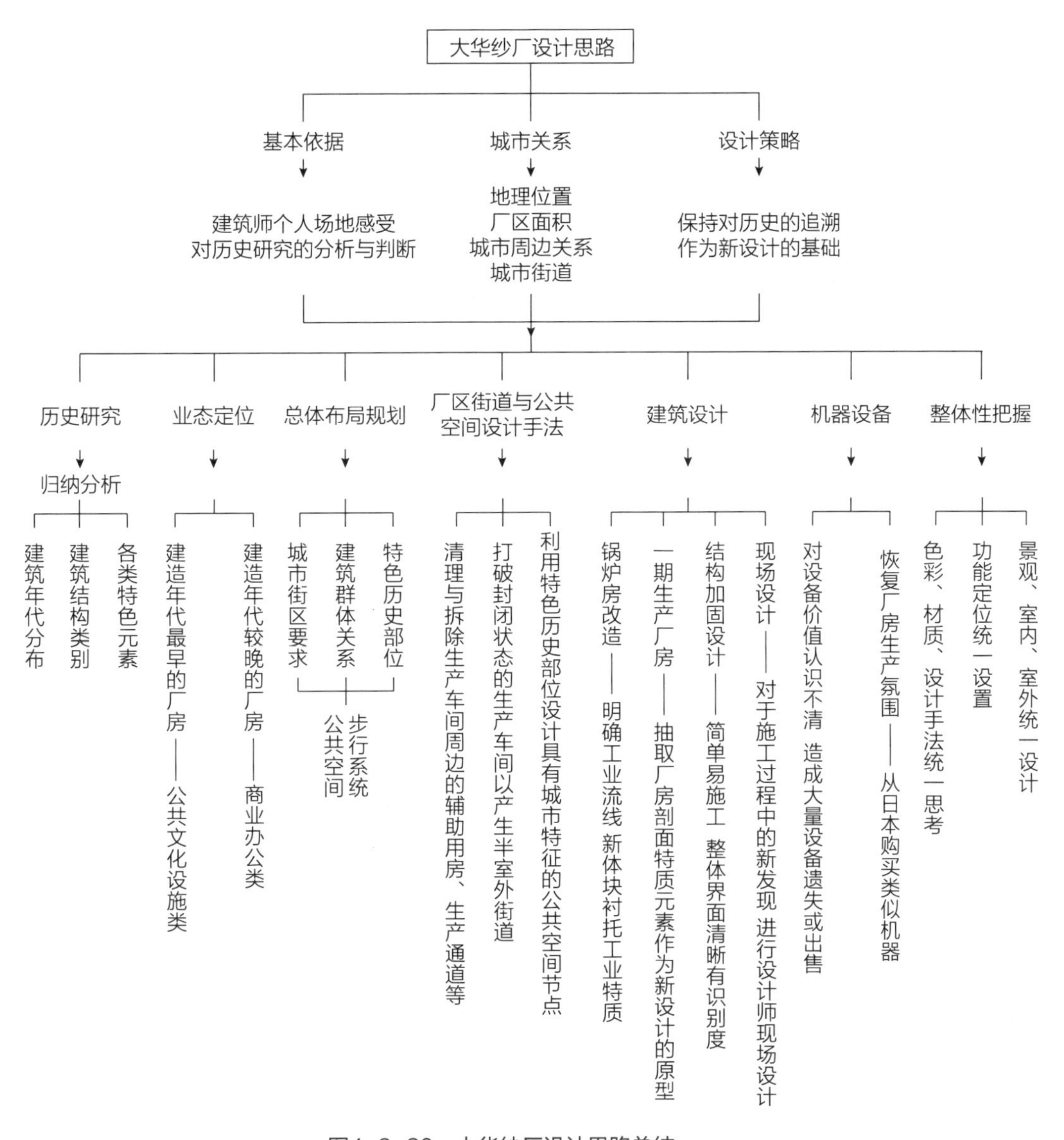

图4-3-20　大华纱厂设计思路总结

当明亮、简单、规则，在视觉上沉默于艺术，而在大舍一系列关于筒仓改造的案例中，建筑师采用令人信服的方式在筒仓中建立了纯净、整洁和具有筒仓建筑性格的展室，同时从策展人的角度来看，拥有一些独特的展室是非常重要和具有挑战性的，这些变化逐渐改变了人们对于筒仓空间与艺术展览功能的认识。因此工业遗产改造是既存空间与功能使用模式两者相辅相成、相互适应的一个过程。柳亦春认为："工业遗产是一种时间的积淀，它是一个具有历史性与生命性的东西。在新的改造中，一定要把过去的时间痕迹在新的设计中呈现出来。破旧的事物还是破旧本身，在新的空间环境中，都不会让人觉得它破旧，而是变成了一个有生命、有记忆的存在，让人们重新思考工业遗产的意义。"

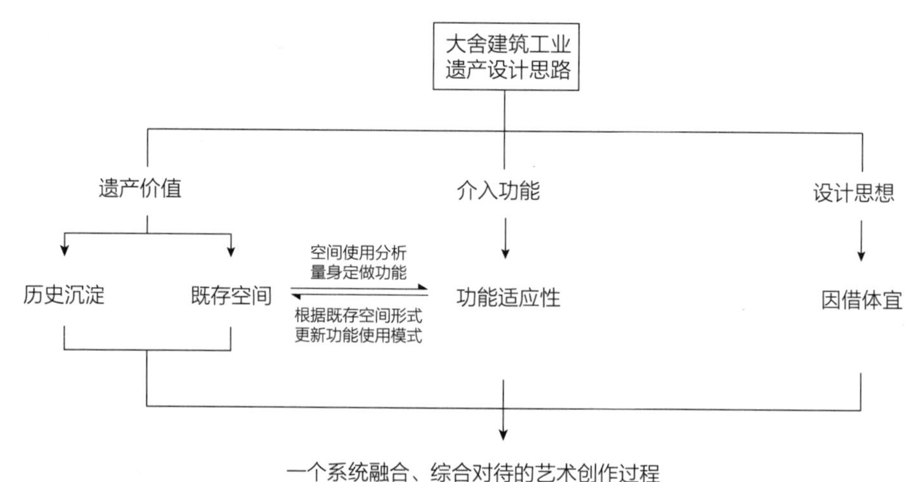

图4-3-21　大舍建筑设计事务所工业遗产设计思路

柳亦春建筑师认为工业遗产与中国园林的设计是一样的，同样适用因借体宜的艺术创作思想，建筑师如何能够把既存的实物因借好，如何使新的创作设计成为一种得体合宜的存在，是工业遗产改造设计中非常重要的一件事情（图4-3-21）。

2）艺仓美术馆

艺仓美术馆原为老白渡码头煤仓，2009年世博会前夕随着工厂的迁离经历了第一次改造，成为江边观景台，拆除了所有非混凝土墙体，仅留钢筋混凝土框架与部分剪力墙；2015年在险些被拆除之际，煤仓被选为上海城市公共空间艺术季的临时展馆，由大舍建筑事务所操刀设计成为一个临时性的艺术展览场所①；2017年，由上海东岸投资公司与上海滨江开发建设投资公司注资，经大舍建筑事务所再次设计，成立了艺仓美术馆。

在老白渡煤仓改造历程中，两次改造由于功能要求不同，采取了不同的设计策略。2015年上海城市公共空间艺术季时，功能限定为临时的艺术展览，建筑师提出“层叠并置”的改造策略②，在既有暴露的结构框架中插入新的空间体块，形成围合或开敞的各类空间，通过新旧关系的融合，赋予煤仓强烈的当代艺术气质。展览主题是艺术与建筑的结合，使人们重新认识到煤仓作为工业遗产的意义，也使煤仓所有者看到了工业遗产空间与艺术展览相结合的可能性。2017年艺仓美术馆的设计要求是将其改造成为一个固定的艺术展览空间，对

---

① 历史沿革详见李颖春．老白渡码头煤仓改造，一次介于未建成与建成之间的“临时建造”[J]．时代建筑，2016（02）：79-81．“老白渡煤仓建于1984年，是煤炭上岸、储存和装载上车并送入市区的一个节点……2009年，世博会之前，随着煤炭装卸公司码头和上海第二十七棉纺厂的搬迁……将25年前建造的煤仓改造成一座观景平台……2015年煤仓的‘人’字形屋顶连同三角形钢屋架被拆除，随后又决定保留。在新功能落定之前的空置期，煤仓暂时作为2015年上海城市公共空间艺术季‘上海优秀工业建筑改造案例展’的展场”。

② 设计策略详见柳亦春，陈屹峰，王龙海．老白渡煤仓[J]．城市环境设计，2016（08）：316．“层叠并置：即在原结构上插入新的表皮包裹的结构空间，形成新与旧的层叠并悬挑出面向江景的层层平台。通过局部拆除楼板和限定围合，原为5层的结构被转化为3个‘凸’字形空间的叠加”。

图4-3-22　艺仓美术馆首层空间

图4-3-23　艺仓美术馆三层料斗空间

于建筑的面积（扩大一倍）、舒适度都有了更高的要求，为了满足任务书要求，改造设计只能在遗产外部增加空间，而内部的结构必将被掩藏。主持建筑师柳亦春不得不改变设计思路，采用“内外核并置”的方式把煤仓结构变成美术馆的内核，内部的建筑是残破的，是时间沉淀的产物，而外部是 ·个全新的形象，利用新与旧的差异性来感染游客（图4-3-22、图4-3-23）。

2015年煤仓作为一次临时性展览，建筑师提议以筒仓的造型张力作为设计关键点，通过新旧体块的互动与沟通产生具有各种情景的综合艺术空间。设计概念清晰而有吸引力。2017年的艺仓美术馆则因甲方增加面积的要求，建筑师反其道而行之，通过消减料斗间的壁垒，强调了煤仓雕塑性的内部空间，使一个安静、美丽但不朽的空间跃然纸上，与新的外表结构形成对比，揭示了整个博物馆强大且独特的性格（图4-3-24～图4-3-27）。

煤仓地处黄浦江两岸，临近江边防汛墙，基础加固改造难度极大，在2015年城市公共空间展中，作为临时性展览，结构设计方案以利用既有结构进行侧向悬挑与竖向增高为主，结构改造难度较低。而在2017年艺仓美术馆设计中，为了增加美术馆面积，建筑师不得不增加新的结构体系进行外围扩建。常用的外围扩建方法包括新增基础承托立柱及楼面、新增楼面直接悬挑、底层斜柱承托新增楼面三种，但由于煤仓临江基地的特殊性、空间影响程度以及既存框架结构承载力充足等原因，建筑师联合和作结构建筑研究所决定采取新增屋面桁架悬吊下部楼面，新结构承载在老结构之上，更有效地利用了老结构的荷载承受能力，避免了基础结构加固、空间影响程度大等问题（图4-3-28～图4-3-30）[①]。

---

① 结构方案详见上海和作结构建筑研究所（AND）微信公众号：《艺仓美术馆的结构》。“常见方案一：新增基础承托立柱与楼面，于煤仓两侧新增基础结构，方法简单有效，但江边基础施工风险较大，且难以满足错动的建筑空间排列；方案二：新增楼面直接悬挑，新体块出挑长度将近7米，需要可观的悬挑梁高度，必然会影响设备安装与建筑净高，同时悬挑构造需要在原有混凝土结构上进行后锚固施工，稳定性不高；方案三：底层斜柱承托新增露面，通过斜向支撑，将外部新增立柱荷载直接转移到原周边基础上，但对底层建筑空间影响显著”，2018年3月2日推文，https://mp.weixin.qq.com/s/4DPFr8rzbA va7O9BSU_gdQ，检索时间：2018年9月。

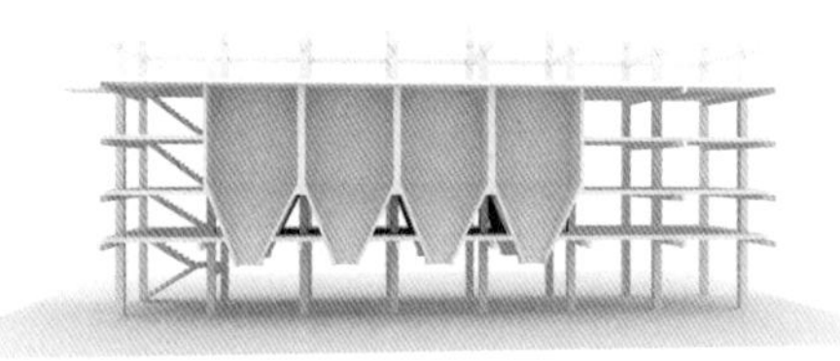

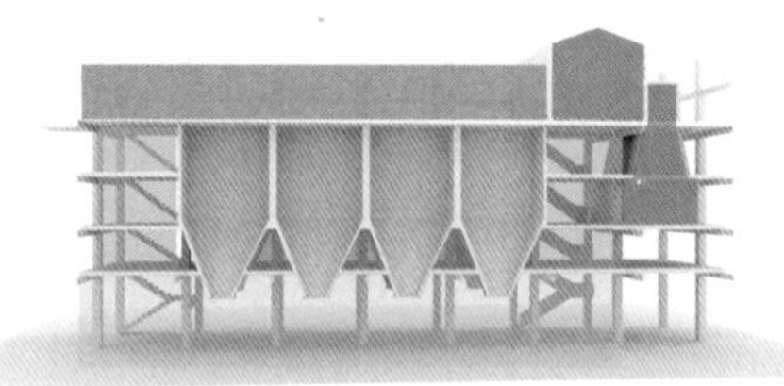

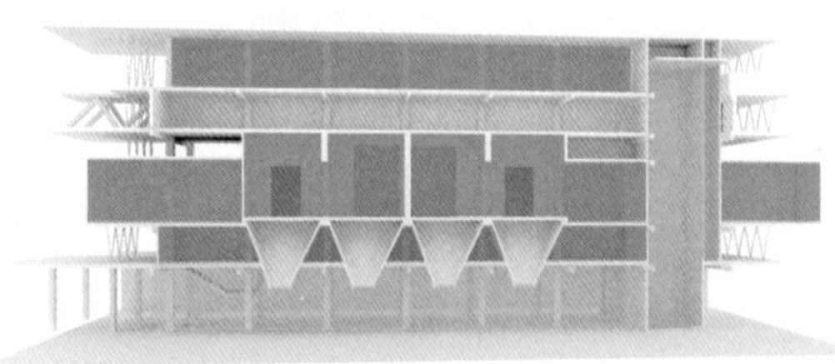

注：上为2009年拆除状态，中为2015年上海城市设计展改造状态，下为2018年艺仓美术馆改造状态；上层灰色部分为展览空间，中层深灰色部分为交通空间；下层灰色部分为艺术大厅。

图4-3-24　老白渡码头煤仓改造示意图

图4-3-25　空间整理之前的底层大厅

图4-3-26　2015年上海城市设计展

图4-3-27　艺仓美术馆

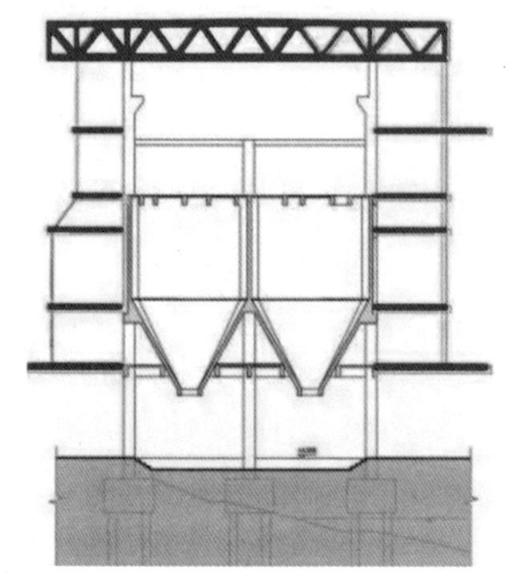

图4-3-28　新增屋面桁架悬吊下部楼面

图4-3-29　新增的网状吊杆

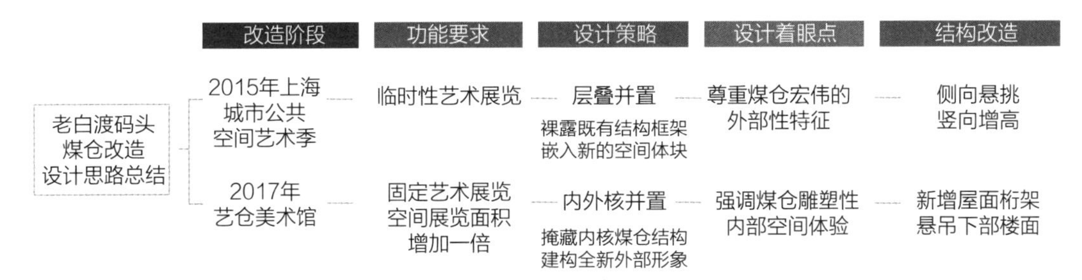

图4-3-30 老白渡码头煤仓改造设计思路总结

3）民生码头8万吨筒仓改造

民生码头前身为19世纪建成的瑞记洋油栈码头，2017年上海东岸集团对民生码头8万吨筒仓（上海市文物保护单位）及周边空地进行改造，举办了“2017上海城市空间艺术展”。作为一次临时性展览空间，设计方案既没有大手笔地削减筒仓内部空间，也没有新建辅助性建筑，而是在尊重外部标志性形象基础上，别出心裁地利用一组细致的外挂扶梯，在筒仓外立面设计了一个斜向切割的、强烈而醒目的主题空间，并通过丝网的遮挡巧妙地使梁隐身，利用无框的玻璃使立面纯净，使用凹凸的不锈钢底板使扶梯融入环境。这一设计在解决各个封闭筒仓空间横竖向交通的基础上，新旧表面产生了强烈的虚实对比，极大限度地突出了筒仓混凝土外表面的粗犷形象，对筒仓的固定形象有所改善，将筒仓、屋顶、天空与滨江空间完美结合，赋予了工业遗产新的创意价值。

大舍建筑事务所对筒仓空间特质潜力的挖掘令人兴奋不已，方案对现存筒仓充满敬意，在保留全部筒仓的基础上，最大限度地利用各类空间，包括筒仓的一层出料层与顶层入料层，二层工作层及部分筒仓空间，保证物尽其用。从艺术布展角度出发，展览空间类型包括了常规展厅、大尺度展厅、出料仓特殊展厅与圆形筒仓展厅4种。首层出料仓保存了倒锥形的出料斗与环形布置的结构柱，形成了迷幻般的独特展厅。对策展人来说，这类展厅的布展挑战是显而易见的，展品如何融入整体空间序列且契合筒仓品质成为每一个艺术家将要面对的问题。此次城市空间展中建筑师对于方案不妥协的态度，成功捕捉到这一背景下的工业遗产特征状态，使工业气氛下的艺术展变得更有乐趣，成为非常难得的策展经验（图4-3-31）。

4.3.2.6 竖梁社建筑事务所

1）有机更新的工业遗产微改造

提到工业遗产，许多建筑师的第一反应往往都是以保护为主要目的，而竖梁社联合创始人钟冠球建筑师则有着更多的认识。他认为对于有文保身份的工业遗产来说，保护与利用流程是没有争议的，但对于那些普通的、由民营资本主导的工业遗产改造，往往带有强

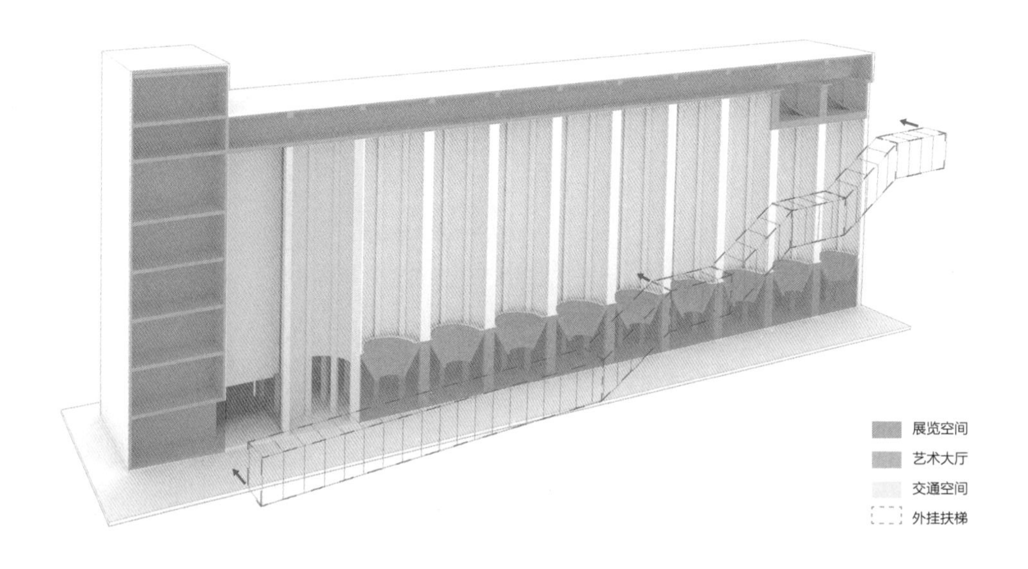

图4-3-31　8万吨筒仓改造示意图

烈的商业性目的。我们必须认识到工业遗产改造更新并不是一件很理想化的事情，它需要考虑到建设成本、商业回报等各个方面的诉求。因此，面对这种改造更新，钟冠球建筑师表示需要从产业业态与城市空间激活的角度出发，进行有机更新的城市微改造。

2）珠江啤酒厂改造（珠江琶醍）

在南方，民营经济活跃、资本雄厚，工业遗产改造大量由民间资本主导，功能以商业为主，改造利用的首要目的不是为了保护，而是为了发展获利，建筑师表示对于这类一般工业遗产的改造思路应当结合改造功能与后期运营综合考虑。以珠江琶醍一期改造为例，建筑师需要满足多种功能需求与经济性的考虑，改造进行时厂区电厂部分仍在运营，为满足生产使用，需要保留自江边延伸至电厂的运煤通道、煤仓库以及发电机组，因此建筑师在甲方功能分区的要求下，通过极小的空间将生产工艺进行组织整理，使其隐藏在商业空间之中；一期工程改造商业定位以啤酒主题餐饮为主，通过保护利用麦芽仓、包装车间、颗粒饲料间、糖化车间等多处重要的工业遗产，结合江边地景设计，共同形成沿珠江的城市公共活力空间（图4-3-32、图4-3-33）。

3）开放的城市共享空间

建筑师钟冠球表示自2004年接触信义会馆厂房改造至今，工业遗产改造观念已经经历了多次转折与发展，从一开始简单的、以功能改造为主的园区设计逐步发展到今天以挖掘遗产价值为基础、多元共享的改造设计。

图4-3-32　发电厂保留部分

图4-3-33　琶醍文创园麦芽仓

建筑师认为主要变化有两点。第一点，从运营角度看，园区管理常常会出现两种极端现象，一种为全控制[①]，如信义会馆外立面全部由甲方改造，进驻商户只能进行有限的内部装修；另一种为全放开，以红专厂为例，管理方统一进行景观设计，建筑改造则全部交由入住商户，此类模式改造优劣往往取决于入驻商户的审美与保护意识，红专厂入住商户多为广州美术学院师生，因此园区整体风格较好，成为以文化艺术为中心的园区代表。相反如广州啤酒厂园区，同样的管理模式下入住商户多为商业餐饮，整体园区氛围以商业化为主，较为混乱。发展至今，园区设计则会采取一种介于两者之间的模式，它不会完完整整地严格控制，而会预留出一部分给你发挥的空间，产生一种弹性的管理模式。

第二点，十年前文创园区多用围墙进行分隔，而现在的文化创意园区以开放模式为主，通过开放边界，使园区成为城市的共享空间。这也缘于公众保护意识的提升与安全技术手段的提高，开放的城市公共空间对于城市生活有着重要的激活效应。

4.3.2.7　源计划（建筑）工作室

1）快速植入的工业遗产设计思路

源计划（建筑）工作室主持建筑师何健翔表示："工业遗产改造实践更新时常会遇到政策与经济回报不确定的情况，因此源计划在面对这种不确定性时常常会采用一种快速植入的概念，这是一种快速的、对未来保持开放性的设计思路。"传统的改造设计思路要求将工业遗产完完整整地改造为符合现有规范与使用标准的建筑，这种情况意味着大范围、深层次地对遗产进行介入与干扰，老厂房原来的痕迹、历史也会被消磨殆尽。相反，快速植入的设计概念往往能够尽可能地保留时间的痕迹，以源计划在深圳市艺象iD Town国际艺术区中的折艺廊为例，设计与建设工期被压缩至几个月，设计成果呈现出了非常强烈的新旧并置效果，

① 指对创意园的管理与运营，此类模式运营成本较高。

新的体块直接放置在旧的遗产空间之中，新旧之间的空间则是留给未来的艺术家、设计师发挥的场所，这与传统意义上的改造有很大的区别。

同时建筑师表示对于工业遗产改造并没有特定的设计方式，每一次改造的具体策略并不是一成不变的。在实际设计过程中，面对不同的场地、不同的环境、不同的结构，建筑师将综合这些现场文脉特征，发现不同遗产中最动人、最有价值的核心部分，通过定性的价值分析得出对应的策略，将其物化、落实，使每一个空间、每一个遗存都会呈现出多元的生命力。

2）满京华美术馆

满京华美术馆原为宏华印染厂整装车间，承担着拉幅、预缩整理、成品检验等多道工序[①]，整个厂房长108.5米，宽29米，呈矩形平面。建筑师通过对遗产与环境的解读，认为厂房的内部结构、天窗形式以及扁平的空间形式最为动人，跟随这条线索，构建了针对横纵剖面空间的重新叙事组织设计。建筑师采取植入67米黑色封闭盒体的设计策略，巧妙地制造了多重空间序列，厂房残败的表面与盒体钢板外层构建出第一层灰空间，盒体内部与独特的厂房排风采光结构产生第二层核心空间，并通过柔性间隔使各种空间相互渗透、流通，产生了叙事性的半室外空间流动感（图4-3-34～图4-3-36）。

3）折艺廊

折艺廊所在的漂炼车间[②]最为动人的则是其狭长的条形空间与机器所留下的生产遗迹，因此建筑师通过“浮”这一概念，使新加入部分独立建设于原厂房框架内，不与遗产本体发生物理碰触，通过黑色钢材料建造的矩形空间与原有材质、空间建立了强烈的新与旧的关系，将工业生产痕迹最大限度地展现在游客面前（图4-3-37～图4-3-39）。

4.3.2.8 筑境设计

1）封存旧、拆除余、织补新

筑境设计主持建筑师薄宏涛表示对于工业遗产改造利用，核心的设计概念可以概括为“封存旧、拆除余、织补新”。薄宏涛总工阐释道：“核心的设计概念第一是封存旧，那所谓

① 整装车间：对完成印染工序的织物进行后续加工并预备出厂。在20世纪90年代后期，该车间有70～80名工人同时作业，承担着拉幅、预缩整理、成品检验等多道工序。厂房配备大型的缩水机、拉幅机、定型机等设备，在满负荷运转的情况下，整装车间年生产能力达80万码。简介信息来源参见美术馆现场介绍铭牌，参观日期：2017年11月。

② 漂炼车间：坯布出仓后的首道工序。车间配备烧毛机、煮炼机、丝光机等。这些设备将利用高温去除织物表面的绒毛，让其平整光洁；运用化学药剂去除织物中的杂质，使其具备良好的渗透性，为后续工艺做准备。20世纪90年代后期，该车间有上百名工人同时作业，工人不断用推车运送布匹，因劳动强度大、车间常年湿热而难觅女工身影。简介信息来源参见美术馆现场介绍铭牌，参观日期：2017年11月。

图4-3-34　满京华美术馆第一层空间

图4-3-35　满京华美术馆第二层空间

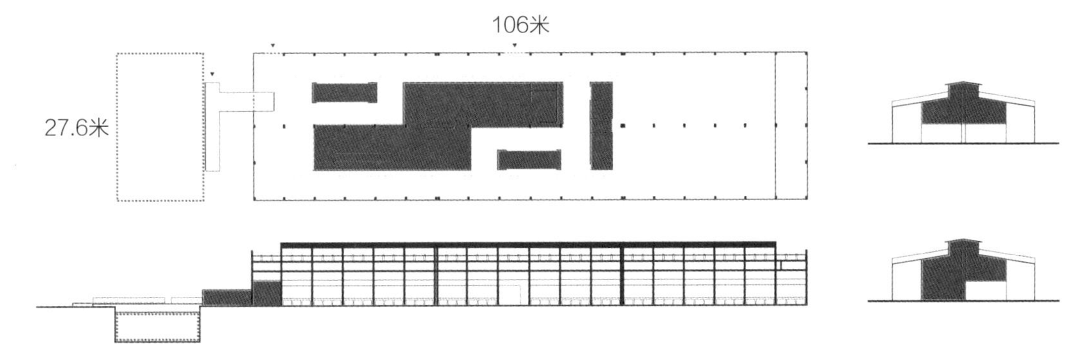

图4-3-36　满京华美术馆改造部位示意图

图4-3-37　折艺廊内部

图4-3-38　折艺廊外观

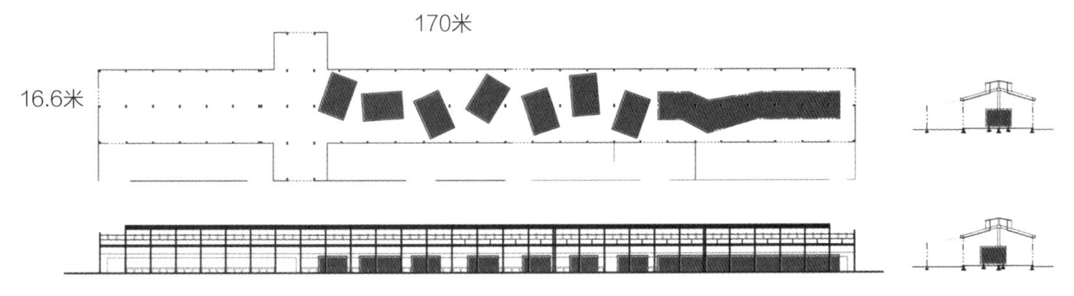

图4-3-39　折艺廊改造部位示意图

的旧就来自于我们希望把历史留给城市；第二个概念是拆除余，因为工业遗存并不是说所有的东西我们都要留，我们要有选择性地去保留，也有选择性地去拆除，拆除的目的是什么？就是希望我们的遗存在未来转化成为城市空间时，它的环境系统能够与城市进行一种有效的对话；最后就是织补新，我们要慎重地在场地里面去用质朴的方式去植入一些新鲜的内容，换句话说把梦想注入到未来的城市，那这是整个基地的一个生存的状态。”

从设计概念的阐释可以看出建筑师既怀有对历史遗产的敬畏心，又保持着积极介入城市发展更新的态度，通过对工业遗产的价值评估，谨慎地确定遗产的留存，并使其融入城市综合发展。

2）首钢三高炉博物馆及秀池改造设计

首钢三高炉建于1993年，设计炼铁容量为2536立方米，整个炉体直径达 80米，整体工艺流程保留较为完整，属于首钢园区强制保留单位，改造后功能定位为博物馆。本节笔者将结合访谈内容从价值评估、场地文脉、空间设计、交通流线、修缮技术、人文情怀六个方面解读三高炉转型设计过程（图4-3-40）。

（1）基于工艺流程评估的价值判断：熟悉炼铁高炉的复杂工艺对于民用建筑师而言是困难的，建筑师薄宏涛在前期调研过程中，多次求教于首钢工业设计院工程师，总结了炼铁

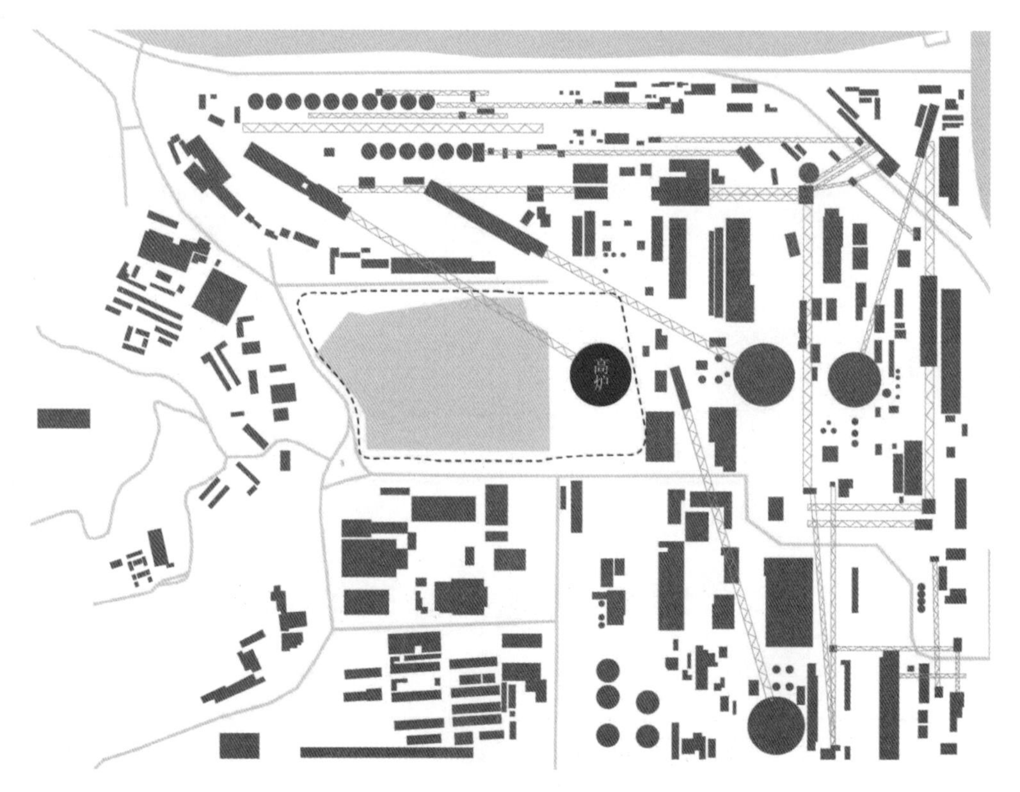

图4-3-40　首钢石景山北区三号高炉区位示意图

图4-3-41　工业性：自石景山看向三高炉

图4-3-42　三高炉40米平台看向石景山

流程的八大工艺[①]。在此基础上，建筑师通过价值判断，谨慎地保留了三号高炉主体部分、秀池（三号高炉晾水池）、干法除尘器、重力除尘器、热风炉以及上料通道，在三号高炉区外，厂区内还保留有三号高炉的上料区（现西十冬奥办公广场）、粉煤、精煤系统等，保存了较为完整的炼铁工艺流程。对于价值判断的依据，薄宏涛建筑师认为必须要根据工艺流程的重要性进行判断，坦言："如果没有把工艺流程全部掌握，你根本无法进行价值判断，不知道该留什么，又该拆除什么，或者你的判断可能完全是错误的，把一些非常重要的部分拆除掉。我们希望改造这组建筑的时候，能够保证它曾经的工艺流程的相对完整性，那么这也是我们对于这个工业遗存的一种最大的敬意。"[②]

（2）场地文脉：首钢有着独一无二的自然环境优势，三号高炉依山傍水，与秀池、石景山遥相呼应，形成了工业、自然相结合的独特风光。因此薄宏涛总设计师将场地文脉归纳为两类核心要素——工业性与自然性（图4-3-41、图4-3-42），两者在场地中形成一种很强烈的对话关系。在工艺布局方面，首钢一、二、三号高炉东西并排布置，一、三号高炉直径为80米，二号高炉位于最东侧直径60米，因此设计师于秀池设置了直径60米的圆形水下展厅，呈现了两次正负拓扑。

（3）空间设计：更新设计中一个核心挑战是如何将形态复杂、空间特殊的工业遗存改造成一个现代新型博物馆。与传统博物馆简单、规则的展览空间不同，建筑师利用高炉炉芯不同标高的检修工艺面，设计出戏剧性的，具有纪念、教育意义的展览空间，设置浸入式的场景体验展示。同时利用炉体外部的不同标高检修面作为上人平台，使游客充分与自然、工业互动。建筑师利用地景式的设计手法，在高炉西侧新增了4部分体块，作为入口灰空间以及常规展览空间使用。同时增加了许多垂直交通与楼梯护栏，利用黄色、蓝色等鲜亮

① 建筑师薄宏涛细致地将高炉炼铁工艺分为原燃料贮运、上料、炉顶、炉体、风口平台出铁场、炉渣处理、煤气干法除尘等。同时坦言建筑师在进行工艺分类时往往会代入建筑师所注重的空间诉求、形态尺度分类等自我判断，由首钢设计院的老工程师对于炼铁工艺实际分为九大系统。内容源于2018年12月天津大学中国文化遗产国际中心师生参观首钢园区改造时薄宏涛建筑师的讲解，参观人员包括徐苏斌、刘宇、马斌、于磊及笔者。

② 原文源于2018年12月天津大学中国文化遗产国际研究中心师生参观首钢园区改造时薄宏涛建筑师的讲解。

图4-3-43　从地下展厅入口看向高炉

图4-3-44　高炉内自出铁平台看向各级标高检修面和炉体

的工业用色护栏与斑驳的炉体形成强烈的新旧对比，在新旧之间创造了谨慎的平衡。

（4）交通流线：建筑师利用流线设计达到了工业性与自然性之间的互动与融合，别出心裁地利用秀池中央的柳堤作为观展前序，使游客与自然、工业进行对话，之后环形下降进入湖中心的地下圆形展厅（图4-3-43），由地下展厅延伸回到高炉内部再次盘旋上升，与高炉面对面（图4-3-44），最后到达高炉高空，与自然进行二次对话，形成一个双螺旋交通系统，使游客折返于自然与工业遗存之间。此外，原有的工业生产流线、工业检修扶梯（部分楼梯角度达五六十度）不再适用于博物馆游览，因此改造过程中结合原有流线及展陈需求重新设计了民用交通流线，使观展更流畅、舒适。

（5）修缮技术：建筑师薄宏涛十分重视遗产修复的技术手段，说道："我认为修复的技术手段比我们的设计能力还要重要，你只是有想法没有技术根本没法实现。"高炉在修缮过程中，首先需要解决的是高炉表面的除锈，筑境设计与首钢技术研究院合作，尝试多种除锈手段，使高炉既能保持一定的工业风貌，又能基本除去铁锈、污渍，阻止进一步的腐蚀。在随后防腐罩面漆的选择过程中，设计团队与首钢合作研发适于遗产保护与展示的防腐罩面漆，其透明度可达百分之九十，反光率只有百分之十，既可展示高炉表面斑驳的印记，又不会给人焕然一新的感觉（图4-3-45、图4-3-46）。

（6）人文情怀：除物理空间再生之外，建筑师尝试挖掘首钢背后的人文故事，与首钢集团、中央美术学院共同策划了"'铸忆'城市复兴成就展"，通过一个个鲜活的个体故事讲述了过去一百年中发生在这片土地上的情感与记忆，使这块土地上的集体记忆得到传承，既是对当下的审视，亦是对未来的思考（图4-3-47）①。

① 展览由北京首钢建设投资有限公司、筑境设计和北京首钢国际工程技术有限公司主办，由筑境设计总建筑师薄宏涛发起并策划，并与中央美术学院王子耕联合策展。详见潘奕，叶扬."铸忆：首钢园区及三高炉博物馆城市复兴成就展"侧记[J]. 世界建筑，2019（2）：118-119.

图4-3-45　远处看高炉本体既可以看到斑驳感，也没有过“新”的反光感

图4-3-46　局部还留存有原始的面漆及锈蚀，修缮基本保留历史痕迹

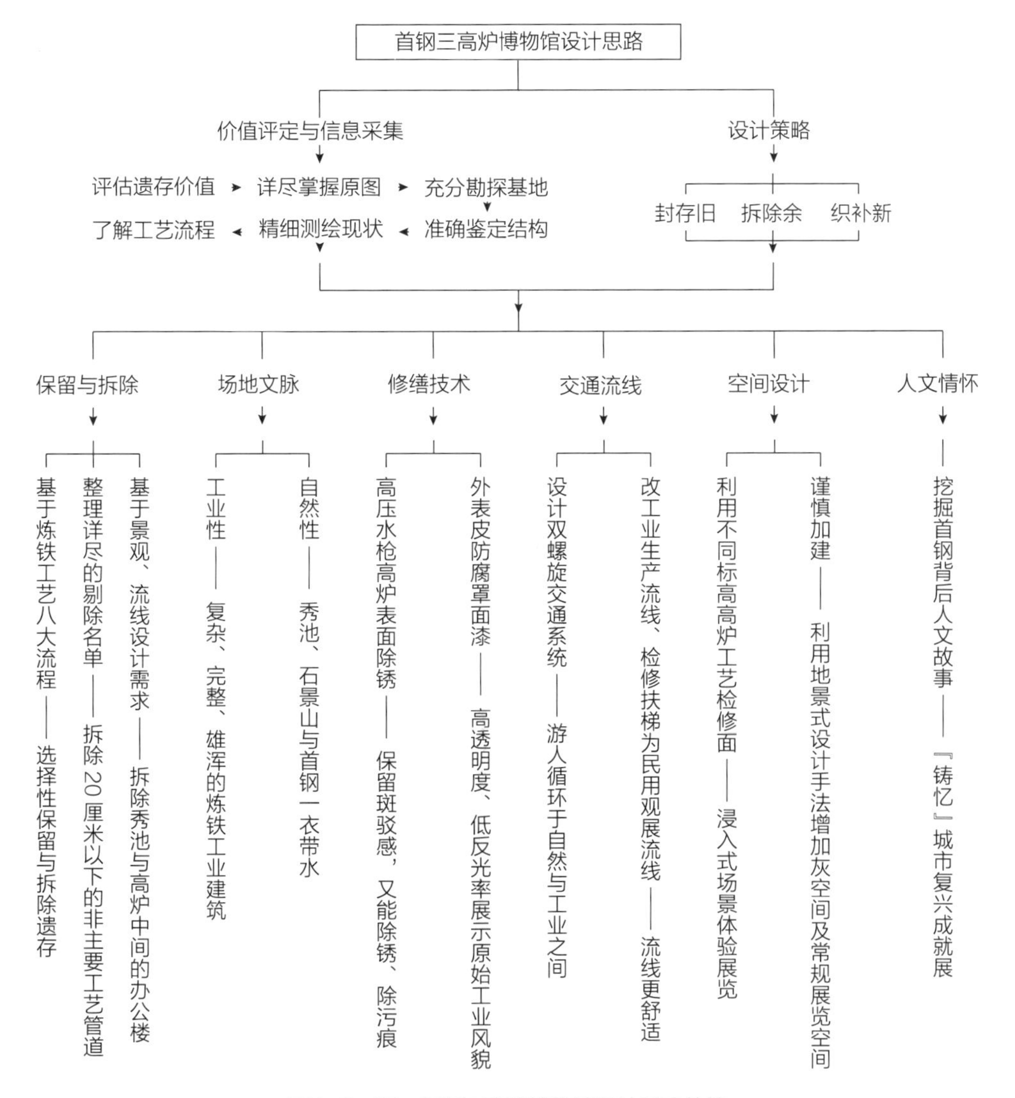

图4-3-47　首钢三高炉博物馆设计思路总结

4.3.2.9 墨臣设计

1）基于可持续经营的工业遗产改造设计

墨臣设计总裁、设计总监赖军建筑师认为工业遗产改造设计类的城市更新项目，首先应当解决使用的问题，在改造设计中招商与运营先行，将前期策划全方位想清楚，再开始入手去做设计，做到可持续经营，使改造完的作品能够持续良好地运作，保证其活力。赖军建筑师表示："工业遗产改造项目不成功往往是由于改造没有解决使用的问题，换句话说，谁来用？为谁设计？定位这个事情就没有想清楚。建筑设计还是要为使用者服务的，你首先要搞清楚谁是使用者，因此，在这类改造项目中，招商与运营是要先行的。"

2）首尚齿轮厂

北京齿轮厂前身为1949年成立的北平振华铁工厂，1960年正式更名为北京齿轮厂，现隶属于北京汽车工业集团总公司，2014年为响应北京市疏解非首都功能搬迁至河北黄骅。北汽集团根据京津冀战略需求将原厂区改造为文化创意产业园，由墨臣建筑设计主持改造设计工作。赖军建筑师团队提出了从"齿轮厂"到"齿轮场"的设计思路，希望齿轮厂可以从一个封闭厂区蜕变为一个充满活力的城市公共空间（图4-3-48）。

设计者用齿轮间紧密配合、无缝对接的传动概念，意喻多维的、动态的、开放的"场"，通过"联系""对比""映射"等处理方式，架设空中步道，给在此工作生活的人们提供更开放、更活力的城市空间（图4-3-49）[①]。

4.3.2.10 混际Remix Lab城市新型空间运营商设计部

1）以功能为导向的工业遗产改造思路

混际Remix Lab是一家以众创办公与社群线下活动为主业的城市新型空间运营商，通过收购旧物业进行改造成为联合办公空间，其最大的特色是从投资、设计、工程到出租运营过程的一体化。同时作为一家私营企业，改造设计以功能为导向，设计思路跟后期用户需求紧密结合，致力于为城市营造有活力的文创空间，是工业遗产微改造的典型案例。建筑师陈倩仪认为建筑师的责任不应该光去思考建筑刚建成的样子，应当参与到后期运营之中，确保空间的使用活力，这样才是对建筑生命全周期的负责。

2）广州混际创意园区

广州混际创意园区原为南海机械厂内两间厂房，混际投资人惊叹于这里的大跨度空间与

① 详见 墨臣设计：《［城市更新］从"厂"到"场"的完美蜕变》，墨臣设计微信公众号，2018年8月17日，https://mp.weixin.qq.com/s/_Jr7pk2zjWVn_K_NWt7qw，访问时间：2019年1月。

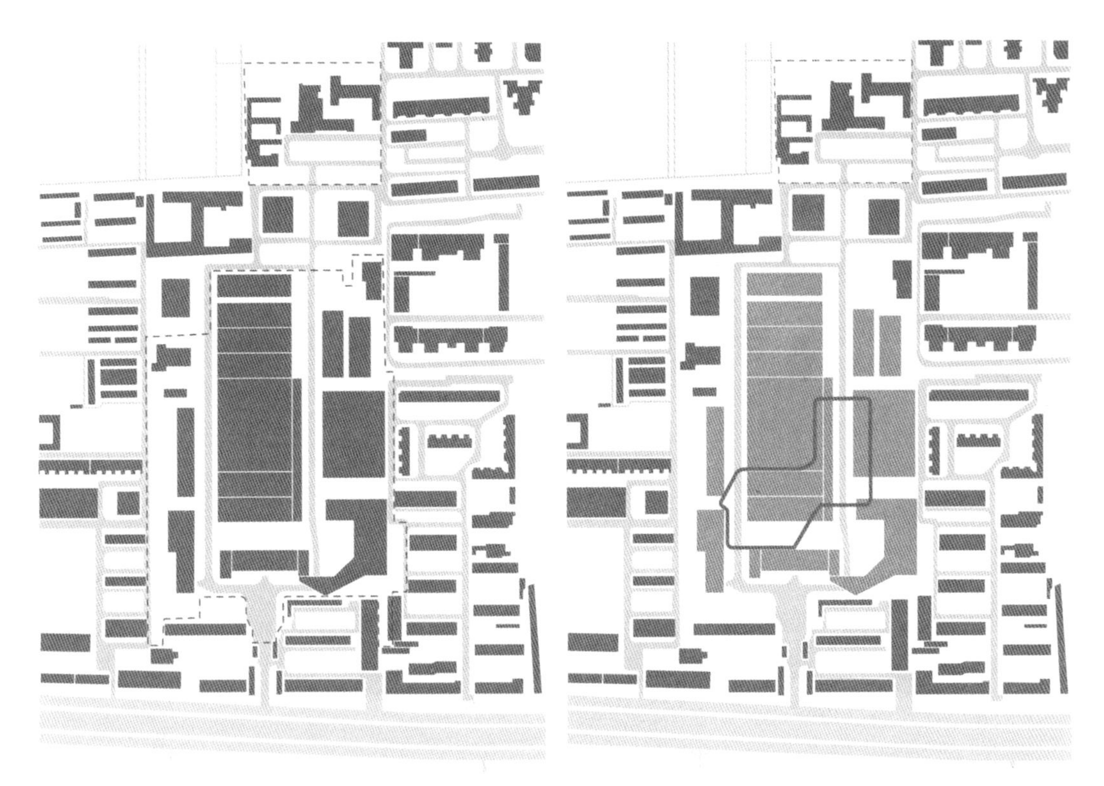

图4-3-48　首尚齿轮厂区位图　　图4-3-49　首尚齿轮厂改造建筑与空中步道示意图

工业厂房的建筑风格，便进行了承租与改造，于是有了现在的广州混迹创意园区。

（1）价值评估：建筑师对于遗产价值的评估主要侧重于空间美学的考察，着重关注大跨度的空间与特色的工业元素，如铁质窗、红砖墙以及坡屋顶等，并在之后的设计过程中以特色元素为母题进行创作。

（2）空间设计：建筑整体设计以营造工业感气氛为目标，满足联合办公与社区活动的使用需求。具体的空间设计会根据入驻商户需求进行现场设计，例如跑酷、录音室、摄影棚等特殊功能，会针对客户使用需求设计专用的空间。联合办公空间则根据厂房屋架高度较高的特征，设置了3层可容3～4人的工位隔间及各类共享会议室。入口大型共享空间则是用于满足各类社区线下活动改造的，设置有宽阶梯用以讲演。在开始运营后也会根据功能的变化进行不断的改造（图4-3-50）。

（3）结构加固：经过结构检测，原厂房的建筑结构已无法支撑新的改造，因此新设计在保留了原有屋架、梁柱等结构的前提下，加入新的结构体系，新旧结构互不干扰，并保持600毫米的退距。

（4）外立面设计：对外立面的改造建筑师采用了谨慎的态度，立面构件采用原形制、原材料予以重筑，保持了外立面原有的粉刷，改动较大处为主入口的标志墙及部分修补处所用的水泥，用以吸引游人眼光（图4-3-51）。

图4-3-50　混迹创意园大厅

图4-3-51　厂房山墙面

（5）运营模式：第一，物业会对入驻的商户进行一个基本的筛选，保持整个空间业态的文化艺术性；第二，对于商户二次装修会有一定的规定与审核，在保证建筑结构、立面风貌不改变的前提下，允许创新；第三，设计部门与工程部门随时根据用户需求调整设计，保证空间活力，符合不同类型艺术人群的工作环境要求；第四，制定长期的艺术文化、线下交流等社交活动计划，保持物业长期处于最佳状态（图4-3-52）。

4.3.2.11　山东意匠建筑设计有限公司

1）保留时代符号的工业遗产改造思路

山东意匠建筑设计有限公司在济南市有着多个工业遗产改造项目，被访人A在接受采访时采用匿名方式，表示对于没有文保身份的工业遗产项目，改造设计应以保留工业时代符号为特色，使其重新满足当下的生活实用需求，重新焕发生命力。

2）1953茶文化创意园

1953茶文化创意园[①]与意匠老商埠九号均属济南市重点文化创意产业园，两建筑改造有着异曲同工之处。1953茶文化创意园区原为三个间距较远的单层仓库（非文保单位），为中华人民共和国成立初期苏联援助项目。改造中甲方希望提高土地利用率，将三个仓库拆除后新建园区扩大面积，后经建筑师建议决定保留建筑的特色元素，如三栋仓库山墙部分及南北两侧仓库纵墙，并在三仓库中部加入新的体块，将三仓库连为一整体，新增部分通过提取老厂房坡屋顶元素并加以创新设计，与老厂房形象相互呼应（图4-3-53、图4-3-54）。

① 该茶文化创意园区前身为中国商业仓储公司山东分公司。2000年初，经过改造提升建成济南1953茶文化创意园区，此处保留了原711部队铁路储运专用支线站台及站台库，用于装卸储藏货物。

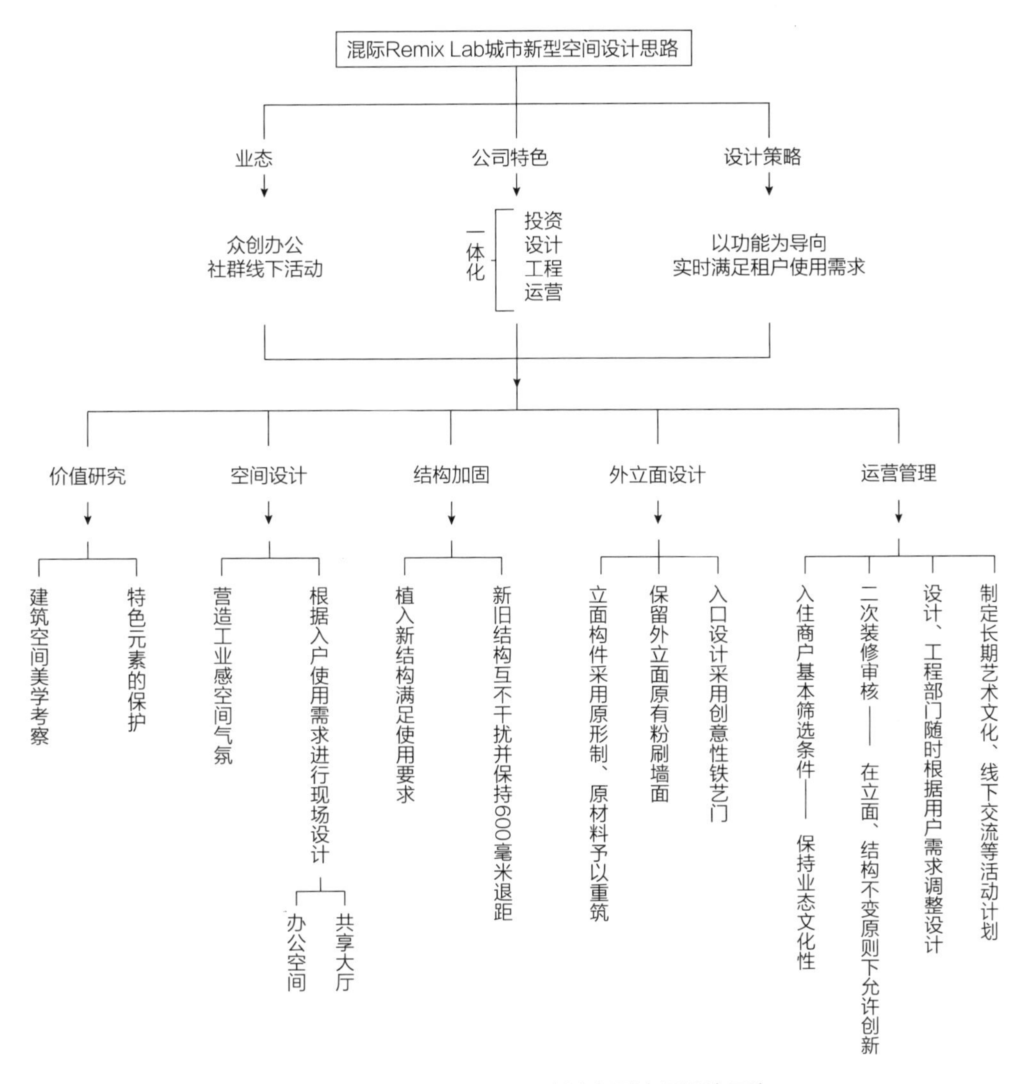

图4-3-52　混际Remix Lab城市新型空间设计思路

3）意匠老商埠九号

意匠老商埠九号原为英国烟草公司办公楼与仓库旧址，其中办公楼为济南市第四批文物保护单位。意匠建筑设计公司承租了20年的办公楼与仓库使用权①，并投资1000余万进行改造设计。仓库原为两跨坡屋顶建筑，改造设计为了增加使用面积拆除了两跨中间的屋顶，使内部空间扩大为3层，共5000余平方米。设计保留了一半最具特色的山墙面，并通过对原特征元素的转译形成新的创意设计（图4-3-55～图4-3-57）。

① 济南市国资委规定使用权最高不得超过5年，后因济南市宣传部鼓励文化创意产业，协同国资委批准了20年的使用权。

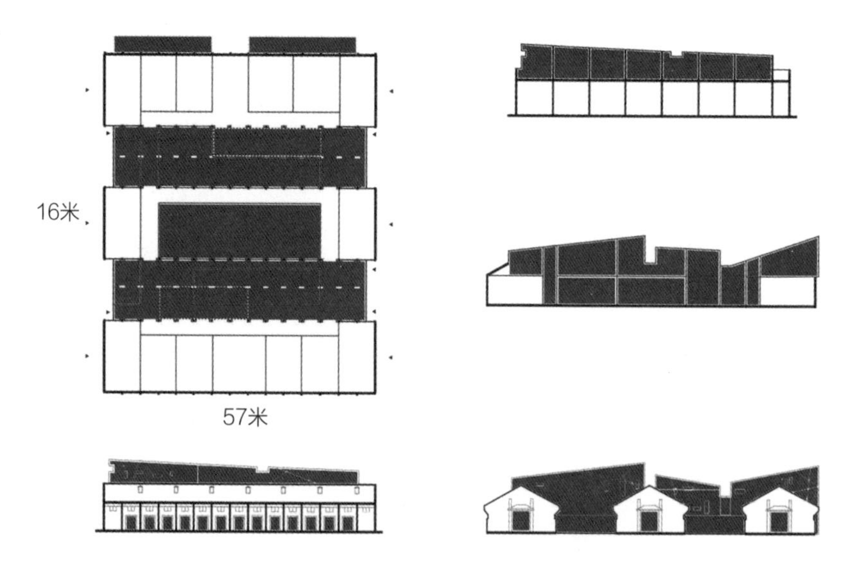

图4-3-53　1953茶文化创意园改造部位示意图

图4-3-54　1953茶文化创意园外立面

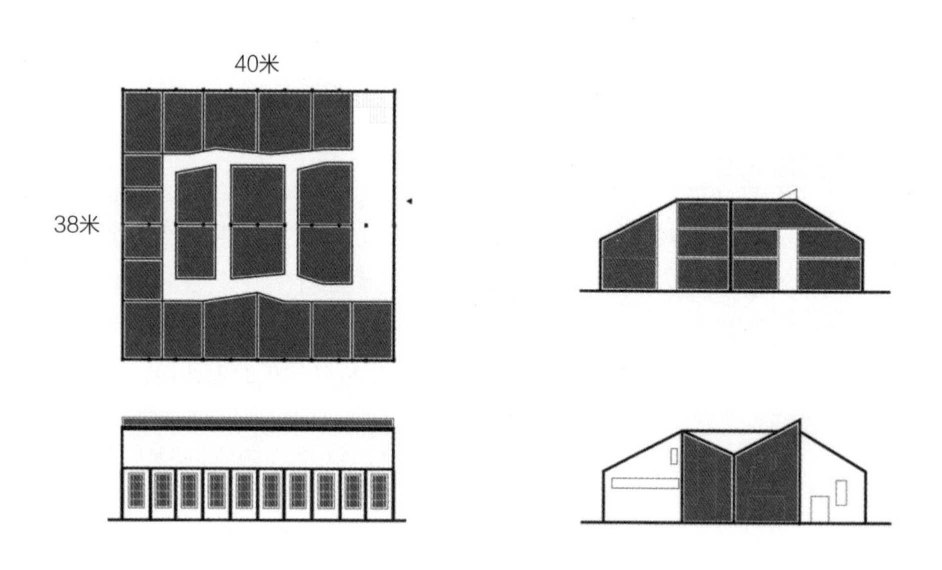

图4-3-55　意匠老商埠九号改造部位示意图

图4-3-56　意匠老商埠九号仓库外观

图4-3-57　文保建筑烟草公司办公楼

4.3.2.12　小结

英国著名建筑大师诺曼·福斯特认为，“建筑是价值观的体现，我们的建造方式反映了我们的生活方式”①。同样，在工业遗产改造过程中，改造成果既代表了建筑师对于遗产的价值理解，也代表了建筑师所认可的生活方式与社会价值观。

通过对十位建筑师改造思路与实践案例的考察，可以发现工业遗产改造实践因项目性质与背景的不同而有着不同的设计思路，对于商业类改造项目，建筑师往往需要考虑商业回报、扶持政策等不确定性因素，采取兼顾文化保护与商业收益的设计策略。例如建筑师何健翔快速植入的工业遗产设计思路，通过快速、对未来保持开放性的策略，减少不确定因素带来的影响；建筑师赖军提出了基于可持续经营的工业遗产设计思路，以招商与运营先行的方式，通过准确的产业定位杜绝盲目与同质化的文创园改造。

对于文化类改造项目，建筑师往往以艺术与文化追求作为设计思路出发点，通过艺术创作将工业遗产文化资本与当下生活更好地结合在一起，追求高层次的文化认同。例如章明、柳亦春两位建筑师在黄浦江两岸设计的多处遗产改文化设施项目，均将工业遗产视为一种城市文化资产，使遗产通过建筑师之手与当代生活完美嫁接，表达出公众对于文化艺术多元化的精神追求。

在对实践项目的考察过程中，可以明显发现工业遗产改造的南北方差异。在气候温暖的南方地区，改造项目对于采光、保暖等要求较低，改造对建筑外立面干扰程度小，可以很好地保留遗产的外部特征；在北方地区，为了满足采光、保暖等要求，工业遗产需要进行外立面开窗与增设外保温层等工作，对于遗产的干扰程度较大。

---

① 原文为：“Architecture is an expression of values – the way we build is a reflection of the way we live. This is why vernacular traditions and the historical layers of a city are so fascinating, as every era produces its own vocabulary. Sometimes we have to explore the past to find inspiration for the future. At its most noble, architecture is the embodiment of our civic values.” 转引自Lino Bianco, “Architecture, Values and Perception: Between Rhetoric and Reality”, *Frontiers of Architectural Research*, Volume 7, Issue 1（2018）, Pages 96, https://doi.org/10.1016/j.foar.2017.11003，检索时间：2018年8月。

4.3.3 结语

本节从单体设计层面对建筑师群体工业遗产改造价值评估体系、方式与设计思路进行了总结与考察。

建筑师群体认知下价值评估体系将经济价值提升到了一个较高的层次，认为在工业遗产价值评估中文化价值与经济价值必须同时被纳入考量标准，并指出在实践中大量尚处于“遗产化”中间阶段的工业遗产往往需要先证明其经济上是有活力的，才能证明其有文化价值。在工业遗产改造实践中，建筑师对遗产的价值评估方式并不是量化的精确评价，而是采取定量文化价值评分与定性空间现状分析相结合的方式，强调了遗产改造中多元主体参与的重要性。

综合对十位建筑师设计思路与实践案例的考察，可以看出目前中国工业遗产改造思路与手法的多样性。不同建筑师的改造设计思路有共性也有特性，共性在于注重对工业遗产物理空间结构的当代性表达以及文化资本要素的挖掘利用；特性在于建筑师个人独特的审美设计能力、市场需求的差异性和对工业遗产文化资本的利用表达能力，以及地区生活、社会价值观的需求。

4.4 建筑师理解的真实性与创意性

前文样本考察呈现出遗产改造现状的多样性与复杂性，折射出工业遗产保护利用实践受到政策法规、公众意识、经济可行性等诸多社会要素的综合作用。因此探讨建筑师认知下的工业遗产改造利用不应仅仅关注其空间转型特征，更应聚焦背后的经济文化影响因素。本节将在前文价值认知与设计思路梳理的基础上，考察建筑师认知下的遗产真实性与设计创意性的关系，总结影响改造平衡的现实因素与改造成功的标志，提出以真实性与创意性为标准的改造模式，并根据以上研究总结工业遗产改造设计策略，从而为遗产改造的真实性与创意性的平衡提供必要的前期资料。

4.4.1 建筑师认知下的遗产真实性与设计创意性关系

工业遗产进行新功能的自适应再利用是不可避免的，然而在满足新用途时，设计干预措施应当在保护遗产的历史价值与建筑特征的前提下进行创意性设计，以免给后代造成错误或遗漏的信息。工业遗产改造过程中充满了各方利益的博弈，建筑师如何在保护工业遗产固有价值的前提下，通过创意性设计满足各利益方需求，如何对工业遗产文化资本进行解读与利用以达成文化遗产保护与经济利益的双赢，成为改造实践的核心挑战。因此本节笔者将探讨建筑师如何看待两者的关系，如何在实践中对遗产真实性与设计创意性进行平衡。

4.4.1.1 钟冠球——溯源与去伪存真

竖梁社建筑事务所建筑师、华南理工大学教师钟冠球认为，在实践中平衡工业遗产真实性与设计的创意性需要做到两点——溯源与去伪存真。

溯源意味着寻求历史的根源，对遗产进行详尽的历史沿革梳理；去伪存真表示建筑师需要找到建筑最有价值的状态，对厂房各个部分进行年代、结构的分类。那些价值低的、后建的部分如果影响到最有价值的部分时，可以将价值低的部分进行拆除，还原到遗产最有价值的状态，得到一种相对的真实性。同时钟冠球老师认为历史遗产的真实性并不是固定的，而是处于一种动态变化的状态，他对此解释道："动态变化的遗产也是一种真实性，各个时代、不同的建筑师会给遗产留下层次丰富的状态，但有时大家会被一开始的状态所吸引，是一种观念的问题。"建筑师认为针对工业遗产而言，真实性还表现在其仅为工业生产目的而建造的纯粹性，作为一种基本的建筑形态，没有过多的装饰与形象负担。

设计创意性既需要满足新功能的使用要求，更需要去衬托与保护那些老的遗产，新的设计应当使遗产的价值更加突出。同时建筑师往往在入场时，机器生产的场景就不再出现，建筑师需要挖掘与想象当年的生产情节与生产流线作为设计的线索，并适当保留工业遗产的核心生产工艺，以有效地传承工业遗产文化精神。

4.4.1.2 何健翔——创意性源于对真实性的解读

源计划建筑工作室主持建筑师何健翔认为，工业遗产改造的创意性来源于对遗产真实性的解读，改造设计与以往新建筑自上而下的主观设计不同，建筑师需要发掘隐藏在破旧之下的遗产价值、文化资本，通过独到的洞察力去寻找那些有趣的真实的空间、时间关系，并用一种建造方式呈现出来，同时强调如果没有对遗产的解读，就无法进行创意设计。何健翔表示："以往的建筑设计是一种空白的创作，将建筑师的创意物化实施于场地上，而在工业遗产的改造过程中，这种过分的建筑师自我放大是绝对不可行的。对于源计划来说，如果没有办法把遗产价值、场地文脉真正地解读好，是无法做出好的设计。"

对于建筑师何健翔来说，设计的创意性与遗产的真实性之间并没有矛盾，反而是一种有趣的对话，是人的主体与遗产之间的一种交互，慢慢得出一个与场地、环境之间的一种平衡，它恰恰是一种顺其自然的平衡。一旦需要考虑对遗产改造进行控制，反而将真实性与创意性进行一种主与次的分离，将遗产视为一种死物。实际上真正的空间、真正的场地有自身的生命，有自身的过去、故事，你把它读懂了，新的东西才能展现出来。

4.4.1.3　柳亦春——新的设计应是对于历史的续接

大舍建筑设计事务所主持建筑师柳亦春认为："遗产的真实性、完整性通常都是历史保护部门强加给建筑师的限制，建筑师很多时候是在跟这些原则的斗争中来完成创作的，通过对真实性、完整性的质疑来产生新的设计。首先工业遗产本身就是一个真实的存在，是时间、历史在遗产身上留下的印记的总和。其实工业遗产距离我们很近，新的设计是对工业遗产的一种接续，这一切构成了我们今天看到的工业遗产。重要的是我们如何去介入这个状态，去留下属于这个时代对于工业遗产的印记，完成一种新的真实，能够使真实性与创意性达到你中有我、我中有你的状态。"

遗产保护中许多普遍性的原则具体到个案时，往往会成为一种束缚，因此建筑师柳亦春认为他的每一次工作都是在跟这种普遍性原则斗争的过程中来完成的。柳亦春说道："普遍性原则确实可以确保基本的保护工作，但对于那些既有保护意识又有设计水平的建筑师来说，过多的限制反而会成为一种束缚。"

4.4.1.4　章明——文化资本要素作为创意的源泉

同济大学章明教授认为工业遗产改造中真实性与创意性的平衡可以分为两点。

第一，必须对工业遗产进行价值评估和分级保护，不能盲目追求遗产的完整性与真实性。"既然工业遗产需要转型成为城市生活空间进行使用，那就不可以将其视为文物一般采取静态的博物馆式保护，因此必须对工业遗产进行详尽的价值评估。"改造设计需要根据价值评估结果制定相应的设计策略，如果评估结果为文物级别，那对于遗产的完整性与真实性要求就比较高，适合改造为博物馆之类的具有公益性质的功能；如果价值评估为非文物级别，又面临着功能转换，那么对遗产的真实性与完整性的诉求就是没有必要的，可以采用再生性策略，对有价值的部分进行保留，没有价值且与当下使用诉求矛盾大的部位就可以拆除改造，并使用新的设计手段、技术工艺使其达到最符合当下使用诉求的状态。例如原作工作室的中庭部分，将屋顶的屋面局部拆除后虽然损失了完整度，但对整个建筑的空间形制没有影响，同时对整个办公室的采光通风、空间层次都产生了更大的价值，那这种拆除就是合理的。改造中，度的拿捏需要建筑师去掌控。

第二，章明教授认为遗产的真实性是一种叠合的原真，说道："工业遗产经历了一个很长的历史时期，必然会留有不同的历史时期的生活、建设痕迹，那么遗产的真实性一定是由各级层面共同组成的，不能机械地认为哪一个年代就是真实的。"针对这种叠合的真实性，章明教授提出了"在场建筑师"的观点，对于一个工业遗产改造项目，不论之前有多少位建筑师参与到这个建筑的设计改造中，当下的在场建筑师就是对这个建筑最有发言权的人，在场建筑师在改造过程中需要尊重之前的每一位建筑师，同时取其精华，去其糟粕，为当下负责。章明教授表示工业遗产改造并不是冷冻的保护，也不是要恢复到某一个时期的样式，“我们无法回答遗产的真实性在哪里。遗产是动态发展的，历史的痕迹在它身上层层叠加才是最有魅力的，如果全部按照图纸把建筑恢复到初建的年代，它承载的各个时期的历史信息才会被遗失。”例如价值评估体系中的社会情感价值就是在各个时期慢慢遗产化过程中形成的，一些历史事件带来了遗产的价值变化，这便赋予了遗产在那个时代的痕迹，是极富价值的。

建筑师章明表示，“工业遗产发展近百年的历史，积淀下来的遗产都极具历史文化内涵，如果能够将这些有意义的东西在适当的时候做一些呈现，就可以将遗产的文化资本与当下的内容更好地结合，将价值更好地显性化。”例如在杨浦滨江公共空间改造过程中，建筑师认为场地里留存的工业建筑物与构筑物，恰恰体现了遗产的真实性，如果将其作为设计特色改造成为一个有文化底蕴的公共景点，就可以使工业遗产的文化资本得到更好的呈现。因此文化资本要素对于建筑师来说就是创意的源泉，只是有些建筑师不善于利用这些元素，而优秀的建筑师对于工业遗产一定是有态度、有意识的。

4.4.1.5　李匡——克制过度设计与呈现核心工业流程

华清安地建筑设计事务所建筑师李匡认为工业遗产改造类项目保持真实性与创意性并重的核心是要克制建筑师的创作冲动，建筑师往往想通过项目留下一个表现自我的作品，因此工业遗产改造项目比较突出的问题就在于过度设计。

工业遗产能够保留并为当下服务需要保护学者与建筑师的共同努力，如何做到既满足经济利益需求，又可以很好地保留展示遗产的历史文化情感等价值对所有建筑师而言都是一个挑战。建筑师李匡认为：“许多工业遗产改造项目不成功并不是因为建筑师没有设计能力，大多还是因为保护观念不强，或者过度地强调设计的创意性，所以平衡的核心是要控制建筑师的创作冲动。”

建筑师李匡表示，对于遗产的真实性保护，首先需要进行价值评估，对于价值高的遗产应当设计为博物馆类功能；对于价值一般的工业遗存要根据它的空间特征匹配适当的功能。目前国内工业遗产改造功能选择以满足市场要求为主，大部分为商业改造。对于工业遗产改造为商业类项目，建筑师应尽可能地保持遗产原有的风貌，如果实在困难，可以保留某个局部空间展现历史风貌，但也不能过于苛求对真实性的完整保护。对于大型厂区改造中真实性的保护，首先需要进行价值评估，确定分层分级的保护利用措施，对于其核心的工业流线，应至少保留一条，使其有一个相对完整的呈现，其次对于生产辅助功能，比如生活区也应当有适当的保留。

4.4.1.6　陈梦津——保持对历史的追溯作为新设计的基础

法籍建筑师陈梦津认为更新设计需要在遗产的真实性与设计的创意性之间找到一个平衡，新的设计要突出遗产最有价值的部分。设计师既不能过分地进行自我表现，也不能因为保护而将工业遗产束之高阁，其中的平衡需要建筑师进行拿捏。陈梦津表示："拆除与保护并不是矛盾的，必须通过拆除没有价值的部分，才能凸显最有价值的部分；通过价值评估发现建筑中最有历史、最有意义的部分进行保护，并通过新的设计将其进一步呈现出来。"

以大华纱厂为例，通过拆除连接厂房间的走廊、库房部分，建立了新的轴线与公共活动空间，那这样的拆除是合理的。走廊内原有的绿带所建立的空间感是建筑师认为重要的元素，便在新设计中保留或恢复了这种空间感，只拆除了屋面部分，形成很好的灰空间。同时建筑师陈梦津认为中国还没有达成对于旧建筑的美学认知，这种工业文化不被社会所认可是导致遗产保护利用失败的最重要的原因。

4.4.1.7 小结

艺术的创意性本质上是一个打破规则的过程，打破现有的思想与生活模式，从而带来生活方式、价值观的变革。在工业遗产改造中优秀的创意往往可以给遗产带来新的生机与活力，打破桎梏，为遗产的保护利用开辟新的可能性。然而艺术的创意性并不等同于"创意性破坏"，创意灵感来自于对真实性的解读，遗产真实性的呈现依靠创意设计的衬托，其中的平衡往往来自于建筑师的拿捏，这对建筑师的保护意识与设计水平提出了较高的要求。

综合各位建筑师所言，我们可以认识到保护与认知遗产真实性的前提是对遗产进行价值评估，只有做到明晰遗产价值、明确保护范围与保护利用导则，并给予建筑师发挥创意的空间，才能确保实践中遗产真实性与设计创意性的平衡。其次从访谈内容可以看出，建筑师认为过于僵化的历史保护规范会限制建筑师的艺术发挥与改造案例的多元性，普遍性的保护原则可以基本保证遗产价值不受到大的损害，但更重要的是去提高各个利益方的保护意识，达成工业遗产的保护共识。

4.4.2 实践中影响工业遗产改造平衡的因素

4.4.2.1 建筑师观点整理与归纳

在访谈中，建筑师就改造实践中所遇到的问题进行了总结，主要涉及政府政策、商业诉求、个案限制、关注与推广等问题，详见表4-4-1、图4-4-1。

建筑师认为的改造实践中影响工业遗产改造平衡的因素总结 表4-4-1

受访人	观点总结
钟冠球	1. 成本限制与商业诉求：创意园最初来自于成本的建构，并不完全是情怀、美学的诉求，为了节约成本就会使用简单、直接的手段，工业遗产的改造更新并不是一个很理想化的事情，它需要考虑到建设成本、商业诉求，实践者需要了解前期建设与后期运营等各方面投资； 2. 政府政策的正确引导与鼓励； 3. 关注与推广：关注推广最成功的商业、居住改造项目更有普遍意义，一些特殊的投入较高的案例借鉴性较低，增强公众保护意识迫在眉睫

续表

受访人	观点总结
何健翔	1. 公众保护理念薄弱； 2. 商业开发色彩过重，诱惑较大； 3. 政策不明确，政府引导不足； 4. 一些老厂房在确定了文物身份后，反而难以进行活化
陈倩仪	1. 厂房结构老化，基础设施不足，改造难度大； 2. 用地性质不明晰，带伤运营； 3. 需要政策或规范的优惠
柳亦春	1. 商业诉求：建筑师的艺术创作需要满足业主对于商业利益的基本要求，当两者有冲突时，需要设计师转换设计思路作出合适的协调，对建筑师的设计水平提出了较高的要求； 2. 普遍性原则：从遗产保护的角度讲，提出普遍性原则对于大量实践的保护控制是需要的，但有时对那些拥有保护意识、心怀敬意的优秀建筑师，普遍性的规则会限制建筑师的艺术创作； 3. 业主和建筑师的水平与眼光：好的实践需要业主和建筑师有足够长远的眼光与足够好的判断力
章明	1. 政府政策：用地性质转变等各方面政策不明确、不支持等限制； 2. 个案限制：遗产本身遗存、结构的状态，业主的商业需求； 3. 改造中的一些规则规范：是否可以对遗产改造有一些专门的放宽政策； 4. 在场建筑师的责任，对遗产有态度，有设计能力
山东意匠建筑师A	1. 商业诉求：为了盈利，容积率要求较高； 2. 需要政策或规范的放松； 3. 承租户、公众保护意识不强
李匡	1. 政府政策：政策与实际使用需求不配套，土地制度过于僵化，土地性质不转变导致报批手续无法进行，消防、疏散等问题更无从谈起，同时文化创意政策、土地政策的不稳定性，导致投资商无法进行长期的投入； 2. 社会认可程度不高：市民、投资商认为工业遗产改造设计简单，给予的设计费也只有正常设计的七八成，导致设计师投入精力较少，遗产的真实性易受到损害； 3. 改造建筑规范不明确：包括消防、结构、疏散等要求按照新建筑规范，导致成本增高
陈梦津	1. 关心经济问题； 2. 政府、开发商、租客、居民不认可这种工业文化，认识不到价值； 3. 改造建筑规范不明确，以新建筑要求难以达到
薄宏涛	1. 经济可行性； 2. 抗震规范中对于结构加固的要求； 3. 政府政策； 4. 对遗产的价值认知不足
赖军	1. 经济的可行性：营销与运营先行，确定项目任务书，确保可持续的运营与回报； 2. 政府政策：政策的模糊性导致了改造的不规范，设计束手束脚； 3. 建筑的责任：对遗产有敬畏心，可以调动资源去使项目落地

建筑师认为工业遗产改造影响因素分为政府政策、经济可行性、建筑规范、公众意识、建筑师责任、个案限制6个方面。其中，政府政策被提到的次数最多，经济可行性、公众意识与建筑规范次之，建筑师责任与个案限制最后。据表可知，建筑师在改造实践中会受到各个方面的限制，主观能动性不强，政府政策与经济可行性会对改造实践造成决定性的影响。

4.4.2.2 政府政策

政府政策被建筑师认为是工业遗产改造实践中最大的限制因素，目前国内工业遗产改造

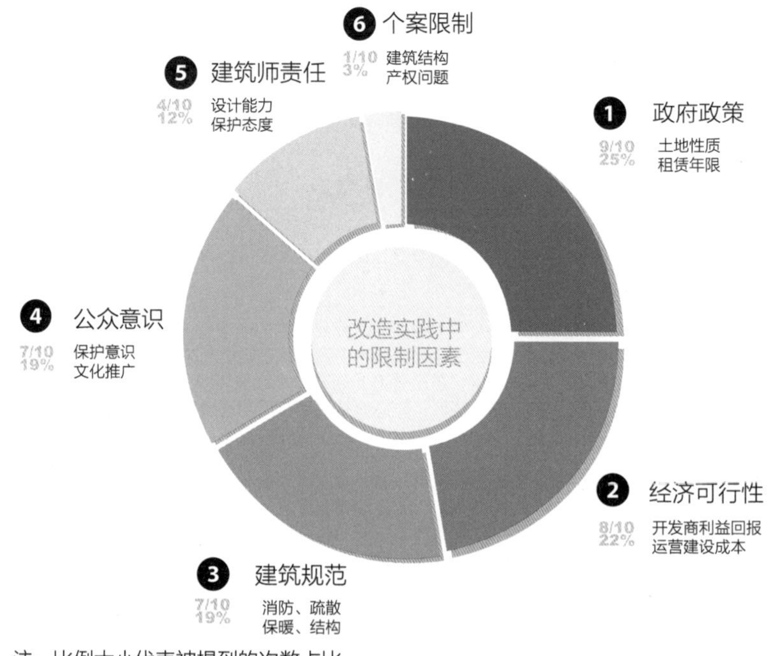

注：比例大小代表被提到的次数占比。

图4-4-1　实践中的限制与问题

如火如荼地进行，但其中合法的项目很少，很多是在工业用地上进行的商业出租行为，造成这种情况的主要原因在于不同土地性质用地之间差价昂贵，土地持有方不愿也没有能力支付其中的差价。由于土地性质无法转变，造成后期改造建设无法报批，更无法进行消防、疏散、结构安全的审核，使改造后的工业遗产隐患重重。同时由于租借时间短等原因，业主不愿投入过多资金用于结构、消防等安全性改造。以广州混迹创意园区为例，由于基础设施老化，无法设置消防水池、消防雨淋系统，只能依靠多布置手提式灭火器来满足消防要求。

其次一些工业用地厂区在政策指导下转变为文化创意园，但审批使用时间较短，政策支持力度不强，均为临时批准进行商用，例如广州的工业用地发展创意园临时使用年限由原来的15年，变成了现在的5年甚至3年。由于审批时间的减少，投资商抱着尽快回本、争取最大利润的想法，使园区成为商业开发项目，难以谈及文化艺术上的长远预期。因此需要政府政策的支持与引导，尽可能给予更长的使用年限与引导政策。

4.4.2.3　公众意识

公众意识被建筑师认为是影响工业遗产改造第二大的问题，指出目前社会公众对于工业遗产保护的理念意识较为薄弱，没有形成一种共识。公众对于工业遗产的文化价值并不认同，认为工业遗产是老的、破旧的事物，没有保护的必要，或是无法抵制商业诱惑，放弃了保护信念，反映了目前社会公众对于工业遗产价值认可程度较低的现状。

许多建筑师坦言社会对于遗产改造项目愿意承担的设计费极低，按照国家标准，改造项目设计费应是新建筑的1.4～1.6倍，但实际往往只有新建筑设计费的百分之七八十。这些带有遗产性质的建筑改造需要考虑更多的现状条件，需要建筑师付出更多的精力与时间，设计成本远远大于新建筑设计。还有一些工厂业主、使用者对于遗存机器的历史价值认识不清，在改造之前就将生产机器全部卖掉，例如大华纱厂中的机器设备被卖出后，又从日本买来了相似的机器进行展示；再如章明教授改造当代艺术博物馆时，想要保留一组发电设施作为展示空间，但业主与艺术家都不愿意留，认为机器设备对艺术展览的视觉影响过大。

对于研究者与建筑师而言，最重要、最有意义的事情是文化推广，对社会公众进行文化教育。这既需要建筑师的优秀改造实践，也需要研究者的学术推广。华南理工大学钟冠球老师举例到，广州T.I.T因自身文化推动与公众参与保护的原因，使政府改变了原来要拆除T.I.T的广州新三馆规划，成为一个良好的遗产保护公众参与案例，并说道："这就是一种社会普遍认识，而不是在学术圈内的认识，让社会认识到工业遗产的价值，让社会有意识地保留一些工业遗产，需要学者的学术推广，你自己的个人认知会变成社会力量，宣传、展示很重要"。

4.4.2.4　建筑规范

目前国内没有针对改造利用的专项规范，现有遗产改造的建筑规范全部按照新建筑的要求进行审查，没有考虑到改造项目的实际情况，如消防、疏散、保暖、结构等问题。对于文物类工业遗产可以按照文物的规定流程进行设计，但对于那些普通的工业遗产，如果按照新建筑的使用规范来限定，改造成本过高，丧失了改造的经济性。

4.4.2.5　经济可行性

工业遗产改造并不是一个理想的设计过程，其中充满了各方的利益角逐，包括开发商、政府、遗产保护学者以及社会公众等各方的利益诉求，如何去协调这些利益诉求是我们必须考虑的一部分。

对于民营投资项目，钟冠球老师在访谈时提到在广州民营资本投入的项目，因为整体投入资金不会很大，所以大部分创意园常常用最直接、最便宜的手段去改造，并不会关注美学、情怀或者遗产价值保护等问题。同时私人甲方对于利益的回报极为在意，对于建筑师、研究学者而言，项目是否赚钱、总体投入成本与后期运营费用关注较少，但实际上这些因素往往决定着一个改造项目能否活下去[①]。不容否认的是，由市场主导的改造类项目往往很快可以融入新的生活中，往往更有活力，因此笔者认为政府应当鼓励与引导私人资本介入非文物类工业遗产改造项目，同时合理创新利益分享机制。建筑师赖军指出，在当前的遗产改造项目中，大部分甲方对房地产开发并不了解，设计项目往往没有明确的商业定位，在这种商

① 观点归纳自钟冠球建筑师访谈稿问题六的回答。

业回报不明确的情况下，甲方并不愿意支付过多的设计费给建筑师，这就要求建筑师参与到前期的项目定位与招商之中，并提出利用设计方案占股的方式，让建筑师可以长期参与建筑的运营当中，对建筑的全生命周期负责。

对于政府投资项目，政府应兼顾遗产保护与商业诉求两者进行考虑，从更大区域范围的角度进行综合考虑，例如将工业遗产改造成为文化公共设施进而带动周边经济活力等。相对于社会资本，政府投资项目更多地偏向于博物馆类功能改造，对遗产真实性损坏相对较小，没有直接的利润回报要求，因此对于那些文化价值高的遗产应当交由政府进行保护利用。

柳亦春建筑师认为改造的关键不在于资本的属性，而在于做决定人的水平与所处城市文化经济发展的程度，社会资本改造案例中如果甲方与建筑师有足够好的眼光、设计水平与保护意识，那么一般类工业遗产经过改造利用也会成为既发扬工业遗产文化资本又能经济创收的成功改造案例，使遗产真正地活起来。

4.4.2.6 建筑师的责任

建筑师的设计能力与保护意识直接决定了工业遗产改造更新成果的实际效果。优秀的建筑师应当在保护遗产价值的前提下，取其精华，去其糟粕，利用具有创意性的设计创造具有文化意义的城市形象，使遗产回到当下。正如章明教授所言，建筑师需要对工业遗产进行正确而有效的价值评估，成为一个对遗产保护有意识、有态度、负责任的建筑师。

4.4.2.7 个案限制

工业遗产由于建造时间久远，建筑实际情况较为复杂，在改造设计中，建筑的每一个柱子、梁、墙面都需要进行测量，才能得到最精确的结果，因此对于建筑师的设计水平提出了较高的要求。以结构加固为例，西安大华纱厂老厂房结构加固为了不破坏原有空间界面，在加固经费短缺与施工技术限制的情况下，建筑师多次与高校结构教师、设计院结构专家进行讨论，最终确定了采用轻巧纤细的白色钢制圆管与起转换作用的钢制节点板进行支撑与加固的方案，整个过程耗时耗力，对建筑师提出了极高的要求。

4.4.3 工业遗产改造成功的标志

目前中国工业遗产保护利用没有明确的改造规范，因此笔者在本节考察实践建筑师认知下的工业遗产改造成功的标志，希望可以为当前的改造实践工作梳理一个具有指导性的成功标准，为今后的实践寻找有意义的改造方向。

4.4.3.1 建筑师观点整理与归纳

据表4-4-2、图4-4-2可以将建筑师认可的工业遗产改造成功标准分为6点：遗产核心价值是否被保留与突出，建筑的当代性是否表达，是否具有开放性与公共性，改造后空间是否有活力、经济回报能力、改造的规范性。遗产保护的成功取决于遗产核心价值的保护与遗产风貌、社会情感的传承与发扬；当代性表达包括了将当代使用诉求谨慎地融入遗产中与具有艺术创意的改造设计两点；城市共享性包括保持开放性、公共性与保持空间的持续活力；在运营机制方面，需要制定长效评价策略与长期运营计划；经济回报方面包括可持续性的经营活动与通过定期维护保持建筑物对于未来需求的应变两点；规范性包括土地性质与审批手续的规范化与结构加固、消防疏散的分级规范。其中当代性表达与遗产核心价值保护与否是最受建筑师关注的两点，可以看出建筑师群体对于建筑设计与遗产保护的关注。

工业遗产改造成功的标志建筑师观点总结　　表4-4-2

建筑师	观点
钟冠球	1. 有活力、有公共性，能够成为城市共享中心； 2. 适度地、有控制地改造，遗产特征、价值被很好地保存下来； 3. 遗产经过改造可以被很好地使用； 4. 能够起到标杆作用，对之后的项目起到示范性
何健翔	1. 日常性：与日常生活结合紧密，可以在老的时空中，从生活细微处感受到丰富而不同的日常生活； 2. 异化：在总策略的控制下，让其中生活的人自由发挥、自由表述，产生一种碰撞，一种多元的、多样的体验，表现出与标准化城市不同的模式
陈倩仪	1. 成功的运营会保证整个园区持续的活力； 2. 保持开放性，成为地区或者城市的共享空间
柳亦春	1. 使用上的成功：有活力、有生命力； 2. 改造的艺术水平高低
章明	向史而新：能够把不同时期叠合的原真，层层级级地、很丰富地展示出来，同时又满足当代性的表达
山东意匠建筑公司建筑师A	1. 保护最有价值的特征元素； 2. 经济上有回报； 3. 设计上有创意，满足功能使用要求
李匡	1. 针对价值评估分数不同的工业遗产有不同的成功标志，对于价值评估分数高的工业遗产，以核心工业价值是否得到保留为成功标准；对于价值评估分数低的工业遗产，以情感传承、经济利用、空间利用高低为标准；对于价值评估分数中等的工业遗产，以兼顾保护与利用为标准，考察核心价值部分是否被保护，空间是否有活力； 2. 公共性：遗产改造类项目应尽量向公众开放，保证历史文化、社会情感价值的传递； 3. 规范性：明确建设流程、审批条件以及各类结构、消防疏散等规范； 4. 考虑对遗产的传承与对历史风貌的保护，克制创作冲动
陈梦津	1. 遗产改造要有整体控制，有统一性； 2. 既要保证真实性，又要有创意，同时满足功能性要求； 3. 遗产改造中结构加固、保温节能等做法需要特别的考虑，不能对遗产的原始结构、立面风貌造成影响； 4. 既不能强调冷冻式保护，不能怕拆，也不能过分地凸显建筑师的创意； 5. 具有经济性，创意园区能够很好地活下去

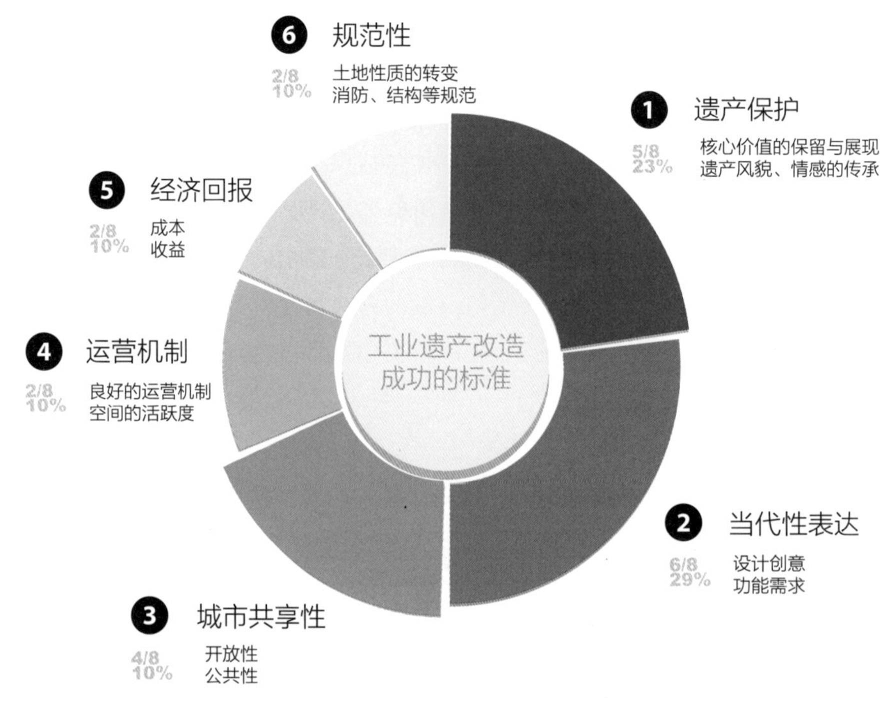

图4-4-2　工业遗产改造成功的标志因素比较

4.4.3.2　章明——向史而新

同济大学章明教授认为工业遗产改造成功的标准在于："是否能够将遗产不同时期叠合的原真层层级级地、丰富地展示出来，又能够把当代的诉求很好地、谨慎地融合进遗产中，让锚固与游离成为一种平衡的状态，做到向史而新。"章明教授认为成功的改造案例仍能呈现原来的建筑形制、体量、空间特质以及建构技术，使人们感受到熟悉的空间与记忆。同时人们又会感受到一种陌生感，源自于改造设计对当下使用、审美诉求的创意设计。在一些工业遗产改造案例中，虽然遗产本体保护良好，但内部通风采光严重不足，导致与现代生活匹配度降低，这种做法虽保护了遗产的真实性但也不能称为好的改造。章明教授提出的"向史而新"就是要遗产被当下所使用，使工业遗产从过去走向现在，并影响未来。

4.4.3.3　何健翔——工业遗产改造的日常性与异化

源计划建筑工作室主持建筑师何健翔认为："工业遗产成功的案例一定会提供一种日常性，通过设计与真实的生活发生关系，这种日常不是重复的上下班，也不需要建筑师刻意地渲染与造势，它就是在老的空间中给你日常生活赋予文化感与记忆性。"以源计划工作室为例，这个建造在高耸筒仓顶部的办公间，裸露着旧时的红砖与混凝土，沐浴着每日不同的光线，承载着筒仓独有的工业信息与特定的生产方式，强调丰富的个人感观与日常生活。建筑师何健翔认为，老的建筑就应该有这样的特质，与日常生活紧密结合，又会带来不一样的、有意思的日常生活。

异化性是建筑师何健翔提出的另一个观点："历史建筑改造与新设计不同，它没有固定的标准化开发模式。工业遗产有它自己独特的设计逻辑、空间格局，这种多元化与多样性是在标准化城市所感受不到的。"建筑师认为在工业遗产改造过程中，成功的园区都不是统一设计出来的，更多的是点式的，一个一个发生的，在一个总策略控制下，由不同的人参与其中，自由发挥、自由表述，通过碰撞产生一种异化。

4.4.3.4 李匡——分层分级讨论下的成功标准

华清安地建筑工作室主持建筑师李匡认为，工业遗产的成功标准应当根据其价值评估定位进行分级，对于价值评分高的工业遗产，成功标准以遗产保护情况优劣为主，考虑遗产价值的保护与精神的传承是否到位；对于价值评估分数低的工业遗产，更多地从情感传承与经济空间利用情况进行考察；对于价值评估分数中等的遗产，需要兼顾保护与利用，强调遗产核心价值是否保护到位，经济空间利用是否满足使用要求。

同时建筑师李匡认为成功的工业遗产活化项目有以下几点共性：①公共性，作为遗产类项目应当尽可能地向公众进行开放，由全民共享。工业时代作为城市历史不可分割的一部分，其工业文化、精神必须得到传承，对于那些价值较低的部分，也应考虑其社会文化情感价值。②规范性，目前国内遗产改造类项目最大的问题在于是否满足规范，好的设计应当满足结构安全、消防疏散、舒适性的要求。③历史风貌传承，设计师对于空间、外观的设计应当尽可能地保持遗产的基本特征，过于夸大自我的创意设计对遗产本体造成影响，也不能称为成功。

4.4.3.5 小结

在保护历史痕迹与满足新时代要求的双重目的中，最好的设计通过尊重工业遗产宏伟的外部性特征及雕塑性的内部空间，秉持富有想象力的设计方法，在改造的真实性与创意性之间保持了优雅的平衡，将遗产从过去拉入当下的生活，并折射未来。

本章总结

本章是记录建筑师群体对工业遗产价值认知与介入工作的描述性研究报告，研究立足于10位实践建筑师的访谈记录及大量的实践案例研究，从城市设计与单体设计两个层面梳理与总结了建筑师群体在工业遗产改造过程中的设计思考与工作成果，在揭示遗产改造设计多样性的同时，力图归纳其共性影响因素与评价标准，并总结开篇提出的3个考察内容：

（1）建筑师对于工业遗产的价值认知方式可以归纳为定量的文化价值评估与定性的空间设计感知相结合，在实践中通过文化价值评分确定遗产分级保护利用原则，并在此原则上基于自身的专业视角与创意概念确定设计策略。在考察工业遗产价值评估体系时，部分建筑师将经济价值与历史价值、艺术价值、科学技术价值并列，认为经济因素需要纳入评估标准，凸显了经济价值在实践中的重要性与决定性。

（2）通过对不同建筑师设计思路与改造作品的考察，工业遗产呈现出丰富多元的改造现状。同时笔者发现工业遗产改造存在强烈的地区差异性，不同城市工业遗产设计思路侧重点的不同揭示了建筑师设计思路会受到各个城市经济发展程度、未来城市定位以及工业遗产特征等因素的影响。

（3）工业遗产宏伟的外部特征与极具内涵的文化资本为建筑师的创作提供了最佳的表现舞台，建筑师阐明了真实文化背景对培养创作力的重要性，设计创意需要来自独特现实生活的刺激，而工业遗产的真实性恰恰激起了建筑师的创作欲望，由此建筑师认为遗产真实性与设计创意性之间并没有矛盾，只是一些建筑师不善于利用工业遗产的文化、物理特性。

各个层次工业遗产改造设计都不是简单的技术问题，而是一种社会价值观的体现，取决于各个利益方共同的社会责任感，因此需要建筑师具有创意的改造实践、政府的扶持政策以及遗产保护学者积极的学术宣传三者相互结合，使社会公众对工业遗产形成一种保护的共识。

第章

中国工业遗产改造的真实性和创意性研究

工业遗产的城市设计或者建筑改造设计成功与否受到多方面因素的影响。笔者认为核心问题有两个：一个是发掘固有价值，一个是赋予创意价值。固有价值可以是创意价值的源泉，创意价值又是提升固有价值、可持续发展的关键。真实性是反映固有价值的指标，创意性是衡量创意价值的指标。从保护工业遗产的真实性角度出发，在进行物质性的改造实践中，应重点保护和展示承载遗产核心价值的建筑特征要素，延续遗产的核心价值，保证遗产价值的真实性传递，对遗产本体进行科学修缮；另一方面，从提升工业遗产的创意性角度出发，新的建筑设计应以发掘遗产文化、空间美学为设计源泉，鼓励多元化的创意设计，从而让更新置入的功能与遗产共同发挥“文化磁力”作用，强调开放与共享的特性，与社会日常生活紧密联系，获得可持续发展能力。

目前中国普遍存在的问题是既对固有价值挖掘不够，也缺乏创意。针对这个问题本章重点从建筑改造的真实性和创意性进行深入研究。

5.1 工业遗产改造的真实性①

2003年颁布的《关于工业遗产的下塔吉尔宪章》（Nizhny Tagil Charter for the Industrial Heritage），第三条：“这些价值是工业遗址本身、建筑物、构件、机器和装置所固有的，它存在于工业景观中，存在于成文档案中，也存在于一些无形记录，如人的记忆与习俗中。”2011年《都柏林原则》（The Dublin Principles）第一条：“工业遗产由提供过去或正在进行的工业生产过程、原材料的提取、产品转化证据的地点、结构、综合体、地区和景观以及相关的机器、物品或文件组成。工业遗产包括遗址、结构、建筑群、地区和景观以及相关的机械、物品或文件，它们提供了过去或正在进行的工业生产过程、原材料的提取、原材料转化为商品以及相关能源和运输基础设施的证据。”因此工业遗产的价值是通过地区和景观、建筑物群及建筑物、构件、机器、物品或文件等物象反映出来的，保护这些物象的真实性十分重要。目前国内的工业遗产改造在真实性方面还有很大提升空间。

5.1.1 工业景观的真实性

5.1.1.1 德国北杜伊斯堡景观公园与关税同盟矿区

世界著名的德国鲁尔工业区是工业景观的典型，忠实地反映了真实性，并且也是再利用的典范。鲁尔曾经是德国甚至整个欧洲的工业中心，20世纪50年代开始衰落。为了推动该

① 本节执笔者：冯玉婵、青木信夫、徐苏斌。

图5-1-1　北杜伊斯堡景观公园1

图5-1-2　北杜伊斯堡景观公园2

地区的生态环境和经济结构的更新和发展，将地区的工业、历史文化、教育、劳动力、土地资源、区位条件、交通等优势条件转化为发展潜力，北莱茵—维斯特法伦州政府的区域规划联合机构于1989年开始启动“国际建筑展埃姆舍公园”（International Building Exhibition Emscher Park，简称IBA）十年规划。整个建设计划涵盖了污染治理、生态恢复和重建、景观优化、产业转型、文化挖掘与重塑、旅游业开发、就业安置与培训办公、住居、商业服务设施、科技园的开发建设等多重目标。

北杜伊斯堡景观公园（Landschaftspark Duisburg-Nord）是这个计划框架中前期探索性重点项目。原钢铁厂于1987年关闭，1989年政府买下钢铁厂用地，改为公园用地。1990年举办国际设计竞赛，由德国景观设计师彼得·拉茨（Peter Latz）事务所中标，该设计2000年获得第一届欧洲景观设计奖。

该项目最突出的特色是强调工业文化的价值：第一，对于废弃工业场地和设施积极利用；第二，对于原来的整体布局骨架结构以及空间节点充分保留，确保完整性和真实性；第三，公园巧妙利用原有工业设施容纳参观游览、餐饮、机会、休闲、娱乐等多种活动，优化了生态环境，将废弃的钢铁厂变为大众喜爱的公园（图5-1-1、图5-1-2）。

关税同盟矿区（Zeche Zollverein Coal Mine）于1932年建成，是鲁尔区最重要的煤炭工业，1986年停产，在IBA框架下进行整治（图5-1-3）。鲁尔博物馆（RIHR Museum）是由荷兰建筑师雷姆·库哈斯（Rein Kohlhass）设计，2007年下半年重新开放，成为地区工业化历史的纪念碑①。2001年，德国“关税同盟煤矿工业遗产群”被列入世界遗产名录中。2010年，该区域的鲁尔博物馆开馆，向公众展示保留下来的工厂、筛煤车间、仓库、矿场、炼焦炉、烟囱等，以纪念鲁尔工业区100多年来对于德国现代化工业进程的重要贡献。同时在其附近的红点博物馆，是世界上规模最大的当代设计展览馆之一（图5-1-4）。鲁尔区将工业遗产转型为城市创意文化中心的成功案例，在德国乃至欧洲各国被广泛学习与借鉴，也使得所在地埃森在2010年被评选为欧洲文化之都（European Capital of Culture）②。

5.1.1.2 明治工业革命遗迹：钢铁、造船和煤矿

目前日本共有4处工业遗产申遗，其中3处成功入选，1处登录在预备名录中。石见银山遗迹及其文化景观（2007年，世界文化遗产）是16～20世纪开采和提炼银子的矿山遗址，涉及银矿遗址和采矿城镇、运输路线、港口和港口城镇的14个组成部分，为单一行业、多遗产地的传统工业系列遗产。佐渡矿山遗产群（以金矿为主）（2010，世界遗产预备名录）始建于16世纪中期，包括了考古遗址、历史建筑、采矿城镇和民居点 4 种主要组成部分，为单一行业、多遗产地的传统工业系列遗产。富冈制丝场及相关遗迹（2014年，世界文化遗产）创

---

① https://www.360kuai.com/pc/952ae479a405d33c8?cota=4&tj_url=so_rec&sign=360_57c3bbd1&refer_scene=so_1

② http://europa.eu/rapid/press-release_IP-10-10_en.htm?locale=en,
http://archiv.ruhr2010.de/en/home.html

图5-1-3　关税同盟矿区

图5-1-4　关税同盟矿区红点博物馆机械展示

图5-1-5　明治工业革命遗迹：钢铁、造船和煤矿工业遗产群之一端岛（军舰岛）

建于19世纪末和20世纪初，由4个与生丝生产不同阶段相对应的地点组成，分别为丝绸厂、养蚕厂、养蚕学校、蚕卵冷藏设施，为单一行业点、多遗产地的机械工业系列遗产。明治工业革命遗迹：钢铁、造船和煤矿（2015年，世界文化遗产），见证了日本19世纪中期～20世纪早期以钢铁、造船和煤矿为代表的快速的工业发展过程，涉及8个地区、23个遗产地，为多行业布局、多遗产地的机械工业系列遗产。端岛（军舰岛）是其中之一（图5-1-5）。

2015年“明治工业革命遗迹：钢铁、造船和煤矿”被列入世界文化遗产。ICOMOS认为这一系列的产业遗产群符合世界遗产标准的（Ⅱ）（Ⅳ）项，推荐其为世界文化遗产。

标准（Ⅱ）：“明治工业革命遗迹反映了封建日本从19世纪中叶开始探索从西欧和美国引进技术的过程，以及这些技术如何被采用并逐步适应以满足特定的国内需求和社会需求，从而使日本在20世纪初成为世界一流的工业国家。这些遗迹共同代表着工业思想和专业技术，从而在很短的时间内呈现了重工业领域的自主发展，对东亚产生了深远的影响。”

标准（Ⅳ）：“钢铁、造船和煤矿等关键工业遗迹的技术组合证明了日本作为世界历史上第一个成功实现工业化的非西方国家的独特成就。该遗迹是亚洲文化对西方工业价值的回应，是一个杰出的工业科技组合，反映了日本凭借本土创新及西方科技的改良实现快速而独

图5-1-6　大冶铁矿东露天采场

特的工业化。”[①]

这个系列遗址可以称得上是日本规模最大的工业景观。

5.1.1.3　湖北黄石矿冶工业遗产

在中国目前只有区域范围的工业遗产群，例如湖北黄石矿冶工业遗产是我国第一个列入申请世界遗产预备名单的工业遗址，包括了铜绿山古铜矿遗址、汉冶萍煤铁厂矿旧址、大冶铁矿东露天采场和华新水泥厂旧址等，共同组成了以矿产开采、冶炼、制造、加工为核心的遗产群（图5-1-6、图5-1-7）。这样的工业遗产群以世界遗产为标准推进保护，成为中国地区工业景观的保护典范。在第2章讨论了华新水泥厂旧址保护规划，从保护规划中可以看到真实性和完整性的体现。

---

① ICOMOS：Evaluations of Nominations of Cultural and Mixed Properties to the World Heritage List，WHC-15/39.COM/INF.8B1, 39th ordinary session，Bonn，June-July.2015: 95-96, 102.

图5-1-7　汉冶萍高炉遗址

5.1.2　建筑物群空间格局的真实性

建筑物群主要是指空间格局。工业遗产空间格局主要包括以厂区为单位、包含产品生产空间和工人生活空间的总平面布局及其相互之间的空间关系，这类遗产空间格局本身可能体现工业遗产的历史价值（年代、历史重要性）和科技价值（规划设计的先进性、重要性，与著名技师、工程师、建筑师等的相关度、重要度）。另外空间格局还包括生产流程的真实性。

5.1.2.1　工业遗产空间格局真实性的现状

我国的工业遗产保护和利用，主要通过产业升级，即文化创意产业的注入而进入公众视野。文创产业注入已停止生产活动的旧厂房，通过对空间的再利用，保留下一批工业遗产；随后大规模的城市更新和工业遗产保护实践在各个城市相继开展，相互博弈。笔者通过广泛调研和整理，尝试梳理工业遗产再利用中对于群组性工业遗产空间格局的处理方式，主要呈现出以下几种方式。

1）保留较为完整的空间格局

文化创意产业对工业遗产的再利用，带有对历史的浪漫情怀，对工业遗产的遗产价值还未具备较为全面的认识，但也保留下较为完整的空间格局，以下4处工业遗产再利用项目为较完整的案例（表5-1-1）。

保留厂区完整空间格局的4处工业遗产改造项目　　表5-1-1

再利用前	再利用后	再利用时间	保留的建筑空间格局
恒源畅厂	常州运河五号创意产业园	2008年	完整保留原厂区内的锅炉房（含地磅、锅炉、烟囱）、水塔、烟囱、纺织厂特有的连排锯齿型厂房、消防综合楼、机修车间、经编车间、医务室、食堂、浴室等建筑物；原址保留梳毛机、水喷淋空调装置、1332M槽筒式络筒机、纡子车、定型设备、印染轧机、和毛机等纺织厂的特征设备和文物资料；保留了从建厂初期至今的近7万份史料、手稿、图书资料等
上海春明粗纺厂	M50创意园	2003年	保留了原厂区中的约25栋建筑，包括了各类原物资仓库、礼堂、织布车间、纺纱车间、毛毯车间、染整车间、金加工维修车间、污水处理车间、锅炉房、配电室、高级职员办公楼、食堂、托儿所等
南京油嘴油泵厂	创意中央科技文化园	2010年	保留了原厂区中约18栋建筑，包括了原冷冲压车间及库房、零件车间、装备及总成车间、热处理车间、装备车间、油库、各类仓库、办公楼、食堂等
武汉特种汽车厂、鹦鹉磁带厂	汉阳造文化创意园	2010年	保留了原厂区中约50栋建筑，包括原实验测试楼、磁带录音车间、磁粉车间、电镀车间、塑压车间、机加工车间、其他各类车间、食堂、服务楼、礼堂等

2）保留厂区中具有价值的单体建筑

全国各城市开展全面的工业遗产保护工作前，一部分在全国具有重大影响力的优秀工业遗产，其建筑单体被公布为各级文物保护单位或历史建筑，如以下3处工业遗产（表5-1-2）。

3处保留厂区中具有价值单体建筑的工业遗产　　表5-1-2

再利用前	再利用后	保护级别	保留的建筑空间格局
南京晨光机械厂（金陵兵工厂旧址）	晨光1865科技创意产业园	全国重点文物保护单位	保留了原厂区从清末、民国到20世纪90年代约40栋建筑，包括了原机器正厂、机器左厂、机器右厂、镕铜厂、卷铜厂、炎铜厂、木厂大楼等生产加工车间、办公楼、物料库、宿舍楼等
无锡北仓门蚕丝仓库	北仓门生活艺术中心	江苏省文物保护单位	保留了原有的3栋仓库和1栋办公楼，其中2栋蚕丝仓库及办公楼建于1938年，剩下的1栋仓库建于20世纪70年代
无锡茂新面粉厂旧址	无锡中国民族工商业博物馆	全国重点文物保护单位	保留了1946年建的3栋建筑，包括麦仓、制粉车间和办公楼，拆除了1949年后的大部分厂房

3）保留局部空间格局

2006年的《无锡建议》之后，全国各主要城市逐步开展对工业遗产的全面普查、研究、保护和再利用工作，一批价值较高的工业遗存被列入各级遗产名录，有计划地进行保护和再利用，如以下的3处工业遗产（表5-1-3）。

3处保留厂区部分空间格局的工业遗产　　表5-1-3

再利用前	再利用后	再利用时间	保留的建筑空间格局
苏州苏纶纱厂	苏纶场商业交通综合体	2016年	保留了原厂区中的约10栋建筑，包括了原纺织车间、织造车间、变电所、小洋楼、职工宿舍等
天津棉纺织三厂	棉三创意产业街区	2014年	保留了原厂区中约10栋建筑，包括了几栋大规模的原纺织车间、原厂区的公共建筑等
首钢二通机械厂	首钢二通动漫产业园	2016年	保留了原厂区中约15栋建筑，包括原机装车间、热处理车间、6000吨水压机厂房、2500吨水压机厂房、水压机泵房、炼钢车间、铸钢车间、铸钢清理车间、砂库、工具库房等

5.1.2.2　保留完整的空间格局的案例——常州运河五号创意产业园

1）项目简介

常州运河五号创意产业园原为恒源畅厂，创建于1932年。1949年以后，恒源畅厂经过社会主义改造转变为公私合营的恒源畅染织厂。1966年，工厂转变为完全国营的常州第五棉织厂。1980年，考虑到产品的更新和丰富，再度更名为常州第五毛纺织厂。2006年常州市在全国较早进行工业遗产普查，恒源畅厂是普查中的重要对象。2008年，结合古运河申遗，常州申报国家历史文化名城，围绕“运河文化、工业遗存、创意产业、常台合作”四大主题，通过“抢救、保护、利用”的办法，常州产业投资集团有限公司（原常州工贸国有资产经营有限公司）将原五毛厂改造成运河边的创意街区，成为古运河上一道独特的风景。恒源畅厂旧址2010年被列入江苏省首批古运河沿线重点文物抢救工程。2011年12月江苏省人民政府又在街区内单个市级文保建筑的基础上扩展范围，将整个恒源畅厂旧址公布为江苏省文保单位。2019年常州运河五号获得国家工业遗产的称号（图5-1-8～图5-1-10）。

图5-1-8　第五毛纺厂范围

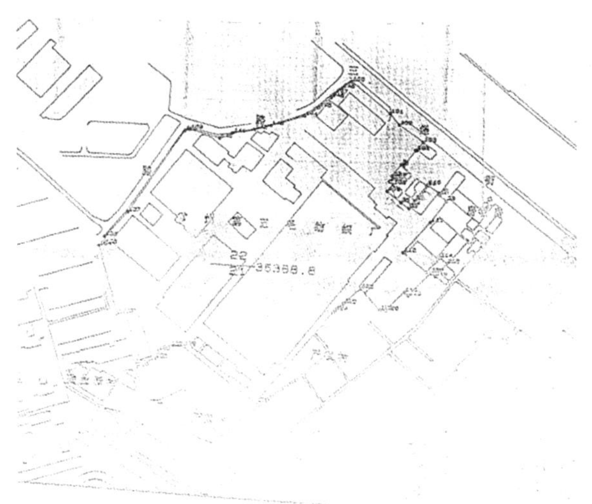

图5-1-9　1997年常州第五毛纺厂总平面

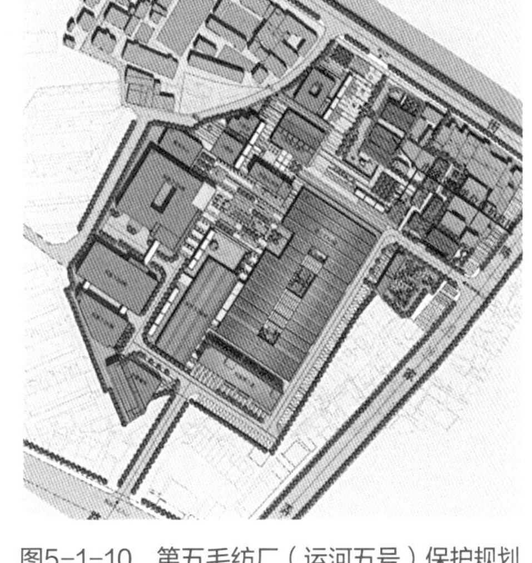

图5-1-10　第五毛纺厂（运河五号）保护规划

2）价值

恒源畅厂是沿着大运河而生的中国自主型棉纺和毛纺厂。2008年改造为文化创意产业园区。在改造的过程中比较好地把握住真实性和完整性原则，并且把创意很好地结合起来。

3）改造前状况

工业遗产包括20世纪30年代民族工商业主建造的办公楼、“近代工业之父”盛宣怀家族办慈善事业的老人堂、木结构锯齿形厂房等7幢民国时期典型的江南民居建筑，完整保留原厂区内的锅炉房（含地磅、锅炉、烟囱）、水塔、烟囱、纺织厂特有的连排锯齿型厂房、消防综合楼、机修车间、经编车间、医务室、食堂、浴室等建筑物；原址保留梳毛机、水喷淋空调装置、1332M槽筒式络筒机、纡子车、定型设备、印染轧机、和毛机等纺织厂的特征设备和文物资料；保留20世纪30年代股份制公司的各类资料、著名爱国将领冯玉祥题写的“恒源畅染织股份有限公司”厂名题词、清朝时期的土地交易契约、获得国家纺织工业部颁发的优质产品奖的“童鹰”牌毛毯，以及从建厂初期至今的近7万份史料、手稿、图书资料等。遗产占地面积36388平方米、建筑面积32000平方米，其中公益展馆12000平方米[①]。

4）完整地保护厂区格局

从2006年开始常州市对市区范围内的工业遗存进行了大面积的普查，大明厂的水塔、东方厂的竞园、名力厂20世纪30年代的建筑群等都进入了普查人员的视野。不久前，工业遗产普查人员在有百年历史的戚机厂内，又发现了一批老建筑，以及服役了一百多年、至今仍在

① 笔者2019年9月考察常州运河五号并采访原厂长王必健以及相关人士。

运转的老机器。这不仅丰富了常州的工业遗产内容，同时也是一段历史的真实记录[①]。

《常州市区工业遗产保护与利用规划》中的普查表格，罗列了建议保留的对象（表5-1-4）。

常州市区工业遗产建构筑物保护利用建议一览表 表5-1-4

序号	工厂名称	建厂年代	地址	工业遗产名称	遗产年代	建筑面积（平方米）	保护范围	建设控制地带	工业遗产建构筑物保护模式	保护利用方法建议		
										工业遗产建构筑物	工业地段	保护利用模式
1	恒源畅厂旧址（现第五毛纺织厂）	20世纪40年代初期	三堡街141号	办公楼	20世纪30年代初期	964	办公楼本体	—	修复改善	手工艺展示	三堡街工业遗产地段	创意产业园区
				厂房	20世纪40年代初期	136	厂房本体	—	修复改善	文化展示		
				医务室	民国	120	医务室本体	—	整治改造	文化展示商业开发		
				厂房	1975年	8713	厂房本体	—	整治改造	设计工坊		
				厂房	1979年	2748	厂房本体	—	整治改造	设计工坊		
				厂房	20世纪80年代	6414	厂房本体	—	整治改造	创意工坊		
				烟囱	20世纪50年代初期	—	烟囱本体	—	保养维护	文化旅游景点		
				水塔	20世纪70年代	—	水塔本体	—	保养维护	文化旅游景点		
				石磨	清朝	—	石磨本体	—	保养维护	文化旅游景点		

在实际项目中完全按照规划将原厂区整体格局保留，基本保留了各个时期所有工业建筑，包括原来的办公室、厂房屋架、职工浴室、烟囱、锅炉房、女工宿舍等（图5-1-11～图5-1-15），此外还保留了设备，并且小范围地展示设备运转（图5-1-16），注重工业遗产完整性。

最有贡献的是建立了档案馆，保护了7万件档案。2009年常州市档案局、市国资委、产业投资集团（原工贸国资公司）经过多次协商，决定创新理念，整合资源，联手开展工

① 报导见 http://www.jscj.com/forum/9/946/94609_1.html（2007年9月4日）。

图5-1-11　恒源畅厂保护状态

图5-1-12　恒源畅老办公室

图5-1-13　老厂房屋架

图5-1-14　保留下来的水塔

图5-1-15　原女工宿舍改建为青年旅舍

图5-1-16　20世纪20年代的纡子车

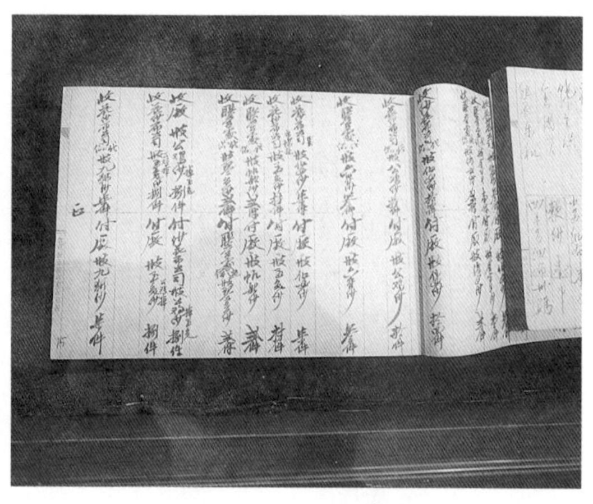

图5-1-17　保存的档案

业遗存和工业档案的抢救、保护和开发。先后接收、整理破产关闭企业档案60万卷，征集到老照片1100余张，产品实物200多件，形成企业档案集中保管、统一开发利用的新格局（图5-1-17）。

运河五号是一个全面展示了工业遗产价值的博物馆，既保护了遗产的固有价值，同时也作为创意产业园，吸引了画家、设计者入驻，还将原有工业建筑结合保留的设备改造为餐厅、旅馆、酒吧等（图5-1-18），提升工业遗产的创意价值。

图5-1-18　锅炉房改造为酒吧

从真实性角度评价该工业遗产改造项目，基本保留了各个时期的所有工业建筑，特别是保留了设备，并且小范围地展示设备运转。约7万件档案被用心地保护，并建立了档案馆。

5.1.2.3　恢复主要空间格局案例——杭州中国扇博物馆

1）项目简介

杭州中国扇博物馆、手工艺活态展示馆由杭州市第一棉纺厂（原通益公纱厂）改造而成，通益公纱厂建于清光绪二十二年（1896年），由南浔富商庞元济和杭州富商丁丙、王震元等筹资建设，后因经营不善于1902年停办[①]。之后李鸿章之子李经方假借高懿丞之手投资该厂，1903年改组纱厂，更名为通益公纱厂新公司。该纱厂几经易主和更名，于1956年改名为杭州第一棉纺厂。2000年，杭一棉由香港查氏集团整体收购。2005年，通益公纱厂旧址被浙江省人民政府公布为浙江省第五批省级文物保护单位，2013年，被评为第七批全国重点文

① 章臻颖. 杭州近代建筑史及其建筑风格初解[D]. 杭州：浙江大学，2007.

物保护单位。2008～2011年，陆续开始了对工厂旧址的保护和再利用工程[①]。

2）遗产价值

通益公纱厂是清末、民国时期浙江省规模大、设备先进的由民族资本开办的近代棉纺织厂，是杭州近代纺织工业创立和发展的重要见证，是浙江省棉纺缫丝业进入近代化工业的标志，也是其所在的拱宸桥老工业基地形成的开端企业，具有重要的历史价值；其主要留存的厂房遗存是少数同时期保存至今最完整的木梁结构厂房，使用的木材为美国红松，连接梁柱的金属铸件进口自英国，建筑的建造质量极高，具有很高的科技价值；老杭州人将其简称为“杭一棉”，有很大的社会影响力，它还是大运河杭州段的重要物质遗存，对于大运河申报世界文化遗产具有积极的作用，具有很高的社会文化价值。

3）改造前空间格局

根据改造前的保存现状、20世纪50年代的实测地形图和20世纪80年代的老照片对比推测：原西南角的办公楼依然现存，一号、二号、三号厂房原有规模比现存部分大很多，二号和三号厂房原为一组厂房，是槽筒梳棉间的局部，在20世纪80年代厂区建设中中部四间被拆除开辟为厂区道路，其南侧原有一座2层硬山屋顶建筑，为原摇纱间，现不存；一号厂房为清花间的局部，其北部残存了原下脚间的一面残损墙体，在2000年运河西岸环境整治工程中，一号厂房和二号厂房沿河的东面数间被拆除（图5-1-19、图5-1-20）。

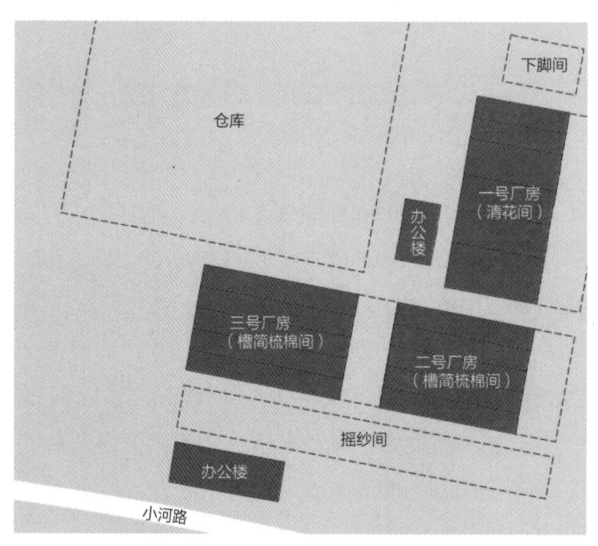

图5-1-19 改造前的建筑空间布局

图 5-1-20 原办公楼、摇纱间和三号厂房

① 徐赞．杭州市沿运河产业类建筑遗产保护与再生研究[D]．杭州：浙江大学，2012.

4）根据价值和现状选择尽量恢复厂区主要空间格局

根据价值评估和改造前的现状评估，杭州第一棉纺厂的遗产价值突出，具有区域的重大影响力，规模大且工业风貌较为完整，属于优秀工业遗产。厂区主要的空间格局具有一定的历史价值，是体现工业遗产的真实性的再利用设计要素，在具有充分历史依据的情况下，可考虑恢复。

（1）保护和修缮原有厂房

对于原通益公纱厂旧址的修缮由杭州市园林文物局负责，按照全国重点文物保护单位的修缮规定进行了细致的保护和修缮设计。

（2）新的设计

通益公纱厂旧址的历史景观修复设计由浙江省古建筑设计研究院负责，通过历史考证明确了原有格局，确定修复20世纪80年代以来开发活动造成的空间格局缺损，恢复厂区的主要建筑格局[①]。

具体操作上通过建设新的补形建筑来实现（图5-1-21）：

利用原厂房下脚间的一面破损残墙，按西南侧现存的办公楼立面建补形建筑A；

一号厂房东侧建补形建筑B，面宽9米，进深与原有建筑相同，采用钢结构锯齿形屋

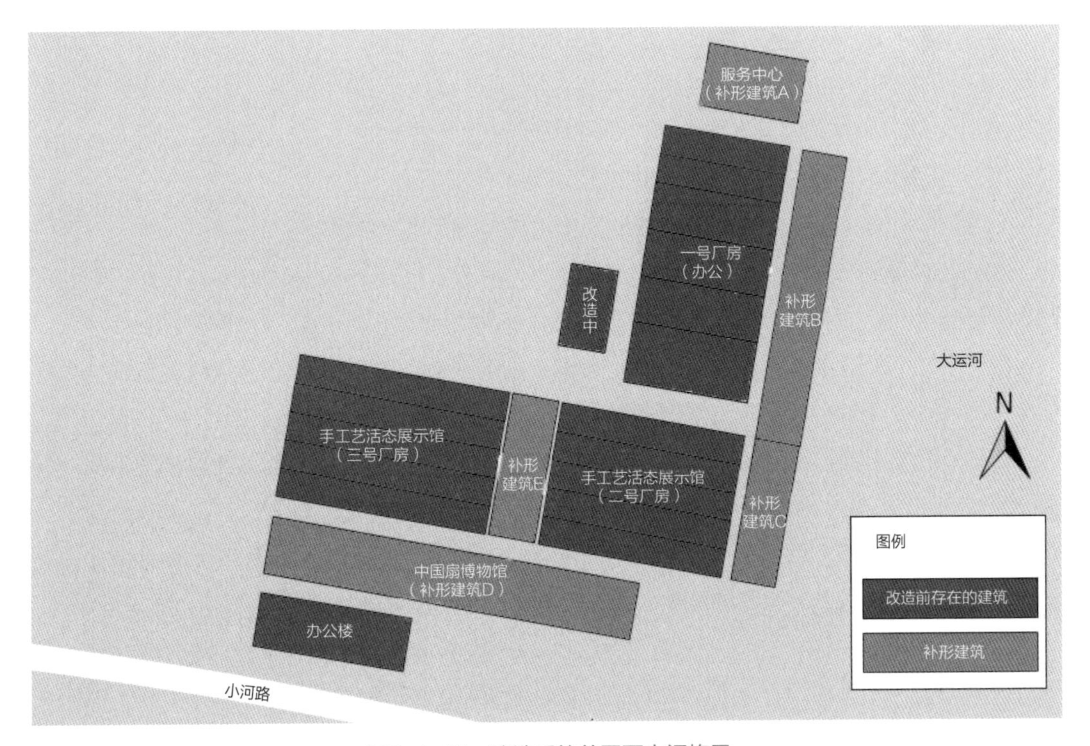

图5-1-21　改造后的总平面空间格局

① 浙江省古建筑设计研究院. 通益公纱厂旧址历史景观修复设计说明[Z]. 2008.

图5-1-22　补形建筑B

架，与留存的厂房在形式上相同，用不同的材料区别建造的时间，与原建筑之间留3米左右的宽度，以减少新的建设活动对文物建筑的影响（图5-1-22）；

二号厂房东侧建补形建筑C，具体的处理手法与补形建筑B相同；

在原摇纱间位置建补形建筑D，面宽比原摇纱间窄，进深与原摇纱间基本相同，楼梯和门窗以办公楼的历史照片恢复，功能上作为新的扇博物馆的门厅和展厅（图5-1-23）；

二号和三号厂房之间建补形建筑E，做钢化玻璃连廊，在空间形态上与原有建筑连为一体，但与原有文物建筑保持一定距离。

结合历史资料和现场调研，该工业遗产在改造时，除了保留改造前还存在的建筑外，还通过新建补形建筑，从建筑立面、建筑形态和厂区建筑空间格局上恢复工业遗产的历史风貌，根据可识别性原则在材料上区分新建和原有部分，最终较为完整的空间格局基本能让人感受到曾经的厂区规模和主要的纺织车间分布情况。

这个案例为我们展示了设计师如何依据对工业遗产价值和现状评估的结果，结合历史考证，在一定程度上恢复了工业遗产建筑的主要空间格局，提高了工业遗产的真实性；同时，这个案例采取的创意策划也十分成功，引入了对非物质文化遗产的展示，很好地将真实性保护和适应性利用相结合。

图5-1-23　补形建筑D

5.1.2.4　局部保护和改造案例——唐山市城市展览馆

对于遗产价值较为突出或一般、与区域工业发展较为相关、能相对体现工业风貌的工业遗产，保护工业遗产的真实性需要考虑保护厂区中体现遗产价值的重要建筑。以下通过唐山市城市展览馆在改造时的建筑空间格局设计过程，探讨比较重要工业遗产和一般工业遗产如何保护其中的重要建筑，并根据当下的城市需求建立新的建筑空间格局。

1）项目简介

唐山市城市展览馆是由原唐山市面粉厂中的6座仓库改造而成。关于唐山面粉厂的历史并没有太多的记录，它位于市中心的大城山西侧。大城山是唐山的摇篮，至今依然是风水宝地。1976年的大地震摧毁了唐山大部分建筑，而这些仓库中有4座抗日战争时期建立的仓库经历了那次地震后保留了下来。

2）遗产价值和改造前状态

对于唐山面粉厂的价值评估有一定困难，但仍能根据一定的线索做初步的判断。最初工厂的建造始于1949年以前，但并不是像福新面粉厂、茂新面粉厂这类在全国有重大影响力的

图5-1-24　唐山市面粉厂改造前原貌

面粉厂，且改造前，厂区内的现存大部分建筑建于1976年的地震以后，科技价值和美学价值都不高，只有4座抗日战争时期的仓库能够作为历史价值的载体，并且经历过大地震保留了下来，体现了一定的历史价值（图5-1-24）。

3）根据价值和现状选择保护重要建筑，拆除其他不具价值的建筑

从价值评估的初步判断而言，唐山市面粉厂的遗产价值较为突出或一般，能相对体现工业风貌，属于比较重要或一般工业遗产。根据分级保护利用的原则，可以考虑改变其主要空间格局适应新的城市功能，但要保护主要体现遗产价值的重要建筑。

（1）保护重要建筑

唐山市面粉厂仓库的改造设计由都市实践建筑设计有限公司负责。对厂区的每栋建筑进行评估之后，设计师认为，虽然这些建筑的外观过于普通甚至有碍美观，但如果全部拆除用作开阔的绿地公园只是简单的美化环境，并不一定能为城市带来新的生机活力；而保留下具有历史价值的部分建筑，可以以此为核心改造为以城市博物馆为主题的公园。最终，决定保留下4座抗日战争时期的仓库及2座20世纪80年代建的粮仓，以此作为再利用设计的前提（图5-1-25、图5-1-26）[①]。

（2）更新设计

更新设计通过对建筑的加建来梳理公共空间，突出保留建筑的平面布局和空间形式，每个仓库的山墙面加建出一个钢结构门廊，加建的实体与保留建筑平行，新的“X”形钢

① URBANUS都市实践．唐山市城市展览馆[M]．天津：天津大学出版社，2009.

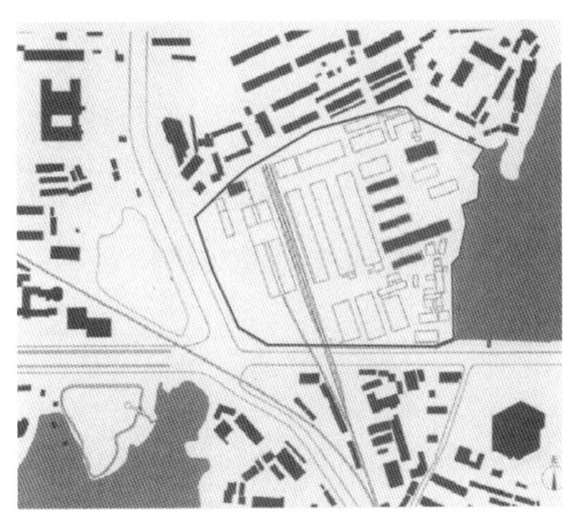

图5-1-25　原唐山面粉厂（红色部分保留）

图5-1-26　改造后总平面

图5-1-27　加建的钢结构门廊

图5-1-28　“X”形钢结构屋顶

结构屋顶同构于保留仓库的人字形屋顶；新建的连廊和水体将平面格局上零散的建筑统一为一个整体；以木材、钢格栅、水体和自然景观设计缓和工业建筑重复乏味的形象（图5-1-27、图5-1-28）。

从再利用的改造情况来看，新的博物馆和城市公园成为市民的休闲场所，保留下来的两个年代的仓库还标示着这块土地上曾经的历史。

这个案例为我们展示了设计师如何依据对工业遗产价值和现状的评估结论，保护具有遗产价值的重要建筑，保护了工业遗产价值的真实性；运用成熟的设计概念和手法，突出保护建筑的形象，重新组织空间格局，提高建筑面向城市的开放性，融入城市未来的发展。

5.1.3 建筑物的真实性

5.1.3.1 建筑物改造的现状

对于工业遗产的改造反映了对价值的理解以及创作手法的优劣。目前，对于工业遗产改造水平悬殊。以下是目前常见的3种建筑物改造的情况。

1）保护并延续建筑物的原状（表5-1-5）

保护并延续建筑物原状的案例　　表5-1-5

改造前	改造后	改造后外立面现状
上海湖丝栈	湖丝栈创意园区	 
广州太古仓	太古仓商业区	
天津英商怡和洋行仓库	6号院创意产业园	

2）改造更新的外立面与整体工业遗产风格协调

从改造后的结果看，一部分工业遗产的再利用对外立面进行了改造，无法从改造后的外立面判断改造前的建筑形象，改造后的外立面与整体工业遗产的风格较为协调，如表5-1-6所示3个案例。

改造更新外立面与整体协调的案例　　表5-1-6

改造前	改造后	改造后外立面现状
北京新华印刷厂	新华1949国际创意设计产业园	 
杭州长征化工厂	西岸国际艺术园区	 
上海汽车制动厂	八号桥创意园一期	 

3）改造更新的外立面与整体工业遗产风格不协调

一部分工业遗产的再利用对外立面进行了改造，无法从改造后的外立面判断改造前的建筑形象，但改造后的外立面也与整体工业遗产的风格不协调。究其原因，可能是因为已经无法判断原来建筑的样式，另外也有可能是建筑师的主张。

5.1.3.2 建筑物的真实性案例——陶溪川景德镇陶瓷工业遗产博物馆、南京1865科技创意产业园、上海1933老场坊

1）陶溪川景德镇陶瓷工业遗产博物馆

景德镇是著名的瓷都，2012年2月开始工业遗产保护总体策划，景德镇市委、市政府邀请清华同衡遗产中心对景德镇老城、景德镇工业遗产保护进行保护设计。

陶溪川景德镇陶瓷工业遗产博物馆是厂区规模最大的建筑，起到统领整个园区的作用。工业遗产博物馆的设计忠实地体现了20世纪中叶旧厂房工业建筑的原风景，保留了独具特色的锯齿型、人字型、坡字型厂房，高耸的烟囱、水塔，不同时代的老窑炉、锅炉房、各种工业管道，以及墙上的老标语、口号、青苔等。标志性的双坡屋面和周边高耸的烟囱形象十分鲜明。博物馆西侧紧邻厂区的主要干道，宽阔的道路两侧保留的瓷厂早期的高大树木，充分反映场所的历史感。历史感是通过细节表现的，在设计前期建筑师对原建筑撤换下来的外墙砖和窑砖进行了细致的收集与甄别，按照尺寸和色差分类整理，有的被运用在环境铺装中，有的用在建筑外墙砌筑中，恢复原有砖花窗样式，同时新、旧砖的交替对比使建筑立面能够充分展示出时代的印记。屋顶的设计采用老的机瓦材料，构造设计保温层、防水层，在屋顶排水设计上最大限度利用原建筑排水沟，重新计算扩大排水量，满足现代设计规范及节能要求。在陶瓷工业遗产博物馆里，尽量保留原有的生产工艺特征，地面保留原有生产线的车辆轨道，原“宇宙瓷厂”的各式设备、窑炉、瓷器，甚至各类纸质档案，都尽力保存。设计者首先尊重原有建筑的真实性，在此基础上再进行创造（图5-1-29、图5-1-30）。

陶溪川景德镇陶瓷工业遗产博物馆是一个关于工业遗产改造多方面获得成功的案例，2017年获得联合国教科文组织亚太遗产创新奖，颁奖词这样写道：“基于遗产保护的最少干预原则，改造选择的改进型现代工业美感呼应了20世纪中叶旧厂房工业建筑的形态和气息，

图5-1-29 修缮后的陶瓷博物馆（原宇宙瓷厂）

图5-1-30 陶瓷博物馆内部

图5-1-31 原金陵制造局修旧如旧的立面

图5-1-32 原金陵制造局修旧如旧的立面

制造出柔和的背景，而将各时期的窑炉遗存置于舞台中心。当代材料的色调组合与原本砖结构的并置，创造出戏剧性的反差。新的设计不仅尊重原先工厂的形式和尺度，也创造了与著名陶瓷生产设备的全新对话方式”。

2）南京1865科技创意产业园

南京1865科技创意产业园为清末民国时期的金陵制造局旧址，在旧址中有几栋清末民国时期的建筑，建筑立面为清水砖墙、瓦屋顶棚，整体是砖木结构。在这几栋历史建筑的立面修复中，设计师主要选择了注重保护遗产材料真实性的修复方式。

现状由于年代久远加之长时间的废弃，建筑的结构出现了一些隐患，修缮工作先对其表面进行了清洗，去除攀附在上面的植物，使建筑展现出原有的肌理，同时采用与原有部件相近的材料进行修缮，对于漏雨的屋面更换了部分新的陶瓦，并进行了防水性测试。这种方式主要是采用相同的材料进行修复，体现了在最大限度上对工业建筑遗产价值的尊重和保护（图5-1-31、图5-1-32）。

3）上海1933老场坊

在上海1933老场坊的改造中，设计师选择了注重保护遗产风貌真实性的修复方式。改造前的建筑的主体框架保存完好，但围合立面受到较大破坏，这种情况需要进行恢复性维护，建造的特殊性使得无法运用原始材料进行复原，所以采用相近材料进行修复。在修复的过程中尽可能地减少对原建筑的破坏，对于建筑后期发展过程中表面装饰的粉刷层采用剔除、清洗的做法，运用与之相近的材料对破坏和残缺的部分进行修补。而对于砖石等永久性的材料，只对其表面的污染痕迹和有害物进行清洗，金属构件的修复则采用焊接、铆钉等进行二次加固，其中所选用的金属材质的肌理质感应与原始材料接近。

设计师首先要恢复其最为真实的历史风貌，去除建筑表面粉红色的水性涂料，按照图纸所示进行修复，体现出原有墙面自然打磨的形式，然后喷上一层浅浅的灰色涂料，以增强建筑的整体感和体量。同时严格按照历史图纸恢复建筑原有的门窗和立柱的形体。这种改造

图5-1-33　1933老场坊外立面形态的复原

图 5-1-34　1933老场坊内部连廊的复原

图5-1-35　1933老场坊窗形态的复原

图 5-1-36　1933老场坊窗形态的复原

方法主要专注于对原建筑形态的再现，通过技术手段将建筑尽可能地恢复到初建时的状态（图5-1-33～图5-1-36）。这种方式使得建筑再造的肌理与原始状态接近，这种方式主要是展现建筑物最具特点的历史状态。其主要体现的修复原则有如下几点：

（1）在对建筑外形上的复原要以史料为依据，做到近乎苛刻的恢复原貌。

（2）对于建筑立面原始构件的复原，可采用现代材料加工成原始构件的形状和尺寸，力求其表面肌理与原始状态相一致，再造的肌理应与原物无视觉上的差异。

5.1.3.3 外立面的真实性案例——上海四行仓库抗战纪念馆

原状保护有一般修缮（进行一般性保养和修复）、原状修复（采用近似材料按原型进行修复）和现状维护（对破损处不修复，采取措施提高历史材料的耐久性）。无论具体采取的是哪种方式，其目的都是保护反映遗产价值真实性的外立面原状。

对于遗产价值突出、保存完整的优秀工业遗产，保护工业遗产的真实性需要保护建筑的外立面原状。由于改造前改造现状的差异，在具体实践中，设计师会面临注重保护外立面材料真实性①或风貌真实性②为主的修复方式选择。

以下通过上海四行仓库抗战纪念馆、南京1865科技创意产业园、上海1933老场坊的外立面的保护设计过程，探讨优秀工业遗产如何保护建筑外立面的原状，保护和提升遗产历史价值、科学价值和美学价值的真实性。

1）上海四行仓库抗战纪念馆

（1）项目简介

四行仓库抗战纪念馆，由原上海四行仓库改造。1931年，由上海金城银行、中南银行、大陆银行、盐业银行合组的“北四行”联营集团，开设四行储蓄会，兴建四行仓库。1937年淞沪会战的末期，蒋介石命令上海市区所有军队撤出，只留第八十八师留守于原上海英租界西侧的四行仓库，10月27日夜至11月1日凌晨，谢晋元守军依靠仓库坚实的体量和居高临下的位置优势，打退日军多次进攻，后奉命撤退入英租界。1980年后曾作为家具城、文化礼品批发市场、创意商业办公使用。1994年公布为上海市第二批优秀历史建筑，2014年公布为上海市文物保护单位。2015年为纪念世界反法西斯战争胜利70周年，将其改造为抗战纪念馆及生态办公社区。

（2）遗产价值

四行仓库作为彰显民族和国家精神的抗战纪念地，西立面的弹孔成为抗战鲜活的证据（图5-1-37），现代主义建筑风格，原有立面比例层次得当，设计简洁富有装饰感，细部装饰造型精美，局部呈现出装饰艺术风格（Art Deco）（图5-1-38）。建筑整体风格统一，室内的无梁楼盖及柱帽具有工业建筑的美感，具有很高的美学价值。建筑平面布局紧凑、结构选型先进科学，具有较高的科技价值③。

（3）改造前现状

四行仓库在后来的使用过程中，经过了多次外立面粉刷（图5-1-39～图5-1-41）。从

---

① 材料真实性，主要强调原材料、原工艺的修复方式。

② 风貌真实性，主要强调时间性的历史痕迹，特别是与重大历史事件相关的历史见证物。

③ 上海现代建筑设计集团，上海建筑设计研究院有限公司城市文化建筑研究中心．四行仓库修缮工程-文物保护与再利用方案设计[Z]．上海：上海建筑设计研究院有限公司，2014.

图5-1-37　1937年四行仓库保卫战后的西立面

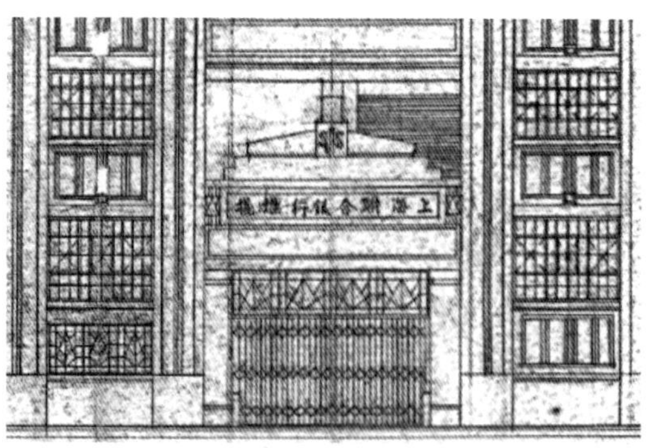

图5-1-38　四行仓库局部立面图纸

图5-1-39　1937年面向苏州河的南立面

图5-1-40　1996年前建筑顶部安装广告牌

图5-1-41　2014年改造前状况

2015年的这次改造前的现状看，原建筑体量在天井封堵，加建6、7层后已经发生较大变化，外立面原有的粉刷和装饰已不存。

（4）根据价值和现状保护具有价值的绝大部分外立面的原状

从价值和改造前现状评估的结论看，四行仓库的遗产价值突出，具有区域的重大影响力，工业风貌较为完整，属于优秀工业遗产。其建成初期的建筑外立面具有很高的遗产价值，是体现工业遗产真实性的再利用要素，应该被恢复和保护。但由于各个立面具体体现的遗产价值和现状存在差异，设计师选择了同时注重保护遗产材料真实性和风貌真实性的立面修复方式。

四行仓库的外立面在不同的历史时期经历了几次较大的变化，根据价值评估可知，其建成初期，也就是1937年左右的外立面最能体现其遗产价值。在四行仓库保卫战中，四行仓库的西立面外墙遭到炮弹的严重破坏。西立面是此次外立面改造设计最重点的立面，希望能够最大限度地体现中华民族抗战和国家精神的历史价值，设计团队为此提供了4个参考方案。

方案一：1937年抗战纪念墙（弹孔复原墙）。经过对西墙墙体内侧部分抹灰的清除，探明墙体砌体为红砖和青砖，红砖之间的砂浆强度高于青砖之间的砂浆强度，同时将这局部与淞沪会战后1937年西立面历史照片的相同位置对比，发现青砖部分位于战后修补的位置。在上述现场取样测试西墙弹孔痕迹留存的前提下，通过1937年淞沪会战后的西墙历史照片复原图，分析西墙的弹孔破坏类型，针对不同破坏类型制定不同的复原方法。对于墙体留下的穿透性破坏孔洞，修复穿透炮弹孔洞，内衬深色玻璃；对于因战斗使墙体抹灰震落而外露的结构框架，保留抹灰层的断面轮廓，修复加固；对于未被炮弹穿透但因破坏暴露的砖墙，保持暴露的清水砖面的效果，修复砖墙面；对于保留了弹孔凹坑的墙面，修复加固，内侧封砖墙（图5-1-42、图5-1-43）。选择保留四块较大面积的炮弹穿透孔洞，内衬深色玻璃，其他破坏分别以上述相应的方式修复（图5-1-44）。

图5-1-42　西墙历史照片

图5-1-43　西墙弹孔痕迹破坏类型图

图5-1-44　西立面方案一效果图

图5-1-45　西立面方案二效果图

方案二：恢复1937年站前建筑西立面原貌。以历史图纸和历史照片为依据，原样修复淞沪会战前的西立面，用米灰色水泥抹灰作为西立面的表面材料，并恢复会战前西立面上的仓库名称（图5-1-45）。

方案三：警钟长鸣。在西立面打开倒梯形缺口，象征插入的倒三角形“利刃”，露出建筑的部分结构，使成长于和平年代的当代人感受“战争利刃”的威严与肃穆（图5-1-46）。

方案四：艰难历程。战争期间，山河破碎，将此意象反映在西立面上，形成14条折痕，

图5-1-46　西立面方案三效果图

图5-1-47　西立面方案四效果图

反映上海自淞沪会战到反法西斯战争胜利的14年中，上海人民所经受的苦难和顽强的抵抗精神（图5-1-47）。

最终，经过专家的论证，认为方案一历史依据充分，对西立面各个时期的情况做了对比，最后确定1937年四行仓库保卫战后留下炮弹损坏痕迹的西立面能够最直观地反映和突出遗产的历史价值和民族精神，将方案一作为实施方案（图5-1-48）。

图5-1-48　西立面方案一效果图近景

5.1.3.4　内立面的真实性——老白渡煤仓改造

根据价值的需求判断保护的内容是在工业遗产改造和再利用中的关键。第4章中介绍的老白渡煤仓改造就是这样的案例。2015年上海城市公共空间艺术季时，功能限定为临时的艺术展览，建筑师提出“层叠并置”的改造策略[①]，在既有暴露的结构框架中插入新的空间体块，形成或围合或开场的各类空间，通过新旧关系的融合，赋予煤仓强烈的当代艺术气质。2017年艺仓美术馆的设计要求是将其改造成为一个固定的艺术展览空间，对于建筑的面积（扩大一倍）、舒适度都有了更高的要求，为了满足任务书要求，改造设计只能在遗产外部增加空间，而内部的结构必将被掩藏。主持建筑师柳亦春不得不改变设计思路，采用“内外核并置”的方式把煤仓结构变成美术馆的内核，内部的建筑是残破的，是时间沉淀的产物，而外部是一个全新的形象，利用新与旧的差异性来感染游客。在这里煤仓的核心就是料斗，料斗相对于外墙更具有历史的价值，能够定位该建筑的特征。因此设计师在甲方扩充面积的要求下放弃了外墙的真实性，坚守内立面的真实性，这也是一种对于价值的独特解读，具有说服力。

---

① 设计策略详见柳亦春，陈屹峰，王龙海. 老白渡煤仓[J]. 城市环境设计，2016（08）：316.“层叠并置：即在原结构上插入新的表皮包裹的结构空间，形成新与旧的层叠并悬挑出面向江景的层层平台。通过局部拆除楼板和限定围合，原为5层的结构被转化为3个‘凸’字形空间的叠加”。

5.1.4 结构和构造的真实性

对于结构体系的真实性过去强调得不够，但是在工业遗产改造中却是十分重要的。

工业遗产建筑的结构体系指的是各厂房及其辅助建筑的主体受力结构，主要包括了竖向受力结构、水平向受力结构和屋顶等，除了构成工业遗产整体价值的一部分，建筑结构体系本身可能体现的是工业遗产的历史价值（代表某一时期建筑风格的结构体系，体现其所属的年代）、科技价值（建筑结构的先进性、重要性，与著名技师、工程师、建筑师等的相关度和重要度）和美学价值（工业建构筑物的视觉美学品质，与某风格流派、设计师等的相关度和重要度）。

5.1.4.1 结构体系和构造的真实性的保护现状

近现代工业遗产的结构技术起源于西方，与传统的中国木构建筑不同，结构的耐久性通常较强。在工业遗产再利用设计中，通常对结构进行加固修缮，即可满足改造后的结构安全性要求，而不改变结构受力体系。

具有遗产价值的结构体系，其真实性主要体现在受力构件的材料、尺寸和构件之间的连接方式上。以下是现有的主要的加固措施[①]及对工业遗产真实性的影响（表5-1-7）。

现有建筑加固措施及对工业遗产真实性的影响 表5-1-7

结构体系的组成部分	加固方法	对工业遗产的真实性影响
基础	增大截面加固法	改变结构构件尺寸，若基础具有遗产价值，则损失了部分真实性
	裂损基础注浆加固	不改变结构构件尺寸，若基础具有遗产价值，则基本不损失真实性
柱	增大截面加固法	改变结构构件尺寸，若柱具有遗产价值，损失了部分真实性
	粘贴型钢加固法	不改变结构构件尺寸，附加新材料，若柱具有遗产价值，加固做到新旧可识别，则基本不损失真实性
	粘贴纤维布加固法	不改变结构构件尺寸，若柱具有遗产价值，加固做到新旧可识别，则基本不损失真实性
梁	增大截面加固法	改变结构构件尺寸，若梁具有遗产价值，则损失了部分真实性
	粘贴钢板加固法	不改变结构构件尺寸，附加新材料，若梁具有遗产价值，加固做到新旧可识别，则基本不损失真实性
	粘贴纤维布加固法	不改变结构构件尺寸，若梁具有遗产价值，加固做到新旧可识别，则基本不损失真实性
楼板	增大截面加固法	改变结构构件尺寸，若楼板具有遗产价值，则损失了部分真实性
	粘贴钢板加固法	不改变结构构件尺寸，附加新材料，若楼板具有遗产价值，加固做到新旧可识别，则基本不损失真实性
	粘贴纤维布加固法	不改变结构构件尺寸，若楼板具有遗产价值，加固做到新旧可识别，则基本不损失真实性

① 中国文化遗产研究院．黄石华新水泥厂旧址保护与展示利用设计方案——设计说明[Z]．北京：2015.
东南大学建筑设计研究院．无锡市振新纱厂旧址建筑修缮方案[Z]．南京：2011.

续表

结构体系的组成部分	加固方法	对工业遗产的真实性影响
屋架	修补受力构件	不改变结构构件尺寸，若屋架具有遗产价值，加固基本不损失真实性
	增设受力构件	不改变结构构件尺寸，若屋架具有遗产价值，增设的受力构件做到新旧可识别，则基本不损失真实性
	替换受力构件	结构构件尺寸可能会改变，若屋架具有遗产价值，替换的受力构件尺寸、材料和连接方式不变，则基本不损失真实性
墙	增大截面加固法	改变结构构件尺寸，若墙体具有遗产价值，则损失了真实性
	增设扶壁柱加固法	不改变结构构件尺寸，若墙体具有遗产价值，增设扶壁柱做到新旧可识别，则基本不损失真实性
	钢筋网水泥砂浆加固法	改变结构构件尺寸，若墙体具有遗产价值，则损失了部分真实性
	粘贴纤维布加固法	不改变结构构件尺寸，若楼板具有遗产价值，加固做到新旧可识别，则基本不损失真实性

一方面要针对近代建筑技术史深入研究，另外一方面结构的真实性也是一个课题，应该给予重视。

5.1.4.2 主体结构体系加固与修缮

对于遗产价值突出、保存完整、主体结构现状基本完好的优秀工业遗产，保护工业遗产的真实性需要保护体现遗产价值的建筑主体结构体系，对主体结构体系进行加固、修缮和保养。

1）保护最具特色的结构——北京国棉二厂

对于部分结构具有遗产价值的比较重要的工业遗产和一般工业遗产，或是结构现状不佳的优秀工业遗产，具有遗产价值的部分结构是体现真实性的设计要素，需要保护其中体现遗产价值的特征结构，其他的结构可根据改造后的需求更新。以下通过北京国棉二厂纺织车间再利用的结构体系设计过程，探讨工业遗产如何通过保护具有遗产价值的特色结构来保护工业遗产的真实性，根据当下的法规和需求改造其他结构。

（1）项目简介及遗产价值

北京国棉二厂的纺织车间建于1954年，是北京目前仅存不多的棉纺织厂车间，作为中华人民共和国成立初期国家自主设计建设的典型案例，具有较高的历史价值；厂房东西向长约300米，南北长约200米，锯齿屋面的最高点高8米；锯齿形的屋顶体现纺织工业的行业特征；现改造为莱锦创意产业园。

（2）改造前现状

改造前对厂房结构进行评估鉴定，结果表明，厂房的现状结构不满足现行规范要求，需要加固，主体结构的受力横截面都过小，可见当时国内物质经济的困难程度。

（3）根据价值和现状选择保护最具特色的结构，不改变结构构件的尺寸

经过专家参与结构加固设计的论证，最终决定保护主要形成锯齿形屋顶形态的、具有一定历史价值和美学价值的钢筋混凝土折梁，以此来延续锯齿形屋面的整体形态。其他部分的结构通过植筋的方式扩大原结构梁柱的截面，增加承载力，并使之达到现行的抗震规范要求；根据抗震设计在原排架之间增加南北向连梁，将结构体系转变为框架结构①。

在深化设计中，将连梁布置在南北走向有外墙的位置，与外墙结合隐藏起来，不影响室内锯齿形的空间形态；对于具有遗产价值、需要保护其真实性的钢筋混凝土折梁，加固难度较大，为了便于操作，选择在折梁的垂直段环绕碳纤维布进行基本的加固，这样一来折梁的承载能力依然较低，需要结合特殊的屋面做法，减轻屋面荷载以降低对折梁的承载力要求，最终屋面的荷载控制在符合结构法规允许的范围②（图5-1-49～图5-1-52）。

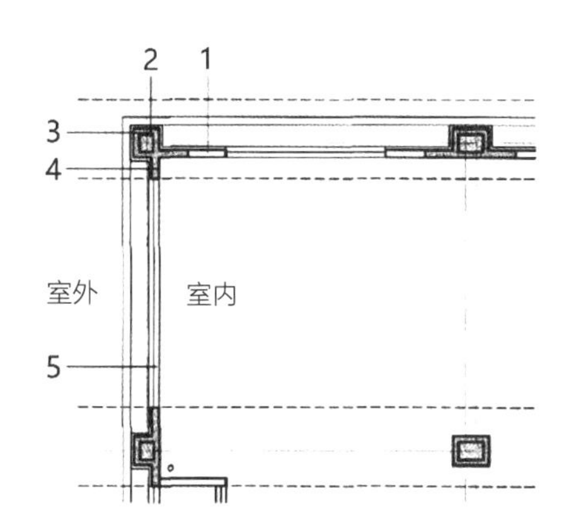

1. 砌块填充墙体
2. 原结构柱
3. 加固增大柱截面
4. 沿外墙新增结构墙体
5. 沿外墙新增结构连梁

图5-1-49　结构加固平面示意

图5-1-50　改造前的结构现状

图5-1-51　南北向外墙增加连梁的位置

① 夏天，屈萌，杨凤臣．顺理成章地发生——莱锦创意产业园设计[J]．建筑学报，2012（01）：72-73.

② 夏天．莱锦创意产业园设计小结[J]．城市建筑，2012（03）：45-49.

图5-1-52 改造后折梁形成的锯齿形室外公共交通空间

2）可识别的构件案例——西安大华纱厂改造

西安大华纱厂改造于20世纪30年代建成的老布厂车间，整体结构为日本人设计，钢结构由英国进口，主体结构为锯齿形钢屋架，结构节点采用螺钉加热铆固，整体结构呈现出独有的结构空间美学，具有极高的技术美学价值。为了加固，建筑师采用轻巧纤细的白色钢制圆管与起转换作用的钢制节点板进行支撑与加固，白色的圆管与原有黑色角钢区别了原有的构架和新加的构件，可识别性符合对于文物修复的要求。新的节点板则与原结构节点保持一定退距，结构加固简单易于施工，在整体界面清晰、具有识别性的前提下，尽可能保持原有纯粹的工业结构形式（图5-1-53、图5-1-54）。

5.1.4.3 保护构造的真实性

对于特色构造具有遗产价值的工业遗产，特色构造是体现真实性的特征要素，需要对其进行修缮和保护。以下通过杭州通益公纱厂旧址的二号、三号厂房（原槽筒梳棉间）中对特色构造的保护和修缮情况，探讨工业遗产如何通过保护具有遗产价值的特色构造来保护工业遗产真实性。

1）项目简介和价值

通益公纱厂旧址的二号、三号厂房现改造为手工艺活态展示馆，主要用于宣传和传承杭州及周边地区的非物质文化遗产。厂房建于20世纪二三十年代，搭建厂房桁架结构屋顶的木材为美国红松，连接厂房梁柱的金属铸件进口自英国，质量精良，具有一定的美学价值；通过锯齿形高窗与厂房北侧原仓库连接的货梯，反映了建筑的原有功能和厂区原有的空间格局，具有一定的历史价值。

2）改造前状态

改造前木桁架构件基本保存完好，满足现行结构安全的要求，金属铸件稍有锈蚀但基本保存完好，但由于北侧原仓库已拆除，与其连接的货梯只剩下了三号厂房中的一部分，伸出厂房以外的部分已不存（图5-1-55）。

图5-1-53　结构加固节点示意图

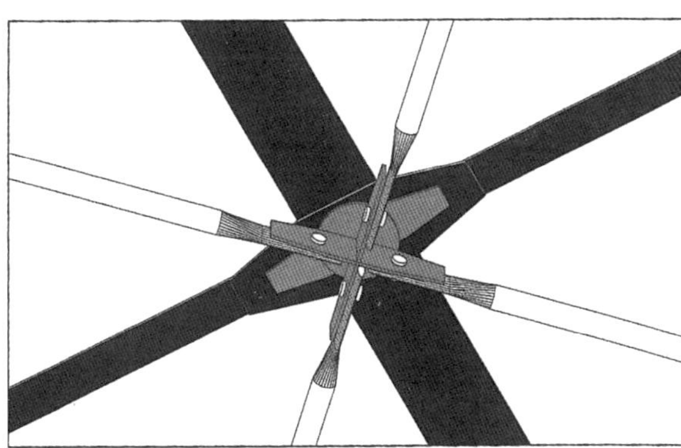

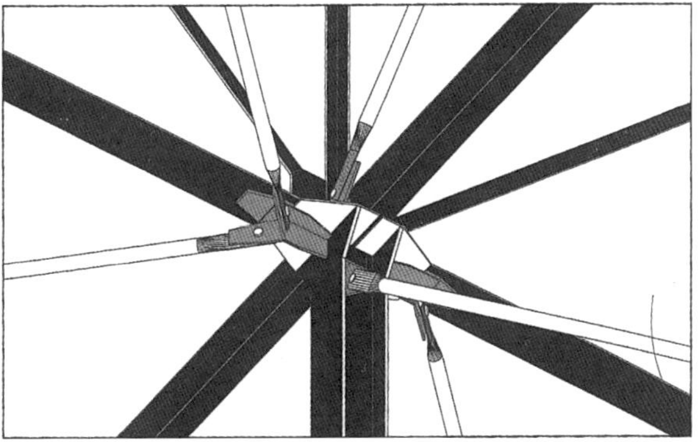

图5-1-54　结构加固节点照片

图5-1-55　改造前清理厂房内部

图5-1-56　木桁架上固定管线

图5-1-57　金属连接构件外露展示

图5-1-58　保留货梯及围绕其周围的展示区

3）根据价值和现状保护特色构造

从价值和改造前现状评估的结果而言，厂房内体现遗产价值的木桁架构件、金属铸件和货梯是体现真实性的特征要素，需要保护和展示。

（1）保护特殊构造

改造过程中对木桁架构件仅做了基本的防虫防腐处理，对连接梁柱的金属铸件仅作基本的防锈处理，新增的设备管线对其不构成遮挡；对货梯进行基本的清理和加固。

（2）新的设计

新增的防火喷淋系统管线和电线排列整齐，用金属箍固定在木桁架构件上，对构件不造成损坏并且对木桁架不构成遮挡；货梯底部周围设计新的展示台，围绕货梯形成现代创意手工新品发布区，营造历史与现代结合的氛围（图5-1-56～图5-1-58）。

这个案例为我们展示了设计师如何依据对工业遗产中建筑构造的价值和现状评估的结果，通过保护具有遗产价值的特色构造，保护了体现真实性的特征要素，在新增管线设备时，不对这些特色构造造成遮挡。

5.1.5 设备和构件的真实性

工业遗产往往以设备为主要特色，设备代表了该遗产的核心价值。德国鲁尔地区的工业遗产很多以设备为主要保护对象，杜伊斯堡的高炉，关税同盟矿区的红点博物馆都完整地保留了设备。英国地铁桥博物馆也保留了大量的设备，有的设备甚至可以运转。在中国，工业遗产多倾向于空间利用，很少保留设备。对于工业遗产而言设备的真实性也是重要方面。

5.1.5.1 首钢博物馆

第4章中提到的首钢博物馆，建筑师利用高炉炉芯不同标高的检修工艺面，设计出戏剧性的具有纪念、教育意义的展览空间，设置浸入式的场景体验展示。同时利用炉体外部的不同标高检修面作为上人平台，使游客充分与自然、工业互动（图5-1-59）。建筑师使用双螺

图5-1-59 高炉博物馆内部

旋交通系统，使游客折返于自然与工业遗存之间。进入这个空间，全身心便置身于庞大的设备中，设备代替了建筑，设备也给人带来了震撼。对比汉冶萍以及重庆钢铁厂使用爆破的方式拆掉高炉，首钢的设计将废弃的设备演绎得色彩纷呈。

对于构建的真实性，建筑师尽可能保留了钢铁表面斑驳的痕迹，但是进行了除锈处理。筑境设计与首钢技术研究院合作，尝试多种除锈手段，包括利用打磨轮除锈至ST3、ST2、ST1级别的手工机械除锈标准，以及500kg、350kg的高压水枪除锈，最后选择350kg的高压水枪进行人工除锈作业，既能保持一定的工业风貌，又能基本除去铁锈、污渍，阻止进一步的腐蚀。在随后防腐罩面漆的选择过程中，设计团队与首钢合作研发适于遗产保护与展示的防腐罩面漆，其透明度可达百分之九十，反光率只有百分之十，既可展示高炉表面斑驳的印记，又不会给人焕然一新的感觉。

5.1.5.2 751艺术区

751艺术区原为正东电子动力集团，同样也为东德设计。厂区内的输送管线、高炉等工业设施，成为园区的最大特色。其厂区的完整性、再利用的可塑性，为创意园区的发展提供了机遇。北京市政府在综合考量后，决定将其改造为以创意设计为主题的时尚设计广场，并分三期进行改造建设。其中，一期工程中的时装大厅与办公大楼，是以原厂供应处为基础，通过空间的水平划分与垂直加层的手法改造而成。而旧厂区内的加压房也在内部重组，外部加添构件的基础上，打造为多个设计师工作室，体现工业遗产的可塑性对于产业置换的导向作用。另外，在二期、三期的工程中，751动力广场与火车头广场正式建立，并以三维管廊带与炉区广场作为改造的亮点。首先，三维管廊带是采用“新旧对比”的手法，以分层加建空间的方式，突出廊道的线性特征。在材料上则运用钢框架与玻璃幕墙的组合结构，形成各自独立的工作室。其中首层是以挑空钢架结构为主；二层则以“盒状”的玻璃幕墙为主，并将其搭建在管道之上。两层新增空间通过走廊与管道的串联作用，形成一体。原有管道的线性特征也在“盒体”空间的照明下，得以强化。其次，炉区广场是采用综合处理的手法进行改造。对于具有特色形态的罐体、管道、生产通道使用保留、加固的手法进行维护；而对于楼梯、通道等设施，则采用加建、替代的手法进行更换。另外，老炉区在改造的过程中，还在原有蒸汽楼东侧局部加建了特色酒吧。所形成的三层建筑体与炉区围合形成新的广场，从而为不同主题的演出提供露天空间①。同时，利用原有的工业构筑物进行改造，使其成为时尚艺术展演的空间（图5-1-60、图5-1-61）。从以上分析看出，751厂区因其功能的可塑性与多功能适用性，成为文创产业转换的主导因素。751厂区也于2008年被市政府认定为市级艺术集聚区。

---

① 王永刚．“再生产”——751及再设计广场改造[J]．建筑技艺，2010（z2）：108.

图5-1-60　751原有工业建筑的再利用

图5-1-61　751场地的再利用

5.1.5.3　细部构件的设计

具有遗产价值的特殊构造通常能够体现工业美学和所处时代的审美，这与设计师的审美取向吻合，因此这样的构造通常都能在再利用设计中被保护，与其相关的工业遗产真实性也相应地被保护。对工业遗产再利用案例构造设计中对特色构造的保护结果进行实地调研，整理的部分结果如表5-1-8所示。

特色构造的保护现状　　表5-1-8

改造前	改造后	改造后特色构造保护现状	
杭州通益公纱厂槽筒梳棉间	手工艺活态展示馆	梁柱连接的金属构件	原有的木框窗
无锡茂新面粉厂	中国民族工商业博物馆	运输袋装面粉的螺旋梯 通风窗	整体加固的环形金属圈梁

续表

改造前	改造后	改造后特色构造保护现状
无锡北仓门蚕丝仓库	北仓门生活艺术中心	   大仓门上开小仓门　屋架和柱间的连接件　通风孔窗
无锡丝织二厂（原永泰丝厂）茧库	中国丝业博物馆展厅	  木质仓门　通风孔窗
广州大阪仓	大阪仓1904创意园	  高窗　通风孔窗

5.2　工业遗产改造的创意性①

创意是个无限广阔的空间。工业遗产改造的创意性可以反映在不同的方面，正如第4章建筑师们提到的创意不仅涉及建筑学，也涉及社会和经济等多方面。本研究的主要目的是考察当前较为常见的工业遗产改造手法。

5.2.1　建筑外部特征的保护与重构方式

旧工业建筑的外部结构是改造过程中最为重要的因素之一，由于建筑综合价值的不同、

① 本节执笔者：刘宇。

改造策略的不同以及新利用方式的不同，其在立面的改造中呈现了多样化的形式。

5.2.1.1 建筑立面的保护与重构

新旧共存的对比方法是将建筑立面的旧有元素和新建元素有机地结合在一起，新元素包含在旧工业建筑之中，与原有的旧元素产生对比。两种元素在一建筑体中共存，共同组织建筑的新立面，创造一个新旧元素并存和相互对比的新形象。在实际操作中，我们可以从材料应用、色彩搭配、尺度再造等几个方面综合利用。对于两种元素并存的方式很难做绝对量化的区分，新旧元素所占的比例也因改造情况的不同而呈现不同的状态。

1）突出新元素的作用

旧工业建筑的改造由于建筑的形式不同、改造目的不同、服务对象不同，其改造的方式也呈现出多元化的趋向，形式变化与造型应用非常丰富。但无论如何变化，改造活动都应遵循基本的美学法则去处理建筑的综合问题。在改造时，要从整体的意向出发，将里面整体形象所传递的信息和满足新功能的需求作为首要考虑。所有的装饰元素都应服务于这一目的，其次再是展开各部分的细节设计。通过细节的变化与冲突丰富建筑的可视性，使新旧元素根据改造的风格特点不同，形成相互对比或趋向统一的两种对比（图5-2-1、图5-2-2）。新元素的突出在一定程度上将成为未来建筑使用功能的主导趋向，成为新功能在外立面上的彰显元素，往往与旧元素之间产生较强烈的对比关系。

2）新旧元素的对比

新旧元素之间的对比是强调二者之间的差异性，通过对比的形式使两者相互衬托，力求取得更强烈的变化。在旧工业建筑的改造过程中，常通过新旧元素的对比产生视觉效果，增

图5-2-1 南京国家领军人才创业园立面新元素的植入

图5-2-2 越界园区突出新元素

图5-2-3　南京红山创意园新旧元素对比

强建筑的可识别性。对比的方法可以从多个方面产生。例如，造型上的方圆对比、曲直对比，色彩上的冷暖对比，材料上的粗糙与精细的对比，装饰风格上的古朴与现代的对比，空间上的虚实对比等。这些综合性的对比手法往往都丰富了建筑立面的层次关系，但依然延续保留了旧工业建筑的历史痕迹（图5-2-3）。

3）新旧元素的调和

这是指缩小二者之间的差异性，通过一种渐进的手段使得形态趋于整体和谐。这种调和的方式也同样可以从造型、色彩、质感几个方面进行塑造，使新旧元素以一种趋同的方式相互共存，从而满足人们对于旧工业建筑的情感归属和审美需求。新旧元素的调和也应以建筑的原本形态和风貌作为依据，从技术和文化两个层面对其所包含的历史情感和产业精神进行再造，从而让人在内心的深处形成更强力的认同感。北京二通机械厂的厂房改造中就运用了新旧元素共存的立面改造方法，将可利用的旧有立面进行清洗，更换了立面的门窗。在建筑立面外侧做了加建的延展空间，延展的部分在外墙砖的选用上运用了新型的材料，但材料的规格与颜色都与旧有墙体保持了一致性。建筑立面的体量也与原厂房基本保持高度和宽度上的一致，外挂楼梯的金属结构也与工业厂房的形态保持一致。这种外延材料和装饰手法的一致性使得建筑的不同立面很好地融合在一起，形成一个完整的空间体。北京今日美术馆由原北京啤酒厂的旧锅炉房改造而成，为了满足美术馆封闭展览的空间要求，原建筑立面开窗的部分要进行封闭处理。为了区分建筑立面不同的改造痕迹，设计师张永和先生选择了同样的红砖墙，运用相反的竖状铺装形式来封闭开窗结构，这样的手法使改造的痕迹显而易见。采用

图5-2-4　今日美术馆新旧元素的调和

图5-2-5　水井坊博物馆新旧元素对比

相同的材料使立面语言得到统一，而逆向的装饰手段则又体现出明显的可识别性（图5-2-4）成都水井坊改造设计在对文物遗址保护与尊重的前提下，进行了稳妥谦逊的加建设计，使传统的意蕴与现代的形式在这里自然地融合在一起。遗址厂房以现场调查为依据，结合原始资料，科学修复并传递真实的历史信息；新厂房则通过提取老厂房的立面形式、采光窗结构特征与遗址建筑共同形成历史场所感，增强场所可识别性，注重建筑文脉的表达与传承。博物馆新建筑整体以民居建筑尺度为基础，秉承对历史遗迹尊重的态度进行加建，使新厂房围绕遗址区共同恢复历史街区肌理，重焕遗址生命力（图5-2-5）。

也有完全重新包装立面的做法，这种做法并不考虑原建筑立面的价值，是一种新建筑的做法。在本研究中省略。

图5-2-6　启新水泥厂的厂房顶棚

5.2.1.2　建筑屋顶翻新再造

建筑的屋顶是外部特征改造的重要组成部分，对于某些具有重要价值的旧工业建筑，屋顶会要求按照原样修复或者复原，以尊重建筑的原始风貌；其他旧工业建筑的屋顶可以根据使用情况的变化采用各种翻新加建的手段，但在改造过程时也要尽可能地和建筑的内部变化相统一。

1）顶部部分翻新，增加天光采光

旧的工业建筑顶部多年久失修，常出现部分坍塌和漏水的现象，因此在进行翻新的时候首先要遵循原有结构的特点，如改造对象的顶部完全封闭时可以采用增加天窗的方式，丰富建筑的采光照明。开窗的形式很多：对于平顶的建筑形式，有的可以直接在建筑的平顶上进行局部改造，采用水平的采光玻璃；有的可以在平顶上局部加建几何形的采光顶（图5-2-6、图5-2-7）。对于三角形的顶部可以在屋顶的两侧斜坡上局部开窗，也可以在中间起脊的部分加建采光的局部造型，用以丰富建筑立面效果。在柏林卡斯尔博士电缆厂的主厂房改造中，为了更好地满足新的使用功能，达到将原有的生产车间改造成为餐饮空间和零售商店的目的，在原有顶部屋顶平板结构的基础上，开设了三角形的玻璃天窗，这大大改善了二楼空

图5-2-7　泰特美术馆局部采光

间的采光质量，使空间的可利用效果大大增强，且钢架形成的三角形结构也和厂房原有硬朗的工业形态相吻合，在建筑形态上形成统一。

2）顶部完全用新造型取代

原上海工部局屠宰场改造的“1933老场坊”的项目中，原始建筑的顶棚采用简易材料搭建，随着岁月的侵袭已经破败。为了更好地利用建筑内部空间，同时将新加建的暖通设施与改造相结合，将顶棚全部废弃并改造成钢网架与玻璃结合的圆形顶棚，将通风采暖设施与顶棚结构相结合，打造出一个适于时尚展演的现代舞台。通过搭建顶部悬挑的空间，将其改造成屋顶花园和休闲平台。屋顶开辟出来的休闲空间既增加了使用面积，又丰富了顶部空间的功能，从而提升了使用者的效率与建筑品质（图5-2-8、图5-2-9）。

5.2.1.3　建筑外部的外向拓展

在改造的过程中由于建筑自身条件的限制需要对其进行扩建。扩建的形式在建筑的外部空间中主要表现为水平拓展和垂直拓展两个方面。拓展的主要目的是为了丰富建筑的外在形态，通过加建元素使其与建筑的原始立面产生对比关系，形成一种新旧元素共存的新形态，赋予旧工业建筑以新的发展契机。

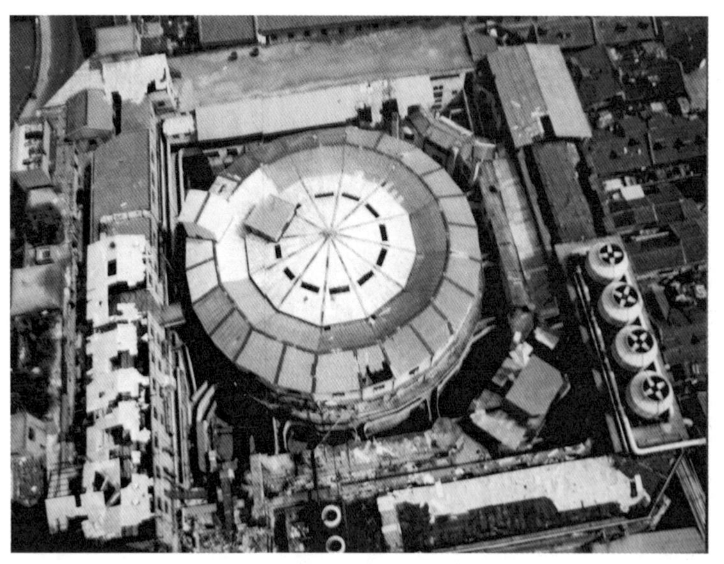

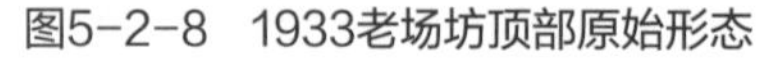

图5-2-8　1933老场坊顶部原始形态

图5-2-9　1933老场坊全新顶部造型

1）建筑外部的水平拓展

建筑外部的水平拓展主要是指从建筑立面以水平的方向向外延展出新的空间。主要是因为原有建筑的空间体量太小，无法承载新功能的需要，以及原有建筑周边有可以利用的建筑用地等情况。建筑的水平扩展对于原有的旧建筑依赖很小，技术的可行性很高；有些则是拆除旧建筑中破损严重的部分，利用原有结构进行加建。

根据新旧建筑之间关系的不同，建筑外部的水平拓展主要分成三种形式。形式一是以旧建筑为主，新建筑只是增建小面积的配属空间。意大利都灵林格图大厦的改造中将原有的汽车厂房改造成多功能的文化商业综合体。原工业建筑建于20世纪初，是一栋高5层、长约530米的庞大建筑，主体建筑周围还有很多的附属建筑。由于生产能力的减退，该厂房于1982年停产。设计师伦佐・皮亚诺保留了建筑的主体，只是在建筑的顶部增加了一个圆形的会议室套间和直升机的停机坪，使得“泡状”的会议室和“碗状”的停机坪相互对称取得平衡。这种奇特的外形给人以极大的想象力，增强了建筑的新奇感，十分符合新功能的需要。形式二则侧重以新建的部分为主，旧的建筑只是起到交通辅助和空间过渡作用。其改造后的主要使用功能由新空间来承载，旧有空间主要起到保留旧有形态，传承文化象征性的作用。沈阳的中国铸造博物馆就只保留了老厂房的部分建筑外立面，而大部分空间都由新建筑来承载，新老建筑搭接在一起，形成很好的过渡。形式三则是新旧建筑相结合，共同承担新的功能。在维也纳四座煤气罐的改造项目中，为了最大限度地保护好原有工业建筑的立面形态，同时又可以延展出满足新功能的空间结构，设计师对B座进行改造时，在其外部加建了一栋13层的公寓建筑，并使两个建筑之间由连廊相连接，形成空间上的共通。新旧建筑共同承担着满足

图5-2-10　英国泰特现代艺术馆

新需要、新需求的任务。新空间作为主体空间的附属体通过连廊等形式与主体相连，形成了一个新的统一体。新的加建体以一种崭新的、富有现代感的玻璃钢架结构呈现出来，成为建筑群中最夺目的闪光点与聚焦点。

2）建筑外部的垂直拓展

垂直拓展主要是指在原建筑上增加楼板，增加建筑的高度。建筑加层的方法多是由于需要满足新的使用功能要求而扩展面积，同时其原有结构保存良好，也可以承载附加的楼层。加层对建筑的要求很高，需要前期进行荷载测试，并不是所有的建筑都可以随意采用这样的方式。在进行加层处理时，有两种利用方式：其一，可以根据原有建筑的结构特点，在原有结构上进行加层处理；其二，通过另建新的结构来承载加层。加层的处理可以明显地提高旧工业建筑的利用率，增加更多的使用面积，塑造建筑新的外立面效果。

建筑外部的垂直拓展一方面主要是在顶部进行加建，使改造对象模式化的顶棚的形态更为丰富。对于英国泰特现代艺术馆的改造，设计师赫尔佐格和德梅隆在原有发电厂建筑的顶部加建了一个长方形的玻璃体建筑。新加建的部分总长152米，高度为2层，加建的空间被改造成满足餐饮、会议等功能需求的空间。顶部的玻璃体采用自然采光的形式，节约了能源。值得一提的是，夜晚顶部条带状的玻璃体在灯光的映射下显得晶莹剔透，成为建筑立面改造中最为突出的部分，这已成为改造后建筑的重要亮点（图5-2-10、图5-2-11）。另一方面则

图5-2-11　英国泰特现代艺术馆顶部加建的部分

是利用地下空间进行垂直拓展，除了在原建筑上层增加空间外，有时由于使用空间不足，则需要考虑发展地下空间。由于地下空间对建筑的外立面和城市肌理破坏较小，所以只要结构条件允许，历史保护性建筑在一定程度上会采用这样的方式。

5.2.2　建筑内部空间再利用的保护与重构方式

5.2.2.1　建筑内部空间的功能置换与组织形式

1）对内部空间容积率的关注

在旧工业建筑的改造利用中，根据空间的实际利用率对容积率的关注可以分为容积率基本不变和改变原有容积率两种方式。

容积率基本不变主要是指在保留原有的厂房或仓库的大空间基础上对其进行充分利用，不在内部空间增设隔层或拓展空间。

容积率改变则是将内部的大空间划分为多样的小型空间，或采用局部加建的方式来扩展容积率，在有限的内部空间内增加使用面积，用单倍的投资得到更多的效果与回报。这种利用旧工业建筑内部空间的适应性而进行的容积率改变的再造方式在经济回报上是十分合算的。在改变容积率的方式上主要采用了不同的内部空间划分手段以适应新功能的要求。划分手段主要包括水平分割和竖向分割两个方面。

水平分割主要是指通过室内的隔墙或实墙把原有的开敞的大空间划分成若干形态灵活的小型空间来满足新功能的需求，适合于单层或者底层占地面积较大的工业厂房。在分割的手法上也包括平面的完全分割、部分分割和局部分割三类。在天津海河沿岸的棉纺三厂的改造中，原有的单层锯齿型厂房由于内部空间水平展开，且结构柱很多，在对其进行再利用时主要是将其作为创意产业的办公空间，所以就利用原有的柱间距进行灵活多样的办公空间的划分，将整体空间打散重组。这种水平分割的方式使原本单一化的空间变得更加灵活多样，适于包容多样化的产业需求，为多种新型业态的融合提供空间上的优势。

竖向分割主要是针对原有空间在竖向上进行再利用划分，并根据空间的特点加建内部隔层。竖向分割的主要方法包括全部分割和局部分割两种形式。在针对内部空间的加建中应注重原有建筑构造和材料与新增加的结构之间的相互协调关系，大多采用轻型的钢结构来支撑新增加的空间，这样做既将新加建的空间与原有空间有机地区分开，又能满足加建空间需要灵活多变的要求。在广州太古仓码头的改造过程中，就运用了竖向分割的手段丰富原码头仓库的内部空间，原沿江而建的7栋砖木结构的仓库先后改造成为葡萄酒贸易展示中心、创意产业园、电影院和游艇俱乐部，这7座仓库的外部形态和内部空间基本一致，但是由于植入的内部新功能不同，则在改造时呈现了多样化的状态。其中2号仓库置换为采购葡萄酒的贸易中心（图5-2-12、图5-2-13）。原仓库为露天堆场，在重新利用时将其改用为国际葡萄酒的采购中心，设计中充分利用了原有建筑层高的特点，内部建立了具有欧式风格街区廊道感的销售空间，所有店铺均为2层结构，同时利用连廊等形式相互连接，大大拓展了室内原有的容积率。

2）功能置换与流线设计

对于旧工业建筑所置换的新功能，要求新的交通流线与功能相匹配，使空间的功能更加完备流畅，特别是在内部空间进行重新划分后，由于改动较大，需要将原建筑空间进行重新组织，规划安排新的动向规律。作为原有工业建筑，其空间主要服务于生产制造部门，空间的流线多呈现出简洁、单一、快捷的特点。由于新功能的植入，其空间关系的服务对象由生产加工转化为对人的服务，这需要对两者之间进行协调处理。在北京外研社的改造项目中，其建筑是由原来的一个印刷厂改建而成，在设计时对其内部空间的重组进行了较大的变动，内部的空间流线也随之发生改变。改造先将建筑边跨的一至三层楼板拆除，从而形成中庭空间，并围绕中庭展开了水平的疏散流线，连接内厅和楼梯间。同时通过中庭所架设的钢结构连廊巧妙地将楼梯间和休息厅连接在一起，在原来流线的起点位置加入了门庭的处理，而流

图5-2-12　太古仓的竖向分割1

图5-2-13　太古仓的竖向分割2

线的终点位置则加建了室外的楼梯以及与一期办公楼相连的廊桥，在改造过程中利用新的流线，串联起来丰富的内部空间，使空间的组织得到了优化（图5-2-14、图5-2-15）。

3）空间利用与行为心理

对于建筑的内部空间而言，在满足基本功能的基础上，还需要满足使用者的心理需求。空间的形式与使用行为之间存在着相互作用的关系，行为与心理两者之间是密不可分的，存在着千丝万缕的联系，主要表现为空间心理行为和空间文化行为两个方面。空间中的心理行为多通过空间的领域感、私密性与开敞性三个方面来体现。空间的领域感主要是指人在空间活动时，所建立属于自己的活动范围和领域，以及和外界因素保持一定的心理空间距离。而由于场所、对象的不同，这种距离感受还会产生不同的效果。这些要素都会对人在空间中的领域感产生影响，所以在进行内部空间的组织设计时要根据功能形式的不同，划分出体量不等的空间，同时建立封闭、半封闭和开敞的多样化分割形式，用以满足不同人群不同组合方式在旧工业建筑内部空间活动的需要。工业建筑主要是以工业生产的流程性为主，以生产的便捷和制作加工程序的有效性为目的，人的感受在原有空间中是基于次要位置，但是，原有空间的再利用就要建立以人为主导的空间属性和领域范畴，满足功能与精神的双层要求。从

图5-2-14　玻璃博物馆的功能置换形式1

图5-2-15　玻璃博物馆的功能置换形式2

人的内心感受出发，所处的空间并不是越大心理感受就越好，过大的空间往往会使人感受到无所适从、很难把控，甚至空间和人的比例失调之后人的内心会产生卑微和恐惧的心理，所以人只有在适宜的空间内才会产生内心的安全感。通过空间的划分可以建立起人内心的安全感，而对于工业建筑中安全感的塑造既要依托实体的空间分割，又要考虑到通过光线的营造产生不同的心理感受。

5.2.2.2　建筑内部空间的重构方式

建筑的内部空间重构主要是指在建筑外部空间基本保持不变的情况下，对其内部空间进行重新划分，而为了适应新的使用功能，这种内部空间的重构主要适合于大跨度、单层或者多层的旧工业建筑。其比较开阔的平面，适于进行空间的组织分割。单层大跨度的旧工业建筑一般多用于重工业生产、加工与仓储，其建筑特点是空间跨度大、平面空间无阻碍、柱间距均等、层高较高、内部的结构多采用钢、木质的排架或网架结构。

1）原有空间构造不变

当原有建筑的内部空间与新植入的功能基本匹配时，内部空间可以保持形态的原型，只对建筑内部结构进行适当的翻新加固和设备的更新。单层的大跨度建筑适合改造成艺术展览馆、剧场影院等开敞结构形式的空间。在保持内部结构不变的前提下，利用平面空间做新的布局划分。

2）内部空间局部重构

内部空间局部重构是指在保留部分原有空间形态的基础上，针对其不能满足新功能要求的空间、结构以及框架，采用局部“加添”或“拆减”的形式进行更新改造。所增加或拆除的空间结构必须在保证建筑整体承重结构的稳定性与安全性的前提下才可以实施。其中包括两种手法，即局部空间的夹层设计与局部空间的中庭设计。

（1）局部空间的夹层设计

工业建筑内部空间多开敞、宽大、灵活性较强，可充分运用其便于分隔的优势，采用局部“加添”的处理方式增加空间的使用面积，从而使空间的使用效率更高，达到满足新植入空间的使用要求。这种改造手法适用于艺术家工作室、商场，以及办公空间（图5-2-16、图5-2-17）。

图5-2-16　垂直分隔形式1

图5-2-17　垂直分隔形式2

（2）局部空间的中庭设计

局部中庭设计是在原有室内中减去一部分空间，使其单独作为一个中庭进行使用，这种处理手法常将多层框架建筑的部分楼板拆除，并在其顶部设置天窗，以求满足室内采光的要求。这种改造手法适用于具有商业性质的办公空间。

3）内部空间整体重构

当原有工业建筑的内部空间不能满足新植入功能的使用要求时，需要对其内部空间进行重构，以求在更新使用后符合新植入功能的标准。这种改造方式常在维持原有建筑体量不变的条件下，对其建筑的内部空间进行重新布局，进而使内部的空间形态发生质的转变。由于改造的力度较大，划分的空间数量较多，新老结构的处理较为复杂，对于建筑的跨度以及建筑结构的承重力有着严格的要求，一般适用于单层大跨度的工业厂房、仓库，以及单层或多层框架的工业建筑。在具体操控上，可根据建筑的现有条件以及新功能空间的要求，将改造分为四种方式，即内部空间的水平分隔、垂直分隔、异构植入以及内部空间的相互连接。

（1）内部空间水平分隔

水平分隔是指根据新功能空间的布局要求，在保持建筑结构形态完整的基础上，利用墙体或隔断等分隔媒介对其建筑的平面进行水平方向的划分，进而使原有完整的空间分化成多个小型空间，从而达到完善空间职能、满足新场所职能的目的。这种分隔手法常应用于销售中心的大厅、高效性办公空间以及展示空间。

（2）内部空间垂直分隔

垂直分隔是指在保留原有主体建筑结构不变的条件下，运用轻质墙体、隔板等建构材料对其建筑的立面进行垂直方向的分割，从而将原来单一的空间分化成若干层次，进而使改造的空间形式达到满足使用面积的目的。这种改造方法对于建筑结构的承载能力和稳定性有这较高的要求，一般在改造前需要先将建筑的原有承重结构进行加固处理，以便为后期的改造施工奠定安全性的保障[①]。另外，改造时还应注重新增结构与原始结构的协调关系，应最大限度地减轻新增构件的自重与负荷，以求避免造成不必要的承重压力。所呈现的建筑内部空间的垂直分隔方式，增强了空间的使用率，改变了原有的内部空间形态，同时加建的钢结构材质与内部空间形成材料语言的一致性。

（3）内部空间异构植入

内部空间异构植入是指为使空间满足特殊的功能要求，并在视觉、听觉等感官上达到预设的震撼效果，常在原有建筑空间的内部加进富有新奇且个性的元素或空间体量。这种改造方式对于空间的高度具有较高的要求，常适用于开敞高大的单层工业厂房。而为了强调异构植入空间的重要性，一般将该种性质的空间放置在室内的中心位置，以便可以围绕进行观赏。在深圳

---

① 杨琳. 创意产业中的工业类建筑遗存更新设计研究[D]. 长沙：湖南大学，2007.

图5-2-18　中心讲堂的植入

图5-2-19　玻璃博物馆内部的新建展廊

图5-2-20　室内连廊1

图5-2-21　室内连廊2

华侨城的工业建筑改造中，在原有厂房的内部空间增设了一间向下延伸的小型演讲厅，它以一种房中屋的形式嵌入到室内空间，打破了室内原有的均衡格局，形成了空间上的冲突感，给人以全新的空间感受（图5-2-18、图5-2-19）。

（4）内部空间相互连接

原有工业建筑内部的空间多采用规整的柱网进行布局，空间的形式比较单一，两个相邻的空间很难产生直接关联。因此，为使内部相邻的两个或多个空间建立交通上的联系，常采用加建连廊、楼梯、天桥的方式使建筑内部相互贯通。连廊的形式在建筑空间的内部能够形成新的连接通道，使原本孤立零散的空间有机地串联在一起，特别是在建筑内部空间重新划分之后，连廊成为塑造室内空间形态和交通流线的重要因素。例如，上海八号桥创意园区的室内空间就通过连廊的形式，形成二楼的回旋通道，将原本高挑的厂房空间进行了二次划分（图5-2-20、图5-2-21）。同时，在旧有的楼体之间通过休闲平台的搭建和连廊的架设形成了建筑之间相互连接、有机串联的空间形态，连廊这种形式的运用更多地体现了工业建筑改造中对于人的行为的关注，将人在室内外空间中的活动路径作为关注的主体，强化人与人之间的交流、沟通，强化了资源和空间的共享，使原本冷漠、高大的工业建筑更富有人情味

图5-2-22　重庆鹅岭二厂建筑连廊1

图5-2-23　重庆鹅岭二厂建筑连廊2

（图5-2-22、图5-2-23）。同时，连廊的存在还极大地丰富了建筑的空间关系，使原本相对孤立的建筑单体形成一个相互连通的整体空间，更便于后期的使用者从多个层面、多个视角去感知建筑整体空间的存在，在某种程度上拉近了人与工业建筑的感知距离，使工业建筑更具亲和力。

5.2.3　旧工业元素的改造再利用的设计方法

随着世界经济结构的转型，旧工业建筑的改造和再利用迎来了新的热潮，每每想到旧工业建筑的改造，人们总会与高大的空间、冰冷的钢构架联想在一起，各种各样的机械设备，空旷理性的建筑空间与温馨的民用建筑空间完全不同。也正是这独特的存在感展现了工业建筑与众不同的时代魅力和功能属性。

5.2.3.1　工业元素的范围界定

工业建筑跟民用建筑的不同在于其建筑空间、形态、环境的规定性。这种建筑规范上的规定就将工业建筑与民用建筑从功能及空间上实质性地区分开了，同时也让不同的工业建筑之间具有了相近的工业元素。通过对众多工业建筑的分析调研，工业建筑的主要特点有以下四个元素：第一是工业建筑本身独特的建筑结构决定了其形式和功能上的需求，由此决定了工业建筑的高大空间和富有特性的外形；第二是工业建筑中为了满足其生产功能的需求而存在的各种生产设备、运输工具和工业零件等；第三是工业建筑中生产的产品和半成品；第四是工业建筑的非物质形态元素。这四个元素都是工业建筑典型的特点，也是最能体现工业建筑自身特点的部分。这些工业建筑元素的含义有：其一，它们是工业建筑自身所特有的，是别的建筑，特别是民用建筑所不具备的；其二，它们是跟工业生产息息相关的，是为工业建筑内部的生产活动提供一切条件的基础。

工业建筑的改造和再利用是一个涉及很多方面的复杂的课题，而以上这些工业元素理念的提出旨在保留住旧工业建筑中最能体现其特点的那部分元素。工业元素的再利用使人们感受到场所文化所表现出的认同感和归属感，并让这些感觉得到了保留，同时也延续了工业建筑的文脉，让建筑形成了多样的形态，增加了工业建筑在视觉上的可识别性，提升了建筑本身以及其所在区域地段的整体经济价值和文化价值。所以，工业元素的再利用是工业建筑改造和再利用中的重要话题之一。巧妙地再利用工业元素对保留工业建筑的根本有着至关重要的作用。

5.2.3.2　工业元素再利用遵循的原则

1）对于旧元素的尊重原则

对于任何的旧工业建筑来说，尊重它们原来特有的工业元素、尊重它们的历史文脉和空间逻辑关系是旧工业建筑再利用和改造的首要原则。对于任何一项改造工程和再利用项目来说，旧工业建筑再利用的基础是其工业元素，任何对既有条件的漠视和疏忽都会对工业建筑的改造和再利用设计产生不利影响。所以，在改造和再利用之前务必要对改造对象的工业元素进行全面的、深入的探索，进而根据旧元素的特质对其进行相对的取舍，初步确定设计的意向。具体来说，对于确定工业元素的保留，尊重的原则主要表现在维护建筑原有元素的形态、风格、秩序以及历史文化气息等方面，使新的建筑物能够真实地呈现其原有的历史风貌。同样，尊重原则并不是一成不变，对工业元素进行恰当合理的装饰有助于新建筑整体地位的提升和功能发挥的最大化。

对于旧元素的利用应以尊重建筑的真实性为前提，体现旧有元素在场所、精神中的塑造作用。我们所要强化的旧元素，一般都具有典型的标志性作用，是工业大生产时代特定生产功能属性的载体。例如，对北京751设计广场的改造中，通过有针对性的政策研究，对场所中的工业构件、设备设施都进行了充分的再利用。保留了原来的输送气态和液态的管道，将其转换成培养创意产业的大动脉。将建筑和管道以连廊的形式混合在一起，以原来的管道路径为纽带串联起了若干个具有现代感的创意工作室和展厅。体现连廊的流动性和相互关联的结构特点，使其成为支持管廊未来工作室的基础性构筑物。这种对旧有元素的充分尊重，延续了工业建筑的语言，体现了严谨、理性、高效的工业生产的特质。将场所内原有的污水蒸气楼、污水处理泵房还有污泥机泵房等大型的工业生产设备原封不动地保留下来，成为厂区生产和见证的教科书。为了使其具有活化再生的能力，对旧有的设备群进行了组织规划，对现有设备进行了必要的保留、更换、翻新和加工，并通过连接平台的形式将其重新串联起来，在老设备的基础上，增加了水、电、多媒体等设备，以满足该区域各种表演活动的需求。同时，为人们所开展的工业遗产参观游览提供安全的保障。这样做就可以充分利用原有老工业设备的独特性和不可替代的场所语境，将其打造成富有后工业时代消费特点的展演舞台和时尚地标，使工业场所与后工业时代的需求紧密地联系在一起。

2）新旧元素的匹配原则

就如自然界中的万物一样，任何生命的过程中都会有新的成分介入，并与原有成分之间保持一种内在的联系。同样，工业元素再利用的过程中也要遵循新建筑与工业元素之间相互匹配的关系。这种匹配关系具体体现在保留工业元素的风格、形式和再利用的方式中，甚至是其所蕴含的社会、文化价值与新建筑的功能、形式之间的相互协调。与此同时就要求我们要根据新建筑的要求来取舍工业元素及其利用方式，进而能更好地让工业元素与新建筑融为一体，让工业元素成为新建筑有机组成的一部分（图5-2-24、图5-2-25）。在设计改造的过

图5-2-24　工业构件与环境的匹配1

图5-2-25　工业构件与环境的匹配2

程中，匹配原则应该注重原有工业元素与新产业之间对接的协调性，特别是要将工业元素中所包含的文化价值和历史价值彰显出来。此时，原有构件的使用价值已微不足道，但其作为生产特定阶段的历史承载物，其潜在的价值和认同感是不会被抹杀的，也是其他新的构筑物所无法替代的。同时，采用异地重置的方式也容易给人产生一种亲近感和趣味性。例如在唐山1889启新水泥厂的改造中，就将原本水泥生产制造的标志性构件作为主体雕塑的形式放置在园区的主入口。这些原本在生产制造流程中十分普通的构件，由于采用了重置的方式，在其丧失使用功能的前提下充分激发了其所承载的历史情感，很容易形成人们在认识和情感上的共识。这种原有旧元素与改造新功能之间的匹配无疑彰显了原有工业建筑的魅力，符合后工业时代人们的消费情节，由简单的注重功能和实用不断地转向对于情感和内在文化的关注。

3）艺术再造的共生原则

在旧工业建筑的改造过程中，新旧工业元素的融合并不是简单的叠加，也不是新元素一味地迁就工业元素，这个过程是新旧元素的重组与弥合，是为老建筑注入活力并且提供发展的可能性和自由度的过程。在此过程中，工业元素以其自身经历为新建筑添加了历史信息，而新元素的新鲜气息融入改造空间中，与旧元素相得益彰。同时，新元素的诞生是因为工业元素，而工业元素的新生和发展又得益于新元素，从此新旧元素达到了共生。改造过程中新旧元素的共生主要体现为两种方式。其一是原有旧元素与新加建的元素之间的融和，这种共生方式应建立在对接语境相协调的情况下，新元素主要是为了迎合新功能的需求，根据使用功能的定位不同，与旧元素之间也存在着相互对比和统一融合的两种趋势。而另外一种方式则主要体现在对旧元素的再生利用，废弃的工业元素和构件具备很强的再造能力，以艺术化的手法对其进行形态的加工和重组，使其展现出富有生机的、具备时代感的工业雕塑形象是我们在改造过程中常利用的手段。在上海新十钢红坊创意园中，艺术家就充分利用废弃的工业构件创作了许多形态各异、逼真生动的工业雕塑。这些通过艺术再造和废物利用所创造的艺术作品，既满足了后工业时代主流消费人群对世俗化的、新奇的事物的追捧，又很好地塑造了工业园区的场所精神，这种通过艺术创造的手法所实现的自然转换在现实的改造项目中被广泛应用。

5.2.3.3　工业元素在环境中的应用

1）加强环境与建筑的相互联系

建筑外部环境的设计是建筑的有机组成部分，一个良好的建筑空间应该是环境、空间、形态之间的统一。在工业建筑的改造案例中，通过工业元素的应用和使用，使得工业建筑与所处的环境达到某种程度上的和谐统一，从而创造整体的统一的城市空间环境。如唐山开滦矿务

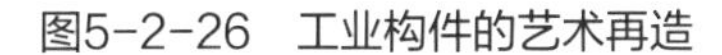

图5-2-26　工业构件的艺术再造

图5-2-27　德国关税同盟矿区工业景观

局，在其改造更新的设计中，设计师保留了原有的巨大钢框架，并配合周围环境设计形成了一个开场的极具个性的露天停车场和信息介绍小广场。保留下来的厂房的残留框架与远处高大的烟囱和近处尺度适宜的宣传墙面在空间关系上形成了错落有序的节奏感。厂房遗留的框架形成了整个建筑与环境的融和，成为环境当中的精神堡垒，同时也增强了周边环境的领域感。再如"北京751"旧工业建筑区改造中设计师保留的原有工业设施设备、"半岛1919"中利用棉纺砂轮设计的景观雕塑小品等工业元素的再利用，这些设计让原有钢结构、工业生产设备等工业元素的粗犷风格与新改造的建筑环境达到了和谐统一，有效地烘托、补充了建筑周围的环境，成为与建筑相呼应的不可或缺的一部分（图5-2-26）。原有的工业厂房只注重生产制造的功能，没有考虑到周边环境与建筑的对话。而在改造过程中，在周边景观的再造时，应该体现工业景观的特点，在设计方法的表现上也应多选用工业感较强的材料，使周围环境成为工业建筑的空间延续（图5-2-27）。

2）强化整体空间的工业属性

工业元素作为工业建筑中最鲜明的特色和最能体现其工业精神的元素，在长期的工业生产中与生产者之间产生了良好的沟通方式。这些工业元素所肩负的是保留和延续工业建筑的场所精神、工业建筑的历史文脉以及地区特色的使命。在很多旧工业建筑、旧工业区域的设计改造中，保留了原有的厂房、建筑钢框架、建筑旧有结构、铁轨、工业生产设备、水塔、烟囱等工业元素，并赋予这些工业元素新的使用价值和观赏价值，使改造区域和工业建筑形成了具有鲜明工业特性的城市主题场所。这些工业元素不仅烘托渲染了改造场所的氛围，也唤醒了人们对场所历史文脉、特殊性的尊重。在原有的旧工业建筑和区域周边工作、学习、生活的人们在新的改造环境中与工业元素碰撞，心中产生的欣喜、好奇、怀旧、喜悦的情感更加让场所的工业性得到了延续和保留，城市工业发展的历史在这些改造的工业建筑和工业元素中得到凝固。

5.2.3.4 工业构件的艺术化再造方式

1）工业构件的纪念性保留

工业建筑元素作为工业遗产中最能体现其工业美的一部分元素，与人在生产过程中建立较深的联系。工业构件作为重要的工业元素，虽和工业建筑比较显得体量小，但因其造型更具标志性，同样肩负着延续工业精神、保留地区发展文脉的使命。例如，中山市歧江公园在改造过程中保留了原有的船坞、水塔、烟囱、铁轨等工业元素，形成了具有工业性质的城市主题公园（图5-2-28、图5-2-29）。德国关税同盟区精彩地使用了工业元素，值得学习（图5-2-30、图5-2-31）。

对工业构筑物类工业元素的保留唤起了人们工业文明的追忆，但保留多少、保留内容和方式要根据具体情况进行处理，大致有两种方式来保留场地上的工业景观：

一是整体保留，整体保留是将以前的原状全部承袭下来，在改造后的景观中，可以感知到以前的工业生产情景。美国甘特利广场州立公园河岸就将标有“长岛（Long Island）”字

图5-2-28 歧江公园工业元素1

图5-2-29 歧江公园工业元素2

图5-2-30 关税同盟矿区红点博物馆工业元素1

图5-2-31 关税同盟矿区红点博物馆工业元素2

样的巨型钢铁进行保留，并将其作为公园表达历史主题的景观标志物。

二是部分保留，留下废弃构筑物的片段，打造成为标志性景观。或者将工业构件通过扭曲、变形、碰撞、突变、断裂、历史场景再现等戏剧性的处理，带来新奇幽默的效果。例如，美国文特景观设计事务所对丹佛污水厂进行的改造设计，就是运用“减法设计”有选择地保留了若干构件，而余下的裸露的混凝土结构作为公园新的景观雕塑使用。设计者通过减法，塑造出一种自然单纯、抽象而富有诗意的环境。韩国西首尔滨湖公园的蒙德里安广场，采用相类似的手法，将水处理工厂的沉淀池拆除后，只留下了一些之前的结构印迹。设计师在此地建起了一个方形花园，用水平和垂直的线条创造出一系列美丽和谐的效果，广场的构造与考登钢墙相互渗透，形成了迷人的树木栽植空间。旧的混凝土结构和新的墙体和谐共融，形成了一系列不同尺度的广场花园和庭院空间，每一个转角处都可以激发出游客浓厚的兴趣。

2）工业构件的功能更新

一些现代设计思想和工业废弃地相结合，创造了一种特殊的景观语言，其中新达达主义通过种种现成物的集合、工业废品的重新处理、新材料的综合利用，接纳现成品而发现其中的美，并在功能上进行一定的更新。景观设计师哈格（Richard Haag）将这些观念和手法应用于西雅图煤气厂的景观再生之中，一些机器被刷上鲜艳的颜色成为游戏室内的器械，一些工业设施被改建成可供休息所用的公园设施。原先被大多数人认为是丑陋的弃置工业元素被艺术化地提升了美学价值，延续了其使用价值。杜伊斯堡公园的设计师彼得·拉茨（Peter Latz）用生态的手段对废弃钢铁厂的破碎地段进行处理，成为城市工业废弃地生态修复的经典案例，如高炉改造为游人攀登、眺望的观景台，废弃的高架铁路改造成为公园中的游步道，铁架改造成攀缘植物的支架，旧炼钢厂冷却池变成潜水训练基地，两个大仓库改造成攀岩爱好者的大本营（图5-2-32、图5-2-33）。

图5-2-32　杜伊斯堡景观公园工业构件的利用1

图5-2-33　杜伊斯堡景观公园工业构件的利用2

图5-2-34　工业构件利用1

图5-2-35　工业构件利用2

图5-2-36　工业构件利用3

除了构筑物，机器设备等工业元素同样可以在简单巧妙的改造中得到功能上的重生。例如，一些造型颇具特点的生产设备构件，经过删减加工后作为雕塑放置在草坪之上，既经济环保又呼应工业环境氛围，起到点缀的作用。又如大的螺丝钉、铸铁管、汽油桶、废液缸等被清洁无害化后，作为花池置于广场、路边，别有一番韵味（图5-2-34～图5-2-36）。在德国海尔布隆砖瓦厂公园设计中，旧铁路的铁轨被作为路缘而再次得到利用，功能转换的同时，也保留了其文化价值。

3）工业构件的艺术重构

构筑物拆除产生的建筑垃圾、生产排放的废渣等固体废弃物看起来是“一盘散沙”，无功能可利用，但正因其“无形”而更具有可重构性。异彩纷呈的现代艺术便为这些工业元素的重生提供了设计的源泉。

（1）用于大地艺术

大地艺术是工业废弃地改造影响深远的一种现代艺术。大地艺术创作的思想被运用在废弃地改造中，主要通过对大地形体的塑造，达到预先的更新目的。罗伯特·莫里斯（Robert Morris）在废弃的矿坑上创作的“无题”，米歇尔·海泽（Michael Heize）在伊利诺斯奥塔瓦佐设计的古冢象征雕塑（Effigy Tumuli Sculptures），都属于大地艺术的代表。这些作品通过对构件的直接使用，表达艺术家对工业破坏性的关注，并以新的观察角度和独特的艺术手段引领了景观中不同的体察方式。

（2）用于再建筑的原材料

这些工业元素在工业景观再造中还是一种不可替代的原料。设计师彼得拉茨在杜伊斯堡公园运用极简主义的思想，将生铁铸造区遗留的大型铁板应用于“金属广场”的铺装，给人以强烈的工业色彩。上海辰山植物园矿坑花园碎石块装在铁丝网里做“石笼挡土墙”。位于塘沽的天津碱厂在改造成紫云公园的过程中，对原本裸露地面的碱渣和电厂粉煤灰配比制成工程土，用这些工程土填垫坑塘洼地，既消灭了污染严重的碱渣山，又填垫出大量可供使用的宝贵土地资源。德国海尔布隆市砖瓦厂公园将原有的废弃材料、砾石或作为道路的基层使用，或作为添加剂增加土壤的渗水性。

（3）废弃设备零件的艺术再造

对于一些已不具有使用功能的设备零件，可以通过扭曲、变形、断裂等重新设计和艺术组合加工，改造成为废弃地中的雕塑或小品。对这些原有工业元素进行提炼并做艺术处理处理后，在内涵上与原用地设施进行呼应，形式上也给人们新的视觉感受。

工业雕塑的直接创作者基本都是新产业的从业者。他们从原有产业的原始设备中提取相关材料，在创意产业的产业特征指导下，根据新企业发展的形式和要求，对这些材料进行艺术化的加工，从而促成了工业雕塑的最终产生。通过以上关于新旧产业与工业雕塑关系的分析，可以归纳出工业雕塑具有以下特点：①体现创意产业基层的草根性和原生态性；②材料选择上与原有产业的天然联系性；③体现新型产业即创意产业的产业特征，与新型产业功能相结合。

原有产业与创意产业的结合促成了工业雕塑的形成与发展。因此，新旧产业与工业雕塑有着密切的联系。工业雕塑是工业人大生产时代记忆的产物，其自身的产生具有历史独特性，是新旧场所空间的“衔接者”；承载着过去工业文明的历史，也演绎着后工业时代下新型产业的发展状态。从功能上讲，工业雕塑与传统雕塑一样，也是整体景观元素的一部分，不同点在于

图5-2-37　工业构件的艺术再造1

图5-2-38　工业构件的艺术再造2

传统雕塑所表现的时代专属性较弱，而工业雕塑所凝聚的时代精神专属性更强。两者在内容的表达上一致，而在背后形式的推动上不同。因此，对工业雕塑专属时代精神的把握，是区分与其他雕塑不同的关键所在。即在后工业时代的背景下，以呈现后工业时代的产业特性为目的，围绕着产业类建筑遗产保护与更新的课题和创意产业发展方向为思想主旨，针对废旧设备及建筑的重新再利用，使用一定艺术、技术等手段，遵循雕塑艺术的审美规律，最终以承载工业文明历史的记忆，展示以新型产业的功能属性为核心的新雕塑艺术形式。工业雕塑更偏重其背后的文化语境和情境语境。人们经过长期的实践，逐渐探索出对原有工业组件进行重组加工的新改造方向，即工业雕塑的艺术形式。因此，工业雕塑也就成为新旧产业结合的共同产物。旧有的设备为雕塑提供原始的材料，而新型的产业为其注入技术、理念，以及赋予旧有的设备新的功能属性，即“景观性”的工业雕塑。这种工业雕塑既有原有产业的历史痕迹，又能体现新型注入产业的企业特性和产业功能（图5-2-37、图5-2-38）。

5.3　工业遗产改造利用设计“真实性+创意性”思考①

5.3.1　真实性+创意性的四个象限

保护真实性和发挥创意性之间没有隔阂。从文物的角度，首先要考虑真实性和完整性的问题，因此以世界遗产为代表的文化遗产的保护对真实性有着严格的要求；其次新建筑设计

① 本节执笔者：徐苏斌、赵子杰、青木信夫。

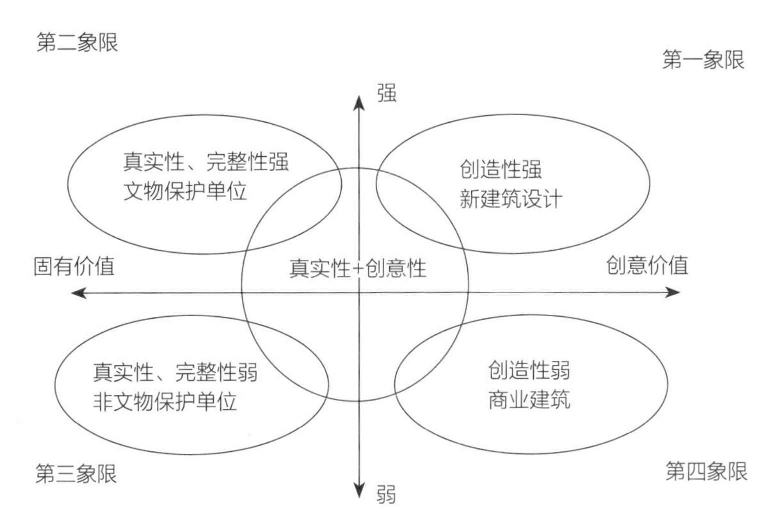

图5-3-1 固有价值和创意价值的和谐

则要求建筑有高度的创意性。在中国，文物保护专业人员和建筑师基本上是泾渭分明的，建筑教育也反映了这个问题。但是现实中大量历史遗存的价值可能在某一些方面体现出来，可能反映在立面、结构、设备等某一些方面，或者需要进一步解读价值，不过另一方面这些价值不够饱和的特色也给予创作者广阔的创意空间。我们在本研究中收入了这样的作品，也看到对于价值的不同解读以及独自的创意。我们认为坚守真实性和发挥创意性之间并没有严格的壁垒，我们用4个象限来表示真实性和创意性的表现。

图5-3-1中横轴的两个方向是固有价值和创意价值，纵轴代表强弱程度。横轴左边代表固有价值，对于遗产来说，固有价值是随着文物等级提升而逐渐加强的，对于文物保护单位的真实性、完整性要求很高，而对于非文物而言相对较弱，不过我们认为非文物单位也有固有价值要进行挖掘，最大限度地保留有价值的部分；横轴的右边表示创意价值，对于新建筑而言创造性越强越是优秀建筑，一般商业建筑的创造性就比较弱，比较复杂的是遗产的改造与再利用，既不能只强调创意不强调保护，也不能只强调保护而忽视创意，圆环中间表示最佳的改造设计范围。

进一步解释4个象限，原有建筑的固有价值并不很重要时属于第一象限的比较多。例如南京金陵美术馆原为20世纪60～70年代的南京色织厂，坐落在南京历史最为悠久的城南区，建筑本身并非文物，2011年该建筑被改造为全新的形象（图5-3-2）。

属于第二象限的工业遗产基本是文物保护单位。在工业遗产改造中上海四行仓库外墙保护达到真实性保护的极致。四行仓库是1931年由金城银行、中南银行、大陆银行、盐业银行共同开设的仓库，1937年国民党抵抗日本军队激战四昼夜，在仓库的西墙留下了很多弹孔。1994年公布为上海市优秀历史建筑，2014年公布为上海市文物保护单位，2003年开设创意产业园。为了纪念抗日战争，在改造设计中彻底地保留了仓库西墙的真实性（图5-3-3）。

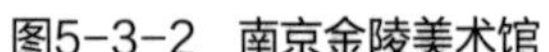
图5-3-2　南京金陵美术馆

图5-3-3　上海四行仓库

上海1933老场坊也是保持原建筑真实性较好的案例。原建筑是屠宰场，是上海具有代表性的钢筋混凝土建筑，突出的价值是混凝土结构和丰富的空间。改造利用基本上保持了原建筑的固有价值，将建筑改造为商业和餐饮（图5-3-4）。

目前中国大部分文化产业园的建筑属于第三象限，大部分文化创意产业园的重点在于带动地方经济而不是建筑创意设计，加之产权不稳定，因此改造也受到影响。例如广州红专厂以前是罐头厂，由于产权并没有十分明确，所以没有在创意设计上作更多努力（图5-3-5）。

属于第四象限的基本是大量的还没有开发利用的工业建筑。但是这个部分的工业建筑有一定的开发潜力，经过评估可能会发现其固有价值，或者经过改造利用可能会有奇迹出现。

处于4个象限的不同的改造项目应该是根据遗存的价值选取不同的改造手段。如果建筑本身不具有价值，不存在必须保留真实性的部位，则没有必要一定要限制创意；反过来如果建筑有很高的价值，却因没有读解出来而失去遗存的价值也是不应该的。这样的平衡是考验设计师综合判断水平的关键。

从建筑师对于工业遗产成功的标志的认知中可以看到虽然建筑师们有多种解释（详见表4-4-2），但是都可以归纳为两个方面的内容，即真实性的体现和创意性的发挥。真实性就是对于价值的理解和体现，创意性可以带来活力，给社会和经济发展带来利益，创意可以是方方面面的创意。笔者认为工业遗产成功的标志可以理解为：在固有价值的基础上进行有创意价值的建筑设计是使固有价值+创意价值达到最高峰的佳作，这是工业遗产改造和再利用的目标。

笔者认为在真实性和创意性的平衡中应该注意两者的和谐，创意性应该保持一种谦虚的态度，遗产的价值越大创作越应该谦虚谨慎。以下通过崔愷带领本土设计研究中心完成的锦溪祝家甸砖厂改造（祝甸砖窑文化馆）来说明此观点。

图5-3-4　上海1933老场坊

图5-3-5　广州红专厂文化产业园

锦溪祝家甸村位于昆山南部水乡，古称陈墓，与姑苏陆幕同为我国古代紫禁城金砖的产地。村子宛如一片荷叶，漂浮在长白荡中，村周围至今还保存着十几座明清时期的古窑。村西边的一座废弃古窑，也许曾经为紫禁城烧制金砖，但是今天更为意外的是它成为近代技术传播的物证，即采用了德国霍夫曼窑的技术。

霍夫曼窑是1858年由德国人F. 霍夫曼（Friedrich Hoffmamm）所设计的一种连续式窑炉，轮窑连续性作业，生产能力较大，而且产品焙烧过程中燃料燃烧所需的空气绝大部分来自预热带已被预热过的热空气，而燃烧后的产物——烟气通过预热带时，又可用来充分预热砖坯，使其排烟温度仅为100～120℃左右，因而燃料燃烧热得以合理使用，使单位产品燃料消耗远低于间歇式窑炉（图5-3-6）。

这个技术一经发明很快传播开来。据李海清的研究，1897年（清光绪二十三年），上海浦东砖瓦厂建了一座18门霍夫曼窑，是迄今已知的中国最早的霍夫曼窑，后逐渐传至江苏和其他地区。1933年前后，南京已有宏业、金城、京华、天津4家砖瓦厂采用轮窑，共计5座。霍夫曼砖窑是近代西方技术交流的见证，具有很高的价值，目前为江苏省非物质文化遗产。

设计师准确地抓住了该砖窑的核心价值，砖窑的窑体和高高的烟囱是霍夫曼砖窑核心技术的载体，是反映砖窑真实性的物证。烟囱虽然没有使用功能，但是设计者保留烟囱是保护真实性的重要环节。砖窑的窑体是核心价值的重要载体，设计者不仅完整地保留了原有的窑体，甚至连原来送料的坡道也保留下来，可以提供展示生产技术流程的可能性。

但是该建筑并非文物，所以具有很多工业遗产面临的共性问题——是否可以增加创意性。设计者并没有仅仅关注保留真实性，还进一步推进了创作。新改造的文化中心的入口就选择在原来窑工运送材料的坡道上，采用独立基础的钢楼梯，将老的楼梯保护在其中，既用钢楼梯保护了砖楼梯这个核心物象，以原有的工序逻辑诱导参观者，又很好地展示了砖窑。当访客踏寻在楼梯之上，还可以清楚地欣赏过去的坡道。在保持旧砖厂外观基本不变的情况下植入3个“安全核”，这些核直接放在旧砖厂二层的地面上，并联合形成支撑体系，共同承载屋面的荷载。同时，在3个安全核之间放入2个独立的镜面小盒子，提供了全部辅助功能，包括卫生间和机房，这两个小盒子以镜面反射的方式消解在大空间中。

屋面采用了逐渐增多的透明瓦铺设方法，透明瓦非常轻，可以减轻屋面重量，同时可以模拟原来屋面残破、阳光斑驳陆离的效果。设计者始终把历史情景的再现作为创作源泉。屋面钢结构屋架延长线上是北侧对着湖面新建的露台，这里可以饱览长白荡的秀美，演绎了从旧到新、从真实到创意的过程。在这里设计者将真实性和创意性融为一体，真实性没有影响创意性，创意性也保持谦虚的态度，没有喧宾夺主。这表明了设计者的对历史的尊重（图5-3-7～图5-3-14）。

设计师导入“微介入”的规划设计理念，从村西边这座废弃的砖厂改造开始，通过这个点的刺激作用，逐步实现整个乡村的复兴。

霍夫曼窑　　台湾高雄市中都唐荣砖窑厂的八卦窑

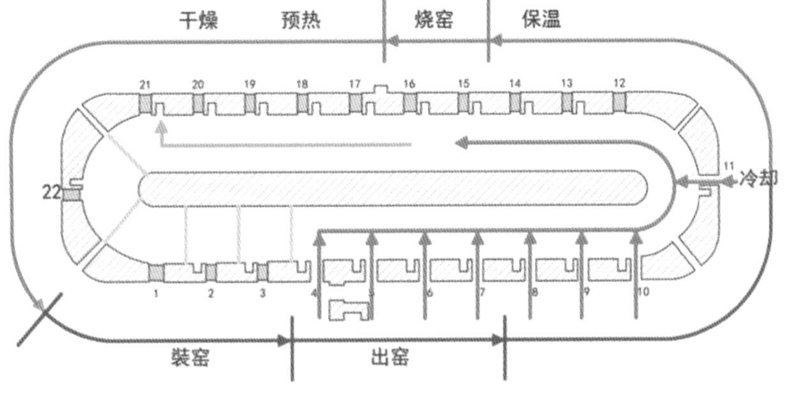

霍夫曼窑平面

图5-3-6　矩形和圆形霍夫曼窑及平面示意图

图5-3-7　锦溪祝家甸砖厂原貌

图5-3-8　从历史向当代渐变

图5-3-9　砖瓦厂改造前

图5-3-10　砖瓦厂改造后

图5-3-11　原送料坡道和上面钢楼梯重叠而成作为主要入口

图5-3-12　屋顶玻璃瓦的光斑回应历史的千疮百孔

图5-3-13　新设计的大露台延伸了历史

图5-3-14　设计师导入“微介入”的规划设计理念带动乡村的复兴

5.3.2 实现真实性+创意性策略

如何实现工业遗产改造真实性+创意性双赢?《建筑设计资料集》(第三版)第8分册提出了近代建筑遗产保护与利用技术路线以及建筑师对于工业遗产改造的价值与实践认识。本文依据第8分册提出的路线进一步细化，笔者通过梳理前文研究与相关建筑师的实践，总结了工业遗产改造的设计策略与影响要素(图5-3-15)。

第一步为开发主体及利益相关者决策机制，整理了目前中国工业产开发主体的三类模式，并列举了影响遗产改造的各类利益相关者，包括投资者、实施者、使用者以及监管机构。

第二步为对工业遗产的物理现状分析，囊括了区域需求、物理特性、工业类别、科技设备四大类。

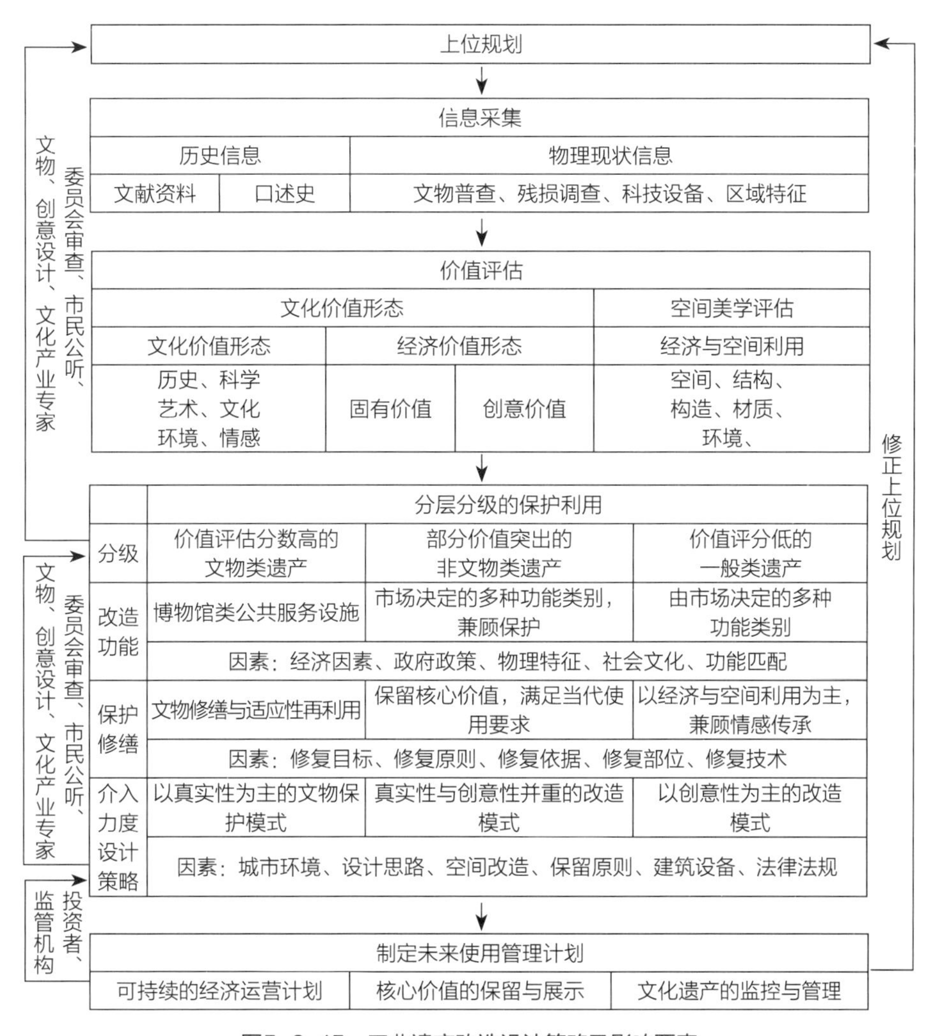

图5-3-15 工业遗产改造设计策略及影响要素

第三步为工业遗产价值评估。此步骤除了从文化与经济视角下对工业遗产文化资本评估外，特别加入了建筑师设计过程中对遗产创意的评估。

第四步为确定改造利用功能。针对价值评估分数高的文物类工业遗产，推荐改造成为博物馆类公共服务设施；对于非文物单位但部分价值突出的遗产，在保护特色建筑部位的前提下，改造功能由市场决定；对于价值评分较低的一般类工业遗产，其功能应交由市场决定。

第五步为确定保护修复措施，分为修复目标、修复依据、修复部位、修复技术以及修复原则五大部分。

第六步为确定设计策略与介入力度。对于价值评分高的工业遗产，采取以真实性为导向的文物类工业遗产改造模式，以延续与发扬历史文化价值为主；对于非文物单位但部分价值突出的工业遗产，采取真实性与创意性并重的工业遗产改造模式，改造应在保留核心价值的基础上，满足当代使用要求；对于评分较低的一般类工业遗产，采用以创意性为主的一般类工业遗产改造模式，改造以经济与空间利用为主，兼顾情感传承。

第七步为制定未来使用的管理计划，保证长期运营的活力。最后整理了工业遗产活化成功的因素，包括遗产保护、当代性表达、公共属性突出、满足法律法规以及经济回报等因素。

当建筑师已经把遗产的价值理解内化到设计中，也许这样的策略就不需要了。

5.3.3 建筑师和文物设计师合作的可能性

目前中国有大量的文物以及大量的遗存有待改造和再利用。工业遗产包括了有身份的文物和没有身份的文物，对于文物修缮设计国家已经有相应的文物保护工程专业人员资质要求，但是大量的工业遗存是没有身份的。身份本来是权威话语赋予的特权，并不代表非文物遗存不具备价值，如何保证有效地保护各种价值是应该关注的问题。

5.3.3.1 文物建筑主任建筑师

法国“文物建筑师”概念来自于1897年法国“文物建筑署”（service d’ architecture desmonuments historiques）设立的“文物建筑师”一职，由自由执业的建筑师经政府考核任命，主要负责文物建筑修复工作。在此后不断的管理变革中，逐步发展为全职公务员身份的“国家建筑师”和具有公务员与自由执业者双重身份的“文物建筑主任建筑师”。国家建筑师的任务包括对历史保护区内所有建设、拆除、改造（室内、室外）及广告牌设置等工程方案进行审核并出具强制性意见，监督保护建筑的状况，决定和审理由文化部出资的列级建筑物的日常维护与整修工程。如根据保护建筑的状况，需进行更深入的研究或需要进行修复时，则由文物建筑主任建筑师介入。

每名文物建筑主任建筑师由国家委托，管辖一定范围的历史保护区，要求其对该保护区内的保护建筑进行深入的研究与认知，需掌握丰富的修复经验与高超的修复技术，从而在技术上保证了法国文物建筑的保护与修复质量。其次，政府令规定文物建筑主任建筑师是文化主管部委在保护与认知建筑遗产时重要的协作者，在其管辖范围内的修复工程均需其审核指导，其意见作为文物部门签署有关文物建筑工程许可的准许条件，从法律层面赋予其具有绝对的权威性与强制性。

文物建筑主任建筑师的选拔与培训极其严格，公开考试要求候选人不超过45岁，且具有建筑师资质。考试程序包括测绘、分析文物建筑考试、文物建筑修复考试和口试，考试合格后仍需18个月实习期的考核。目前法国有五十余名文物建筑主任建筑师，包揽了法国列级文物建筑的修复工程。

中国工业遗产改造现状是建筑师和文物设计师的工作是分离的，文物修缮由文物设计师承担，没有身份工业遗产改造和再利用主要由建筑师承担。笔者认为虽然法国有比较完善的制度，但是在考虑中国问题时还必须结合中国的国情，可以考虑建筑师和文物设计师合作推进遗产保护工程。

5.3.3.2 管理流程与监督机构

在工业遗产保护利用过程中，由于各个利益方对于遗产的价值认知不同，往往产生不同的改造意见。尤其是对于没有文物保护身份的工业遗存，缺乏必要的判断条件，可能会出现遗产保护者与开发方（所有者、地方政府开发机构）的对立，在这种情况下需要建立一定的规划管理流程，确保遗产保护与城市建设的协调发展。

法国遗产保护管理体系中针对文物建筑改造项目，在建筑师设计初稿形成时就会进行讨论，包括地方规划部门、地方委员会、文化遗产保护部门、国家建筑师、开发商等进行方案预讨论，分别从各自利益方的视角出发对初步方案提出意见，只有在方案基本满足各方面意见时，才会向政府申请建设或拆除许可。另一方面，针对文物建筑周边保护范围的改造，由于缺乏明确的管理模式与判断方式，在文物建筑主任建筑师与地方政府、开发商意见不合时，可以向相应的文物建筑国家委员会分会提出咨询与监督，分会意见往往会成为最终判断的依据①。

目前中国工业遗产保护管理体系中也存在需要多方协调、多规合一的过程，尤其是非文物遗存的改造更是存在不定性和多种可能性，改造和再利用更可能需要寻求一个多方利益的平衡点。

---

① 详见 邵甬. 法国建筑·城市·景观遗产保护与价值重现［M］. 上海：同济大学出版社，2009：162-173. 遗产保护日常管理/咨询与监督机构。

附录　中国各地城市工业遗产改造和再利用名单

（天津大学建筑学院中国文化遗产保护国际研究中心重大课题组赵子杰、冯玉婵制作）

北京											
编号	工业遗产名称	所在城市	地址	始建时间	工业部类	保护等级	开发项目名称	开发时间	业态类型	开发主体	改造设计者
北京001	北京龙徽酿酒有限公司	北京	海淀区玉泉路2号	1910	食品	无	北京龙徽葡萄酒博物馆	2008	博物馆	原工业企业	不详
北京002	北京新华印刷厂	北京	西城区车公庄大街4号	1949	印刷	无	北京文化创新工场车公庄示范园	2013	文化创意产业园	北京市文资办	北京艾迪尔建筑装饰工程股份有限公司 罗劲
北京003	北京国棉二厂（京棉集团二分公司）	北京	朝阳区八里庄东里1号院内	1954	纺织	无	莱锦创意产业园	2011	文化创意产业园	国有资产经营公司（北京京棉纺织集团有限公司）	北京华清安地&北京时空筑城&隈研吾
北京004	北京首钢第二通用机械厂	北京	丰台区卢沟桥乡吴家村	1958	通用设备制造业	无	首钢二通动漫产业园	2010	文化创意产业园	政企合作	不详
北京005	北京华北无线电联合器材厂（718联合厂）	北京	朝阳区大山子地区	1957	电子	北京市优秀近现代建筑	798艺术区	1995	文化创意产业园	艺术家自发（其他商业公司）	不详
北京006	某工业厂房	北京	朝阳区大山子地区	20世纪80年代初	不详	无	悦美术馆	2010	博物馆	其他商业公司	陶磊建筑工作室
北京007	成府路某珩车车间	北京	海淀区五道口	1950	精仪	无	北京五方院精品湘菜馆	2005	商业	其他商业公司	标准营造
北京008	外研社印刷厂	北京	海淀区西三环北路	1986	印刷	无	外研社印刷厂改造	1999	办公	政企合作	中国建筑设计研究院 崔愷

续表

北京009	北京啤酒厂锅炉房	北京	朝阳区百子湾路32号苹果社区	不详	食品	无	今日美术馆	2003	博物馆	非营利民间组织	非常建筑 王晖
北京010	北京大学锅炉房	北京	海淀区	不详	能源	无	北京大学核磁共振实验室	2001	学校建筑	学校	非常建筑 张永和
北京011	成府路某珩车车间（五方院旁）	北京	成府路	不详	机械	无	北京得厚院咖啡书店	2007	商业	其他商业公司	标准营造
北京012	黄寺大街 青年湖公园口某工业厂房	北京	黄寺大街2号院2号楼	不详	不详	无	标准营造建筑事务所工作室（新）	2013	办公	建筑设计公司	标准营造
北京013	中科院仪器厂车间	北京	海淀区五道口	1950	精仪	无	标准营造建筑事务所工作室（旧）	2004	办公	建筑设计公司	标准营造
北京014	东直门自来水厂旧址	北京	朝阳区东直门外大街甲6号院	1910	水生产供应业	北京市文物保护单位、优秀近现代建筑、中国工业遗产保护名录	北京自来水博物馆	2000	博物馆	原工业企业	不详
北京015	某工业厂房	北京	朝阳区大山子地区	20世纪80年代初	不详	无	民生美术馆	2015	博物馆	其他商业公司（民生银行）	朱锫建筑设计事务所
北京016	北京青云仪表厂厂房	北京	朝阳区崔各庄草场地	不详	仪器仪表制造业	无	TAO迹建筑事务所工作室	2009	办公	建筑设计公司	TAO迹建筑华黎
北京017	46号院恒温车间	北京	东城区方家胡同46号	不详	机械	无	OPEN工作室	2014	商业	建筑设计公司	OPEN建筑事务所
北京018	北京牡丹电子集团有限责任公司	北京	海淀区花园路3号	1973	电子设备制造业	无	中关村数字电视产业园	2006	文化创意产业园	原工业企业	不详

续表

北京019	北京有线电厂（738厂）	北京	朝阳区酒仙桥路14号	1957	电子设备制造业	第二批国家工业遗产名单	兆维工业园	2013	文化创意产业园	原工业企业	不详
北京020	京广铝业联合公司老厂房	北京	朝阳区何各庄村西北处	1970	建材	无	北京一号地国际艺术区D区	2006	文化创意产业园	政企协作	不详
北京021	朝阳大悦城创意园内某粮仓	北京	朝阳大悦城后四季星河南街107号	不详	仓储	无	大悦城无界空间	2016	办公	其他商业公司	hyperSity 工作室
北京022	某服装生产车间	北京	大兴区金苑路甲15号	2000	纺织	无	威克多制衣中心改造	2013	办公及车间	原工业企业	中国建筑设计院建筑一院二所：李静威等
北京023	京奉铁路正阳门火车站	北京	东城区前门大街东侧	1903	交通	北京市文物保护单位	中国铁道博物馆	2010	博物馆	政府部门	不详
北京024	卡瑞特食品公司厂房	北京	顺义区北六环外	1997	食品	无	北京寺上美术馆	2011	博物馆	非营利民间组织	北京中天元工程设计有限责任公司
北京025	北京供销总社棉麻仓库	北京	朝阳区南磨房广渠路3号	1950	仓储	无	竞园国际影像产业基地	2007	文化创意产业园	文创发展公司	不详
北京026	北京供销总社棉麻仓库	北京	朝阳区南磨房广渠路3号	1950	仓储	无	竞园22号楼改造	2015	文化创意产业园	其他商业公司（互联网金融公司）	C+Architects建筑设计事务所：程艳春
北京027	某工业厂房	北京	海淀区西四环北路143号	不详	不详	无	华太设计工场	2008	办公	建筑设计公司	华太设计徐建伟
北京028	北京松下彩管厂	北京	朝阳区酒仙桥路9号	1987	电子设备制造业	无	恒通国际创意园	2013	文化创意产业园	国有资产经营公司	不详
北京029	46号院恒温车间	北京	东城区方家胡同46号	不详	机械	无	哥伦比亚大学北京建筑中心	2009	办公展览	其他商业公司	OPEN建筑事务所

续表

北京030	中国机床总公司旧址	北京	东城区方家胡同46号	不详	机械	无	方家胡同46号	2009	文化创意产业园	政府部门	柯卫CHIASMUS建筑工作室
北京031	毕捷电机公司（北京电机总厂）	北京	朝阳区酒仙桥北路7号	1958	机械	无	京城电通时代创意产业园	2013	文化创意产业园	国有资产经营公司	不详
北京032	北京机电研究所仓库	北京	朝阳区工体北路4号	不详	仓储	无	藏酷酒吧	2000	商业	其他商业公司	王功新、林天苗
北京033	北京炼焦化学厂	北京	朝阳区化工路1号垡头工业区	1958	石油煤炭加工业	北京市优秀近现代建筑、中国工业遗产保护名录	北京焦化厂工业遗址公园	2016	景观公园	政府部门	不详
北京034	某工业厂房	北京	朝阳区亚运村北四环小营路	1950	不详	无	北京嘉铭桐城会所	2005	商业	其他商业公司	五合国际 刘力
北京035	北京广播器材厂	北京	朝阳区酒仙桥中路18号	1950	专用设备制造业	无	国投创意信息产业园	2013	文化创意产业园	国有资产经营公司	不详
北京036	北京大华无线电仪器厂（768厂）	北京	海淀区学院路5号	1958	电子	无	768创意产业园	2009	文化创意产业园	原工业企业	不详
北京037	718联合厂动力分厂-751厂	北京	朝阳区酒仙桥路4号	1957	能源	第二批国家工业遗产名单	751D·PARK 北京时尚设计广场	2006	文化创意产业园	原工业企业（北京正东电子动力集团）	不详
北京038	北京石棉厂	北京	朝阳区甘露园19号	1957	建材	无	718传媒文化创意园	2007	文化创意产业园	其他商业公司	不详
北京039	北京电子管厂101厂房	北京	朝阳区大山子地区酒仙桥10号院	1953	电子设备制造业	无	北京电子厂办公楼	2004	办公	其他商业公司	中国建筑设计研究院：庄简狄、李凌
北京040	北京胶印厂	北京	东城区美术馆后街77号	1960	印刷	无	77文化创意园区	2013	文化创意产业园	文创发展公司（国企）	原地建筑

续表

北京041	农工商公司库房某厂房	北京	北京市朝阳区高碑店吉里国际艺术区	1980	不明	无	ZODIAC-ALL INN“凹空间”文化创意产业集成孵化中心	2016	办公	其他商业公司	CCDI悉地建筑
北京042	首都钢铁公司	北京	石景山首钢老厂区	1919	冶金	中国工业遗产保护名录	首钢工业遗址公园、博物馆	2019	景观公园、博物馆	原工业企业	筑境设计、中国建筑设计院
北京042-1	首钢西十筒仓改造	北京	石景山首钢老厂区西北部	20世纪90年代	黑色金属冶炼工业	中国工业遗产保护名录	西十筒仓办公区	2016	办公	北京首钢建设投资有限公司	华清安地建筑设计事务所
北京042-2	首钢旧厂址西北角高炉供料区	北京	石景山首钢老厂区西北部	不详	黑色金属冶炼工业	中国工业遗产保护名录	首钢西十东奥广场	2017	办公	北京首钢建设投资有限公司	筑境设计：薄宏涛
北京042-3	首钢三号高炉	北京	石景山首钢老厂区北部	1993	黑色金属冶炼工业	中国工业遗产保护名录	首钢博物馆	2018	博物馆	北京首钢建设投资有限公司	筑境设计：薄宏涛
北京042-4	首钢干法除尘罐	北京	石景山首钢老厂区北部	不详	黑色金属冶炼工业	中国工业遗产保护名录	首钢星巴克高端主题门店	2018	商业	北京首钢建设投资有限公司&北京星巴克有限公司	筑境设计：薄宏涛
北京042-5	首钢精煤车间	北京	石景山首钢老厂区	不详	黑色金属冶炼工业	中国工业遗产保护名录	国家冬训中心场馆	2018	运动场馆	北京首钢建设投资有限公司	筑境设计：薄宏涛
北京042-6	首钢三号高炉空压机站、反焦反矿仓、低压配电室、N3-18Z转运站	北京	石景山首钢老厂区北部	不详	黑色金属冶炼工业	中国工业遗产保护名录	首钢工舍智选假日酒店	2018	酒店	北京首钢建设投资有限公司	中国建筑设计院：李兴刚
北京043	北京首兴永安供热有限公司	北京	大兴区	20世纪90年代	能源	无	北京文化创新工场新媒体基地园	2015	文化创意产业园	其他商业公司	加拿大考斯顿设计

续表

北京044	首云矿业遗址区	北京	密云县巨各庄镇	不详	采掘	国家级矿山公园	首云国家矿山公园	2005	矿山公园	政府部门	不详
北京045	黄松峪金矿地质遗迹	北京	北京市东北部	不详	采掘	国家级矿山公园	黄松峪国家矿山公园	2006	矿山公园	政府部门	不详
北京046	崎峰茶金矿遗址	北京	怀柔琉璃庙镇杨树下村	20世纪90年代	采掘	国家级矿山公园	北京怀柔圆金梦国家矿山公园	2005	矿山公园	原工业企业	不详
北京047	天坛生物制品研究所	北京	北京市文化创意产业核心区	20世纪50年代	其他	无	2049文化创意园	2016	文化创意产业园	其他商业公司	不详
北京048	原北京生物制品研究所大院	北京	北京市朝阳区定福庄建国路	20世纪50年代	其他	无	朝阳1919创意产业园	2010	文化创意产业园	其他商业公司	不详
北京049	北京朝阳区酿酒厂	北京	朝阳区	1975	食品	无	酒厂・ART国际艺术园	2005	文化创意产业园	文创发展公司	不详
北京050	箭厂仓库	北京	国子监街	不想	仓储	无	箭厂胡同文化空间	2014	文化创意产业园	其他商业公司	META工作室
北京051	北京二七机车厂	北京	丰台区长辛店杨公庄	不详	机械	无	北京中车展示中心c19厂房改造	2018	办公、展览空间	其他商业公司	普罗建筑
北京052	某厂房	北京	朝阳区广渠东路1号	1958	不详	无	lens北京总部办公室	2017	办公	其他商业公司	迹・建筑事务所（TAO）
北京053	百得利汽车园某厂房	北京	西四环北路143号院	1970	汽车制造业	无	北京定慧圆・禅空间	2016	会所	其他商业公司	三文建筑
北京054	高碑店农工商公司库房（锅炉厂）	北京	高碑店乡北花园金家村中街6号	不详	通用设备制造业	国家文化创新实验区重点园区	北京吉里国际艺术区	2014	文化创意产业园	文创发展公司+政府单位	总体规划不详
北京055-1	高碑店农工商公司某库房	北京	高碑店乡北花园金家村中街6号	不详	仓储	无	大鱼海棠电影工作室总部	2017	文化创意产业	其他商业公司	hyperSity工作室

续表

编号	工业遗产名称	所在城市	地址	始建时间	工业部类	保护等级	开发项目名称	开发时间	业态类型	开发主体	改造设计者
北京055-2	高碑店农工商公司某锅炉房	北京	高碑店乡北花园金家村中街6号	不详	机械	无	辅仁书苑美术馆	2017	美术馆	艺术家自发	0 studio
北京056	燕山燃气用具厂	北京	朝阳公园东5门内	不详	金属制品业	无	北京市朝阳规划艺术馆	2010	展览馆	政府部门	不详
北京057	北京纺织仓库	北京	朝阳区半截塔路53号	20世纪60年代	仓储	无	郎园station	2018	文化创意产业园	首创集团（国资委控股单位）	不详
北京058	中车北京二七厂	北京	丰台区长辛店杨公庄1号	1897	机械	中国工业遗产保护名录	二七厂1897科创城	2019	文化创意产业园	文创发展公司&原工业企业（青旅文化产业发展（北京）有限公司+中车公司）	不详
上海											
上海001	信和纱厂旧址	上海	普陀区莫干山路50号	1917	纺织	上海“三普”登记不可移动文物	M50创意	2003	文化创意产业园	政企协作	不详
上海002	上海汽车制动器厂	上海	卢湾区建国中路8号	1949	通用设备制造业	上海“三普”登记不可移动文物	八号桥	2003	文化创意产业园	政企协作	HMA建筑设计事务所
上海003	四行仓库旧址	上海	闸北区光复路21号	1921	其他	上海市文物保护单位、优秀历史建筑	上海四行创意仓库	1999	文化创意产业园	文创发展公司	刘继东
上海004	四行仓库旧址	上海	闸北区光复路22号	1921	其他	上海市文物保护单位、优秀历史建筑	四行仓库抗战纪念馆	2015	博物馆	政府部门	上海建筑设计研究院有限公司城市文化建筑设计研究中心

续表

上海005	华丰纺织印染一厂旧址（第五化学纤维厂）	上海	杨浦区军工路1436号	1946	纺织	无	五维空间创意园 或尚街Loft	2007	文化创意产业园	政企协作	创盟国际等
上海006	上海工部局牲宰厂旧址	上海	虹口区沙径路10号	1933	其他	上海市文物保护单位、优秀历史建筑	1933老场坊	2006	文化创意产业园	政企协作	中元国际工程设计研究院 赵崇新等
上海007	湖丝栈旧址	上海	长宁区万航渡路1384弄12号	1874	纺织	上海市优秀历史建筑	湖丝栈创意园区	2006	文化创意产业园	政企协作	不详
上海008	上钢十厂旧址	上海	长宁区淮海西路570号	1956	冶金	上海市文物保护单位	新十钢·红坊创意园区	2005	文化创意产业园	文创发展公司&原工业企业（红坊+十钢公司）	规划：水石国际、大舍建筑
上海009	上钢十厂冷轧带钢车间旧址	上海	长宁区淮海西路570号	1956	冶金	上海市文物保护单位	城市雕塑艺术中心	2005	博物馆	政府部门	不详
上海010	南市发电厂旧址	上海	世博园区西岸	1897	能源	上海“三普”登记不可移动文物	上海当代艺术博物馆	2006	博物馆	政府部门	原作设计工作室 章明、张姿
上海011	上钢三厂特钢车间	上海	世博园区东岸	1913	冶金	无	宝钢大舞台	2008	博物馆	政府部门	华东建筑设计研究院
上海012	华丰纱厂、大中华纱厂旧址（国棉八厂）	上海	宝山区淞兴西路258号	1919	纺织	上海市文物保护单位、优秀历史建筑	上海半岛1919	2008	文化创意产业园	原工业企业&文创发展公司	水石国际
上海013	国棉十七厂裕丰纺织株式会社旧址	上海	杨浦区杨树浦路2866号	1912	纺织	上海市文物保护单位、优秀历史建筑	上海国际时尚中心	2011	文化创意产业园	原工业企业	夏邦杰建筑设计咨询有限公司、现代都市院，邢同和
上海014	上海飞机制造厂冲压车间	上海	徐汇区龙腾大道2555号	不详	机械	上海市第五批优秀历史建筑	西岸艺术中心	2014	博物馆	国有资产经营公司	大舍建筑事务所 柳亦春
上海015	上海飞机制造厂修理车间	上海	徐汇区丰谷路35号	不详	机械	上海市第五批优秀历史建筑	余德耀美术馆	2014	博物馆	其他商业公司	藤本壮介

续表

上海016	上海啤酒厂办公楼、灌装车间和酿造车间	上海	普陀区宜昌路130号	1933	食品	上海市第三批优秀历史建筑	梦清园公园办公楼、餐厅、酒吧	2002	商业、办公	政府部门	不详
上海017	上海织袜二厂	上海	卢湾区黄陂南路789号	1958	纺织	无	卓维700创意园	2003	文化创意产业园	其他商业公司	不详
上海018	中华书局印刷厂	上海	普陀区澳门路477号	不详	印刷	无	中华1912创意产业园	2010	文化创意产业园	其他商业公司（上海仲华置业发展有限公司）	不详
上海019	上海照相机四厂	上海	徐汇区襄阳南路175号	不详	通用设备制造业	无	环中商厦	1995	商业、办公	其他商业公司	大器建筑设计所：孙少凯
上海020	杜月笙旧仓库	上海	静安区南苏州路1295号	1933	其他	上海市优秀历史建筑	大样环境设计工作室	1997	办公	建筑设计公司	登琨艳
上海021	泰康路工厂区旧址	上海	卢湾区泰康路210弄	1934	其他	上海“三普”登记不可移动文物	田子坊	1998	文化创意产业园	艺术家自发&政府部门	不详
上海022	慎昌洋行杨树浦工场旧址（上海电机辅机厂）	上海	杨浦区杨树浦路2200号	1921	机械	上海“三普”登记不可移动文物	上海滨江创意产业园	2004	文化创意产业园	其他商业公司	登琨艳
上海023	上海电机辅机厂某厂房	上海	杨浦区杨树浦路2218-12号	不详	通用设备制造业		群裕设计咨询（上海）有限公司办公室	2004	办公	设计公司	潘冀联合建筑师事务所
上海024	弄堂工厂	上海	静安区余姚路14号	1920	其他	无	同乐坊	2005	文化创意产业园	政企协作	上海核工程研究设计院 王江雁
上海025	新安电机厂旧址	上海	静安区常德路800号地块	1946	通用设备制造业	上海“三普”登记不可移动文物	上海800秀创意园	2009	文化创意产业园	投资发展公司&原工业企业	罗昂建筑设计咨询有限公司

续表

上海026	江南弹药厂旧址	上海	徐汇区龙华路2577号	1870	化学	上海市文物保护单位、优秀历史建筑	2577创意大院	2005	文化创意产业园	政企协作	不详
上海027	亚华印刷机械厂	上海	徐汇区茶陵北路20号	1970	通用设备制造业	无	X2创意空间	2005	文化创意产业园	政企协作	HMA建筑设计事务所
上海028	丰田纱厂仓库旧址（国棉五厂棉花仓库旧址）	上海	长宁区万航渡路2170号	1930	纺织	上海“三普”登记不可移动文物	创邑·河创意园区	2006	文化创意产业园	产业园投资运营公司	上海三益建筑设计有限公司
上海029	大明橡胶厂旧址	上海	长宁区凯旋路613号	20世纪60年代	化学	上海“三普”登记不可移动文物	创邑·源创意园区	2006	文化创意产业园	投资发展公司（上海弘基）	上海三益建筑设计有限公司
上海030	杨树浦水厂	上海	杨浦区杨树浦路830号	1883	水生产供应业	全国重点文物保护单位、优秀历史建筑	上海自来水科技馆	2006	博物馆	原工业企业	不详
上海031	江南机器制造总局旧址	上海	世博园区西岸卢湾区高雄路2号	1865	通用设备制造业	上海市文物保护单位、优秀历史建筑、中国工业遗产保护名录	上海世博会江南公园	2008	景观公园	政府部门	荷兰NITA设计&上海城市建设设计研究院
上海032	上海金星电视一厂	上海	徐汇区漕河泾田林路140号	1978	通用设备制造业	无	sva越界创意园区	2009	文化创意产业园	原工业企业&房地产公司	Atkins阿特金斯
上海033	上海第一机床厂	上海	闸北区万荣路700号	1944	通用设备制造业	无	大宁中心广场二期	2012	文化创意产业园	投资发展公司	HMA建筑设计事务所
上海034	福新面粉一厂厂房及仓库	上海	闸北区长安路101号，光复路423～433号	1912	食品	上海市第四批优秀历史建筑	长安路101号为苏河艺术馆，其余为高端商务	2005	博物馆、商业	其他商业公司	光复路423～433号：同济大学建筑设计院和KOKAISTUDIOS事务所

续表

上海035	上海汽车一厂（公交场站、停车场）	上海	杨浦区四平路1230号	不详	其他	无	同济大学建筑设计院办公新址改造	2011	办公	其他商业公司	同济大学建筑设计研究院
上海036	上海第五化纤厂	上海	杨浦区军工路1436号	不详	纺织	无	创盟国际军工路办公室	2011	商业、办公	其他商业公司	创盟国际
上海037	上海毛巾十六厂	上海	嘉定区嘉罗公路1022号	1943	纺织	无	雅昌艺术中心	2014	商业、办公	文创发展公司［雅昌（文化）集团有限公司］	大舍建筑事务所，表面装饰：艺术家丁乙
上海038-1	上海飞联纺织厂-大型厂房	上海	嘉定区博乐路70号	20世纪40年代	纺织	无	“现厂”创意园	2014	文化创意产业园	上海市嘉定区国有资产经营有限公司	都市实践：王辉
上海038-2	上海飞联纺织厂-纺织车间	上海	嘉定区博乐路70号	20世纪40年代	纺织	无	韩天衡美术馆	2013	博物馆	政府部门	童明
上海039	上海富丽服装厂	上海	杨浦区凤城路1号	不详	纺织	无	同和凤城园	2016	商业、办公	其他商业公司	亘建筑事务所：范蓓蕾、孔锐
上海040	上海无线电八厂	上海	虹口区东江湾路188号	不详	通用设备制造业	无	空间188创意园	2006	科技产业园	其他商业公司	不详
上海041	上汽集团零配件仓库	上海	普陀区宜昌路751号	不详	通用设备制造业	无	E仓创意产业园	2008	文化创意产业园	其他商业公司	不详
上海042	上海五和针织二厂	上海	静安区定安路1147号	不详	纺织	无	静安创艺空间	2006	文化创意产业园	其他商业公司	不详
上海043	上海鞋钉厂	上海	杨浦区昆明路640号	1937	其他	无	原作设计工作室改造	2014	办公	建筑设计公司	原作设计工作室章明、张姿

续表

上海044	上海声美无线电厂	上海	闵行区剑川路910号	20世纪80年代	通用设备制造业	无	上海电子工业学校	2014	学校	学校	无样建筑工作室 冯路
上海045	某工业厂房	上海	嘉定菊园新区沪宜路4352号	不详	不详	上海市文物保护单位	相东佛像艺术馆	2008	博物馆	投资发展公司（上海菊园资产管理有限公司）	刘家琨、杨鹰、罗明、张瞳、李静
上海046	上海民生码头八万吨筒仓	上海	上海市浦东新区民生路3号	1992	仓储	上海市文物保护单位	2017上海城市空间艺术季主展场	2017	博物馆	上海东岸集团有限公司	大舍建筑 柳亦春
上海047	原龙华机场旧址废弃航空油罐	上海	徐汇区云锦路	不详	其他	无	上海油罐艺术中心	2017	博物馆	上海西岸集团有限公司	open建筑事务所
上海048	新泰仓库建筑	上海	闸北区苏河湾地区新泰路75号	1920	仓储	上海市第四批优秀历史建筑	新泰仓库会所及文化展示中心	2016	办公	其他商业公司	Kokaistudios
上海049	老白渡煤仓	上海	浦电路滨江大道老白渡码头	不详	仓储	无	艺仓美术馆	2016	博物馆	其他商业公司	大舍建筑柳亦春
上海050	原上海眼镜厂旧址	上海	复西路2690号苏州河北岸	不详	机械	无	苏州河工业文明展示馆	2014	博物馆	政府部门	不详
上海051	上海玻璃仪器一厂	上海	宝山区长江西路685号	不详	化工	无	上海玻璃博物馆	2011	博物馆	原工业企业	罗昂建筑设计咨询有限公司
上海052	上海铁合金厂	上海	宝山区长江西路101号	不详	冶金	无	上海国际节能环保园	2007	文化创意产业园	原工业企业&文创发展公司	不详
上海053	上海船厂旧址（浦东）	上海	浦东新区滨江大道1777号	1972	机械	浦东新区文物保护点	船厂1862	2017	博物馆、商业	原工业企业&房地产公司	限研吾建筑都市设计事务所

续表

上海054	上海幸福摩托车厂旧址3号楼	上海	中山南路1029号	1969	机械	无	Dunmai 办公室	2017	办公	其他商业公司	Dariel Studio
上海055	上海幸福摩托车厂旧址8号楼	上海	中山南路1030号	1969	机械	无	上海易成实业投资有限公司办公室	2017	办公	其他商业公司	杜兹设计
上海056	原东风沙发厂厂房一层	上海	凯旋路1205号	不详	其他	无	M.Y.Lab 上海店空间改造	2017	办公	其他商业公司	久舍营造工作室
上海057	飞联纺织厂（三十四厂）	上海	嘉定区博乐路70号	不详	纺织	无	上海嘉定工厂创意办公园区	2014	办公	嘉定国有资产	都市实践 王辉
上海058	新昌仓库	上海	上海南外滩货运码头区	1930	仓储	无	直造建筑事务所办公	2014	办公	其他商业公司	直造建筑事务所
上海059	上海冶金矿山机械厂	上海	汶水路450号	1959	通用设备制造业	上海新发现工业遗产名录	静安新业坊文化创意产业基地	2017	影视文化产业	政企协作	静安区、临港集团、文广集团、电气集团
上海060	上海华商水泥股份有限公司龙华厂旧址	上海	上海市徐汇区龙腾大道近龙耀路	1920	建材	上海市徐汇区文物保护点	上海梦中心	2018	文化主导、混合使用	其他商业公司	不详
上海060-1	华商水泥龙华厂-散装水泥库	上海	上海市徐汇区龙腾大道近龙耀路	1920	建材	上海市徐汇区文物保护点	上海梦中心-前沿音乐、超酷运动集合地	2018	商业	其他商业公司	不详
上海060-2	华商水泥龙华厂-原煤湿矿渣库	上海	上海市徐汇区龙腾大道近龙耀路	1920	建材	上海市徐汇区文物保护点	上海梦中心-艺术与设计中心	2018	商业	其他商业公司	不详
上海060-3	华商水泥龙华厂-预均化库	上海	上海市徐汇区龙腾大道近龙耀路	1920	建材	上海市徐汇区文物保护点	上海梦中心-梦想巨蛋	2018	空间剧场	其他商业公司	不详
上海061	上海油脂厂、十六铺	上海	黄浦区中山南路505弄	不详	食品	不详	上海老码头	2012	商业、博物馆	政企合作	不详

续表

上海062	上海医疗机械厂	上海	杨浦区临青路430号	不详	机械	无	NIU Zone	2018	商业、办公	其他商业公司（上海盛盼企业管理有限公司）	三益设计
上海063	上海生物制品研究所	上海	长宁区延安西路1262号	1925/1953	医疗	上海市第一/三批优秀历史建筑、上海市近代建筑保护单位	上生·新所	2018	时尚创意产业园	其他商业公司（万科）	OMA建筑事务所
上海064	上海交通物资仓库	上海	静安区西藏北路489号	不详	仓储	无	鹏信都市型工业园区	2018	文化创意产业园	其他商业公司	亘建筑事务所：薛喆、范蓓蕾、孔锐
上海065	申新七厂毛麻仓库（德商瑞记纱厂、上海第一丝织厂）	上海	杨树浦路468号	1920	仓储	上海市优秀历史建筑	19年上海空间艺术季主展馆	2019	展览馆	政府企业（上海杨浦滨江投资开发有限公司）	同济大学建筑设计研究院：刘毓劼
上海066-1	上海船厂（浦西）—一、二号船坞	上海	杨树浦路468号	不详	其他	不详	船坞秀场	2019	景观广场、剧场	政府企业（上海杨浦滨江投资开发有限公司）	原作设计工作室章明
上海066-2	上海船厂（浦西）—船排遗址	上海	杨树浦路468号	不详	其他	不详	船排遗址广场	2019	景观广场	政府企业（上海杨浦滨江投资开发有限公司）	不详
上海066-3	上海船厂（浦西）—车间	上海	杨树浦路468号	不详	制造	不详	上海杨浦滨江船厂展览馆	2019	展览馆	政府企业（上海杨浦滨江投资开发有限公司）	不详
上海067	上海烟草公司杨树浦仓库	上海	杨树浦路1500号	不详	仓储	不详	绿之丘	2019	公共配套设施、市政基础设施	政府企业（上海杨浦滨江投资开发有限公司）	原作设计工作室章明

续表

天津											
编号	工业遗产名称	所在城市	地址	始建时间	工业部类	保护等级	开发项目名称	开发时间	业态类型	开发主体	改造设计者
天津001	原英商怡和洋行仓库	天津	和平区台儿庄路6号	1921	其他	天津市文物保护单位、天津市历史风貌建筑	天津6号院创意产业园	2000	文化创意产业园	文创发展公司（国企）	不详
天津002	天津外贸地毯厂	天津	红桥区湘潭路11号	1957	纺织	无	意库文化创意产业园	2007	文化创意产业园	房地产公司（天津市建苑房地产开发有限公司）	同济大学建筑设计研究院
天津003	华津制药厂（原3526军工厂）	天津	河北区水产前街28号	1938	化学	无	3526创意工场	2008	文化创意产业园	政府部门&学校	不详
天津004	裕大纱厂、宝成第三纱厂旧址	天津	河东区	1921	纺织	无	棉三创意产业街区	2014	文化创意产业园	房地产公司（国企）	天津市城市规划设计研究院
天津005	天津玻璃厂	天津	河西区解放南路	不详	建材	无	万科水晶城项目运动中心	2003	住区配套	房地产公司	嘉柏建筑师事务所
天津006	天津机车车辆机械厂	天津	河北区南口路22号	1909	通用设备制造业	无	艺华轮创意工场	2007	文化创意产业园	非营利民间组织&原工业企业	不详
天津007	天津内燃机磁电机厂	天津	河北区辰纬路1号	不详	通用设备制造业	无	辰赫创意产业园	2008	文化创意产业园	政企协作	不详
天津008	天津纺织机械厂	天津	河北区万柳村大街56号	1946	通用设备制造业	无	绿岭创意产业园	2011	文化创意产业园	房地产公司（天津市建苑房地产开发有限公司）	不详
天津009	天津仪表厂	天津	南开区长江道92号	1946	精仪	无	C92创意集聚区	2011	文化创意产业园	文创发展公司	天津桑菩景观艺术设计有限公司

天津010	天津感光胶片厂	天津	河西区陈塘科技商务区	1947	通用设备制造业	无	天感科技园区	2011	文化创意产业园	政企协作	不详
天津011	天津橡胶制品四厂	天津	河北区四马路158号	1970	化学	无	巷肆创意产业园	2013	文化创意产业园	文创发展公司	不详
天津012	天津木箱厂	天津	红桥区创意街	不详	其他	无	绿建吉地产业园区	2013	新型都市工业园	政企协作	不详
天津013	福聚兴机械厂旧址	天津	红桥区博物馆大街5号	1926	通用设备制造业	红桥区文物保护单位	福聚兴机器厂旧址陈列	2012	博物馆	政府部门	不详
天津014	天津涡轮机厂两栋红砖厂房	天津	红桥区三条石大街135号	不详	通用设备制造业	无	U-CLUB上游开场	2005	文化创意产业园	房地产公司（天津泰达集团）	都市实践 王辉
天津015	铁道第三勘查设计院属的机械厂	天津	河北区建昌道街红星路18号	1956	通用设备制造业	无	红星·18创意产业园	2011	文化创意产业园	文创发展公司	不详
天津016	比商天津电车电灯股份有限公司旧址	天津	河北区进步道29号	1904	电力	中国工业遗产保护名录	天津电力科技博物馆	2009	博物馆	国有资产投资公司	不详
天津017	天津碱厂	天津	塘沽区大连东道	1915	其他	中国工业遗产保护名录	天津碱厂厂史馆	2011	博物馆	原工业企业	不详
天津018	天津美亚汽车厂	天津	天津西青区中北镇	不详	机械	无	天津·京杭大运河创想中心	2018	文化创意产业园	房地产公司（天津华侨城）	都市实践 王辉
重庆											
编号	工业遗产名称	所在城市	地址	始建时间	工业部类	保护等级	开发项目名称	开发时间	业态类型	开发主体	改造设计者
重庆001	坦克仓库	重庆	九龙坡区	1970	其他	无	坦克库·重庆当代艺术中心	2004	文化创意产业园	非营利民间组织	四川美院 罗中立

续表

重庆002-1	战备物流仓库	重庆	黄桷坪区 四川美院对面	1950	其他	无	501艺术基地	2006	文化创意产业园	文创发展公司（国企）	不详
重庆002-2	战备物流仓库	重庆	黄桷坪区 四川美院对面	1950	其他	无	黄桷坪当代美术馆	2009	博物馆	不详	间外工作室：冯国安
重庆003	重庆石棉厂、四川木材综合厂	重庆	大渡口厂区	1940	建材	无	茄子溪文化创意产业园	2014	文化创意产业园	政企协作	不详
重庆004	虎溪土陶厂	重庆	重庆大学城三河村	20世纪80年代	手工业	无	远山有窑	2016	博物馆	原厂	重庆大学建筑城规学院 田琦
重庆005	重庆啤酒厂石桥铺厂区沿街厂房	重庆	高新区	1958	食品	无	纽卡斯尔酒吧	2014	商业	原工业企业（铁骑力士集团）	不详
重庆006	重钢型钢厂旧址	重庆	李子林钢铁路66号	不详	冶金	第一批国家工业遗产	重庆工业文化博览园	2017	博物馆	不详	北京华清安地建筑设计有限公司
重庆007	江合煤矿遗址	重庆	北碚区复兴镇歇马村石牛沟及周边区域	1907	采掘	国家级矿山公园	江合煤矿国家矿山公园	2016	矿山公园	不详	不详
重庆008	重庆抗战兵器工业遗址	重庆	江北区、沙坪坝区、九龙坡区、大渡口区和万盛经开区	1939	军工	国家重点文物保护单位、第一批中国工业遗产保护名录	重庆抗战兵器工业遗址公园	2017	遗址公园	政府部门	不详
重庆009	核工业816工程	重庆	涪陵区	1966	军工	重庆市文物保护单位、第三批国家工业遗产	816地下核工程景区	2016	遗址·公园	政府部门	不详

续表

编号	工业遗产名称	所在城市	地址	始建时间	工业部类	保护等级	开发项目名称	开发时间	业态类型	开发主体	改造设计者
四川											
成都001	军区7234印刷厂	成都	锦江区红星路35号	1980	通用设备制造业	无	红星路35号广告创意产业园	2007	文化创意产业园	政企协作	德国MV建筑设计事务所
成都002	红光电子管厂	成都	成华区建设南路4号	1958	电子	第二批国家工业遗产	东郊记忆音乐公园	2011	文化创意产业园	文创发展公司	成都家琨建筑设计事务所
成都003	医药集团旧仓库	成都	水碾河南三街37号	不详	其他	无	U37创意仓库	2013	文化创意产业园	综合性投资发展公司（成都宝泰实业集团）	不详
成都004	成都水井街酿酒作坊	成都	锦江区水津街17-23号	元至民国	食品	第五批全国重点文物保护单位、第三批国家工业遗产	水井街酒坊遗址博物馆	2013	博物馆	原工业企业（四川水井坊股份有限公司）	成都家琨建筑设计事务所
成都005	宏明电子厂机修车间（原715厂）	成都	东郊建设南路	不详	通用设备制造业	无	工业文明博物馆	不详	博物馆	不详	不详
成都006	原电焊机厂生产车间	成都	二环路东一段29号	不详	通用设备制造业	无	成都运动时空羽毛球馆	不详	体育场馆	不详	不详
乐山001	芭石铁路	乐山	犍为县芭沟镇	1959	运输	国家工业遗产保护、国家级矿山公园	嘉阳国家矿山公园	不详	矿山公园	不详	不详
丹巴县001	丹巴白云母矿	丹巴	四川甘孜藏族自治州丹巴县境	19世纪初	采掘	国家级矿山公园	丹巴白云母国家矿山公园	2009	矿山公园	不详	不详

续表

绵阳001	四川绵阳九院院部旧址（中国物理工程研究院）	绵阳	梓潼长卿山西麓	1965	军工	无	“两弹城”主题文化旅游地	2006	红色旅游	其他商业公司	不详
什邡	四川石油钻采设备厂影剧院	什邡	慧剑社区中心	1970-80	其他	无	慧剑社区中心	2018	公共服务设施	政府部门（什邡市人民政府）	原作设计工作室
黑龙江											
编号	工业遗产名称	所在城市	地址	始建时间	工业部类	保护等级	开发项目名称	开发时间	业态类型	开发主体	改造设计者
哈尔滨001	哈尔滨制氧机厂加工车间	哈尔滨	哈西新区	不详	通用设备制造业	无	辰能溪树庭院接待中心	2008	商业	不详	深圳市美术装饰工程有限公司：李冰、张子健
鹤岗001	鹤岗矿山	鹤岗	小兴安岭与三江平原的缓冲地带	不详	采掘	国家级矿山公园	黑龙江省鹤岗市国家矿山公园	不详	矿山公园	政府部门&原工厂企业	不详
伊春001	大型斑岩型金矿和晚白垩纪恐龙埋葬群	伊春	伊春市嘉荫县乌拉嘎镇	不详	采掘	国家级矿山公园	嘉荫乌拉嘎国家矿山公园	2007	矿山公园	不详	不详
鸡西001	恒山煤矿	鸡西	太平岭山脉北麓	不详	采掘	国家级矿山公园	黑龙江省鸡西恒山国家矿山公园	2007	矿山公园	政府部门&原工厂企业	不详
大庆001	大庆油田（松基三井等各类矿业遗迹共27处）	大庆	大庆油田	1959	采掘	国家级矿山公园、中国工业遗产保护名录	大庆油田国家矿山公园、大庆油田历史陈列馆	2014	矿山公园	政府部门	不详
北安市	原庆华工具厂院内	北安	乌裕尔大街1号	不详	机械	国家工业遗	庆华军工遗址博物馆	2012	博物馆	政府部门	哈尔滨工业大学设计院

续表

广东											
编号	工业遗产名称	所在城市	地址	始建时间	工业部类	保护等级	开发项目名称	开发时间	业态类型	开发主体	改造设计者
广州001	广州啤酒厂	广州	荔湾区西增路63号	1934	食品	无	原创元素创意园	2011	文化创意产业园	其他商业公司	不详
广州002	大阪仓	广州	海珠区革新路新民八街36号	1904	仓储	广州市文物保护单位	大阪仓1904	2015	文化创意产业园	原工业企业&投资发展公司	不详
广州003	太古仓码头及仓库	广州	海珠区革新路124号	1904	仓储	广州三旧改造项目	太古仓商业区	2010	商业、办公	政企协作	不详
广州004	协同和机器厂	广州	荔湾区芳村大道东1 36号	1922	通用设备制造业	中国工业遗产保护名录	宏信922创意园、协同和动力机博物馆	2009	文化创意产业园、博物馆	其他商业公司	不详
广州005	广东水利水电机械制造厂	广州	荔湾区芳村大道下市直街1号	1960	通用设备制造业	无	信义·国际会馆	2004	文化创意产业园	其他商业公司	麦志麟
广州006	广东水利水电机械制造厂某厂房	广州	荔湾区芳村大道下市直街1号	不详	机械	无	广东省院ADG·机场院办公楼	2008	办公	建筑设计公司	广东省院ADG·机场设计研究院
广州007	广州鹰金钱罐头厂	广州	天河区员村四横路128号	1956	食品	无	红专厂创意艺术区	2009	文化创意产业园	建筑设计公司	集美组
广州008	广州啤酒厂麦仓顶层	广州	荔湾区西增路63号E-8栋	1960	食品	无	源计划建筑事务所工作室	2012	商业、办公	建筑设计公司	源计划建筑事务所
广州009	南方面粉厂、澳联玻璃厂和员村热电厂	广州	天河区东员村五横路	1960	其他	无	广州北岸文化码头创意产业园	2010	文化创意产业园	政企协作	不详

续表

广州010	南方面粉厂	广州	天河区临江大道507号	20世纪50年代	食品	无	临江507创意园	不祥	文化创意产业园	原工业企业&投资发展公司	不详
广州011	广州纺织机械厂	广州	海珠区新港西路397号	1952	通用设备制造业	无	T.I.T创意园区	2010	文化创意产业园	原工业企业&投资发展公司	竖梁社建筑
广州012	金珠江双氧水厂	广州	荔湾区芳村大道东200号	1950	化学	无	1850创意产业园	2009	文化创意产业园	原工业企业&投资发展公司	不详
广州013	华南缝纫机厂和五羊本田（广州）分公司	广州	海珠区新港西路82号	1970	通用设备制造业	无	广州联合交易园区	2012	文化创意产业园	政企协作	不详
广州014	广州化学纤维厂	广州	天河区黄埔大道中309–315号	1958	纺织	无	羊城创意产业园	2007	文化创意产业园	文创发展公司（国企）	不详
广州015–1	紫坭糖厂	广州	番禺区沙湾紫坭村	1953	食品	广州“三普”登记不可移动文物	紫坭堂	2014	文化创意产业园	原工业企业&投资发展公司	不详
广州015–2	紫泥糖厂板材车间	广州	番禺区沙湾紫坭村	1953	食品	广州“三普”登记不可移动文物	生活美术馆	2018	创意办公	满堂红集团	扉建筑
广州016	珠江啤酒厂货运码头	广州	海珠区阅江西路	不详	仓储	无	珠江啤琶醍啤酒文化创意艺术区	2014	商业、办公	原工业企业&投资发展公司	不详
广州017	广州手表厂	广州	海珠区赤岗西路265号	1958	机械	广州三旧改造项目	ING文化谷创意园	不详	文化创意产业园	原工业企业&投资发展公司	不详
广州018	华侨仓	广州	番禺区洛溪新城北环路11号	不详	仓储	无	星坊60·华侨仓	2013	文化创意产业园	文创发展公司	不详

续表

广州019	杨协成食品饮料有限公司	广州	海珠区赤岗西路288号	1991	食品	无	杨协成电子创意园	2013	科技创意产业园	原工业企业&文创发展公司	不详
广州020	广州十三行航运起点码头及仓库遗址	广州	海珠区黄埔古村片区	不详	仓储	无	北岛创意园	2016	文化创意产业园	政府部门	不详
广州021	南华区第五工业区	广州	海珠区工业大道南	不详	不详	无	海珠创意产业园	不详	文化创意产业园	国有资产经营公司	不详
广州022	东方红印刷公司的厂区	广州	海珠区工业大道中313号	不详	印刷	无	东方红创意园	不详	文化创意产业园	其他商业公司	不详
广州023	广州市第二棉纺厂	广州	天河区员村南街91号附近	1958	纺织	广州市第三批历史建筑	广纺联创意产业园	2012	文化创意产业园	政府部门	不详
广州024	凤凰仓	广州	海珠区海傍内街20−1号	1946	仓储	无	凤凰仓积优联合办公	2014	文化创意产业园	其他商业公司	慎重波
广州025	增城原糖纸厂	广州	增城区增江街沿江东三路15号	不详	印刷	无	1978文化创意园	2015	文化创意产业园	其他商业公司	不详
广州026	增城原糖纸厂—某栋造纸厂	广州	增城区增江街沿江东三路15号	不详	造纸和纸制品业	无	1978文化创意园总部办公室	2015	办公	其他商业公司	里德设计
广州028	新市街萧岗村第一经济合作社的旧厂房	广州	白云区萧岗村	20世纪80年代	服装	无	汇创意产业园	2012	文化创意产业园	其他商业公司	不详
广州029	马务联合工业区	广州	白云区机场路1962号	20世纪80年代	其他	无	白云区科技创意园（国际单位1期）	2008	科技创意园	其他商业公司	不详
广州030	长征皮鞋厂、五羊油漆厂等国营企业旧厂区	广州	白云区机场路1962号	20世纪60年代	服装	无	广州城市印记公园、国际单位2期、农民工博物馆	2012	博物馆	其他商业公司	不详

续表

广州031	上滘船厂	广州	番禺区上滘村郊的珠江水边	1984	造船	无	喜临院民宿	2017	酒店	私人	不详
广州032	广州珠江啤酒厂生产车间	广州	海珠区新港东路磨碟沙大街118号	不详	食品	无	珠江英博国际啤酒博物馆	2008	博物馆	原工业企业&投资发展公司	不详
广州033	白云山某四层印刷品仓库	广州	白云区白云山东侧的安静的甘园路里	20世纪80年代	仓储	无	广州天河创想公社	2017	公寓、办公综合园区	其他商业公司（广州万科）	源计划建筑事务所：何健翔
广州034	广东中化塑料临江仓库	广州	海珠区振兴大街2号	20世纪50年代	仓储	无	B.I.G大干围艺术园区	2018	文化创意产业园	原工业企业&投资发展公司（中化塑料+广州合富高颐创意有限公司）	土人设计+竖梁社
广州035	广州城安旧船厂	广州	海珠区振兴大街10号	1974	造船	无	启迪中海科技园	2018	文化创意产业园	原工业企业&投资发展公司（启迪控股+中国远洋海运集团）	不详
广州036	大江实业有限公司厂房	广州	海珠区大江直街1号	1984	纺织	无	邦华·一创社	2016	文化创意产业园	其他商业公司（广东邦华集团有限公司）	竖梁社建筑
韶关001	凡口铅锌矿	韶关	仁化县境内	不详	采掘	国家级矿山公园	仁化凡口国家矿山公园	2015	矿山公园	政府部门	不详
韶关002	大宝山矿山	韶关	曲江区沙溪镇境	1958	采掘	国家级矿山公园	广东大宝山国家矿山公园	2019	矿山公园	政府部门	不详
韶关003	芙蓉山矿山	韶关	韶光芙蓉山	不详	采掘	国家级矿山公园	韶关芙蓉山国家矿山公园	2009	矿山公园	政府部门	不详

续表

佛山001	南风古灶，建国厂、电炉厂等8间旧工厂	佛山	禅城区石湾镇凤凰路23号	明代	通用设备制造业	无	1506创意城	2007	文化创意产业园	城市建设投资公司	不详
佛山002	佛山电器厂、佛山开关厂	佛山	季华路	不详	通用设备制造业	无	佛山创意产业园	不详	文化创意产业园	城市建设投资公司	不详
珠海001	夏湾大厦（汽车修理厂、印刷厂、针织厂）	珠海	桂花南路	20世纪80年代	其他	无	CityInn城市客栈	2009	酒店	其他商业公司	不详
深圳001	深圳三洋公司厂房	深圳	深圳市南山区兴华路6	1980	机械	无	蛇口南海意库创意产业园	2008	文化创意产业园	房地产公司（国企）	毕路德建筑顾问有限公司
深圳002	宏华印染厂漂炼车间	深圳	大鹏新区葵鹏路106号	1989	纺织	无	创意园接待中心、个人艺术工作室	2012	文化创意产业园	其他商业公司	不详
深圳003	宏华印染厂装备车间	深圳	大鹏新区葵鹏路106号	1989	纺织	无	满京华美术馆	2014	博物馆	文创发展公司	源计划建筑事务所
深圳004	宏华印染厂员工宿舍	深圳	大鹏新区葵鹏路106号	1989	纺织	无	艺象 ID Town设计酒店	2014	住宅	文创发展公司	源计划建筑事务所：何健翔
深圳005	华侨城东部工业区	深圳	南山区锦绣北街2号	1980	其他	无	华侨城创意文化园	2004	文化创意产业园	原工业企业	都市实践建筑事务所
深圳006	广东浮法玻璃厂等	深圳	蛇口区海湾路8号	1985	建材	无	2013深港城市建筑双城双年展	2013	博物馆	政府部门	源计划建筑事务所
深圳007	大成面粉厂	深圳	蛇口区港湾大道3号	1982	食品	无	2015深港城市建筑双城双年展	2015	博物馆	政府部门	南沙原创建筑设计工作室
深圳008	朗峰大厦首层北翼	深圳	南山区科技园科发路2号	不详	不详	无	众创空间思微3.0厂房改造	2016	办公	其他商业公司	十一建筑

续表

深圳009	卓荣厂区二号厂房	深圳	坪山新区坑梓街道卓荣厂区	20世纪90年代	不详	无	深圳平乐骨伤科医院一期工程	2013	医院	其他商业公司	中国建筑科学研究院深圳分院
深圳010	深圳蛇口渔港码头某多层工业仓库	深圳	深圳市南山区蛇口望海路利安商务 B 座 3 楼	不详	仓储	无	WAU建筑事务所办公室	2015	办公	其他商业公司	WAU建筑事务所
深圳011	鹏茜非金属矿洞	深圳	龙岗区坪山街道汤坑社区	不详	采矿	国家级矿山公园	鹏茜国家矿山公园	筹建中	矿山公园	政府部门	不详
深圳012	龙华区上围村电脑音箱厂	深圳	深圳市龙华区观湖街道樟坑径上围村	不详	电子	无	2017深港城市建筑双年展上围村分展场	2017	展览馆	政府部门	STUDIO 10
浙江											
编号	工业遗产名称	所在城市	地址	始建时间	工业部类	保护等级	开发项目名称	开发时间	业态类型	开发主体	改造设计者
杭州001	通益公纱厂（杭州第一棉纺织厂）某厂房	杭州	拱墅区小河路450号	不详	纺织	浙江省文物保护单位	中国扇博物馆	2009	博物馆	政府部门	浙江安居建筑设计院有限公司
杭州002	通益公纱厂（杭州第一棉纺织厂）某厂房	杭州	拱墅区小河路450号	1896	纺织	全国重点文物保护单位	手工艺活态展示馆	2011	博物馆&商业	政府部门	不详
杭州003	桥西土特产仓库	杭州	拱墅区小河路	不详	其他	无	中国刀剪剑伞博物馆	2009	博物馆	政府部门	不详
杭州004	杭州红雷丝织厂	杭州	拱墅区小河路336号	不详	纺织	无	杭州工艺美术博物馆	2011	博物馆	政府部门	不详

续表

杭州005	双流水泥厂	杭州	西湖区转塘街道创意路1号	1970	建材	无	凤凰国际创意园	2011	文化创意产业园	政府部门	中国美院风景建筑设计研究院
杭州006	杭州丝绸印染联合厂	杭州	拱墅区丽水路166号	1957	纺织	中国工业遗产保护名录	丝联166创意产业园	2011	文化创意产业园	文创发展公司（国企）	不详
杭州007	杭州大河造船厂	杭州	拱墅区小河路488号	1958	造船	杭州市历史保护建筑（第五批）	大河造船厂建筑群	2011	商业综合体	国有资产经营公司	不详
杭州008	杭州重型机械厂	杭州	下城区石祥路71～8号	1958	通用设备制造业	无	杭州新天地	2016	城市综合体	国有资产经营公司	英国思锐（Serie）建筑师事务所
杭州009	富义仓	杭州	霞湾巷8号	1880	其他	全国重点文物保护单位	富义仓公园	2007	景观公园	其他商业公司	不详
杭州010	杭州化纤厂	杭州	拱墅区杭印路49号	1958	纺织	无	杭印路LOFT49	2002	文化创意产业园	艺术家自发	杜雨波
杭州011	杭州织带厂	杭州	拱墅区余杭塘路43～3号	1950	纺织	无	唐尚433创意设计中心	2005	文化创意产业园	建筑设计公司	杭州艺王装饰有限公司 魏京发
杭州012	长征化工厂	杭州	拱墅区小河路458号	1950	化学	无	西岸国际艺术园区	2008	文化创意产业园	城市建设投资公司	不详
杭州013	中策园厂房	杭州	经济技术开发区八号大街一号	1992	电子	无	和达创意设计园	2010	文化创意产业园	国有资产经营公司	中国美院风景建筑设计研究院
杭州014	杭州港航公司船舶修理厂（石祥船坞）	杭州	拱墅区石祥路南侧	1950	造船	无	浙窑陶艺公园	2008	文化创意产业园	文创发展公司	不详

杭州015	良渚玉宗扑克有限公司、海力电子设备有限公司及郑氏纺织有限公司	杭州	美丽洲路东侧	20世纪70年代	不详	无	良渚玉文化产业园	2010	商业、办公	其他商业公司	不详
杭州016	八丈井工业园区	杭州	上塘路与八丈井路路口处	不详	不详	无	A8艺术公社	2006	文化创意产业园	其他商业公司	不详
杭州017	某旧厂房、仓库群	杭州	上城区复兴路33号	不详	其他	无	山南国际设计创意产业园	2007	文化创意产业园	其他商业公司	不详
杭州018	杭州机械工厂	杭州	石祥路71-8号	不详	通用设备制造业	无	杭州新天地工厂	建设中	办公及酒店	其他商业公司	德包豪斯建筑规划设计（杭州）有限公司
杭州019	华丰造纸厂	杭州	拱墅区和睦路555号	1922	造纸和纸制品业	中国工业遗产保护名录	华源创意工厂	2009	文化创意产业园	其他商业公司	不详
丽水001	遂昌金矿	丽水	遂昌县东北部	1976	采掘	国家级矿山公园	遂昌金矿国家矿山公园	2011	矿山公园	政府部门	不详
温岭001	长屿硐天	温岭	新河镇长屿村	不详	采掘	国家级矿山公园	浙江省温岭长屿硐天国家矿山公园	2002	矿山公园	政府部门	不详
宁波001	宁波方向机厂	宁波	新芝路8号	1950	通用设备制造业	无	新芝8号文化创意园	2008	文化创意产业园	国有资产经营公司	不详
宁波002	太丰面粉厂	宁波	江东区江东北路221号	1934	食品	无	宁波书城	2007	书城	文创发展公司（国企）	德国温凯建筑事务所&北京一方建筑
宁波003	宁波银行印刷厂、海曙富茂机械有限公司	宁波	海曙区启运路86号	不详	机械	无	“启运86”微电影主题文化园	2013	文化创意产业园	文创发展公司	不详

宁波004	宁波变压器厂	宁波	江北区庄桥宁慈东路699号	1956	通用设备制造业	无	宁波创意1956	2010	文化创意产业园	其他商业公司	不详
宁波005	宁海伍山海滨石窟	宁波	宁海县长街镇东侧，三门湾畔	自隋唐起	采掘	国家级矿山公园	浙江省宁波宁海伍山海滨石窟国家矿山公园	2013	政府部门	政府部门	不详
温州001	温州面粉厂	温州	瓯江路5255号	不详	食品	无	米房创意园	2016	文化创意产业园	其他商业公司	FAX建筑事务所
桐乡001	乌镇北栅丝厂改造	乌镇	乌镇西栅景区	1970	其他	无	乌镇国际当代艺术展主展场	2016	展览馆	政府部门	上海道辰建筑师事务所
内蒙古											
编号	工业遗产名称	所在城市	地址	始建时间	工业部类	保护等级	开发项目名称	开发时间	业态类型	开发主体	改造设计者
呼和浩特001	内蒙古工业大学机械厂铸造车间	呼和浩特	新城区爱民街49号	1968	机械	无	内蒙古工业大学建筑馆	2009	学校建筑	学校	内蒙古工业大学建筑系张鹏举
大兴安岭地区001	二指沟段砂金过采区矿山	呼玛县	呼吗县二指沟	不详	采掘	国家级矿山公园	黑龙江大兴安岭呼玛国家矿山公园	不详	矿山公园	政府部门	不详
赤峰001	赤峰大井银铜矿	赤峰	林西县大井矿	20世纪70年代	采掘	国家级矿山公园	林西大井国家矿山公园	不详	矿山公园	政府部门	不详
赤峰002	巴林石矿产遗迹	赤峰	巴林右旗西北部	不详	采掘	国家级矿山公园	内蒙古自治区赤峰巴林石国家矿山公园	2008	矿山公园	政府部门	不详
满洲里001	扎赉诺尔煤矿矿区	满洲里	满洲里	不详	采掘	国家级矿山公园	内蒙古自治区满洲里市扎赉诺尔国家矿山公园	2008	矿山公园	政府部门	不详
额尔古纳市001	吉拉林砂金矿区	额尔古纳市	额尔古纳河岸	1860	采掘	国家级矿山公园	额尔古纳国家矿山公园	2015	矿山公园	政府部门	不详

续表

乌海001	乌海某硅铁厂	乌海	海勃湾区	不详	冶金	无	乌海青少年创意产业园	2013	文化创意产业园	城市建设投资公司	内蒙古工业大学建筑系 张鹏举
山东											
编号	工业遗产名称	所在城市	地址	始建时间	工业部类	保护等级	开发项目名称	开发时间	业态类型	开发主体	改造设计者
济南001	济南啤酒厂（卢森堡啤酒厂）	济南	天桥区堤口路17号	1975	食品	无	D17文化创意产业园	2013	文化创意产业园	投资发展公司&原工业企业	不详
济南002	济南皮鞋厂	济南	槐荫区营市西街18号	不详	其他	无	西街工坊文化创意产业园	2012	文化创意产业园	其他商业公司	山东意匠建筑设计有限公司
济南003	英美糖酒公司的办公楼和仓库旧址	济南	槐荫区纬七路9号	不详	其他	济南市文物保护单位	老商埠九号	2012	文化创意产业园	山东意匠建筑设计有限公司	山东意匠建筑设计有限公司
济南004	苏联式仓库、711军事铁路专线	济南	槐荫区张庄路46号	1953	其他	不详	1953茶文化创意园	2014	文化创意产业园	其他商业公司（广友集团）	山东意匠建筑设计有限公司
济南005	胶济铁路济南站	济南	山东省济南市经一路30-1号	1899	运输	中国工业遗产保护名录	胶济铁路博物馆	2013	博物馆	政府部门	不详
济南006	济南柴油机厂厂房	济南	文化西路14号	1978	通用制造业	无	c7商业艺术中心	2014	商业、办公	不详	不详
济南007	济南变压器厂生产厂房	济南	二环西路9555号	1952	通用制造业	无	红场1952	2018	文化创意产业园	山东高力仕达投资咨询有限公司	不详
济南008	津浦铁路局济南机器厂办公楼	济南	槐荫街与经六路交叉口济南轨道交通有限公司厂区内	1910	通用制造业	不详	济南铁路大厂厂史展览馆	2010	博物馆	济南轨道交通集团	不详

续表

济南009	济南第二钢铁厂轧钢车间	济南	工业南路与解放东路	1970	冶金	无	济南市CBD文化服务中心	2018	展览馆、展览馆	济南城投集团	华东建筑设计研究院 杨明
潍坊001	潍坊市储运有限公司的旧址	潍坊	潍城区青年路1789号	20世纪40年代	仓储	无	潍坊市南大营1789文化艺术区	2015	文化创意产业园	原工业企业	不详
潍坊002	坊子碳矿	潍坊	潍坊市坊子区北海路新方集团院内	1901	采掘	中国工业遗产保护名录	坊子碳遗址文化园	2014	矿山公园	投资发展公司&原工业企业	不详
潍坊003	潍坊大英烟公司	潍坊	奎文区烤烟厂院内	1917	其他	山东省重点文物保护单位、第三批国家工业遗产	大英烟公司遗址公园	2016	遗址公园	原工业企业	不详
青岛001	青岛啤酒厂早期建筑	青岛	市北区登州路56号	1903	食品	全国重点文物保护单位、第二批国家工业遗产	青岛啤酒博物馆	2003	博物馆	原工业企业	嘉世伯啤酒博物馆概念规划
青岛002	青岛国棉六厂	青岛	李沧区四流中路46号	1921	纺织	无	青岛环湾跨境电商综合实验区特色产业园	2012	文化创意产业园	城市建设投资公司	夏邦杰建筑设计咨询有限公司
青岛003	青岛刺绣厂	青岛	市南区南京路100号	1954	纺织	无	创意100产业园	2006	文化创意产业园	文创发展公司	不详
青岛004	青岛丝织厂、印染厂	青岛	市北区辽宁路80号	1917	纺织	无	青岛天幕城、装饰城、灯具市场	2007	商业	其他商业公司	不详
青岛005	青岛电子医疗仪器厂	青岛	市南区南京路122号	1980	电子	无	中联创意广场	2009	商业、办公	房地产公司	青岛子岩空间
青岛006	青岛显像管厂、元通电子元件厂	青岛	市北区上清路12号、16号甲	1960	电子	无	中联U谷2.5产业园	2008	新型都市工业园	房地产公司	青岛子岩空间
青岛007	青岛卷烟厂	青岛	市北区华阳路20号	1919	其他	无	1919创意产业园	2009	文化创意产业园	文创发展公司	不详
青岛008	青岛国棉一厂	青岛	四方区海岸路2号	1919	纺织	不可移动文物	联城“红锦坊”艺术工坊	2009	住区配套	房地产公司	不详

续表

青岛010	青岛国棉五厂	青岛	市北区四流南路70号	1934	纺织	第二批国家工业遗产	华·秀168（纺织谷）	2011	新型都市工业园	原工业企业	不详
青岛011	青岛国棉五厂	青岛	市北区四流南路80号	1934	纺织	第二批国家工业遗产	青岛丝织博物馆新馆（纺织谷）	2017	博物馆	政府部门	不详
青岛012	青岛红星化工厂	青岛	李沧区四流北路43号	1956	印刷	无	红星印刷科技创意产业园	2011	文化创意产业园	原工业企业	不详
青岛013	青岛针织七厂	青岛	四方区嘉定路5号	不详	纺织	无	青岛工业设计产业园（东孵化区）	2011	文化创意产业园	政府部门	不详
枣庄001	中兴煤矿、枣庄煤矿办公大楼、煤炭博物馆	枣庄	市中区城北	1908	采掘	第一批中国工业遗产保护名录、国家矿山公园	中兴煤矿国家矿山公园	2016	矿山公园	政府部门	不详
任丘001	任丘华北油田	任丘	任丘	不详	采掘	国家级矿山公园	任丘华北油田国家矿山公园	2019	矿山公园	政府部门	不详
临沂市001	归来庄金矿	临沂	平邑县城东20公里	不详	采掘	国家级矿山公园	归来庄金矿地质公园	2006	矿山公园	政府部门	不详
沂蒙001	胜利1号金伯利岩管露天采矿坑	沂蒙	蒙阴县联城镇	不详	采掘	国家级矿山公园	山东沂蒙钻石国家矿山公园	2019	矿山公园	政府部门	不详
淄博001	淄博瓷厂老建筑	淄博	淄川区	1954	其他	无	1954陶瓷文化创意园	2013	文化创意产业园	山东昆仑瓷器股份有限公司	包豪斯建筑设计
淄博002	山东新华制药厂的机械车间	淄博	张店区金晶大道71号	1943	其他	无	淄博齐长城美术馆	2015	博物馆	不详	建筑营设计工作室
淄博003	淄博市王村酿造厂	淄博	周村区王村镇	不详	其他	无	小米醋博物馆	2016	博物馆	不详	天津大学建筑规划设计研究院：张华
烟台001	张裕酿酒公司	烟台	芝罘路大马路56号	1905	食品	第一批国家工业遗产	张裕酒文化博物馆	2002	博物馆	原工业企业	不详

续表

江西											
编号	工业遗产名称	所在城市	地址	始建时间	工业部类	保护等级	开发项目名称	开发时间	业态类型	开发主体	改造设计者
南昌001	江西华安针织总厂	南昌	青山湖区上海路699号	1954	纺织	无	699文化创意产业园	2011	文化创意产业园	国有资产经营公司	不详
景德镇001	国营宇宙瓷厂	景德镇	陶溪川片区中部	1958	其他	第一批国家工业遗产、中国工业遗产保护名录	“陶溪川-CHINA坊”	2012	文化创意产业园	原工业企业	HMA建筑设计事务所
景德镇002	高岭古矿遗址	景德镇	景德镇东北鹅湖镇高岭山	元-清	采掘	国家重点文物保护单位	江西景德镇高岭国家矿山公园	2008	矿山公园	政府部门	不详
德兴001	德兴矿山（银矿矿冶遗址）	德兴	银城镇、泗洲镇和花桥镇	不详	采掘	国家级矿山公园	江西德兴国家矿山公园	2016	矿山公园	政府部门	不详
萍乡001	萍乡煤矿	萍乡	安源区安远镇	1898	采掘	国家级矿山公园、中国工业遗产保护名录	江西萍乡安源国家矿山公园、安源路矿工人运动纪念馆	2016	矿山公园	政府部门	不详
瑞昌001	江西瑞昌铜岭商周铜矿矿冶遗址	瑞昌	夏畈镇的幕阜山东北角	不详	采掘	国家级矿山公园	江西瑞昌铜岭铜矿国家矿山公园	建设中	矿山公园	政府部门	不详
新疆											
编号	工业遗产名称	所在城市	地址	始建时间	工业部类	保护等级	开发项目名称	开发时间	业态类型	开发主体	改造设计者
克拉玛依001	新疆石油管理局克拉玛依机械制造总公司	克拉玛依	昆仑路51号	1950	机械	无	新疆克拉玛依文化创意产业园	2012	文化创意产业园	政企协作	华清安地建筑设计事务所有限公司
富蕴县	可可托海稀有金属矿床遗址	富蕴	可可托海镇额尔齐斯河南岸	不详	采掘	国家级矿山公园	新疆富蕴可可托海稀有金属国家矿山公园	2016	矿山公园	投资发展公司&政府部门	不详

续表

云南											
编号	工业遗产名称	所在城市	地址	始建时间	工业部类	保护等级	开发项目名称	开发时间	业态类型	开发主体	改造设计者
昆明001	昆明机模厂	昆明	西坝路101号	不详	通用制造业	无	昆明创库艺术区	2001	文化创意产业园	艺术家自发	唐志冈、叶永青
昆明002	昆明轻工机械厂	昆明	五华区金泰山北路24号	1969	通用制造业	无	金鼎1919文化艺术创意体验区	2009	文化创意产业园	政企协作	不详
昆明003	昆明蓄电池厂	昆明	昆明市五华区普吉路47号	不详	机械	无	秘境m60文化创意园	2015	文化创意产业园	不详	不详
昆明004	云南轴承厂	昆明	五华区昆建路5号	1970	通用制造业	无	同景108智库空间	2013	文化创意产业园	政企协作	不详
昆明005	云南冶金昆明重工有限公司	昆明	昆明市龙泉路871号	不详	通用制造业	无	871文化创意工场	2017	文化创意产业园	不详	不详
昆明006	云南电视机厂老厂房	昆明	东风东路86号	不详	通用制造业	无	昆明c86山茶坊	2017	文化创意产业园	不详	不详
昆明007	东川铜矿矿业遗址	昆明	东川区	不详	采掘	国家级矿山公园	云南东川国家矿山公园	2010	矿山公园	政府部门	不详
昆明008	石龙坝水电站	昆明	西山区海口镇螳螂川上游	1910	其他	国家重点文物保护单位、中国工业遗产保护名录	石龙坝水电博物馆	2017	博物馆	政府部门&原工厂企业	不详
昆明009	滇越铁路	昆明	盘龙区北京路913号火车站	1903	运输	中国工业遗产保护名录	云南铁路博物馆	2004	博物馆	不详	不详

续表

甘肃											
编号	工业遗产名称	所在城市	地址	始建时间	工业部类	保护等级	开发项目名称	开发时间	业态类型	开发主体	改造设计者
兰州001	兰州油泵油嘴厂	兰州	城关区段家滩路704号	不详	通用制造业	无	兰州文化创意产业园	2009	文化创意产业园	政企协作	不详
兰州002	白银公司露天矿	白银	白银市	1956	采掘	国家级矿山公园	甘肃省白银火焰山国家矿山公园	2005	矿山公园	政府部门	不详
玉门001	玉门油田国家矿山公园	玉门	玉门市	1938	采掘	国家级矿业遗迹、中国工业遗产保护名录	玉门油田国家矿山公园、玉门石油博物馆	筹备中	矿山公园	政府部门	不详
金昌001	金川露天矿坑	金昌	金川区西南部龙首山脉北坡	不详	采掘	国家级矿山公园	金川国家矿山公园	2016	矿山公园	政府部门	不详

广西											
编号	工业遗产名称	所在城市	地址	始建时间	工业部类	保护等级	开发项目名称	开发时间	业态类型	开发主体	改造设计者
柳州001	柳州第三棉纺织厂、苎麻厂	柳州	柳东路220号	1986	纺织	无	柳州工业博物馆	2012	博物馆	原工厂企业&政府部门	广州珠江外资建筑设计院有限公司;
桂林001	阳朔糖厂	桂林	阳朔县东岭路30号漓江岸边	1966	食品	无	阳朔阿丽拉（Alila糖舍）	2013	商业	其他商业公司	直向建筑
桂林002	全州雷公岭矿山遗址	桂林	全州县城东南郊湘江河旁	不详	采掘	国家级矿山公园	全州雷公岭国家矿山公园	2010	矿山公园	政府部门	不详
合山001	合山煤田旧址	合山	合山市西南红水河东北侧	不详	采掘	国家级矿山公园	合山国家矿山公园	2016	矿山公园	政府部门	不详

续表

江苏											
编号	工业遗产名称	所在城市	地址	始建时间	工业部类	保护等级	开发项目名称	开发时间	业态类型	开发主体	改造设计者
南京001	南京油嘴油泵厂	南京	玄武区中央路302号	1952	通用制造业	无	创意中央科技文化园（MATRIX会所）	2010	文化创意产业园	产业园投资运营公司（南京垠坤投资实业有限公司）	方度国际建筑师事务所
南京002	晨光机械厂（金陵机器制造局旧址）	南京	秦淮区应天大街388号	1865	通用制造业	全国重点文物保护单位、第二批中国工业遗产名录	晨光1865科技·创意产业园	2007	文化创意产业园	政企协作	东南大学建筑设计研究院齐康
南京003	南京工艺装备制造厂	南京	秦淮区莫愁路329号	不详	通用制造业	无	南京越界梦幻城	2015	文化创意产业园	不详	水石国际
南京004	无线电子元件四厂、金陵机械制造总厂、汽车仪表厂、南京无线电厂	南京	白下区光华东街6号	不详	通用制造业	无	南京世界之窗创意产业园	2009	文化创意产业园	产业园投资运营公司	不详
南京005	龙江船厂遗址	南京	鼓楼区中保村	明代	造船	全国重点文物保护单位	南京宝船遗址公园	2005	景观公园	政府部门	不详
南京006	南京手表厂	南京	玄武区四方城1号-3号楼	1950	精仪	无	明孝陵博物馆新馆	2009	博物馆	政府部门	东南大学建筑学院
南京007	南京色织厂	南京	秦淮区剪子巷50号	1980	纺织	无	金陵美术馆	2013	博物馆	政府部门	刘克成
南京008	中国人民解放军7316厂	南京	下关区建宁路	不详	通用制造业	无	仪凤广场（7316厂地块改造）	2010	餐厅	国有资产经营公司	东南大学建筑设计研究院 王建国等

续表

南京009	南京工程机械厂	南京	玄武区黄家圩路41-1号	20世纪60年代	通用制造业	无	红山创意工厂产业园	2007	文化创意产业园	政府部门	不详
南京010	南京冶山铁矿	南京	六合区	1957	采掘	国家级矿山公园	江苏省南京冶山国家矿山公园	2014	矿山公园	政府部门	不详
南京011	民国首都水厂	南京	鼓楼区北河口水厂街7号	1929	水生产供应业	中国工业遗产保护名录	南京自来水历史展览馆	2009	博物馆	原工业企业	不详
南京012	南京日报原印刷车间	南京	南京市光华路海福巷	1990	印刷	无	X魔方——南京报业文创园改造	2015	文化创意产业园	原工业企业	张冰土木方建筑工作室
南京013	牛首工业园	南京	南京江宁区	20世纪90年代	其他	无	秣陵9车间	2016	文化创意产业园	其他商业公司	厦门拓瑞建筑
江阴001	江阴利用棉纺织厂	江阴	江阴北门岛	1901	纺织	江阴市文物保护单位	中国裳岛产业园	2011	文化创意产业园	国有资产经营公司	水石国际
昆山001	锦溪祝家甸砖厂改造	昆山	锦溪镇祝家甸村	20世纪80年代	手工	无	砖窑博物馆	2016	博物馆	国有资产经营公司	中国建筑设计院本土设计研究中心 崔愷、郭海鞍
淮安001	象山建材矿山	淮安	盱眙县	清末	采掘	国家级矿山公园	盱眙象山国家矿山公园	2008	矿山公园	政府部门	不详
南通001	大生纱厂旧址、南通油脂厂	南通	港闸区唐闸镇西市街18号	1895	纺织	全国重点文物保护单位、第二批中国工业遗	南通·1895文化创意产业园、大生纱厂陈列室	2011	文化创意产业园	国有资产经营公司	不详
苏州001	苏纶纱厂旧址	苏州	沧浪区人民路239号	1895	纺织	苏州市文物保护单位	苏纶场	2007	商业	房地产公司（国企）	上海九城都市建筑设计有限公司，张应鹏

续表

苏州002	美西航空机械设备厂	苏州	苏州工业园区星海街9号	不详	通用制造业	无	苏州市建筑设计研究院办公楼	2009	办公	建筑设计公司	苏州市建筑设计研究院 查金 荣蔡爽 吴树馨
苏州003	苏州第一丝织厂	苏州	沧浪区南门路94号	不详	纺织	不详	苏州第一丝织厂工业旅游	2005	工业旅游	原工业企业	不详
苏州004	苏州第三纺织厂	苏州	平江区临顿路	不详	纺织	无	书香府邸・平江府	2009	商业	其他商业公司	苏州市建筑设计研究院
苏州005	苏州刺绣厂	苏州	高新区滨河路1388号	1958	纺织	无	苏州X2创意街区	2007	文化创意产业园	原工业企业（苏州工艺美术集团有限公司）	HMA建筑设计公司
苏州006	苏州新光丝织厂	苏州	桃花坞大街158号	1956	纺织	无	桃花坞文化创意产业园	2009	文化创意产业园	文创发展公司（桃花坞投资管理有限公司）	不详
苏州007	格兰富水泵（苏州）厂	苏州	金鸡湖路	不详	机械	无	苏州“创意泵站”	2008	文化创意产业园	不详	不详
苏州008	苏州檀香扇厂	苏州	西北街58号	1955	其他	苏州市文物保护单位	苏州工艺美术博物馆	2003	博物馆	不详	不详
无锡001	茂新面粉厂旧址	无锡	振新路415号	1900	食品	全国重点文物保护单位、第二批中国工业遗产	无锡中国民族工商业博物馆	2007	博物馆	城市建设投资公司（无锡城市投资发展有限公司）	不详
无锡002	永泰缫丝厂旧址（无锡丝织二厂）	无锡	南长区南长街364号	1926	纺织	江苏省文物保护单位	中国丝业博物馆	2009	博物馆	政府部门	清华大学建筑学院 朱文一、北京市建筑设计研究院

续表

无锡003	北仓门蚕丝仓库	无锡	崇安区北仓门37号	1938	纺织	江苏省文物保护单位	无锡北仓门生活艺术中心	2005	文化创意产业园	文创发展公司（江苏苏豪国际集团）	郑皓华
无锡004	无锡储业公会旧址、粮食局第二仓库	无锡	蓉湖地块	1910	其他	第二批无锡市工业遗产	无锡运河公园	2004	景观公园	政府部门	不详
无锡005	无锡压缩机厂旧厂房	无锡	南下塘213号九龙仓地块西侧	1955	通用制造业	第一批无锡市工业遗产	N1955（南下塘）文化创意园	2010	文化创意产业园	不详	不详
无锡006	无锡开源机器厂旧址	无锡	湖滨路11号	不详	通用制造业	第一批无锡市工业遗产	运河外滩	2014	商业、博物馆	房地产公司（万科地产）	限研吾事务所
无锡007	申新三厂旧址	无锡	南长区学前西路西水东城	1905	纺织	第二批无锡市工业遗产	西水东商业街	2010	商业	房地产公司（高盛置地）	不详
常州001	恒源畅厂旧址、常州第五毛纺厂	常州	钟楼区三堡街141号	1930	纺织	江苏省文物保护单位	常州运河五号创意街区	2008	文化创意产业园	国有资产经营公司	不详
常州002	三晶科技园8号厂房	常州	长江北路21号	不详	其他	无	棉仓城市客厅	2017	商业	其他商业公司	阿科米星建筑事务所（庄慎）

河北

编号	工业遗产名称	所在城市	地址	始建时间	工业部类	保护等级	开发项目名称	开发时间	业态类型	开发主体	改造设计者
秦皇岛001	开滦矿务局秦皇岛发电厂	秦皇岛	海港区东港路60号院	1928	能源	第七批全国重点文物保护单位、第二批国家工业遗产	秦皇岛电力博物馆	2016	博物馆	政府部门	北京国文琰文化遗产保护中心有限公司
秦皇岛002	耀华玻璃厂	秦皇岛	文化路44号	1922	建材	第七批全国重点文物保护单位、第一批国家工业遗产	秦皇岛市玻璃博物馆	2010	博物馆	政府部门	不详

续表

武安001	国五矿邯邢矿业西石门铁矿旧址	武安	西石门铁矿西北角	不详	采掘	国家级矿山公园	武安西石门铁矿国家矿山公园	2011	矿山公园	政府部门	不详
唐山001	启新水泥厂生产线、老电厂	唐山	路北区（中心城区东南）	1889	建材	唐山市文物保护单位、第二批国家工业遗产	启新记忆文化创意产业园、中国水泥工业博物馆	2010	文化创意产业园、博物馆	原工业企业	清华大学建筑系 朱文一
唐山002	唐山面粉厂仓库	唐山	路北区北新东道65号	1937	食品	无	中国唐山工业博物馆、唐山市城市展览馆	2008	博物馆	政府部门	都市实践 王辉
唐山003	开滦唐山矿早期工业遗存	唐山	路南区新华东道54号	1878	采掘	全国重点文物保护单位、第二批国家工业遗产	开滦国家矿山公园	2009	景观公园	政府部门	不详
唐山004	金川峪矿山	唐山	迁西县金川峪镇	1958	采掘	国家级矿山公园	河北迁西金厂峪国家矿山公园	建设中	景观公园	政府部门	不详
唐山005	唐胥铁路修理厂	唐山	路南区岳各庄大街19号	1880	机械	中国工业遗产保护名录、全国重点文物保护单位	唐山地震遗址纪念公园、抗震纪念馆	2008	景观公园、博物馆	政府部门	华清安地建筑设计事务所
福建											
编号	工业遗产名称	所在城市	地址	始建时间	工业部类	保护等级	开发项目名称	开发时间	业态类型	开发主体	改造设计者
福州001	榕东活动房厂	福州	台江区连江中路318号	不详	不详	无	榕都318文化创意艺术街区	2010	文化创意产业园	房地产公司	不详
福州002	福州第一家具厂	福州	白马北路勺园里1号	1958	其他	无	芍园壹号文化创意园	2010	文化创意产业园	综合性投资发展公司	不详
福州003	福建马尾造船厂	福州	江滨东大道139号	1866	造船	全国重点文物保护单位、中国工业遗产名录	福建马尾船政工业旅游	2013	工业旅游	原工业企业	不详

续表

福州004	新店镇溪里村工业厂房	福州	普安区秀峰路188号	1990	不详	无	闽台AD创意产业园	2013	文化创意产业园	政企协作	思维攻略（福建）设计有限公司
福州005	金山投资区一、二期厂房	福州	仓山区金工路1号	1990	其他	无	福州红坊海峡创意产业园	2013	文化创意产业园	政企协作	水石国际
福州006	原福州市丝绸厂	福州	五里亭永升城南侧	1958	纺织	无	福百祥1958文化创意园	1985	文化创意产业园	其他商业公司	不详
福州007	寿山石矿业遗迹景观	福州	晋安区寿山乡寿山村	不详	采掘	国家级矿山公园	福建寿山国家矿山公园	2010	矿山公园	政府部门	不详
龙岩市	紫金山铜矿	龙岩	上杭县	不详	采掘	国家级矿山公园	上杭紫金山国家矿山公园	建设中	矿山公园	政府部门	不详
泉州001	中侨集团源和堂蜜饯厂、面粉厂、油厂等	泉州	鲤城区新门街350号	1916	食品	无	源和1916创意产业园	2010	文化创意产业园	文创公司&房地产&建筑公司	泉州筑城设计咨询中心
厦门001	华美卷烟厂	厦门	湖里区悦华路4号	1980	其他	无	联发华美空间文创园	2015	文化创意产业园	房地产公司	不详
厦门002	不详	厦门	思明区龙山中路9号	不详	不详	无	海峡两岸龙山文创园	2009	文化创意产业园	国有资产经营公司	不详
厦门003	厦华电子公司3号、4号厂房	厦门	湖里区大道14号	1990	电子	无	海峡两岸建筑设计文创园	2013	文化创意产业园	文创公司&房地产&建筑公司	不详
厦门004	路达老厂房、集美大学金工实习基地	厦门	集美区银江路132号	1990	机械	无	集美集文化创意产业园	2010	文化创意产业园	文创发展公司（国企）	不详
厦门005	冷冻厂、鱼肝油厂、水产加工厂	厦门	沙坡尾60号	不详	食品	无	沙坡尾艺术区	2014	文化创意产业园	文创发展公司	天津愿景城市开发与设计策划有限公司
厦门006	鹰厦铁路延伸线	厦门	思明区文屏路至和平码头间	不详	铁路	无	厦门市铁路文化公园	2011	景观公园	政府部门	不详

续表

辽宁											
编号	工业遗产名称	所在城市	地址	始建时间	工业部类	保护等级	开发项目名称	开发时间	业态类型	开发主体	改造设计者
沈阳001	沈阳铸造厂	沈阳	铁西区卫工北街14号	1939	通用制造业	辽宁省文物保护单位、第二批国家工业遗产	中国工业博物馆	2007	博物馆	政府部门	不详
沈阳002	铁西工人村建筑群	沈阳	铁西区赞工街2号	1952	其他	辽宁省文物保护单位	铁西工人村生活馆	2007	博物馆	政府部门	不详
沈阳003	中国人民解放军1102厂	沈阳	大东区东北大马路301号	1959	通用制造业	无	沈阳万科水塔改造项目	2010	住区配套	房地产公司	META-project事务所
沈阳004	沈阳重型机械厂二金工车间	沈阳	铁西区北一中路万达广场	1937	通用制造业	无	沈阳铁西1905文化创意园	2014	文化创意产业园	文创发展公司	不详
沈阳005	沈阳钟表厂	沈阳	沈阳路东段与朝阳街南段交叉路口	20世纪60年代	精仪	无	皇城里文化创意产业园	2014	文化创意产业园	沈阳皇城里文化产业集团有限公司	不详
沈阳006	沈阳凸版印刷厂	沈阳	沈河区十一纬路111号	1965	精仪	无	沈阳十一号院艺术区	2010	文化创意产业园	不详	不详
沈阳007	红梅味精厂（满洲农产化学工业株式会社奉天工场）	沈阳	铁西区卫工北街44号	1939	食品	沈阳市文物保护单位、沈阳市历史建筑	万科红梅文创园	2019	文化创意产业园	房地产公司（万科）	青木宏、彼得·拉茨与提尔曼·拉茨
沈阳007-1	原料库	沈阳	铁西区卫工北街44号	1939	食品	沈阳市历史建筑	演绎中心	2019	文化创意产业园	房地产公司（万科）	不详
沈阳007-2	发酵厂房	沈阳	铁西区卫工北街44号	1945	食品	沈阳市文物保护单位、沈阳市历史建筑	发酵艺术中心	2019	文化创意产业园	房地产公司（万科）	不详

续表

沈阳007-3	技术研究所	沈阳	铁西区卫工北街45号	1966	食品	沈阳市历史建筑	沈阳故宫文创体验馆	2019	文化创意产业园	房地产公司（万科）	不详
沈阳007-4	生产车间	沈阳	铁西区卫工北街46号	1939	食品	沈阳市历史建筑	红梅书坊	2019	文化创意产业园	房地产公司（万科）	不详
沈阳008	沈阳砂布厂	沈阳	大东区大东路47号	1956	非金属矿物制品	无	铁锚1905文化创意产业园	2019	文化创意产业园	其他商业公司	不详
抚顺001	抚顺煤矿	抚顺	抚顺市	1901	采掘	中国工业遗产保护名录	抚顺煤矿博物馆	2012	博物馆	政府单位	不详
本溪001	本溪湖煤铁公司	本溪	溪湖区	1905	采掘	中国工业遗产保护名录	纤维本溪（溪湖）煤铁工业遗址博览园	不详	博物馆	政府部门&原工厂企业	不详
阜新001	海州露天矿矿山	阜新	阜新中心区3公里	1913	采掘	国家级矿山公园、中国工业遗产保护名录	阜新海州露天矿国家矿山公园	2009	矿山公园	政府部门&原工厂企业	不详
鞍山001	鞍钢炼铁厂二烧车间	鞍山	辽宁省鞍山市铁西区环钢路1号	1919	冶金	第一批国家工业遗产	鞍钢集团展览馆	2014	博物馆	原工业企业	不详
大连001	大连港东港区仓库	大连	大连港东港区一号码头	1929	其他	大连市第三批重点保护建筑	大连15号库创意产业园	2006	文化创意产业园	政府部门	不详
山西											
编号	工业遗产名称	所在城市	地址	始建时间	工业部类	保护等级	开发项目名称	开发时间	业态类型	开发主体	改造设计者
太原001	太原原北机场机库群及碉堡	太原	太原市尖草坪区太原钢铁公司内	1932	冶金	太原市历史建筑	太钢博物园	2014	博物馆	原工厂企业	不详
太原002	太原化肥厂	太原	晋祠路三段95号	1958	化学	无	太原工业文化创意园	2013	文化创意产业园	政府部门	不详

续表

太原003	太原锅炉厂	太原	太原市万柏林区和平南路	1982	通用设备制造业	无	万科城市之光展示中心	2016	展示中心	房地产公司	CLOU建筑设计有限公司
大同001	大同煤气厂	大同	开源路1号	1986	化工	无	398文化创意产业园	2014	文化创意产业园	政府部门	土人设计建筑设计公司
太原003	白家庄矿	太原	万柏林区白家庄村	1934	采掘	国家级矿山公园	太原西山国家矿山公园	建设中	矿山公园	政府部门	不详
大同002	大同煤矿	大同	大同市区西12.5公里	不详	采掘	国家级矿山公园、中国工业遗产保护名录	山西大同晋华宫矿国家矿山公园	2000	矿山公园	政府部门&原工厂企业	不详
高平001	原高平丝织印染厂	高平	高平市神农北路吉利尔潞绸文化园	1958	纺织	第三批国家工业遗产	吉利尔潞绸文化产业园	2018	文化创意产业园	原工业企业（吉利尔潞绸集团）	不详
黎城001	黄崖洞兵工厂	长治	黎城县东崖底镇下赤裕村	1939	军工	中国工业遗产保护名录	黄崖洞兵工厂博物馆	2015	博物馆	政府部门	不详
长治001	长治轴承厂	长治	不详	不详	通用制造业	无	长治市博览中心	2018	博物馆	政府部门	优思建筑
长治002	晋冀鲁豫军区兵工二厂（刘伯承工厂）	长治	城区南石槽村	1945	军工	第三批国家工业遗产	刘伯承工厂纪念馆	2018	博物馆	政府部门	不详

青海

编号	工业遗产名称	所在城市	地址	始建时间	工业部类	保护等级	开发项目名称	开发时间	业态类型	开发主体	改造设计者
海北藏族自治州	青海221厂	青海	海北藏族自治州	1958	军工	全国重点文物保护单位	原子城	2005	博物馆	政府部门	不详

续表

编号	工业遗产名称	所在城市	地址	始建时间	工业部类	保护等级	开发项目名称	开发时间	业态类型	开发主体	改造设计者
安徽											
芜湖001	芜湖市新华印刷厂	芜湖	长江路958号	1949	印刷	无	新华958文化创意产业园	2009	文化创意产业园	政企协作	不详
淮南001	大通煤矿遗址	淮南	南山路	1903	采掘	国家级矿山公园	淮南大通国家矿山公园	2010	矿山公园	政府部门	不详
淮北001	淮北煤田矿址	淮北	烈山区	1955	采掘	国家级矿山公园	淮北国家矿山公园	2010	矿山公园	政府部门	不详
湖北											
编号	工业遗产名称	所在城市	地址	始建时间	工业部类	保护等级	开发项目名称	开发时间	业态类型	开发主体	改造设计者
武汉001	硚口武汉铜材厂	武汉	硚口区古田一路28号	1958	冶金	无	武汉硚口民族工业博物馆	2011	博物馆	政府部门	不详
武汉002	中国重要精密仪器制造工厂517工厂	武汉	武昌徐东才华街润园路8号	1959	精仪	无	武汉万科润园	2005	住区配套	房地产公司	北京市建筑设计研究院 王戈工作室
武汉003	824工厂（鹦鹉磁带厂）、汉阳特种汽车厂	武汉	汉阳区龟山北路1号	1960	机械	武汉市二级、三级工业遗产	汉阳造文化创意产业园	2006	文化创意产业园	文创发展公司	水石国际
武汉004	武建集团建筑构件二厂	武汉	武昌茂才街	1958	建材	无	武汉万科茂园（金域华府）	2008	住区配套	房地产公司	深圳华汇设计、北京创翌善策景观设计
武汉005	武汉轻型汽车厂	武汉	硚口区古田四路47号	不详	机械	无	“江城壹号”文化创意产业园	2013	文化创意产业园	政企协作	不详
武汉006	湖北日报传媒集团印刷厂房	武汉	武汉市武昌区东湖路181号	20世纪80年代	印刷	无	楚天181文化创意产业园	2011	文化创意产业园	湖北日报传媒集团	不详

续表

武汉007	华中科技大学机械车间	武汉	洪山区珞瑜路1037号	不详	机械	无	华中科技大学校史博物馆	2012	博物馆	学校	不详
武汉008	汉阳铁厂	武汉	汉口区汉阳区琴台大道169号	1894	冶金	中国工业遗产保护名录、第一批国家工业遗产	张之洞与汉阳铁厂博物馆	2019	博物馆	武钢集团与万科集团	丹尼尔·李伯斯金
黄石001	大冶铁矿露天采场、铜绿山古矿遗址	黄石	铁山区	226	采掘	全国重点文物保护单位、中国工业遗产名录	黄石国家矿山公园	2006	景观公园	政府部门	不详
黄石002	汉冶萍煤铁厂矿旧址	黄石	西塞山区	1890	采掘	全国重点文物保护单位、第一批国家工业遗产	汉冶萍煤铁厂矿旧址	2006	景观公园	政府部门	不详
黄石003	华新水泥厂旧址	黄石	黄石港区	1907	建材	全国重点文物保护单位、第三批国家工业遗产	华新水泥厂遗址公园	2017	遗址公园	政府部门	不详
宜昌001	樟村坪鳞矿	宜昌	夷陵区北部山区樟村坪	1966	采掘	国家级矿山公园	湖北宜昌樟村坪国家矿山公园	2018	矿山公园	政府部门	不详
应城001	应城市石膏矿、岩盐矿及温泉	应城	鄂中江汉平原东北部	20世纪50年代	采掘	国家级矿山公园	应城国家矿山公园	2019	矿山公园	政府部门	不详
陕西											
编号	工业遗产名称	所在城市	地址	始建时间	工业部类	保护等级	开发项目名称	开发时间	业态类型	开发主体	改造设计者
西安001	西安建筑科技大学印刷厂	西安	西安建筑科技大学南院	1974	印刷	无	贾平凹文学艺术馆	2007	学校建筑	学校	西安建筑科技大学 刘克成
西安002	西北第一印染厂	西安	灞桥区纺织西街238号	1961	纺织	无	半坡国际艺术区	2007	文化创意产业园	政企协作	不详

续表

西安002-1	某厂房	西安	灞桥区纺织西街238号	1961	纺织	无	春秋舍设计师酒店	不详	酒店		不详
西安002-2	唐华一印厂印染厂房	西安	纺织城西路238号	1961	纺织	无	西安么艺术中心	2007	博物馆	外资文创发展公司（美国思班艺术发展有限公司）	不详
西安003	陕西钢铁厂	西安	新城区幸福南路109号	1956	冶金	无	老钢厂设计创意产业园	2014	文化创意产业园	科教产业公司	西安建筑科技大学建筑设计研究院
西安003-1	陕西钢铁厂	西安	新城区幸福南路109号	1956	冶金	无	西安建筑科技大学华清学院	2008	学校建筑	科教产业公司	西安建筑科技大学建筑设计研究院
西安004	大华纱厂	西安	新城区太华南路251号	1935	纺织	中国工业遗产保护名录	大华1935	2013	文化创意产业园	文创发展公司	中国建筑设计研究院 崔愷
渭南001	西潼峪金矿遗址	渭南	潼关县安乐镇	不详	采掘	国家级矿山公园	陕西潼关小秦岭金矿国家矿山公园	建设中	国家矿山公园	不详	不详
宝鸡001	宝鸡申新纱厂	宝鸡	金台去	1941	纺织	全国重点文物保护单位、省级文物保护单位、陕西省首批文化遗址公园、第一批国家工业遗产	长乐塬工业遗址公园	2019	遗址公园	不详	不详
宁夏											
编号	工业遗产名称	所在城市	地址	始建时间	工业部类	保护等级	开发项目名称	开发时间	业态类型	开发主体	改造设计者
银川001	银川市涤纶厂	银川	西夏区朔方路68号	不详	纺织	无	银川801创意产业园	2010	文化创意产业园	政企协作	不详

续表

编号	工业遗产名称	所在城市	地址	始建时间	工业部类	保护等级	开发项目名称	开发时间	业态类型	开发主体	改造设计者
石嘴山001	惠农采煤沉陷区矿山地质	石嘴山	石嘴山	不详	采掘	国家级矿山公园	石嘴山国家矿山公园	不详	矿山公园	政企协作	不详
吉林											
编号	工业遗产名称	所在城市	地址	始建时间	工业部类	保护等级	开发项目名称	开发时间	业态类型	开发主体	改造设计者
长春001	长春电影制片厂早期建筑	长春	红旗街1118号	1937	其他	全国重点文物保护单位	长影旧址博物馆	2014	博物馆	原工业企业	不详
长春002-1	吉林柴油机厂厂房	长春	二道区东盛大街666号	1948	通用制造业	无	长春万科蓝山-1948商业街	2012	住区配套	房地产公司	柯卫CHIAS-MUS建筑工作室
长春002-2	吉林柴油机厂厂房	长春	二道区东盛大街667号	1948	通用制造业	无	长春万科蓝山社区街头公园	2019	景观公园	房地产公司	PDS (派澜设计事务所)
长春003	长春拖拉机厂旧址	长春	二道区荣光路59号	筹建	通用制造业	无	长春市拖拉机厂文化创意产业园	不详	文化创意产业园	不详	不详
辽源001	“泰信一坑”、“泰信采炭所”、“满洲炭矿株式会社西安矿业所”等	辽源	不详	不详	采掘	遗址内包含多处省级文物保护单位及市级单位	辽源国家矿山湿地公园	不详	矿山公园	政府部门	不详
白山001	板石矿区	拜山	浑江区板石街道1号	不详	采掘	国家级矿山公园	吉林白山板石国家矿山公园	2007	矿山公园	政府部门&企业	不详
湖南											
编号	工业遗产名称	所在城市	地址	始建时间	工业部类	保护等级	开发项目名称	开发时间	业态类型	开发主体	改造设计者
长沙001	裕湘纱厂旧址	长沙	滨江新城	1912	纺织	长沙市级文物保护单位	潇湘景观带——裕湘纱厂遗存	2009	博物馆及配套	城市建设投资公司	长沙市规划设计院

续表

长沙002	长沙机床厂	长沙	天心区南二环与湘江路交汇处	1912	机械	无	万科紫台（1912CLUB）	2012	住区配套	房地产公司	不详
长沙003	长沙曙光电子管厂	长沙	芙蓉区人民中路曙光社区	1958	电子	无	曙光798城市体验馆	2012	文化创意产业园	综合性投资发展公司	不详
长沙004	天伦造纸厂	长沙	橘子洲头	1942	造纸和纸制品业	无	长株潭两型社会展览馆	2011	博物馆	政府部门	上海华凯展览展示有限公司
郴州001	宝山采矿遗产	郴州	桂阳县宝山路30号	不详	采掘	国家级矿山公园	湖南省宝山国家矿山公园	2016	矿山公园	政府部门	不详
郴州002	柿竹园矿区	郴州	苏仙区白露塘镇牧场路	不详	采掘	国家级矿山公园	湖南省郴州柿竹园国家矿山公园	不详	矿山公园	政府部门&企业	不详
湘潭市	湘潭锰矿遗址	湘潭	湘潭与长沙结合部	不详	采掘	国家级矿山公园	湖南湘潭锰矿国家矿山公园	不详	矿山公园	政府部门	不详
中山001	粤中造船厂	中山	中山一路与西堤路交叉口	1953	造船	无	中山岐江公园	2001	景观公园	政府部门	北京土人景观俞孔坚、庞伟
贵州											
编号	工业遗产名称	所在城市	地址	始建时间	工业部类	保护等级	开发项目名称	开发时间	业态类型	开发主体	改造设计者
铜仁市001	仙人洞等汞矿遗址	铜仁	万山区	不详	采掘	国家级矿山公园、省级文物保护单位	万山汞矿国家矿山公园	2009	矿山公园	政府部门	不详
铜仁市002	原贵州汞矿矿部办公大楼	铜仁	万山区	不详	其他	无	万山汞矿工业遗产博物馆	2007	博物馆	政府部门	不详

续表

黔南州	贵州独山县活字印刷长	黔南州	独山县城	20世纪50年代	其他	无	“小城故事”	2017	文化创意产业园商业	其他商业公司	未来以北工作室
河南											
编号	工业遗产名称	所在城市	地址	始建时间	工业部类	保护等级	开发项目名称	开发时间	业态类型	开发主体	改造设计者
焦作001	缝山公园煤矿遗址	焦作	解放区、山阳区	不详	采掘	国家级矿山公园	河南省焦作缝山国家矿山公园	2005	矿山公园	政府部门	不详
新乡001	凤凰山矿业遗址	新乡	凤泉区	不详	采掘	国家级矿山公园	河南省新乡凤凰山国家矿山公园	不详	矿山公园	政府部门	不详
洛阳001	中国一拖	洛阳	涧西区中国一拖集团有限公司东方红广场	不详	机械	无	洛阳东方红农耕博物馆	2011	博物馆	原工业企业	不详
洛阳002	洛阳有色金属加工厂	洛阳	建设路50号	1954	冶金	无	里外文化创意产业园	2015	文化创意产业园	其他商业公司	不详
南阳001	独山玉矿业遗址	南阳	南阳市区北部	不详	采掘	国家级矿山公园	河南省南阳独山玉国家矿山公园	不详	矿山公园	政府部门&企业	不详

图表来源

编号	名称	资料来源
图1-2-1	南京市工业遗产保护体系	南京市规划局. 南京市工业遗产保护规划[EB/OL].（2014-12-09）[2017-12-10]. http://www.njghj.gov.cn/NGWeb/Page/Detail.aspx?InfoGuid=b8714622-d46d-4010-b6b4-b26ffee1e1e5.
图1-2-2	无锡市工业遗产保护体系	作者访谈过程中由无锡市规划局提供
图1-2-3	天津市工业遗产保护体系	天津市规划局. 天津市工业遗产保护与利用规划[EB/OL].（2015-10-23）[2015-11-03]. http://sasac.tj.gov.cn/GZJG8342/JGDT5617/202008/t20200827_3559049.html.
图1-2-4	武汉市工业遗产保护体系	武汉市国土资源和规划局. 武汉工业遗产保护与利用规划[EB/OL].（2012-11-17）[2015-04-10]. http://gtghj.wuhan.gov.cn/pc-1916-68181.html.
图2-2-1	世界文化遗产申遗中的“多规合一”	改绘自联合国教育、科学及文化组织世界遗产中心，中国古迹遗址保护协会译. 实施<世界遗产>操作指南[EB/OL].（2019-07-10）[2019-08-10].http://www.icomoschina.org.cn/uploads/download/20200514100333_download.pdf.
图2-2-4	华新水泥厂遗产构成图	中国建筑设计研究院历史研究所. 华新水泥厂旧址保护规划[EB/OL].（2016-12-15）[2018-05-08]. http://www.hsghy.cn/content/?157.html.
图2-2-5	华新水泥厂城市设计平面	同上
图2-2-7	保护区划规划图	同上
图2-2-8	华新水泥厂生产线流程	同上
图2-2-9	华新水泥厂生产线对应的遗产分布	同上
图2-3-1	文物保护规划中的多规合一要求	国家文物局办公室.《全国重点文物保护单位保护规划编制要求（征求意见稿）》[R/OL].（2018-01-05）[2018-05-07]. http://www.ncha.gov.cn/art/2018/1/15/art_1966_146429.html.
图2-3-2	北洋水师大沽船坞文物构成图	天津大学中国文化遗产保护国际研究中心
图2-3-3	2014年天津市划定的保护区划（过程稿）	天津市文物局. 天津市境内国家级、市级文物保护单位保护区划[EB/OL].（2016-10-08）[2018-05-08]. http://whly.tj.gov.cn/XWDTYXWZX6562/MTJJ8464/.
图2-3-4	2014年版保护规划（过程稿）	天津市规划局. 天津市工业遗产保护与利用规划[EB/OL].（2015-07-05）[2018-05-08]. http://ghhzrzy.tj.gov.cn.
图2-3-5	2015年天津市公布的保护区划	天津市文物局. 天津市境内国家级、市级文物保护单位保护区划[EB/OL].（2016-10-08）[2018-05-08]. http://whly.tj.gov.cn/XWDTYXWZX6562/MTJJ8464/.
图2-3-6	2016年天津市规划局公布的保护规划	天津大学中国文化遗产保护国际研究中心
图2-3-7	大沽船坞地块控规	同上

续表

编号	名称	资料来源
图2-3-8	方案01	天津大学中国文化遗产保护国际研究中心
图2-3-9	方案02	同上
图2-3-10	按照《天津市境内国家级、市级文物保护单位保护区划》缩小的保护范围	同上
图2-3-12	造船流程	同上
图2-3-13	造船生产分区	同上
图2-3-14	造船生产线	同上
图2-3-15	庆盛道东西直通修建将拆的生产车间：修船钳工、造船机工	改绘自天津市船厂提供的图纸
图2-3-16	庆盛道形态调整将拆除的生产车间：大型车间、铸造车间	同上
图2-3-19	保护规划总图	作者访谈过程中由河南省文物建筑保护研究院提供
图2-3-20	遗产地块总规用地	同上
图2-3-24	厂区格局演变	同上
图2-3-25	生产流程图	同上
图2-3-30	遗产构成及保护区划图	韦峰提供《郑州纺织工业基地（国棉三厂）文物保护及展示方案》
图2-3-32	左为2008年控规，右为2014年调整后控规	作者访谈过程中由郑州市规划局提供
图2-3-33	展示利用	韦峰提供《郑州纺织工业基（国棉三厂）文物保护及展示方案》
图2-3-34	拆除后仅剩的厂房和办公楼一	郑州大学，韦峰
图2-3-35	拆除后仅剩的厂房和办公楼二	同上
图2-3-36	保护区划图	作者访谈过程中由郑州规划局提供
图2-3-37	办公楼和主厂房总平面图	韦峰提供《郑州纺织工业基地（国棉三厂）文物保护及展示方案》
图2-3-38	一层平面和立面图	同上
图2-3-39	新河船厂重要遗存与控规关系图	天津大学建筑设计研究院
图2-3-41	保护规划调整方案	同上
图2-4-1	遗产影像图	清华同衡规划播报，遗产中心历史城市二所. 延续工业记忆、重塑城市活力-哈达湾工业遗产保护利用规划[EB/OL].（2018-04-27）[2018-05-04]. http://mp.weixin.qq.com/s/rH0td8odCw4U3Hw15RMDlA.
图2-4-2	遗产构成图	同上
图2-4-3	城市总体规划的土地利用	作者访谈过程中由吉林规划局提供

续表

编号	名称	资料来源
图2-4-4	保护规划的土地利用调整	清华同衡规划播报，遗产中心历史城市二所．延续工业记忆、重塑城市活力-哈达湾工业遗产保护利用规划[EB/OL].（2018-04-27）[2018-05-04]. http://mp.weixin.qq.com/s/rH0td8odCw4U3Hw15RMDlA.
图2-4-6	156时期的工业布局	刘凯．寻找“156工程”吉林市哈弯达老工业区暨吉林铁合金厂调查．中国金属学会会议论文集[A].西安：2017：243-249.
图2-4-7	吉林哈达湾工业遗产保护利用规划景观轴	清华同衡规划播报，遗产中心历史城市二所．延续工业记忆、重塑城市活力-哈达湾工业遗产保护利用规划[EB/OL].（2018-04-27）[2018-05-04]. http://mp.weixin.qq.com/s/rH0td8odCw4U3Hw15RMDlA.
图2-4-8	首钢工业遗产保护区及保护对象分布图	刘伯英，李匡．首钢工业遗产保护规划与设计 [J].建筑学报，2012（01）：30-35.
图2-4-10	首钢工业遗产保护区划内的遗存分布图	张听雨．首钢文化创意产业园区工业遗存建筑改造与再利用研究[D].北京：北方工业大学，2017.
图2-4-11	规划利用分区	刘伯英，李匡．首钢工业遗产保护规划与设计[J].建筑学报，2012（01）：30-35.
图2-4-14	高度控制图	洛阳市规划局．洛阳涧西工业遗产保护规划[EB/OL].（2012-11-18）[2018-06-03].http：//lybnrp.ly.gov.cn/cms/10/search.do.
图2-4-15	用地性质规划图	同上
图2-4-20	保护区划规划图	蒋楠提供《南京浦口火车站历史风貌区保护规划》
图2-4-21	保护规划总平面图	同上
图2-5-2	地块控规图	杭州市规划局．杭州氧气股份有限公司建（构）筑物群．[EB/OL].（2019-04-19）[2019-05-11]. http://www.hzplanning.gov.cn/DesktopModules/GHJ.PlanningNotice/PlanningInfoGH.aspx?GUID=20170807111851175.
图2-5-3	保护图则	同上
图2-5-8	1933老场坊保护图则	作者访谈过程中由上海市住房和城乡建设管理委员会提供
图2-5-9	时尚国际中心保护图则	同上
图2-5-10	杨树浦水厂保护图则	同上
图2-6-8	济钢集团炼铁厂一	赵子杰，于磊，李松松摄
图2-6-9	济钢集团炼铁厂二	同上
图2-6-10	济钢集团炼铁厂三	同上
图2-6-11	济钢集团炼铁厂四	同上
图2-6-12	遗产分区及构成	张振华提供济钢厂区工业建筑调查评估与保留利用规划研究
图2-6-14	城市设计总图	作者访谈过程中由济南市规划局提供
图2-6-15	城市设计用地图	同上

续表

编号	名称	资料来源
图2-6-16	核心工艺流线	张振华提供济钢厂区工业建筑调查评估与保留利用规划研究
图2-6-17	保存的生产区	同上
图2-6-20	汉阳钢铁厂三	百度卫星图
图2-6-21	武汉市统一规划管理用图	武汉市国土资源和规划局．武汉市工业遗产保护与利用规划[EB/OL].（2012-12-10）[2018-03-11]．https：//wenku.baidu.com/view/07b817b7c77da 26925c5b08d.html.
图2-6-22	工业遗产保护规划图	同上
图2-6-25	工业遗产保护规划图则	作者访谈过程中由天津市规划局提供
图2-6-26	地块控规	天津大学建筑设计研究院提供
图2-6-27	文物保护区划图	同上
图2-7-4	晋华纺织厂旧址一	天津城建大学，刘征
图2-7-5	晋华纺织厂旧址二	同上
图2-7-6	保护区划图	作者访谈过程中由晋中市规划局提供
图2-7-7	《城市设计管理办法》（2018）中的多规要求	改绘自中华人民共和国住房和城乡建设部．城市设计管理办法[EB/OL].（2017-03-14）[2018-07-03]. http://www.mohurd.gov.cn/fgjs/jsbgz/201704/t20170410_231427.html.
图2-7-9	工业遗产保护规划实施的政策保障体系	根据各城市工业遗产保护规划中的实施保障环节整理绘制
图3-5-1	江南公园的基地情况	阳毅，于志远．上海世博会江南公园景观改造方法研究[J].建筑学报，2010（12）：25-28.
图3-5-2	江南公园的平面规划	同上
图3-5-3	船厂改造前的场地实景	同上
图3-5-4	船厂改造后的场地实景1	同上
图3-5-5	船厂改造后的场地实景2	同上
图3-7-1	棉三整体功能布局	天津棉三创意企业管理服务有限公司，棉三创意园区招商宣传册[Z]．2018-08.
图3-7-2	棉三功能布局平面图	同上
图3-7-3	棉三整体布局效果图	同上
图3-7-7	天津拖拉机厂地产综合开发功能布局	作者访谈过程中由天津融创地产提供天拖设计汇报方案
图3-7-10	天津拖拉机厂地产综合开发鸟瞰图	同上
图3-7-11	天津拖拉机厂地产综合开发建筑立面	同上
图4-2-1	上海市城市规划用地平衡表	上海市人民政府．上海城市总体规划（2017-2035）报告[R/OL].（2018-01-04）[2018-05-01] .http：//www.shanghai.gov.cn/ newshanghai/xxgkfj/2035002.pdf.

续表

编号	名称	资料来源
图4-2-6	首钢石景山工业区区位示意图	作者自绘；底图来源：Mapbox Maps.http：//www.mapbox.cn/.
图4-2-7	首钢工业遗产保护区平面	同上
图4-2-9	上海杨浦滨江及民生码头区位示意图	同上
图4-2-14	艺象iD Town 总平面图	作者改绘自源计划建筑事务所．艺象满京华美术馆[J]．城市建筑，2015（10）：50-59.
图4-3-5	Zhijian Workshop 建筑师陈梦津以大华纱厂为例提出的工业遗产价值评估标准	作者绘制内容由陈梦津访谈内容及《重生—西安大华纱厂改造》一书总结而成。中国建筑设计院有限公司主编．重生——西安大华纱厂改造[M]．北京：中国建筑工业出版，2018.
图4-3-7	广钢旧址遗产评价体系构建思路—评估原则	改绘自广州市设计院提供《广州钢铁旧址-工业遗产类不可移动文化遗产评估》，2019年，第17页，评价体系构建思路图
图4-3-9	章明教授工业遗产改造设计思路	作者整理自建筑师访谈内容
图4-3-12	原作工作室改造轴测图	原作工作室．介入的方式[J]．城市环境设计，2015（01）：184-203.
图4-3-16	筒仓平面图	杨伯寅，刘伯英．首钢西十筒仓改造工程简析[J]．城市环境设计，2016（04）：362-367.
图4-3-18	大华纱厂各建筑年代分析图	中国建筑设计院本土设计研究中心西安大华纱厂改造项目设计团队
图4-3-19	设计线索综合整理	同上
图4-3-25	空间整理之前的底层大厅	陈颢（摄），转引自李颖春．老白渡码头煤仓改造 一次介于未建成与建成之间的“临时建造”[J]．时代建筑，2016（02）：78-85.
图4-3-26	2015年上海城市设计展	同上
图4-3-28	新增屋面桁架悬吊下部楼面	上海和作结构建筑研究所．艺仓美术馆的结构[EB/OL]（2018-03-02）[2018-05-04]. http://mp.weixin.qq.com/s/4DPFr8rzbAva7O9BSU_gdQ.
图4-3-41	工业性：自石景山看向三高炉	王威摄于2017年2月
图5-1-5	明治工业革命遗迹：钢铁、造船和煤矿工业遗产群之一端岛（军舰岛）（Hashima Island）	UNESCO．Sites of Japan’s Meiji Industrial Revolution：Iron and Steel，Shipbuilding and Coal Mining：Aerial view of the Hashima coal mine[EB/OL].（2010-09-06）[2019-08-01]. http://whc.unesco.org/en/list/1484/gallery/ .
图5-1-8	第五毛纺厂范围	作者访谈过程中由常州市规划局提供《常州市区工业遗产保护与利用规划》（2009）
图5-1-9	1997年常州第五毛纺厂总平面	常州运河五号产业园提供
图5-1-10	第五毛纺厂（运河五号）保护规划	作者访谈过程中由常州市规划局提供《常州市区工业遗产保护与利用规划》（2009）
图5-1-11	恒源畅厂保护状态	常州运河五号产业园提供

续表

编号	名称	资料来源
图5-1-20	原办公楼、摇纱间和三号厂房	青年时报（官方微博）.手工艺活态馆征集见证杭一棉历史的人与物[EB/OL].（2012-12-07）[2015-04-12]. http://zj.sina.com.cn/city/travelguide/251/2012/1207/3094.html.
图5-1-24	唐山市面粉厂改造前原貌	都市实践设计事务所提供唐山市城市展览馆（2009）
图5-1-25	原唐山面粉厂（红色部分保留）	王辉．唐山市城市展览馆[J]．建筑学报，2008（12）：50-57.
图5-1-26	改造后总平面	王辉．佳作奖：唐山市城市展览馆及公园，唐山，中国[J]．世界建筑，2009（02）：59-66.
图5-1-29	陶溪川景德镇陶瓷工业遗产博物馆	张杰提供
图5-1-30	陶溪川景德镇陶瓷工业遗产博物馆锯齿形厂房	同上
图5-1-31	原金陵制造局修旧如旧的立面	刘宇摄
图5-1-32	原金陵制造局修旧如旧的立面	同上
图5-1-33	1933老场坊外立面形态的复原	同上
图5-1-34	1933老场坊内部连廊的复原	同上
图5-1-35	1933老场坊窗形态的复原	同上
图5-1-36	1933老场坊窗形态的复原	同上
图5-1-37	1937年四行仓库保卫战后的西立面	作者访谈过程中由上海现代建筑设计集团，上海建筑设计研究院有限公司提供《四行仓库修缮工程-文物保护与再利用方案设计》(2014年)
图5-1-38	四行仓库局部立面图纸	同上
图5-1-39	1937年面向苏州河的南立面	同上
图5-1-40	1996年前建筑顶部安装广告牌	同上
图5-1-41	2014年改造前状况	同上
图5-1-42	西墙历史照片	同上
图5-1-43	西墙弹孔痕迹破坏类型图	同上
图5-1-44	西立面方案一效果图	同上
图5-1-45	西立面方案二效果图	同上
图5-1-46	西立面方案三效果图	同上
图5-1-47	西立面方案四效果图	同上
图5-1-48	西立面方案一效果图近景	同上
图5-1-49	结构加固平面示意	夏天．莱锦创意产业园设计小结[J]．城市建筑，2012（3）：45-49.
图5-1-50	改造前的结构现状	夏天，屈萌，杨凤臣．顺理成章地发生——莱锦创意产业园设计[J]．建筑学报，2012（01）：72-73.

续表

编号	名称	资料来源
图5-1-51	南北向外墙增加连梁的位置	夏天，屈萌，杨风臣．顺理成章地发生——莱锦创意产业园设计[J]．建筑学报，2012（01）：72-73.
图5-1-53	结构加固节点示意图	赵子杰摄
图5-1-54	结构加固节点照片	中国建筑设计院本土设计研究中心西安大华纱厂改造项目设计团队
图5-1-55	改造前清理厂房内部	青年时报（官方微博）.手工艺活态馆征集见证杭一棉历史的人与物[EB/OL].（2012-12-07）[2016-06-12]. http://zj.sina.com.cn/city/travelguide/251/2012/1207/3094.html.
图5-1-56	木桁架上固定管线	赵子杰摄
图5-1-57	金属连接构件外露展示	同上
图5-1-58	保留货梯及围绕其周围的展示区	作者访谈过程中由北京正东电子动力集团提供751改造方案
图5-1-59	高炉博物馆内部	刘宇摄
图5-2-1	南京国家领军人才创业园立面新元素的植入	同上
图5-2-2	越界园区突出新元素	同上
图5-2-3	南京红山创意园新旧元素对比	同上
图5-2-4	今日美术馆新旧元素的调和	同上
图5-2-5	水井坊博物馆新旧元素对比	存在建筑
图5-2-6	启新水泥厂的厂房顶棚	刘宇摄
图5-2-7	泰特美术馆局部采光	同上
图5-2-8	1933老场坊顶部原始形态	同上
图5-2-9	1933老场坊全新顶部造型	同上
图5-2-10	英国泰特现代艺术馆	同上
图5-2-11	英国泰特现代艺术馆顶部加建的部分	同上
图5-2-12	太古仓的竖向分割1	同上
图5-2-13	太古仓的竖向分割2	同上
图5-2-14	玻璃博物馆的功能置换形式1	同上
图5-2-15	玻璃博物馆的功能置换形式2	同上
图5-2-16	垂直分隔形式1	同上
图5-2-17	垂直分隔形式2	同上
图5-2-18	中心讲堂的植入	同上
图5-2-19	玻璃博物馆内部的新建展廊	同上

续表

编号	名称	资料来源
图5-2-20	室内连廊1	刘宇摄
图5-2-21	室内连廊2	同上
图5-2-22	重庆鹅岭二厂建筑连廊1	同上
图5-2-23	重庆鹅岭二厂建筑连廊2	同上
图5-2-24	工业构件与环境的匹配1	同上
图5-2-25	工业构件与环境的匹配2	同上
图5-2-26	工业构件的艺术再造	同上
图5-2-28	歧江公园工业元素1	同上
图5-2-29	歧江公园工业元素2	同上
图5-2-34	工业构件利用1	同上
图5-2-35	工业构件利用2	同上
图5-2-36	工业构件利用3	同上
图5-2-37	工业构件的艺术再造1	同上
图5-2-38	工业构件的艺术再造2	同上
图5-3-2	南京金陵美术馆（刘克诚设计，2011）	同庆楠．传统肌理中的工业尺度消解——金陵美术馆设计改造的文脉探索[J]．建筑与文化，2015（11）：39-41.
图5-3-3	上海四行仓库（刘国亮等设计，2014）	赵子杰摄
图5-3-4	上海1933老场坊	同上
图5-3-6	矩形和圆形霍夫曼窑及平面示意图	
	左上：霍夫曼窑	杜彦耿．营造学 [J].《建筑月刊》，1935，3（4）：P24-27
	右上：台湾高雄市中都唐荣砖窑厂的八卦窑	百度搜索．[2020-02-23]．www.baidu.com
	下：霍夫曼窑平面	赖世贤改绘自网络图片
图5-3-7	锦溪祝家甸砖厂原貌	郭海鞍摄
图5-3-8	从历史向当代渐变	同上
图5-3-9	砖瓦厂改造前	同上
图5-3-10	砖瓦厂改造后的一层餐饮	同上
图5-3-11	运料坡道和上面钢楼梯作为主要入口	同上
图5-3-12	屋顶玻璃瓦的光斑回应历史的千疮百孔	同上

续表

编号	名称	资料来源
图5-3-13	新设计的大露台延伸了历史	郭海鞍摄
图5-3-14	设计师导入“微介入”的规划设计理念带动乡村的复兴	同上
表1-1-2	1994～2001年再利用案例统计汇总表	作者根据CNKI、国土资源局、国家文物局、政府网站等汇总整理绘制
表1-1-3	2002～2006年再利用案例统计汇总表	同上
表1-1-4	四批国家矿山公园在各省市的分布	马斌整理
表1-1-5	2007年至今再利用案例统计汇总表	作者根据CNKI、国土资源局、国家文物局、政府网站等汇总整理绘制
表1-2-1	国保单位中启动保护规划工作统计表	作者根据国家文物局网站整理
表1-2-3	天津工业遗产保护层次	作者根据天津规划局网站整理
表2-2-1	日本明治工业革命遗迹九州—山口及相关地区保护管理规划	Japanese National Commission for UNESCO. Sites of Japan's Meiji Industrial Revolution: Iron and Steel，Shipbuilding and Coal Mining[EB/OL].（2015）[2018-05-14]. http://whc.unesco.org/en/statesparties/jp.
表2-2-2	华新水泥厂旧址文物构成表	中国建筑设计研究院历史研究所. 华新水泥厂旧址保护规划[EB/OL].（2016-12-15）[2018-05-08].http://www.hsghy.cn/content/?157.html.
表2-3-1	文物保护单位多规合一的实际操作	根据各保护规划案例文本整理
表2-3-2	庆盛道论证方案对比表	天津大学中国文化遗产保护国际研究中心
表2-3-3	遗产构成表	根据各保护规划案例整理
表2-3-4	企业生产生产线的转变及厂名的变更	根据保护规划文本整理
表2-3-5	保护规划登录的价值概况	韦峰提供《郑州纺织工业基（国棉三厂）文物保护及展示方案》
表2-3-6	2014年控规调整内容	作者访谈过程中由郑州市规划局提供
表2-3-7	用地调整和功能	同上
表2-3-8	法国永和造船厂旧址历史变迁	根据全国第三次不可移动文物普查资料整理
表2-3-9	《国家重点文物保护专项补助资金管理办法（2013年）》适用于工业遗产的内容	财政部，国家文物局. 国家重点文物保护专项补助资金管理办法[Z]. 2013-06-09.
表2-3-10	《关于申报国家“十三五”文物保护利用设施建设规划项目的通知》适用于工业遗产的内容	国家发改委，住房城乡建设部. 关于申报国家“十三五”文物保护利用设施建设规划项目的通知[Z]. 2017-08-10.
表2-4-1	哈湾达规划历程	根据吉林政府官网信息整理
表2-4-2	遗产保护体系	清华同衡规划播报. 遗产保护类丨延续工业记忆，重塑城市活力——哈达湾工业遗产保护利用规划[EB/OL].（2018-04-27）[2019-04-19]. https://baijiahao.baidu.com/s?id=1598905975492310903&wfr=spider&for=pc.

续表

编号	名称	资料来源
表2-4-3	政策整理	佚名. 北京市人民政府关于推进首钢老工业区改造调整和建设发展的意见[J]. 北京市人民政府公报，2014（28）：4-10.
表2-4-4	浦口火车站遗存表	蒋楠提供《南京浦口火车站历史风貌区保护规划》
表2-5-1	广州、西安、重庆历史建筑保护规划多规合一的相关要求	根据广州、西安、重庆的相关办法或条例整理
表2-5-2	杭州市第六批历史建筑中的工业遗产名单	杭州市规划局. 杭州工业遗产保护规划[EB/OL].（2014-11-05）[2018-03-11]. http://wenku.baidu.com/view/82ef47834531b90d6c85ec3a87c24028905f85d9.html.
表2-5-5	保护图则的多规合一要求	根据相关图纸内容整理
表2-6-1	地方政策：《杭州市工业遗产建筑规划管理规定（试行）》（2011年）	杭州市人民政府. 杭州市工业遗产建筑规划管理规定（试行）（2011年）[EB/OL].（2011-01-30）[2018-04-11].http：//www.hangzhou.gov.cn/art/2011/1/30/art_807902_1373.html.
表2-6-2	济钢工业生产分区	张振华提供济钢厂区工业建筑调查评估与保留利用规划研究
表2-7-5	国家层面出台的相关政策	根据中央出台的相关政策治理
表2-7-6	地方出台的相关政策和实践	根据各城市出台的相关政策整理
表3-7-1	天津拖拉机厂项目开发技术经济指标表	作者访谈过程中由天津融创地产提供天拖设计汇报方案
表4-2-1	工业遗产再利用对于城市的意义与作用	作者整理自各受访建筑师访谈内容
表4-2-2	工业遗产城市设计思路要点总结	同上
表4-3-2	建筑师工业遗产价值体系汇总表	同上
表4-3-3	建筑师工业遗产单体建筑设计思路总结	同上
表4-4-1	建筑师认为的改造实践中影响工业遗产改造平衡的因素总结	同上
表5-1-4	常州市区工业遗产建构筑物保护利用建议一览表	作者访谈过程中由常州市规划局提供《常州市区工业遗产保护与利用规划》（2009）

注：其他未标明出处的，为作者自绘、自制或自摄。

参考文献

期刊文章

[1] 徐苏斌，张雨奇，胡莲．青岛工业遗产开发再利用的特征及成因研究[J]．中国文化遗产，2015（05）：16-21.

[2] 刘伯英，李匡．首钢工业区工业遗产资源保护与再利用研究[J]．建筑创作，2006（09）：36-51.

[3] 夏天．莱锦创意产业园设计小结[J]．城市建筑，2012（03）：45-49.

[4] 张成渝．“真实性”和“原真性”辨析[J]．建筑学报，2010（S2）：57-58.

[5] 刘伯英，李匡．北京工业建筑遗产现状与特点研究[J]．北京规划建设，2011（01）：18-25.

[6] 陈泳．近代工业街区的进化——从“苏纶厂”到“苏纶场”[J]．建筑学报，2015（07）：98-103.

[7] 王辉．唐山市城市展览馆[J]．建筑学报，2008（12）：50-57.

[8] 王辉．佳作奖：唐山市城市展览馆及公园，唐山，中国[J]．世界建筑，2009（02）：66-73.

[9] 季宏．近代工业遗产的真实性探析——从《关于真实性的奈良文件》《圣安东尼奥宣言》谈起[J]．新建筑，2015（03）：94-97.

[10] O-office,Architects. 源计划建筑师事务所，广州，中国[J]．世界建筑，2015（04）：80-85.

[11] 寇怀云，章思初．工业遗产的核心价值及其保护思路研究[J]．东南文化，2010（05）：24-29.

[12] 周国哲．关于文化遗产监测管理的几点思考[J]．中国民族博览，2015（12）：235-237.

[13] 吴美萍．预防性保护理念下建筑遗产监测问题的探讨[J]．华中建筑，2011（03）：169-171.

[14] 兰巍，杨昌鸣．论近代历史建筑保护的基本理念[J]．社会科学辑刊，2010（03）：67-70.

[15] 赵彬，吴杰．武汉大学近代历史建筑营造技术研究[J]．华中建筑，2013（03）：114-121.

[16] 高利峰，李滨，廖子敬．三维激光扫描技术在文化遗产保护中的应用[J]．山西科技，2015（02）：113-115.

[17] 袁建力．现代测试技术在古建筑保护中的应用[J]．古建园林技术，2002（02）：45-49.

[18] 李巍．天津市历史风貌建筑保护整修工程典型实例[J]．天津建设科技，2013（05）：40-42.

[19] 王坚．近代历史建筑保护修复技术研究[J]．建筑工程技术与设计，2014（15）：58-58.

[20] 阮仪三，李红艳．原真性视角下的中国建筑遗产保护[J]．华中建筑，2008（04）：144-148.

[21] 朱娟丽，陈伟．工业建筑遗产保护和改建综合技术应用[J]．浙江建筑，2011（06）：1-4.

[22] 刘伯英．工业建筑遗产保护发展综述[J]．建筑学报，2012（01）：12-17.

[23] 青木信夫，徐苏斌．从北洋水师大沽船坞保护到天津滨海新区总体规划[J]．时代建筑，2010（05）：40.

[24] 吕舟．中国文物古迹保护准则的修订与中国文化遗产保护的发展[J]．中国文化遗产，2015（02）：4-24.

[25] 刘伯英．城市工业地段更新的实施类型[J]．建筑学报，2006（08）：21-23.

[26] 王绵厚．第三次全国文物普查相关专业标准培训纲要[J]．辽宁省博物馆馆刊，2007（00）：24-35.

[27] 刘修海．对黄石矿冶工业遗产保护与利用的战略性思考[J]．黄石理工学院学报（人文社会科学版），2010（04）：5-9.

[28] 方一兵．汉冶萍公司工业遗产及其保护与利用现状[J]．中国矿业大学学报（社会科学版），2010（03）：99-105.

[29] 刘晓东，杨毅栋，舒渊，等．城市工业遗产建筑保护与利用规划管理研究——以杭州市为例[J]．城市规划，2013（04）：81-85.

[30] 于红，沈锐．天津工业遗产保护与再利用的规划策略[J]．现代城市研究，2013（08）：63-66.

[31] 郭雪斌，吴海芳．工业遗产保护与再利用现状及规划对策[J]．工业建筑，2011（S1）：6-8+5.

[32] 阳建强，罗超，曹新民．基于城市整体发展的工业文化遗产保护：以郑州老工业基地重点地段城市设计为例[J]．建筑创作，2006（09）：31-35.

[33] 徐苏斌，孙跃杰，青木信夫．从工业遗产到城市遗产——洛阳156时期工业遗产物质构成分析[J]．城市发展研究，2015（08）：112-117.

[34] 汤国华，张国栋．广州沙面近代建筑群分级与保护分类的意见[J]．南方建筑，1999（04）：16-18.

[35] 王慧芬．论江苏工业遗产保护与利用[J]．东南文化，2006（04）：6-10.

[36] 王建国，戎俊强．城市产业类历史建筑及地段的改造再利用[J]．世界建筑，2001（06）：17-22.

[37] 王建国，蒋楠．后工业时代中国产业类历史建筑遗产保护性再利用[J]．建筑学报，2006（08）：8-11.

[38] 王杉．简析近代东北城市的兴起[J]．辽宁大学学报(哲学社会科学版)，2001（04）：31-33.

[39] 于红霞，张佳乐．青岛老工业建筑改造及再利用研究[J]．工业建筑，2014（02）：13-16.

[40] 崔会儒．我国城市建筑更新改造与发展模式初探[J]．价值工程，2014（01）：131-132.

[41] 石克辉，薛冰洁，胡雪松．结构美学视角下的旧工业建筑空间改造策略研究[J]．世界建筑，2013（04）：112-115.

[42] 李顺成，胡畔．创意城市：老工业城市的再生之路——以淄博市东部化工区搬迁改造工程为例[J]．现代城市研究，2010（04）：69-76.

[43] 刘抚英，崔力．旧工业建筑空间更新模式[J]．华中建筑，2009（03）：194-197.

[44] 张滨，王柳梦飏．当代艺术视野下的废旧工厂回收再利用[J]．建筑与文化，2014（02）：105-106.

[45] 张犁．工业遗产对城市再生的影响——英国利兹市城市再生的特点与启示[J]．西安交通大学学报(社会科学版)，2014（05）：17-19.

[46] 王向荣．生态与艺术的结合——德国景观设计师彼得·拉茨的景观设计理论与实践[J]．中国园林，2001（02）：50-52.

[47] 王欣等. 产业发展与中国经济重心迁移[J]. 经济地理，2006（06）：978-981.

[48] 王志芳，孙鹏. 遗产廊道——一种较新的遗产保护方法[J]. 中国园林，2001（05）：27-30.

[49] 温日琨，丁烈云. 基于FCA的近代建筑文化价值分级评价研究[J]. 四川建筑，2001（03）：17-20.

[50] 吴恒军，滑伟. 济宁："运河公园"规划实践[J]. 中国水利，2005（03）：65-66.

[51] 吴唯佳. 对旧工业地区进行社会、生态和经济更新的策略：德国鲁尔地区埃姆舍园国[J]. 国际城市规划，1999（03）：35-37.

[52] 吴伟进. 杭州市运河地带可持续发展研究[J]. 城市规划汇刊，1999（04）：64-67.

[53] 阳建强，罗超，曹新民. 基于城市整体发展的工业文化遗产保护：以郑州老工业基地重点地段城市设计为例[J]. 建筑创作，2006（09）：31-35.

[54] 杨建军，徐国良. 杭州运河沿河地带城市再开发规划研究[J]. 城市规划，2001（02）：77-70.

[55] 杨建军. 运河地带在杭州城市空间中的功能和形象规划探索[J]. 经济地理，2002（02）：170-173.

[56] 冶青. 近现代阆中交通与经济区位的边缘化[J]. 西华师范大学学报（哲学社会科学版），2006（05）：65-72.

[57] 衣保中，林莎. 论近代东北地区的工业化进程[J]. 东北亚论坛，2001（04）：54-56.

[58] 俞孔坚. 足下的文化与野草之美——中山歧江公园设计[J]. 新建筑，2001（05）：17-20.

[59] 俞孔坚，庞伟. 理解设计：中山岐江公园工业旧址再利用[J]. 建筑学报，2002（08）：47-52.

[60] 俞孔坚，李伟，李迪华. 快速城市化地区遗产廊道适宜性分析方法探讨——以台州市为例[J]. 地理研究，2005（01）：69-76.

[61] 俞孔坚，张蕾，周菁. 新苏州园林：运河工业文化景观廊道——苏州运河（宝带桥至觅渡桥段）两岸景观规划案例[J]. 首届城市水景观建设和水环境治理国际研讨会会议论文，2005.

[62] 俞孔坚. 关于防止新农村建设可能带来的破坏、乡土文化景观保护和工业遗产保护的三个建议[J]. 中国园林，2006（08）：9-12.

[63] 俞孔坚，方琬丽. 中国工业遗产初探[J]. 建筑学报，2006（08）：12-15.

[64] 俞孔坚，刘向军，张蕾，等. 中国工业遗产保护与利用实践[J]. 景观设计，2006（04）：72-76.

[65] 张伶伶，夏柏树. 东北地区老工业基地改造的发展策略[J]. 工业建筑，2005（04）：2-3，7.

[66] 张松. 上海产业遗产的保护与适当再利用[J]. 建筑学报，2006（08）：17.

[67] 张卫宁. 从废弃的厂房到居住社区——探索一种再生的开发思路[J]. 中国房地产金融，2002（01）：16-19.

[68] 张卫宁. 改造性再利用——一种再生产的开发方式[J]. 城市发展研究，2002（02）：51-54，75.

[69] 张艳锋，陈伯超，张明皓. 国外旧工业建筑的再利用与再创造[J]. 建筑设计管理，2004（03）：23.

[70] 张英. 抗日战争与西南民族地区工业化进程[J]. 贵州民族研究，1999（02）：148-153.

[71] 章立，章海君. 江南古运河建筑文化风貌的演变[J]. 南方建筑，2001（03）：47-53.

[72] 朱强，李伟. 遗产区域：一种大尺度文化景观保护的新方法[J]. 中国人口、资源与环境，2007（01）：50-55.

[73] 朱强，刘海龙. 绿色通道规划研究进展评述[J]. 城市问题，2006（05）：11-16.

[74] 朱光亚，蒋惠．开发建筑遗产密集区的一项基础性工作——建筑遗产评估[J]．规划师，1996（01）：33-38.

[75] 左琰．德国柏林工业保护建筑的低能耗改造[J]．时代建筑．2006（02）：44-47.

[76] 冯立，唐子来．产权制度视角下的划拨工业用地更新：以上海市虹口区为例[J]．城市规划学刊，2013（05）：23-29.

[77] 于凡，李继军．城市产业遗存再利用过程中存在的若干问题[J] .城市规划，2010（09）：57-60.

[78] 周岚，宫浩钦．城市工业遗产保护的困境及原因[J]．城市问题，2011（07）：49-53.

[79] 邓雪娴．旧建筑的改造与更新——北京城市建设的新课题[J]．建筑学报，1996（03）：41-45.

[80] 孙明．北京工业布局的形成与变迁[J]．当代北京研究，2010（02）：16.

[81] 张亮．建筑视角下近代北京城市转型[J]．湖北经济学院报（人文社会科学版），2011（12）：11.

[82] 唐晓峰．对工业遗产的认同[J]．中国国家地理，2006（06）：44-52.

[83] 王国慧．江南造船厂中国人从这里踏上追赶西方之路[J]．中国国家地理，2006（06）：72-74.

[84] 都市实践．深圳OCT—LOFT华侨城创意文化园规划设计[J]．住区，2007（2）.

[85] 刘抚英．资源型城市工业废弃地活化与再生策略初探[J]．华中建筑，2006（08）：84-88.

[86] 张宁，张菁芬．德国当代工业遗产再利用一瞥[J]．住区，2007（2）.

[87] 阳毅，于志远．上海世博会江南公园景观改造方法研究[J]．建筑学报，2010（12）：25-28.

[88] 龚恺，吉英雷．南京工业建筑遗产改造调查与研究——以1865创意产业园为例[J]．建筑学报，2010（12）：29-32.

[89] 朱文一，赵建彤．启新记忆——唐山启新水泥厂工业遗存保护更新设计研究[J]．建筑学报，2010（12）：33-38.

[90] 杨超英．首钢铸钢清理车间厂房改造[J]．建筑学报，2010（12）：44-53.

[91] 王永刚．“再生产”——751及再设计广场改造[J]．建筑技艺，2010（Z2）：100-109.

[92] 顾英．新型材料完美诠释意大利风情——2010年世博会城市最佳实践区B2展馆改造设计[J]．建筑技艺，2010（Z2）：166-171.

[93] 朱中原，宋昊琼，赵崇新，等．旧工业建筑的节能改造——花园坊绿色建筑展示[J]．建筑技艺，2010（Z2）：180-189.

[94] 青木信夫，徐苏斌，季宏．天津近代工业遗产与创意城市[J]．中国建筑文化遗产，2011（01）：45-48.

[95] 徐苏斌．东亚洲建筑文化遗产保护之比较研究[J]．建筑史论文集，1999（00）：219-236，300.

[96] 青木信夫，徐苏斌，张蕾，等．英国工业遗产的评价认定标准[J]．工业建筑，2014（09）：33-36.

[97] 徐苏斌．从文化遗产到创意城市——文化遗产保护体系的外延[J]．城市建筑，2013（05）：21-24.

[98] 季宏，徐苏斌，青木信夫．工业遗产“整体保护”探索——以北洋水师大沽船坞保护规划为例[J]．建筑学报，2012（S2）：39-43.

[99] 季宏，徐苏斌，青木信夫．工业遗产科技价值认定与分类初探——以天津近代工业遗产为例[J]．新建筑，2012（02）：28-33.

[100] 徐苏斌，张家浩，青木信夫，等．重点城市工业遗产GIS数据库建构研究——以天津为例[J]．工业建筑，2015年（增刊Ⅰ）：138-143.

[101] 兰德尔・梅森，卢永毅，潘玥，等．论以价值为中心的历史保护理论与实践[J]．建筑遗产，2016（03）：1-18.

[102] 吴春花，章明，秦曙，等．杨浦南段滨江的更新贯通之路[J]．建筑技艺，2017（11）：34-47.

[103] 吴唯佳，黄鹤，陈宇琳．复兴的首钢——保护工业遗产的突出价值，融入京津冀协同发展[J]．城市环境设计，2016（04）：358-361.

[104] 朱育帆，孟凡玉．首钢北区向城市开放空间转型中的潜质与策略研究[J]．城市环境设计，2016（04）：127-133.

[105] 张宇星．面向未来的城市设计[J]．城市环境设计，2016（02）：6-9.

[106] 刘伯英．中国工业建筑遗产研究综述[J]．新建筑，2012（02）：6-11.

[107] 张姿，章明．上海当代艺术博物馆的文化表述[J]．时代建筑，2013（01）：120-127.

[108] 章明，王维一．原作设计工作室，上海，中国[J]．世界建筑，2015（04）：70-76.

[109] 章明．锚固与游离[J]．城市环境设计，2017（03）：394-397.

[110] 杨伯寅，刘伯英．首钢西十筒仓改造工程简析[J]．城市环境设计，2016（04）：362-367.

[111] 徐苏斌，彭飞．城市工业遗产再利用模式影响因素研究[J]．天津师范大学学报（社会科学版），2017（05）：76-80.

[112] 柳亦春，陈屹峰，王龙海．老白渡煤仓．城市环境设计，2016（04）：314-321.

[113] 李颖春．老白渡码头煤仓改造 一次介于未建成与建成之间的“临时建造”[J]．时代建筑，2016（02）：78-85.

[114] 于磊，青木信夫，徐苏斌．近代钢铁冶炼业工业遗产价值评价与保护研究[J]．新建筑，2017（04）：110-113.

[115] 徐苏斌，青木信夫．关于工业遗产经济价值的思考[J]．城市建筑，2017（22）：14-17.

[116] 唐玉恩，邹勋．上海四行仓库[J]．建筑学报，2018（05）：12-15.

[117] 上海西岸开发有限公司．上海徐汇滨江工业旧址改建公共开放空间[J]．城市环境设计，2016（04）：332-333.

[118] 李松松，徐苏斌，青木信夫．工业遗产文物保护规划问题探析[J]．文物建筑，2016（00）：114-121.

[119] 贺玲琳，高佳琪．锚固与游离：杨浦滨江不间断工业博览带的诞生[J]．建筑科技，2018（01）：5-7.

[120] 季宏．近代工业遗产的真实性探析——从《关于真实性的奈良文件》《圣安东尼奥宣言》谈起[J]．新建筑，2015（03）：94-97.

[121] 何健翔．内在风景[J]．世界建筑导报，2017（03）：4-6.

[122] 何健翔，蒋滢，林力勤．深圳艺象国际社区——折艺廊[J]．世界建筑导报，2017（03）：10-11.

[123] 源计划建筑师事务所．艺象满京华美术馆[J]．城市环境设计，2015（09）：50-59.

[124] 何健翔，蒋滢．艺象国际艺术社区，深圳，中国[J]．世界建筑，2018（05）：28，117.

[125] 柳亦春．古典园林与当代设计[J]．时代建筑，2018（04）：51.

[126] 柳亦春．时间与地点的再定义 民生码头八万吨筒仓建筑的临时性改造与再利用[J]．时代建筑，2018（01）：149.

[127] 柳亦春，莫万莉．内在的结构与外在的风景[J]．城市环境设计，2016（06）：141-153.

[128] 柳亦春，陈屹峰，王龙海，等．西岸艺术中心[J]．城市环境设计，2016（04）：334-337.

[129] 章明，高小宇．建筑的日常性介入——以原作设计工作室的作品为例[J]．新建筑，2014（06）：20-25.

[130] 章明，王绪男，秦曙．基础设施之用 杨树浦水厂栈桥设计[J]．时代建筑，2018（02）：80-85.

[131] 徐苏斌，彭飞，张旭．城市土地政策对工业遗产保护与再利用的影响分析[J]．天津大学学报（社会科学版），2015（05）：385-390.

[132] BUCHANAN A . Industrial archaeology: past,present and prospective[J]. Industrial Archaeology Review, 2005 (01): 19-21.

[133] GERT-JAN, HOPERS. Industria heritage tourism and regional restructuring in the european union[J].European Planning Studies, 2002(03): 397-404.

[134] RACHNA，LÉVÊQUE. Industrial heritage sites in transformation: clash of discourses, edited by Heike Oevermann and Harald A Mieg [J]. Urban Research & Practice, 2015, Vol.8 (2): 267-268.

[135] PAWLIKOWSKA-PIECHOTKA. Industrial heritage tourism: a regional perspective (warsaw)[J]. Physical Culture and Sport. Studies ands Reasearch, 2009, 46(1): 276-287.

[136] NAVEH Z . Ten major premises for a holistic conception of multifunctional landscapes[J]. Landscape & Urban Planning, 2001, 57(3-4): 269-284.

[137] VERNON R. International investment and international trade in the product cycle[J]. Quarterly Journal of Economics, 1966, 80(2): 162-218.

[138] TAYLOR T, LANDORF C. Subject–object perceptions of heritage: a framework for the study of contrasting railway heritage regeneration strategies [J]. International Journal of Heritage Studies, 2015, Vol.21 (10): 1050-1067.

[139] VECCO M . A definition of cultural heritage: From the tangible to the intangible[J]. Journal of Cultural Heritage, 2010, 11(3): 321-324.

[140] GARAU C. Smart paths for advanced management of the cultural heritage [J]. Regional Studies, Regional Science, 2014, 1(1): 286-293.

[141] VECCO M. A definition of cultural heritage: From the tangible to the intangible [J]. Journal of Cultural Heritage, 2010, 11(3): 321-324.

[142] FLORENTINA-CRISTINA M, GEORAGE-LAURENTJU M, ANDREEA-LORETA C. Conversion of industrial heritage as a vector of cultural regeneration[J]. Procedia-Sosial and Behavioral Sciences, 2014, 122: 162-166.

[143] SANTOLI D , LIVIO. Guidelines on energy efficiency of cultural heritage[J]. Energy & Buildings, 2015, 95: 2-8.

[144] KERSTETTER D , CONFER J , BRICKER K . Industrial heritage attractions: types and tourists[J]. Journal of Travel & Tourism Marketing, 1998, 7(2): 91-104.

[145] MATRAS Y, ROBERTSON A . Multilingualism in a post-industrial city: policy and practice in Manchester[J]. Current Issues in Language Planning, 2015, 16(3): 296-314.

[146] PORIA Y , BUTLER R , AIREY D . The core of heritage tourism[J]. Annals of Tourism Research, 2003,Vol.30, No.1: 238-254.

[147] CHARLES H, STRAUSS, BRUCE E. Economic impacts of a heritage tourism system[J]. Journal of Retailing and Consumer Services, 2001, 8(4): 199-204.

[148] CHANG J , ZHANG H , JI M , et al. Case study on the redevelopment of industrial wasteland in resource-exhausted mining area[J]. Procedia Earth & Planetary ence, 2009, 1(1): 1140-1146.

[149] HE J , LIU J , XU S , et al. A gts-based cultural heritage study framework on continuous scales: a Case study on 19th century military industrial heritage[J]. Isprs International Archives of the Photogrammetry Remote Sensing & Spatial Information Sciences, 2015, XL-5/W7: 215-222.

[150] MO W , ZHAO J S . Research on the industrial architecture heritage of the key construction projects of Jilin province during the 1st five-year plan period[J]. Applied Mechanics & Materials, 2015, 744-746.

[151] MONICA, PEIXOTO, VIANNA. From industrial heritage to a regional development core in the 20th century: The case of Iiha solteira[J]. Journal of Civil Engineering and Architecture, 2015(5): 583-590.

[152] MENGÜŞOĞLU N, BOYACIOĞLU E. Reuse of industrial built heritage for residential purposes in manchester (1)[J]. Middle East Technical University Journal of the Faculty of Architecture, 2013, 30(1): 117-138.

[153] QUINN E J . Energizing utility brownfields[J]. Corporate Environmental Strategy, 1998, 5(3): 77-81.

专（译）著

[1] 上海市文物管理委员会．上海工业遗产实录[M]．上海：上海交通大学出版社，2009.

[2] 王西京，陈洋，金鑫．西安工业建筑遗产保护与再利用研究[M]．北京：中国建筑工业出版社，2011.

[3] 刘伯英，冯钟平．城市工业用地更新与工业遗产保护[M]．北京：中国建筑工业出版社，2009.

[4] 张京成，刘利永，刘光宇．工业遗产的保护与利用——“创意经济时代”的视角[M]．北京：北京大学出版社，2013.

[5] 魏闽．历史建筑保护和修复的全过程：从柏林到上海[M]．南京：东南大学出版社，2011.

[6] 常青．历史建筑保护工程学[M]．上海：同济大学出版社，2014.

[7] 上海市房地产科学研究院．上海历史建筑保护修缮技术[M]．北京：中国建筑工业出版社．2011.

[8] 戴仕炳，张鹏．历史建筑材料修复技术导则[M]．上海：同济大学出版社，2014.
[9] 王晶．工业遗产保护更新研究——新型文化遗产资源的整体创造[M]．北京：文物出版社，2014.
[10] 祝慈寿．中国近代工业史[M]．重庆: 重庆出版社，1989.
[11] 汪敬虞．中国近代工业史资料[M]．北京：中华书局，1962.
[12] 王缉慈．工业地理学[M]．北京: 中国科学技术出版社，1994.
[13] 无锡市政协学习文史委员会，无锡市建设局．无锡旧影[M]．苏州：古吴轩出版社，2004.
[14] 吴琦．漕运与中国社会[M]．武汉: 华中师范大学出版社，1999.
[15] 杨瑞彬．镇江租界、商埠和外国领事馆的研究[M]．镇江：镇江城建档案馆油印资料.
[16] 杨瑞彬．古城掠影 民国时期镇江城市建设[M]．苏州：古吴轩出版社，2001.
[17] 俞孔坚．城市景观之路——与市长们交流[M]．北京：中国建筑工业出版社，2003.
[18] 张海林．苏州早期城市现代化研究[M]．南京：南京大学出版社，1999.
[19] 张松．历史城市保护学导论——文化遗产和历史环境保护的一种整体性方法[M]．上海：上海科学技术出版社，2001.
[20] 王建国．后工业时代产业建筑遗产保护更新[M]．北京：中国建筑工业出版社，2008.
[21] 王受之．水晶城：历史中构筑未来[M]．北京：东方出版社，2006.
[22] 同济大学等编．城市工业布置基础[M]．北京：中国建筑工业出版社，1982.
[23] 肯尼思鲍威尔．旧建筑改建和重建[M]．于馨，杨智敏，司洋，译．大连：大连理工大学出版社，2001.
[24] 徐千里．创造与评价的人文尺度[M]．北京：中国建筑工业出版社，2000.
[25] 登琨艳．空间的革命[M]．上海：华东师范大学出版社，2006.
[26] 李道增．环境行为学概论[M]．北京：清华大学出版社，1999.
[27] 卡罗尔·贝伦斯．工业遗址的再开发利用 建筑师、规划师、开发商和决策者实用指南[M]．吴小菁，译．北京：电子工业出版社，2012.
[28] 邵甬．法国建筑·城市·景观遗产保护与价值重现[M]．上海：同济大学出版社，2010.
[29] 李玉峰．新遗产城市 世界遗产观念下的城市类型研究[M]．北京：中国建筑工业出版社，2012.
[30] 朱晓明．当代英国建筑遗产保护[M]．上海：同济大学出版社，2007.
[31] 菲利普斯·奥斯瓦尔特．收缩的城市[M]．胡恒，史永高，诸葛净，译．上海：同济大学出版社，2012.
[32] 简·雅各布斯．美国大城市的死与生（纪念版）[M]．金衡山，译．南京：译林出版社，2006.
[33] 张子康，罗怡，李海若．文化造城[M]．桂林：广西师范大学出版社，2011.
[34] 克劳斯·昆兹曼．创意城市实践 欧洲和亚洲的视角[M]．唐燕，译．北京：清华大学出版社，2013.
[35] 弗朗索瓦丝·萧伊．建筑遗产的寓意[M]．寇庆民，译．北京：清华大学出版社，2013.
[36] 杨ROBERT A.YOUNG．历史建筑保护技术[M]．任国亮，译．北京：电子工业出版社，2012.

[37] 穆尔塔夫．时光永驻 美国遗产保护的历史和原理（第三版）[M]．谢婧，译．北京：电子工业出版社，2012.

[38] 陈顺安，黄学军．工业景观设计[M]．北京：高等教育出版社，2009.

[39] 单霁翔．文化遗产保护与城市文化建设[M]．北京：中国建筑工业出版社，2009.

[40] Serge Salat．关于可持续城市化的研究 城市与形态[M]．陆阳，张艳，译．北京：中国建筑工业出版社，2012.

[41] 常青．历史建筑保护工程学[M]．上海：同济大学出版社．2014.

[42] 切萨雷・布兰迪．修复理论[M]．陆地，译．上海：同济大学出版社．2016.

[43] PALMER, MARILYN, NEAVERSON, PETER. Industrial archaeology : principles and practice [M]. London: Routledge. 1998.

[44] ALFERY J, PUTNAM T. The industrial heritage [M]. London: Routledge Press. 1992.

[45] RICHARD F. The rise of the creative class[M]. New York: Basic Books, 2004.

学位论文

[1] 许东风．重庆工业遗产保护利用与城市振兴[D]．重庆：重庆大学，2012.

[2] 郭斌．青岛市纺织工业建筑遗产的保护策略与开发模式研究[D]．青岛：青岛理工大学，2010.

[3] 吕梁．创意产业介入下的产业类历史地段更新——以上海市“M50创意园”为例[D]．上海：同济大学，2006.

[4] 吴杰．武汉大学近代历史建筑营造及修复技术研究[D]．武汉：武汉理工大学，2012.

[5] 杜欣．基于BIM的工业建筑遗产测绘[D]．天津：天津大学，2014.

[6] 庄简狄．旧工业建筑再利用若干问题研究[D]．北京：清华大学，2004.

[7] 王驰．产业建筑遗存的改造性再利用[D]．杭州：浙江大学，2003.

[8] 徐宗武．近代砖木结构建筑保护修复技术策略研究——以天津近代天主教堂修复实践为例[D]．天津：天津大学，2009.

[9] 陈学．中国近代历史建筑保护与修复的研究——以天津近代历史建筑为例[D]．天津：天津大学，2009.

[10] 成帅．近代历史性建筑维护与维修的技术支撑[D]．天津：天津大学，2011.

[11] 周志．近代历史建筑外立面保护修缮技术．天津：天津大学，2012.

[12] 张帆．近代历史建筑保护修复技术与评价研究[D]．天津：天津大学，2010.

[13] 彭芳．我国工业遗产立法保护研究[D]．武汉：武汉理工大学，2011.

[14] 赵一苇．我国不可移动文物认定与保护制度之完善[D]．南京：南京大学，2011.

[15] 王琬琼．我国文物建筑保护法律制度研究[D]．重庆：西南大学，2013.

[16] 王晋．无锡工业遗产保护初探[D]．上海：上海社会科学院，2010.

[17] 郭一凡．郑州市区现存近现代工业遗产保护初探[D]．郑州：郑州大学，2015.

[18] 王凤春．杭州市区工业遗产保护规划研究[D]．杭州：浙江大学，2009.

[19] 真菁．京杭大运河杭州城区段水域环境开发研究纲要[D]．杭州：浙江大学，1999.

[20] 卫芷言．划拨土地使用权制度之归整[D]．上海：华东师范大学，2013.
[21] 冯玉婵．我国近现代工业遗产再利用设计研究——从真实性出发[D]．天津：天津大学，2017.
[22] 贾超．广州工业建筑遗产研究[D]．广州：华南理工大学，2017.

会议论文

[1] 张蓉．创新工业遗产再利用模式——以津棉三厂规划为例[C]//中国城市规划学会，贵阳市人民政府．新常态：传承与变革——2015中国城市规划年会论文集（06城市设计与详细规划），2015：930-936.
[2] 吕涛，戴仕炳．初论城市遗产修缮所带来的价值风险——以武汉天地牌楼修缮为例[C]//2010年首届同济·城市国际论坛．2010: 75-78.
[3] LI S-S，XU S-B. Research on the existing condition of MHCMSP modern and contemporary industrial heritage protection and reutilization in China[C]//14th international conference proceedings. Lisbon, 2016: 257-259.
[4] HOU G. Protection of industrial heritages[C]//Information Engineering Research Institute,USA. Proceedings of 2012 International Academic Conference of Art Engineering and Creative Industry(IACAE 2012), 2012: 190-194.
[5] LINDSLEY D . The battle for Kingston 'B' - the fight for an important part of our industrial heritage[C]// 29th Annual Weekend Meeting History of Electrical Engineering. 2001: 10.
[6] AMARESWAR G. Integrating the tangible and intangible museums in sustainable development[C]//中国博物馆学会．北京国际博物馆馆长论坛论文集[C]，2004: 1.
[7] CORTELAZZO G.M.,MARTON F. About modeling cultural heritage objects with limited computers resources[C]. Image Analysis and Processing, 1999.

国际宪章、文件

[1] ICOMOS. International Charter for the Conservation and Restoration of Monuments and Sites[EB/OL].(1964)[2020-03-17]. https://www.icomos.org/charters/venice_e.pdf.
[2] ICOMOS. The Nara Document on Authenticity[EB/OL].(1994-11-16)[2020-03-17]. https://www.icomos.org/charters/nara-e.pdf.
[3] TICCIH. The Nizhny Tagil Charter for the Industrial Heritage[EB/OL]. (2003-7-17)[2020-03-17]. https://ticcih.org/wpcontent/uploads/2013/04/NTagilCharter.pdf.
[4] ICOMOS-TICCIH. The Dublin Principles[EB/OL].(2011-11-28)[2020-03-17]. https://www.icomos.org/images/DOCUMENTS/Charters/GA2011_ICOMOS_TICCIH_joint_principles_EN_FR_final_20120110.pdf.
[5] TICCIH. TICCIH Congress 2012[EB/OL].（2012-5-19）[2020-03-17] http://works.bepress.com/theinternationalcommitteefortheconservationoftheindustrialheritage/1/.

法律文件和技术标准

[1] 国际古迹遗址理事会中国国家委员会. 中国文物古迹保护准则[EB/OL].（2015）[2020-03-17]. http://www.icomoschina.org.cn./pics.php? class=26.

[2] 北京市文物局. 关于《中国文物古迹保护准则》若干重要问题的阐释[EB/OL].（2017）[2020-03-17]. https://wenku.baidu.com/view/b5b0efa45b8102d276a20029bd64783e08127d3c.html.

[3] 国家文物局、中国古迹遗址保护协会. 无锡建议——注重经济高速发展时期的工业遗产保护[J]. 建筑创作，2006（08）：199-200.

[4] 中国文物学会工业遗产委员会，中国建筑学会工业建筑遗产学术委员会，中国历史文化名城委员会工业遗产学部. 工业遗产价值评价导则（试行）[EB/OL].（2014）[2018-02-03]. https://wenku.baidu.com/view/c780bf0f48d7c1c709a14548.html.

[5] 国家文物局. 工业遗产保护和利用导则（征求意见稿）[EB/OL].（2014-08-26）[2018-02-03]. http://fgcx.bjcourt.gov.cn:4601/law?fn=dae001s884.txt.

[6] 天津市规划局. 天津市工业遗产保护与利用规划[EB/OL].（2015-10-23）[2015-11-03]. http://sasac.tj.gov.cn/GZJG8342/JGDT5617/202008/t20200827_3559049.html.

[7] 杭州市规划局. 杭州工业遗产保护规划[EB/OL].（2014-11-05）[2018-03-11]. https://wenku.baidu.com/view/82ef47834531b90d6c85ec3a87c24028905f85d9.html.

[8] 苏州市自然资源和规划局. 苏州历史文化名城保护规划（2013-2030）[EB/OL].（2013-12-18）[2018-03-11]. http://zrzy.jiangsu.gov.cn/sz/ghcgy/201904/t20190402_769074.htm.

[9] 宁波市规划局. 宁波历史文化名城保护规划[EB/OL].（2015-09-08）[2018-03-11]. www.nbplan.gov.cn.

[10] 广州市规划局. 广州历史文化名城保护规划[EB/OL].（2014-12-18）[2018-03-11]. http://ghzyj.gz.gov.cn/ywpd/cxgh/cxghtzgg/content/post_2753984.html.

[11] 中山市城乡规划局. 中山市历史文化名城保护规划[EB/OL].（2014-10-11）[2018-03-11]. https://wenku.baidu.com/view/43f55e31011ca300a7c39025.html.

[12] 武汉市国土资源和规划局. 武汉工业遗产保护与利用规划[EB/OL].（2012-11-17）[2015-04-10]. http://gtghj.wuhan.gov.cn/pc-1916-68181.html.

[13] 南京市规划局. 南京市工业遗产保护规划[EB/OL].（2014-12-09）[2017-12-10]. http://www.njghj.gov.cn/NGWeb/Page/Detail.aspx?InfoGuid=b8714622-d46d-4010-b6b4-b26ffee1e1e5.

[14] 联合国教育、科学及文化组织世界遗产中心，中国古迹遗址保护协会. 实施《世界遗产公约》操作指南[EB/OL].（2019-07-10）[2019-08-10]. http://www.icomoschina.org.cn/uploads/download/20200514100333_download.pdf.

[15] Japanese National Commission for UNESCO. Sites of Japan's Meiji Industrial Revolution: Iron and Steel, Shipbuilding and Coal Mining[EB/OL].（2015）[2018-05-14]. http://whc.unesco.org/en/statesparties/jp.

[16] 国家文物局办公室. 全国重点文物保护单位保护规划编制要求（征求意见稿）[R/OL].（2018-01-05）[2018-05-07]. http://www.ncha.gov.cn/art/2018/1/15/art_1966_146429.html.

[17] 财政部，国家文物局. 国家重点文物保护专项补助资金管理办法[Z]. 2013-06-09.

[18] 国家发改委，住房城乡建设部. 关于申报国家“十三五”文物保护利用设施建设规划项目的通知[Z]. 2017-08-10.

网络资源

[1] 上海交通大学建筑文化遗产保护国际研究中心. http://ahc.sjtu.edu.cn/.

[2] 中国历史建筑保护网. http://www.aibaohu.com/.

[3] 国家文物局网站数据库. http://www.sach.gov.cn/.

[4] 全国重点文物保护单位综合管理系统. http://www.1271.com.cn/.